信号与系统基本理论

邵 英 主 编

刘建宝 侯新国 杨忠林 欧阳华 编

電子工業出版社

Publishing House of Electronics Industry

北京 • BEIJING

内 容 简 介

本书是根据军队综合性大学对“信号与系统”课程教学的需求而编写的。按照军队综合性大学对信息化人才培养的教学要求，将教学内容与实际应用相结合，从而提高了教学的有效性和针对性。

本书采用先连续后离散的布局安排知识内容，全书共 7 章：第 1 章介绍信号的基本概念；第 2 章介绍系统的基本概念；第 3 章介绍系统的时域分析；第 4 章介绍连续时间系统的频域分析；第 5 章介绍拉普拉斯变换及连续系统的 s 域分析；第 6 章介绍 z 变换及离散系统的 z 域分析；第 7 章介绍系统函数。

本书主要适用于通信和电子信息类专业的本科学生，也可供电子工程技术人员参考。

图书在版编目（CIP）数据

信号与系统基本理论/邵英主编. —北京：电子工业出版社，2018.8

ISBN 978-7-121-34816-7

Ⅰ. ①信… Ⅱ. ①邵… Ⅲ. ①信号系统－高等学校－教材 Ⅳ. ①TN911.6

中国版本图书馆 CIP 数据核字（2018）第 174280 号

策划编辑：李　洁
责任编辑：李　洁　　特约编辑：曲　岩
印　　刷：北京捷迅佳彩印刷有限公司
装　　订：北京捷迅佳彩印刷有限公司
出版发行：电子工业出版社
　　　　　北京市海淀区万寿路 173 信箱　邮编　100036
开　　本：787×1 092　1/16　印张：18.75　字数：480 千字
版　　次：2018 年 8 月第 1 版
印　　次：2023 年 1 月第 5 次印刷
定　　价：55.00 元

凡所购买电子工业出版社图书有缺损问题，请向购买书店调换。若书店售缺，请与本社发行部联系，联系及邮购电话：（010）88254888，88258888。

质量投诉请发邮件至 zlts@phei.com.cn，盗版侵权举报请发邮件至 dbqq@phei.com.cn。

本书咨询联系方式：lijie@phei.com.cn。

前　言

“信号与系统”是通信和电子信息类专业的核心基础课，其中的概念和分析方法广泛应用于通信、自动控制与信息处理、电路与系统等领域。由于军队综合性大学对课程教学的特殊性，很多地方高校同类教材的教学内容更偏重于基础理论，无法结合军队院校的实际应用需求进行介绍，影响教学效果。本书按照军队综合性大学对信息化人才培养的教学要求进行编写，将教学内容与实际应用相结合，从而提高了教学的有效性和针对性。

本书本着“理论够用为主，重在培养技能和应用”的原则，力求理论与实践紧密结合，突出应用性和针对性，加强实践能力的培养，旨在培养学生的应用能力和解决实际问题的能力。在内容安排上，为了突出实用性，设置了相关的 MATLAB 实验，课程的每一项主要内容都配合一定数量的习题，从而激发学生的学习兴趣，充分调动学生学习的主动性和积极性。

本书采用先连续后离散的布局安排知识内容，先掌握连续信号与系统分析的内容，再通过类比理解离散信号与系统分析的概念，从而建立完整的信号与系统的概念。全书内容共 7 章：第 1 章介绍信号的基本概念；第 2 章介绍系统的基本概念；第 3 章介绍系统的时域分析；第 4 章介绍连续时间系统的频域分析；第 5 章介绍拉普拉斯变换及连续系统的 s 域分析；第 6 章介绍 z 变换及离散系统的 z 域分析；第 7 章介绍系统函数。

本书由邵英主编并统稿，其中邵英及欧阳华编写第 1～3 章，杨忠林及侯新国编写第 4、7 章，刘建宝编写第 5、6 章。

吴正国教授对本书的编写提出了许多宝贵的意见并对全书进行了仔细审阅，谨致以衷心的感谢。

由于编者水平所限，书中难免存在缺点和疏漏，恳请广大读者批评指正。

编　者

2018 年 4 月

目　录

注：*为选讲内容。

绪　论

“信号与系统”是一门理论性和技术性都比较强的技术基础学科，它把反映事物本质的物理概念、数学概念和工程概念结合起来，以数学和物理学为基础，同时又与电路分析基础、电子学、数字信号处理、网络理论、计算方法、自动控制等相互渗透，相互交合和相互反馈，本书将这些学科的共同特征加以综合和概括，并紧紧围绕“信号”和“系统”这两个概念进行分析和讨论。

“信号与系统”这门学科自产生以来不断处于发展之中，尤其是伴随信息技术的革命性进步，信号与系统的内涵越来越丰富，并在各高新技术领域得到应用，如雷达、遥感、通信、语音处理、图像处理等。

信号，就是随时间和空间变化的某种物理量或物理现象，例如，在通信工程中，一般将通过某种方式传递的语言、文字、图像、数据等统称为消息，在消息中包含着一定的信息。通信就是从一方向另一方传送消息，给对方以信息。但消息必须借助于一定形式的信号（如光信号、电信号等）才能进行传送和各种处理。因而，信号是消息的载体，是消息的表现形式，是通信的客观对象，而消息则是信号的内容。

人类赖以生存的物理世界充满了各类信号，有些是自然界产生的，有些是人类自己的躯体产生的，还有些是人类为了满足某种需求运用智慧产生的。例如，我们用声带发声时气压的变化，一天中空气湿度的变化，在医院里医生给我们做心电图检查时仪器上显示的周期性信号。严格来讲，信号和函数是两个不同的概念，但在信号与系统的分析中，信号一般被描述成数学函数。信号是携带信息的真实物理现象，而函数是对信号的描述，信号表示为一个时间的函数。从广义上说，信号是随时间变化的某个物理量，只有变化的物理量才能携带信息。在信号和系统分析中不区分信号和函数的细微差别，而把它们混为一体。信号表现为电压、电流、电荷、磁链等，称为电信号，它是现代科学技术中应用最广泛的物理量。

随着信息技术的飞速发展，信号不再是单纯由电路所产生的电信号，声音信号、视频信号、图像信号以及网络通信过程中计算机产生的数据流，都是现代意义上的信号。系统的概念也不再拘泥于传统基于电路的系统，一个计算机程序、一个硬件电路或是两者的结合都可以称为系统。因此需要对信号与系统的概念和内涵不断进行修改和完善。从数学角度来看，由 E. A.LCC，和 P.Varaiya 用集合与函数的概念来定义信号，无论是语音图像信号，还是一帧数据，都可以用一个具有合适定义域和值域的函数来定义，从这个视角来看，系统可以定义为信号的函数，其定义域和值域都是信号函数。

由于数字计算机的快速发展，信号与系统的研究重点向离散、数字方向转移，因而也越来越多地与数字信号处理相融合。“信号与系统”和“数字信号处理”两门课程之间的界限越来越模糊，“信号与系统”主要研究信号经过线性时不变系统传输和处理所需要的基本概念和理论，研究内容既包括连续时间方面也包括离散时间方面；“数字信号处理”则是研究离散时间信号的处理方法，其中大量地运用了信号与系统中建立起来的基本概念和理论。对比 1985 年 A.V. O penheim 版本和 2002 年 W.K. Edward 版本的《信号与系统》教材，后者内容上除了信号与系统传统的概念和方法，还包括了转移函数、控制应用、数字滤波器和控制器设计应用等数字信号处理课程的相关知识。

本书的研究对象是确定性的信号、系统以及确定性信号通过确定性系统的输出。研究的系统主要是线性时不变因果系统。通过本书的学习，读者对“信号”与“系统”的概念和分析方法将有深入的了解，能熟练掌握两个基本概念（信号、系统），掌握三个变换（傅里叶变换、拉普拉斯变换和 z 变换），为从事信号处理等方面有关的研究工作打下坚实的基础。

Chapter 1

第1章 信号的基本概念

要点

本章介绍了信号的概念、分类以及基本运算，重点强调了冲激信号和阶跃信号这两类在系统分析中占有重要地位的基本信号，以及卷积（包括连续信号的卷积积分和离散信号的卷积和）这一类在系统分析中占有重要地位的基本运算。

1.1 信号的分类及典型的连续时间信号

1.1.1 信号的分类

根据信号的属性可分为确定信号与随机信号、连续时间信号与离散时间信号、周期信号和非周期信号、能量信号和功率信号。

1. 确定信号与随机信号

按信号随时间变化的规律来分，信号可分为确定信号与随机信号。确定信号是指能够表示为确定的时间函数的信号。当给定某一时间值时，信号有确定的数值，其所含信息量的不同体现在其分布值随时间或空间的变化规律上。电路基础课程中研究的正弦信号、指数信号、各种周期信号等都是确定信号的例子，如图 1.1-1（a）所示。

随机信号不是时间t的确定函数，它在每一个确定时刻的分布值是不确定的，只能通过大量试验测出它在某些确定时刻上取某些值的概率分布。空中的噪音、电路元件中的热噪声、电流等都是随机信号的例子。如图 1.1-1（b）所示。

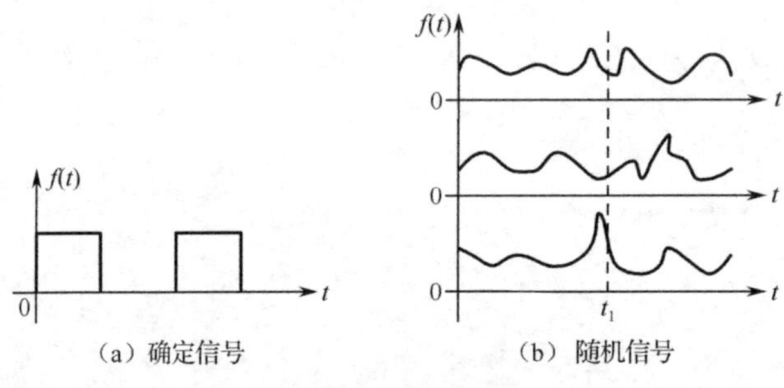

图 1.1-1　确定信号与随机信号

实际传输的信号几乎都是随机信号。若传输的是确定信号，则对接收者来说，就不可能由它得知任何新的信息，从而失去了传送信息的本意。但是，在一定条件下，随机信号也会表现出某种确定性，例如，在一个较长的时间内随时间变化的规律比较确定，即可近似地看成是确定信号。

随机信号是统计无线电理论研究的对象。本书中只研究确定信号。

2．连续时间信号与离散时间信号

（1）连续时间信号。

对任意一个信号，如果在定义域内，除有限个间断点外均有定义，则称此信号为连续时间信号。连续时间信号的自变量是连续可变的，而函数值在值域内可以是连续的，也可以是跳变的。如图 1.1-2 中所示的斜坡信号，就是一个连续时间信号。

（2）离散时间信号。

对任意一个信号，如果自变量仅在离散时间点上有定义，称为离散时间信号。离散时间信号相邻离散时间点的间隔可以是相等的，也可以是不相等的。在这些离散时间点之外，信号无定义。

例如，一个离散时间信号，其波形图如图 1.1-3 所示，函数表示为

$$y(n)=\begin{cases}n, & n=0,1,2,3,\cdots\\1, & n=-1,-2,\cdots\end{cases} \tag{1.1-1}$$

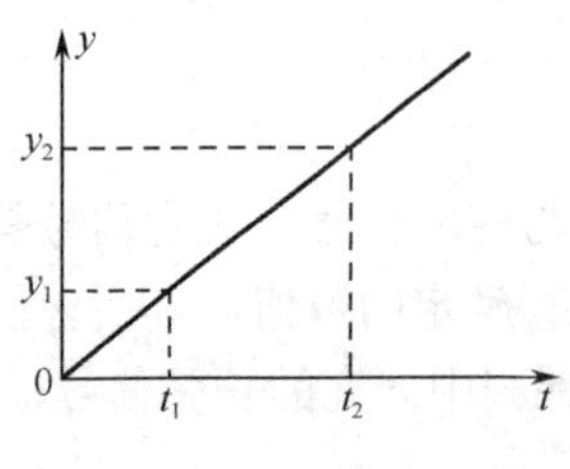

图 1.1-2　连续时间信号

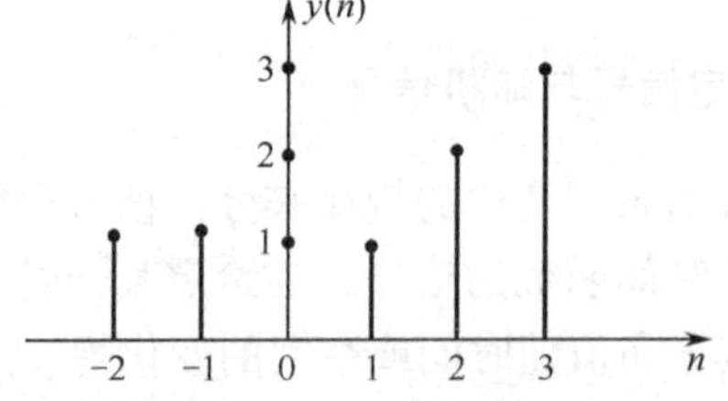

图 1.1-3　离散时间信号

定义在等间隔离散时间点上的离散时间信号称为序列，序列可以表示成函数形式，也可以直接列出序列值或写成序列值的集合。在工程应用中，常常将幅值连续可变的信号称为模拟信号；将幅值连续的信号在固定时间点上取值得到的信号称为抽样信号；将幅值只能取某些固定

的值，而在时间上等间隔的离散时间信号称为数字信号。

3．周期信号与非周期信号

周期信号是定义在（$-\infty$, ∞）区间，每隔一定时间 T（或整数 N），按相同规律重复变化的信号，如图 1.1-4 所示。连续周期信号可以表示为

$$f(t)=f(t\pm nT),\quad (n=0,\pm1,\pm2\cdots) \tag{1.1-2}$$

离散周期信号可表示为

$$f(n)=f(n\pm mN),\quad (m=0,\pm1,\pm2\cdots) \tag{1.1-3}$$

满足此关系式的最小 T（或 N）值称为信号的周期。

对于正弦序列（或余弦序列），如图 1.1-4（b）所示。

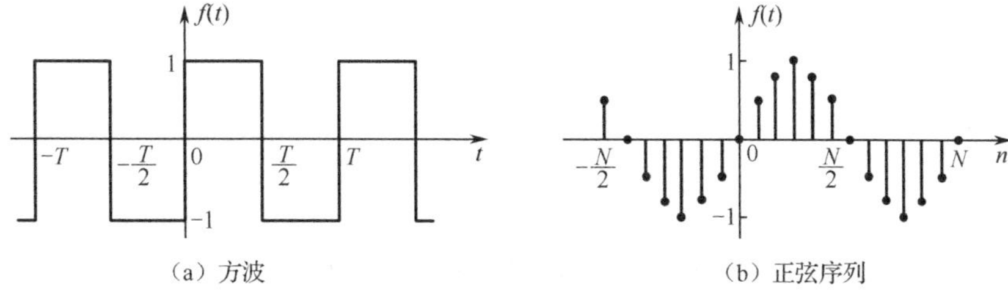

（a）方波　　（b）正弦序列

图 1.1-4　周期信号

$$\begin{aligned} f(n)&=\sin(\beta n)=\sin(\beta n+2m\pi)\\ &=\sin\left[\beta\left(n+m\frac{2\pi}{m}\right)\right]=\sin[\beta(n+mN)] \end{aligned} \qquad m=0,\pm1,\pm2\cdots$$

可以看出，当 $\frac{2\pi}{\beta}$ 为整数时，正弦序列具有周期 $N=\frac{2\pi}{m}$。图 1.1-4（b）画出了 $\beta=\frac{\pi}{6}$、周期 $N=12$ 的情形，它每经过 12 个单位循环一次。当 $\frac{2\pi}{\beta}$ 为有理数时（例如：$\frac{2\pi}{\beta}=\frac{N}{M}$，$N$ 与 M 均为无公因子的整数），正弦序列仍具有周期性，其周期为 $N=M\frac{2\pi}{\beta}$。当 $\frac{2\pi}{\beta}$ 为无理数时，该序列不具有周期性，但是其样值的包络线仍为正弦函数。

【例 1.1-1】 判断下列序列是否为周期性的，如果是周期性的，确定其周期。

（1）$f_1(n)=\sin\left(\frac{\pi}{7}n+\frac{\pi}{6}\right)$；　（2）$f_2(n)=\cos\left(\frac{5\pi}{6}n+\frac{\pi}{12}\right)$；　（3）$f_3(n)=\sin\left(\frac{1}{5}n+\frac{\pi}{3}\right)$。

解：（1）$\beta_1=\frac{\pi}{7}$，$\frac{2\pi}{\beta_1}=14$，故 $f_1(n)$ 是周期序列，其周期 $N_1=14$。

（2）$\beta_2=\frac{5\pi}{6}$，$\frac{2\pi}{\beta_2}=\frac{2\times6\times\pi}{5\pi}=\frac{12}{5}=\frac{N_2}{M}$；$(M=5)$，故 $f_2(n)$ 是周期序列，其周期 $N_2=12$。

（3）$\beta_3=\frac{1}{5}$，$\frac{2\pi}{\beta_3}$ 为无理数，故 $f_3(n)$ 是非周期序列。

4．能量信号与功率信号

（1）能量信号

将一个电压或电流信号 $f(t)$ 加到单位电阻上，则在该电阻上产生的瞬时功率为 $|f(t)|^2$。在一段时间 $\left(-\frac{\tau}{2},\frac{\tau}{2}\right)$ 内消耗一定的能量，把该能量对时间区域取平均，即得信号在此区间内的平均功率。

定义 若将时间区域无限扩展，信号满足条件

$$E=\lim_{\tau\to\infty}\int_{-\frac{\tau}{2}}^{\frac{\tau}{2}}|f(t)|^2\mathrm{d}t<\infty \tag{1.1-4}$$

称为能量信号，即如果一个信号在无限大时间区域内信号的能量为有限值，则称该信号为能量有限信号或能量信号。

能量信号的平均功率为零。

（2）功率信号

定义 将时间区域无限扩展，信号满足条件

$$P=\lim_{\tau\to\infty}\frac{1}{\tau}\int_{-\frac{\tau}{2}}^{\frac{\tau}{2}}|f(t)|^2\mathrm{d}t=\lim_{\tau\to\infty}\frac{1}{\tau}E<\infty \tag{1.1-5}$$

称为功率信号，即如果在无限大时间区域内信号的功率为有限值，则称该信号为功率有限信号或功率信号。

功率信号的能量无穷大。

离散信号有时候也要讨论能量和功率，序列 $f(n)$ 的能量定义为

$$E=\lim_{N\to\infty}\sum_{n=-N}^{N}|f(n)|^2 \tag{1.1-6}$$

序列 $f(n)$ 的功率定义为

$$P=\lim_{N\to\infty}\frac{1}{2N+1}\sum_{n=-N}^{N}|f(n)|^2 \tag{1.1-7}$$

若 $E<\infty$，我们称 $f(n)$ 为能量有限信号，简称为能量信号，此时 $P=0$；若 $P<\infty$，则称 $f(n)$ 为功率有限信号，简称为功率信号，此时 $E=\infty$。

根据能量信号和功率信号的定义，显然可以得出：时限信号（在有限时间区域内存在非零值的信号）是能量信号，周期信号是功率信号；非周期信号可能是能量信号，也可能是功率信号。

1.1.2 典型的连续时间信号

下面给出几个常见信号的函数表达式及其波形图。在后续章节中可以看到，它们在信号与系统分析中有着极其重要的地位和作用。

1. 指数信号

指数信号的表达式为

$$f(t)=A\mathrm{e}^{st} \tag{1.1-8}$$

根据 A 和 s 的不同取值，有三种情况：

（1）当 $A=m$ 和 $s=\alpha$ 均为实数时，$f(t)$ 为实指数信号。

当 $\alpha>0$ 时，为指数递增信号；

当 $\alpha<0$ 时，为指数递减信号；

当 $\alpha=0$ 时，$f(t)$ 等于常数。

波形如图 1.1-5 所示。

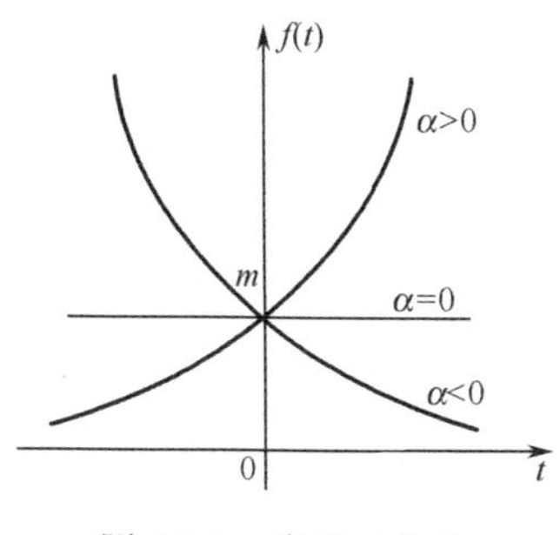

图 1.1-5　实指数信号

（2）当 $A=1$ 和 $s=\mathrm{j}\omega$ 时，$f(t)$ 为虚指数信号，即

$$f(t)=A\mathrm{e}^{st}=\mathrm{e}^{\mathrm{j}\omega t}=\cos\omega t+\mathrm{j}\sin\omega t \tag{1.1-9}$$

显然，这是一个周期信号。

（3）当 A 和 s 均为复数时，$f(t)$ 为复指数信号。

设 $A=|A|\mathrm{e}^{\mathrm{j}\varphi}$，$s=\sigma+\mathrm{j}\omega$，则 $f(t)$ 可以表示为

$$\begin{aligned}f(t)=A\mathrm{e}^{st}&=|A|\mathrm{e}^{\mathrm{j}\varphi}\mathrm{e}^{(\sigma+\mathrm{j}\omega)t}=|A|\mathrm{e}^{\sigma t}\mathrm{e}^{\mathrm{j}(\varphi+\omega t)}\\&=|A|\mathrm{e}^{\sigma t}[\cos(\varphi+\omega t)+\mathrm{j}\sin(\varphi+\omega t)]\end{aligned} \tag{1.1-10}$$

当 $\sigma>0$ 时，$f(t)$ 的实部和虚部为幅度指数递增的正弦振荡信号；

当 $\sigma<0$ 时，$f(t)$ 的实部和虚部为幅度指数递减的正弦振荡信号；

当 $\sigma=0$ 时，$f(t)$ 的实部和虚部为幅度等幅的正弦振荡信号。

$f(t)$ 的实部在 $\sigma>0$、$\sigma<0$ 和 $\sigma=0$ 三种情况下的波形如图 1.1-6（a）、（b）、（c）所示。

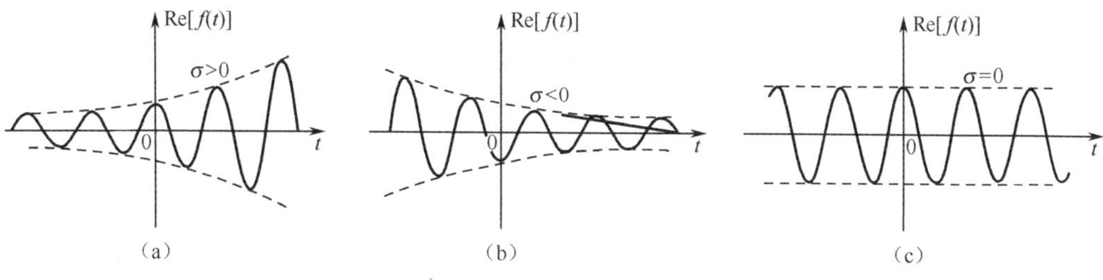

图 1.1-6　复指数信号

2．正弦信号

正弦信号的一般形式为

$$f(t)=A\sin(\omega t+\theta) \tag{1.1-11}$$

其中 A 为振幅，ω 为角频率，θ 为初相位，这三者被称为正弦信号的三要素。由这三个参数就可以唯一地确定一个正弦信号。

3．抽样信号

抽样信号定义为

$$\mathrm{Sa}(t)=\frac{\sin t}{t} \tag{1.1-12}$$

显然，当$t \to 0$时，式（1.1-12）右边是$\frac{0}{0}$型极限，运用罗必塔法则得

$$\lim_{t \to 0} \mathrm{Sa}(t) = \lim_{t \to 0} \frac{(\sin t)'}{t'} = \lim_{t \to 0} \frac{\cos t}{1} = 1 \tag{1.1-13}$$

首先来定性分析一下$\mathrm{Sa}(t)$波形的趋势，当t从0增大到$+\infty$，$\frac{1}{t}$的幅度越来越小（衰减的），而$\sin t$是周期振荡的，所以$\mathrm{Sa}(t)$总的趋势是衰减振荡的。显然$\mathrm{Sa}(t)$是偶函数，所以在负半轴的趋势是一样的。$\mathrm{Sa}(t)$的波形如图1.1-7所示。

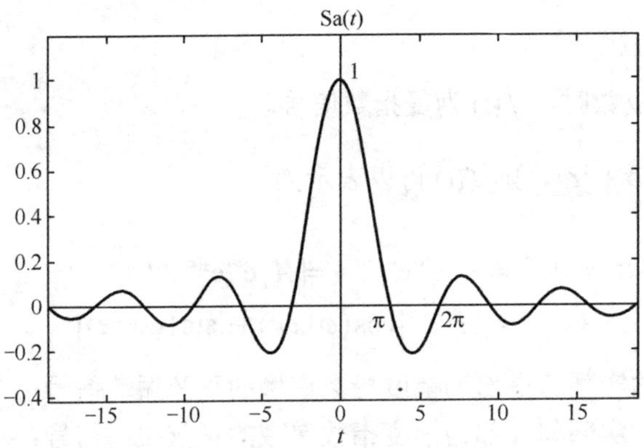

图1.1-7 抽样信号

显然，$t = n\pi(n = \pm 1, \pm 2, \cdots)$是函数的零点，在任意零点两侧函数取值正负交替。此外有

$$\int_{-\infty}^{\infty} \mathrm{Sa}(t)\mathrm{d}t = \pi \text{。}$$

类似地，定义辛格函数为

$$\mathrm{sinc}(t) = \frac{\sin \pi t}{\pi t} \tag{1.1-14}$$

【例1.1-2】 求$\int_{-\infty}^{\infty} \mathrm{sinc}(t)\mathrm{d}t$。

解：

$$\mathrm{sinc}(t) = \mathrm{Sa}(\pi t)$$

$$\int_{-\infty}^{\infty} \mathrm{sinc}(t)\mathrm{d}t = \int_{-\infty}^{\infty} \mathrm{Sa}(\pi t)\mathrm{d}t = \int_{-\infty}^{\infty} \mathrm{Sa}(t)\frac{\mathrm{d}t}{\pi} = \frac{1}{\pi}\int_{-\infty}^{\infty} \mathrm{Sa}(t)\mathrm{d}t$$

由 $\int_{-\infty}^{\infty} \mathrm{Sa}(t)\mathrm{d}t = \pi$

得 $\int_{-\infty}^{\infty} \mathrm{sinc}(t)\mathrm{d}t = 1$

显然$\mathrm{Sa}(t)$和$\mathrm{sinc}(t)$的关系为

$$\mathrm{sinc}(t) = \mathrm{Sa}(\pi t) \tag{1.1-15}$$

1.2 连续时间信号的基本运算

在信号的传输与处理过程中往往需要进行信号的运算，它包括信号的反褶、时移、展缩、微分、积分和两信号相加或相乘等。

1.2.1 反褶

信号的时域反褶又称为折叠，就是将信号 $f(t)$ 的波形以纵轴为轴翻转 180°。

设信号 $f(t)$ 的波形如图 1.2-1（a）所示。现将 $f(t)$ 以纵轴为轴反褶，即得反褶信号 $f(-t)$。折叠信号 $f(-t)$ 的波形如图 1.2-1（b）所示。可见，若欲求得 $f(t)$ 的反褶信号 $f(-t)$，则必须将 $f(t)$ 中的 t 换为 $-t$，同时 $f(t)$ 定义域中的 t 也必须换为 $-t$。

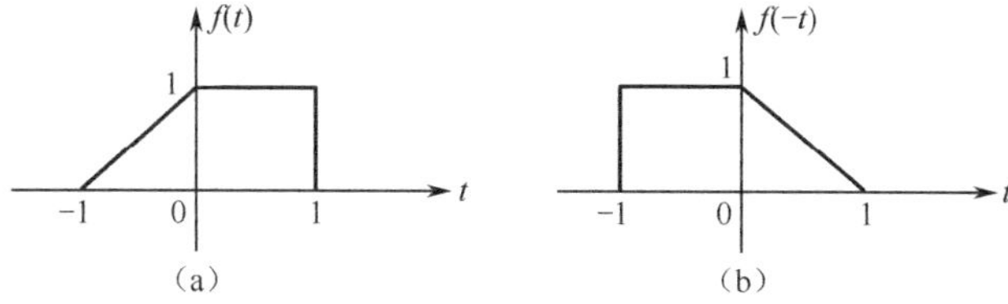

图 1.2-1　信号的反褶

信号的反褶变换，就是将“未来”与“过去”互换，这显然是不能用硬件实现的，没有可实现此功能的实际器件，所以并无实际意义。但它具有理论意义，数字信号处理中可以实现此概念，例如，堆栈中的“后进先出”。

1.2.2 时移

信号的时移就是将信号 $f(t)$ 的波形沿时间轴左、右平行移动，但波形的形状不变。

设信号 $f(t)$ 的波形如图 1.2-2（a）所示。现将 $f(t)$ 沿 t 轴平移 t_0，即得时移信号 $f(t-t_0)$，t_0 为实常数。当 $t_0>0$ 时，为沿 t 轴的正方向移动（右移）；当 $t_0<0$ 时，为沿 t 轴的负方向移动（左移）。时移信号 $f(t\pm t_0)$ 的波形如图 1.2-2（b）、（c）所示。可见，欲求得 $f(t)$ 的时移信号 $f(t-t_0)$，则必须将 $f(t)$ 的 t 换为 $t-t_0$，同时 $f(t)$ 定义域中的 t 也必须换为 $t-t_0$。

信号的时移变换用时移器（也称延时器）实现，需要指出的是，当 $t_0>0$ 时，延时器为因果系统，是可以用硬件实现的；当 $t_0<0$ 时，延时器是非因果系统，此时不能用硬件实现。

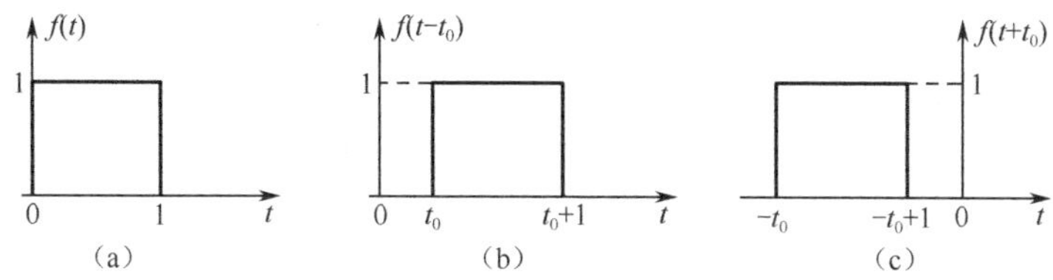

图 1.2-2　信号的时移

1.2.3 展缩

信号的时域展缩就是将信号 $f(t)$ 在时间 t 轴上展宽或压缩，但纵轴上的值不变。

设信号 $f(t)$ 的波形如图 1.2-3（a）所示。现以变量 at 置换 $f(t)$ 中的 t，所得信号 $f(at)$ 即为信号 $f(t)$ 的展缩信号，其中 a 为正实常数。若 $a>1$，则表示将 $f(t)$ 的波形在时间 t 轴上压缩 $1/a$ 倍（纵轴上的值不变），如图 1.2-3（b）所示（图中取 $a=2$）；若 $0<a<1$，则表示将 $f(t)$ 的波形在时间 t 轴上展宽 $1/a$ 倍（纵轴上的值不变），如图 1.2-3（c）所示（图中取 $a=0.5$）。

需要注意的是，在用 at 置换 $f(t)$ 中的 t 时，必须同时将 $f(t)$ 定义域中的 t 也换为 at。

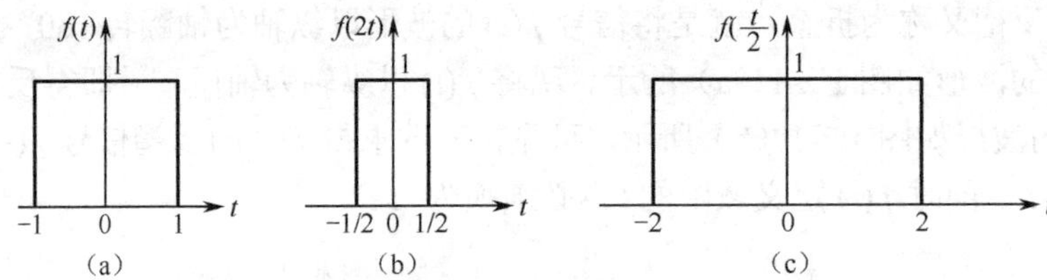

图 1.2-3　信号的展缩

【例 1.2-1】　已知信号 $f(t)$ 的波形如图 1.2-4（a）所示。试画出 $f(-2t+4)$ 的波形。

解：信号 $f(-2t+4)$ 很显然是将信号 $f(t)$ 经过折叠、时移、展缩三种变换后而得到的，但这三种变换的次序则可以是任意的，结果都相同，推荐按照“平移–折叠–展缩”的顺序进行信号的复合运算，其波形依次如图 1.2-4（b）、（c）、（d）所示。

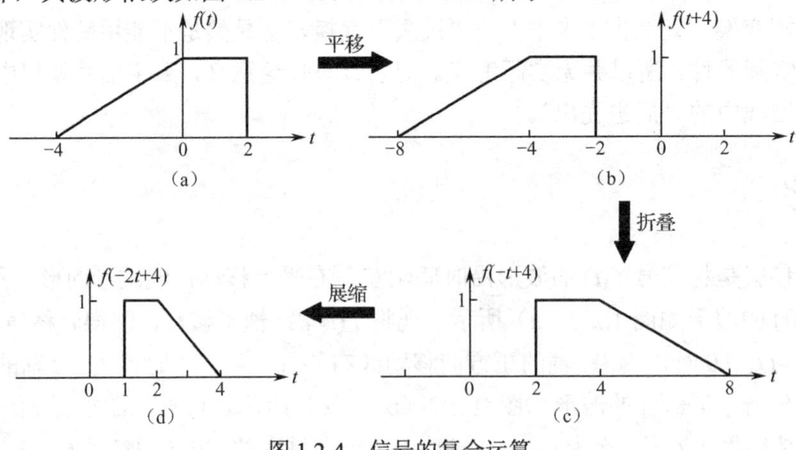

图 1.2-4　信号的复合运算

1.2.4 倒相

设信号 $f(t)$ 的波形如 1.2-5（a）所示。今将 $f(t)$ 的波形以横轴（时间 t 轴）为轴翻转 180°，即得倒相信号 $-f(t)$。倒相信号 $-f(t)$ 的波形如图 1.2-5（b）所示。可见，信号进行倒相时，横轴（时间 t 轴）上的值不变，仅是纵轴上的值改变了正负号，正值变成了负值，负值变成了正值。倒相也称反相。

信号的倒相用倒相器（反相器）实现。

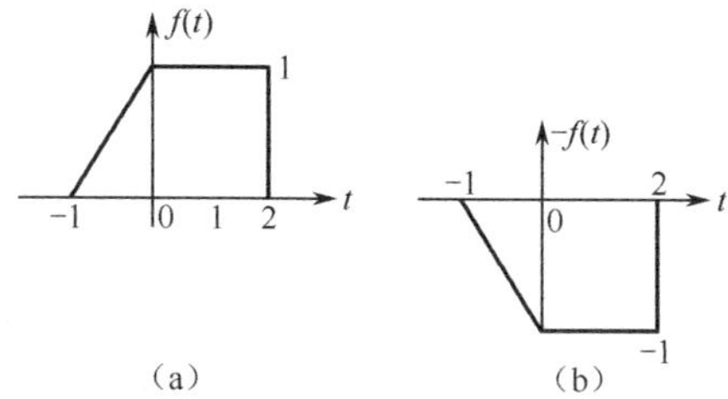

图 1.2-5　信号的倒相

1.2.5　相加

将 n 个信号 $f_1(t), f_2(t), f_3(t), \cdots, f_n(t)$ 相加，即得相加信号 $y(t)$ 为

$$y(t)=f_1(t)+f_2(t)+f_3(t)+\cdots+f_n(t)$$

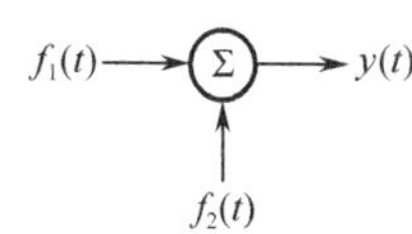

图 1.2-6　信号的相加

信号的时域相加运算可用加法器实现，如图 1.2-6 所示。信号在时域中相加时，横轴（时间 t 轴）的值不变，仅是与时间 t 轴的值相对应的纵坐标值相加。

1.2.6　相乘

将两个信号 $f_1(t)$、 $f_2(t)$ 相乘，即得相乘信号 $y(t)$ 为

$$y(t)=f_1(t)f_2(t)$$

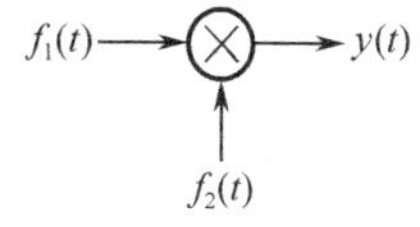

图 1.2-7　信号的相乘

信号的时域相乘运算用乘法器实现，如图 1.2-7 所示。信号在时域中相乘时，横轴（时间 t 轴）的值不变，仅是与时间 t 轴的值相对应的纵坐标值相乘。

信号处理系统中的抽样器和调制器，都是实现信号相乘运算功能的系统。乘法器也称调制器。

1.2.7　微分

将信号 $f(t)$ 求一阶导数，称为对信号 $f(t)$ 进行微分运算，所得信号称为信号 $f(t)$ 的微分信号，即

$$y(t)=\frac{\mathrm{d}f(t)}{\mathrm{d}t}=f'(t)$$

信号的时域微分运算可用微分器实现，如图 1.2-8 所示。

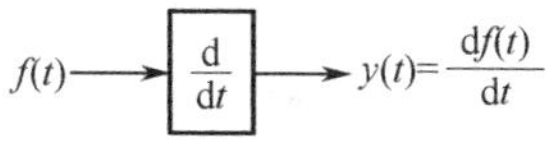

$f(t)\rightarrow\boxed{\frac{\mathrm{d}}{\mathrm{d}t}}\rightarrow y(t)=\frac{\mathrm{d}f(t)}{\mathrm{d}t}$

图 1.2-8　信号的微分

1.2.8　积分

将信号 $f(t)$ 在区间 $(-\infty, t)$ 内求一次积分，称为对信号 $f(t)$ 进行积分运算，所得信号称为信号 $f(t)$ 的积分信号，即

$$y(t)=\int_{-\infty}^{t} f(\tau)\mathrm{d}\tau = f^{-1}(t)$$

信号的时域积分运算可用积分器实现，如图 1.2-9 所示。

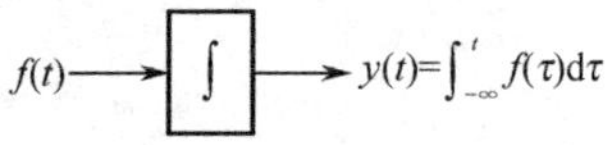

$$f(t) \longrightarrow \boxed{\int} \longrightarrow y(t)=\int_{-\infty}^{t} f(\tau)\mathrm{d}\tau$$

图 1.2-9　信号的积分

1.3　阶跃信号和冲激信号

1.3.1　单位阶跃信号

单位阶跃信号一般用 $u(t)$ 表示，有些版本中也用 $\varepsilon(t)$ 表示。其函数定义式为

$$u(t)=\begin{cases}1, & t>0 \\ 0, & t<0\end{cases} \tag{1.3-1}$$

在 $t=0$ 处，函数不连续，存在跳变。显然左极限 $u(0_-)=0$；右极限 $u(0_+)=1$。$t=0$ 处的函数值定义为左右极限的均值。有些教材定义为 1，也有些教材认为没有定义，为简便起见，$t=0$ 处的函数值不做讨论。单位阶跃信号波形如图 1.3-1（a）所示。经时移（移位）后的单位阶跃信号可以表示为

$$u(t-t_0)=\begin{cases}1, & t>t_0 \\ 0, & t<t_0\end{cases} \tag{1.3-2}$$

其图形如图 1.3-1（b）所示。

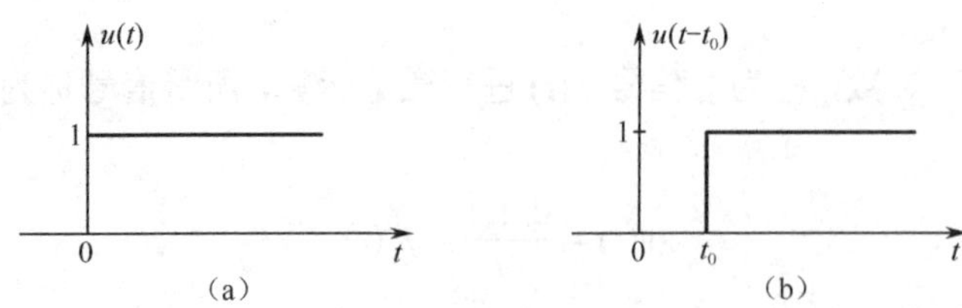

图 1.3-1　单位阶跃信号及移位的阶跃信号

阶跃信号常用来描述有突变的信号或分段函数。用单位阶跃信号可以描述其他信号。

（1）门函数 $g_\tau(t)$，也称窗函数，其定义式为

$$g_\tau(t)=u\left(t+\frac{\tau}{2}\right)-u\left(t-\frac{\tau}{2}\right)$$

其波形如图 1.3-2 所示（图中 $\tau=2$）。

（2）符号函数 $\mathrm{sgn}(t)$，其定义式为

$$\mathrm{sgn}(t)=\begin{cases}1, & t>0\\ -1, & t<0\end{cases}$$

其波形如图 1.3-3 所示。符号函数也可以用单位阶跃函数表示为

$$\mathrm{sgn}(t)=-u(-t)+u(t)=2u(t)-1$$

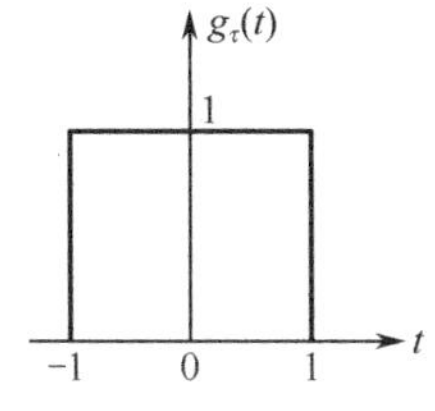

图 1.3-2　门函数 $g_\tau(t)$

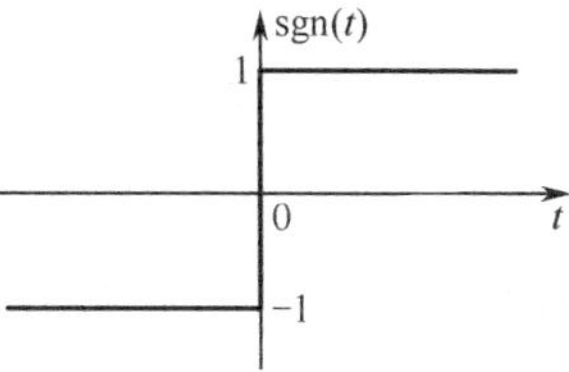

图 1.3-3　符号函数 $\mathrm{sgn}(t)$

实际应用中，单位阶跃信号是非常有用的信号，下面举例说明。

【例 1.3-1】 阶跃信号可以确定信号的起点和区间，画出下列信号的波形。

（1）$f_1(t)=tu(t)$；　　（2）$f_2(t)=tu(t-t_0)$；　　（3）$f_3(t)=t[u(t-1)-u(t-2)]$。

解：（1）确定信号的起点从 $t=0$ 开始，波形图如图 1.3-4（a）所示。

（2）确定信号的起点从 $t=t_0$ 开始，波形图如图 1.3-4（b）所示。

（3）确定信号的起点从 $t=1$ 到 $t=2$，波形图如图 1.3-4（c）所示。

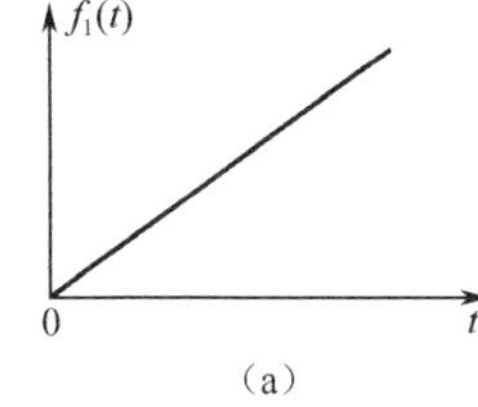

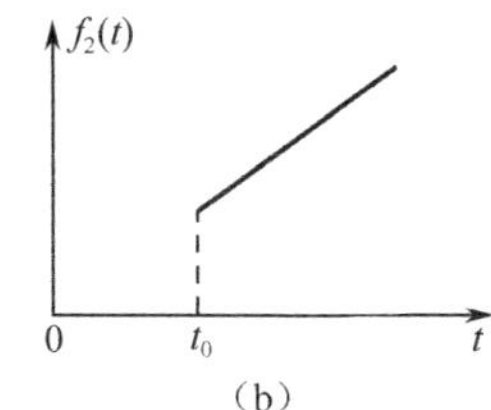

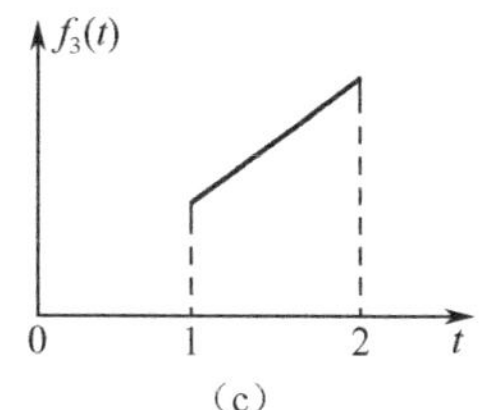

图 1.3-4　阶跃信号确定信号的起点和区间

【例 1.3-2】 阶跃信号可以将分段函数表达式写成封闭式函数表达式。画出下列信号 $f(t)$ 的波形，并写出封闭式表达式：

$$f(t)=\begin{cases}\dfrac{1}{3}(t+2), & -2\leqslant t\leqslant 1\\ -\dfrac{1}{2}(t-1), & 1\leqslant t\leqslant 3\\ 0, & \text{其他}\end{cases}$$

解：信号的波形图如图 1.3-5 所示。其封闭表达式为

$$f(t)=\frac{1}{3}(t+2)[u(t+2)-u(t-1)]-\frac{1}{2}(t-1)[u(t-1)-u(t-3)]$$

【例 1.3-3】 写出图 1.3-6 所示的表达式。

解：其表达式为

$$\begin{aligned}f(t)&=2[u(t+1)-u(t-1)]+[u(t-1)-u(t-3)]\\&=2u(t+1)-u(t-1)-u(t-3)\end{aligned}$$

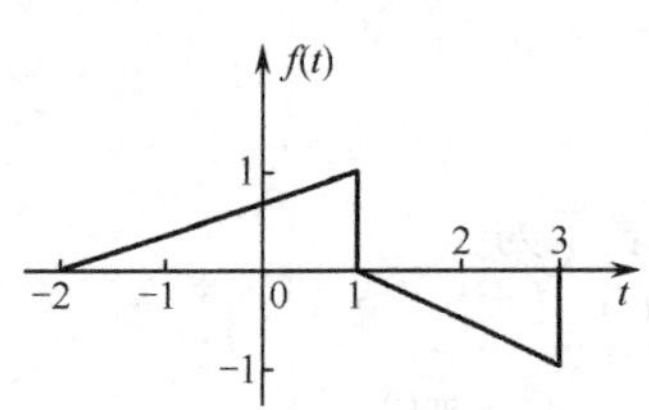

图 1.3-5　例 1.3-2 结果图形

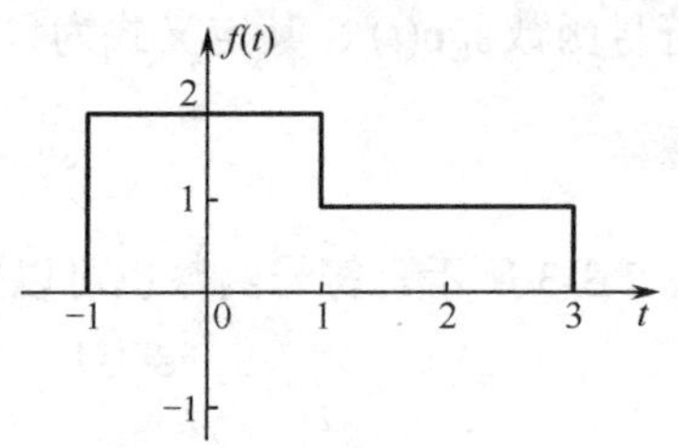

图 1.3-6　例 1.3-3 图

1.3.2　单位冲激信号

1．单位冲激信号的定义

单位冲激信号 $\delta(t)$ 是持续时间无穷小，瞬间幅度无穷大，涵盖面积恒为 1 的一种理想信号，其函数定义式为

$$\begin{cases}\int_{-\infty}^{\infty}\delta(t)\mathrm{d}t=\int_{0-}^{0+}\delta(t)\mathrm{d}t=1 \\ \delta(t)=0, \qquad t\neq 0\end{cases} \tag{1.3-3}$$

按照这个定义式，也可以理解为

$$\delta(t)=\begin{cases}\infty, & t=0 \\ 0, & t\neq 0\end{cases}$$

在用图形描述单位冲激信号时，往往用 1 来描述冲激信号涵盖的面积，如图 1.3-7（a）所示，移位的单位冲激信号 $\delta(t-t_0)$ 波形如图 1.3-7（b）所示。

冲激信号是一类脉冲函数的极限情况，如三角形脉冲、钟形脉冲等。当这些脉冲函数的宽度无限趋小而脉冲面积保持不变时，它们均以冲激信号为极限。冲激信号是描述强度大、作用时间短的物理量的理想模型。

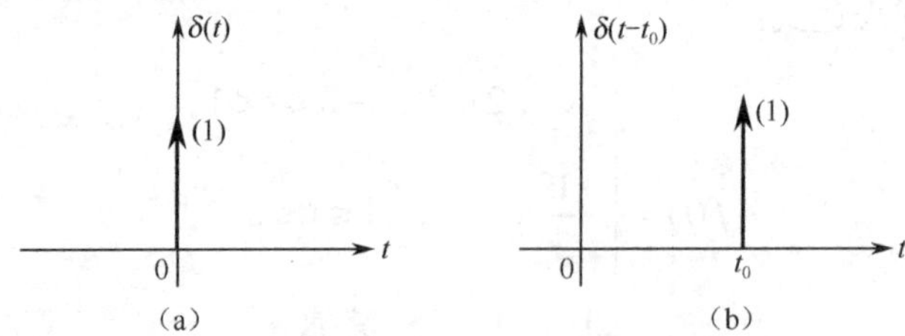

图 1.3-7　单位冲激信号和移位的单位冲激信号

2．冲激信号的性质

（1）抽样性

设 $f(t)$ 为任意有界函数，且在 $t=0$ 和 $t=t_0$ 时刻连续，其函数值分别是 $f(0)$ 和 $f(t_0)$，则有

$$f(t)\delta(t)=f(0)\delta(t) \tag{1.3-4}$$

$$f(t)\delta(t-t_0)=f(t_0)\delta(t-t_0) \tag{1.3-5}$$

即时间函数 $f(t)$ 与单位冲激函数 $\delta(t-t_0)$ 相乘，就等于单位冲激函数出现时刻 $f(t)$ 的函数值 $f(t_0)$ 与单位冲激函数 $\delta(t-t_0)$ 相乘。也就是使冲激函数的强度变为 $f(t_0)$，冲激函数可以把冲激所在位置处 $f(t)$ 的函数值抽取（筛选）出来。扩展到积分为

$$\int_{-\infty}^{\infty} f(t)\delta(t)\mathrm{d}t = f(0) \tag{1.3-6}$$

$$\int_{-\infty}^{\infty} f(t)\delta(t-t_0)\,\mathrm{d}t = f(t_0) \tag{1.3-7}$$

即任意的有界时间函数 $f(t)$ 与单位冲激函数 $\delta(t)$ 或 $\delta(t-t_0)$ 相乘后在无穷区间 $(t\in R)$ 的积分值，等于单位冲激函数出现时刻 $f(t)$ 的函数值 $f(t_0)$。这就是冲激函数的抽样性，也称为筛选性。$f(0)$ 和 $f(t_0)$ 即为 $f(t)$ 在抽样时刻的抽样值，$f(t)$ 为被抽样函数。

证明：

$$\int_{-\infty}^{\infty} f(t)\delta(t)\mathrm{d}t = \int_{0-}^{0+} f(t)\delta(t)\mathrm{d}t = f(0)\int_{0-}^{0+}\delta(t)\mathrm{d}t = f(0)$$

（2）奇偶对称性

$\delta(t)$ 为偶函数，即有

$$\delta(-t) = \delta(t) \tag{1.3-8}$$

证明：

$$\int_{-\infty}^{\infty} f(t)\delta(-t)\mathrm{d}t = -\int_{\infty}^{-\infty} f(-t)\delta(t)\mathrm{d}t = \int_{-\infty}^{\infty} f(-t)\delta(t)\mathrm{d}t = f(0) = \int_{-\infty}^{\infty} f(t)\delta(t)\mathrm{d}t$$

因此

$$\delta(-t) = \delta(t)$$

推广

$$\delta(t-t_0) = \delta\left[-(t-t_0)\right] \tag{1.3-9}$$

（3）冲激偶函数

冲激偶函数定义为冲激函数的一阶导数，即

$$\delta'(t) = \frac{\mathrm{d}\delta(t)}{\mathrm{d}t} \tag{1.3-10}$$

为便于理解冲激偶函数的含义，可以利用三角形脉冲函数逼近冲激函数的过程理解冲激偶函数的含义，如图 1.3-8 所示。

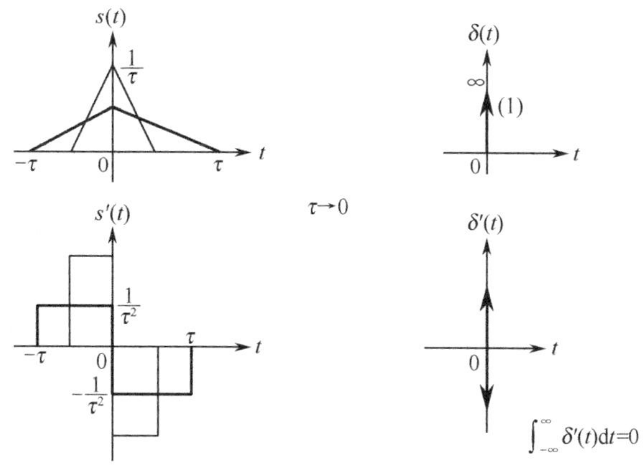

图 1.3-8　冲激偶函数的图解

从图 1.3-8 可以看出，三角形脉冲函数 $s(t)$ 在脉冲宽度 $\tau\to 0$ 时，$s(t)\to\delta(t)$；那么 $s'(t)$ 在脉冲宽度 $\tau\to 0$ 时，$s'(t)\to\delta'(t)$。

$$\begin{cases}\int_{-\infty}^{\infty}\delta'(t)\mathrm{d}t=\int_{0-}^{0+}\delta'(t)\mathrm{d}t=0\\ \delta'(t)=0 \qquad t\neq 0\end{cases} \tag{1.3-11}$$

普通函数与冲激偶函数乘积有以下重要性质，即

$$f(t)\delta'(t)=f(0)\delta'(t)-f'(0)\delta(t) \tag{1.3-12}$$

证明： 因为 $[f(t)\delta(t)]'=f'(t)\delta(t)+f(t)\delta'(t)$

移项，有 $f(t)\delta'(t)=[f(t)\delta(t)]'-f'(t)\delta(t)$

利用冲激函数的抽样性，可以得到

$$\begin{aligned}f(t)\delta'(t)&=[f(0)\delta(t)]'-f'(0)\delta(t)\\&=f(0)\delta'(t)-f'(0)\delta(t)\end{aligned} \tag{1.3-13}$$

推论：

$$\begin{aligned}\int_{-\infty}^{\infty}f(t)\delta'(t)\mathrm{d}t&=\int_{-\infty}^{\infty}[f(0)\delta'(t)-f'(0)\delta(t)]\mathrm{d}t\\&=f(0)\int_{-\infty}^{\infty}\delta'(t)\mathrm{d}t-f'(0)\int_{-\infty}^{\infty}\delta(t)\mathrm{d}t\\&=-f'(0)\end{aligned}$$

普通函数 $f(t)$ 与 $\delta(t)$ 的高阶导数乘积的情况与此相类似，这里不再赘述。

（4）尺度变换

尺度变换特性如下：

$$\delta(at)=\frac{1}{|a|}\delta(t) \tag{1.3-14}$$

证明： 当 $a>0$ 时，令 $\tau=at$，则有 $t=\dfrac{\tau}{a}$ 及 $\mathrm{d}t=\dfrac{\mathrm{d}\tau}{a}$，从而有

$$\int_{-\infty}^{\infty}\delta(at)\mathrm{d}t=\int_{-\infty}^{\infty}\frac{\delta(\tau)}{a}\mathrm{d}\tau=\int_{-\infty}^{\infty}\frac{\delta(t)}{a}\mathrm{d}t=\int_{-\infty}^{\infty}\frac{1}{|a|}\delta(t)\mathrm{d}t$$

当 $a<0$ 时，根据冲激函数的奇偶对称性，同样有 $\delta(at)=\delta(-at)=\dfrac{1}{|a|}\delta(t)$。性质得证。

【例 1.3-4】 求下列积分。

（1）$\int_{-\infty}^{\infty}(t^2+2t+3)\delta(-2t)\mathrm{d}t$；（2）$\int_{-\infty}^{\infty}(t^2+2t+3)\delta(1-2t)\mathrm{d}t$。

解：（1）原式 $=\int_{-\infty}^{\infty}(t^2+2t+3)\times\frac{1}{2}\delta(t)\mathrm{d}t=\int_{-\infty}^{\infty}(0^2+2\times 0+3)\times\frac{1}{2}\delta(t)\mathrm{d}t=1.5$

（2）原式 $=\int_{-\infty}^{\infty}(t^2+2t+3)\delta\left[-2\left(t-\frac{1}{2}\right)\right]\mathrm{d}t=\int_{-\infty}^{\infty}(t^2+2t+3)\delta\left[2\left(t-\frac{1}{2}\right)\right]\mathrm{d}t$

$$=\int_{-\infty}^{\infty}(t^2+2t+3)\times\frac{1}{2}\delta\left(t-\frac{1}{2}\right)\mathrm{d}t=\int_{-\infty}^{\infty}\left[\left(\frac{1}{2}\right)^2+2\times\frac{1}{2}+3\right]\times\frac{1}{2}\delta\left(t-\frac{1}{2}\right)\mathrm{d}t=\frac{17}{8}$$

【例 1.3-5】 已知 $f(t)=3t^2+2t+1$，求下列积分。

（1）$\int_{-\infty}^{\infty}f(t)\delta'(t)\,\mathrm{d}t$；（2）$\int_{-\infty}^{\infty}f(t)\,\delta'(1-t)\mathrm{d}t$。

解：（1）原式 $=-f'(0)=-(3t^2+2t+1)'|_{t=0}=-(6t+2)|_{t=0}=-2$。

（2）原式$=-\int_{-\infty}^{\infty} f(t)\delta'(t-1)\mathrm{d}t=-[-f'(1)]=(3t^2+2t+1)'|_{t=1}=(6t+2)|_{t=1}=8$

【例 1.3-6】 求下列积分：$\int_{-\infty}^{t} \mathrm{e}^{-\tau}\delta'(\tau)\mathrm{d}\tau$。

解： 原式$=\int_{-\infty}^{\tau}[\mathrm{e}^{-0}\delta'(\tau)+\mathrm{e}^{-0}\delta(\tau)]\,\mathrm{d}\tau=\delta(t)+u(t)$

【例 1.3-7】 求解下列问题。

（1）$\int_{-\infty}^{\infty}\frac{\sin 3t}{t}\delta(t)\mathrm{d}t$；（2）$\int_{-\infty}^{\infty}(3t+1)\delta(t-1)\mathrm{d}t$；（3）$\int_{-1}^{3}\mathrm{e}^{-2t}\delta(t-1.5)\mathrm{d}t$；

（4）$\int_{0}^{\infty}4t^2\delta(t+1)\mathrm{d}t$；（5）化简 $4t^2\delta(2t-4)$；（6）$\int_{-4}^{2}\cos(2\pi t)\delta(2t+1)\mathrm{d}t$。

解：（1）由冲激函数的抽样性得

$$\int_{-\infty}^{\infty}\frac{\sin 3t}{t}\delta(t)\mathrm{d}t=\frac{\sin 3t}{t}\Big|_{t=0}$$

在上式右边运用罗必塔法则得

$$\int_{-\infty}^{\infty}\frac{\sin 3t}{t}\delta(t)\mathrm{d}t=\frac{\sin 3t}{t}\Big|_{t=0}=3\cos 3t\Big|_{t=0}=3$$

（2）$\int_{-\infty}^{\infty}(3t+1)\delta(t-1)\mathrm{d}t=(3t+1)\Big|_{t=1}=4$

（3）积分区间包括了 $\delta(t-1.5)$ 的非零点（奇异点）$t=1.5$，所以

$$\int_{-1}^{3}\mathrm{e}^{-2t}\delta(t-1.5)\mathrm{d}t=\mathrm{e}^{-2t}\Big|_{t=1.5}=\mathrm{e}^{-3}$$

（4）积分中的冲激出现在 $t=-1$ 处，它位于积分区域之外，所以所求积分值为 0。

（5）由尺度变换特性得

$$\delta(2t-4)=0.5\delta(t-2)$$

再由冲激函数的抽样性得

$$4t^2\delta(2t-4)=4t^2\times 0.5\delta(t-2)=8\delta(t-2)$$

（6）由尺度变换特性得

$$\delta(2t+1)=0.5\delta(t+0.5)$$

从而

$$\int_{-4}^{2}\cos(2\pi t)\delta(2t+1)\mathrm{d}t=\int_{-4}^{2}\cos(2\pi t)\times 0.5\delta(t+0.5)\mathrm{d}t$$

上式右边的积分区间包括了 $\delta(t+0.5)$ 的非零点，所以

$$\int_{-4}^{2}\cos(2\pi t)\delta(2t+1)\mathrm{d}t=0.5\cos(2\pi t)\Big|_{t=-0.5}=-0.5$$

1.3.3　阶跃信号与冲激信号的关系

由阶跃信号及冲激信号的定义式，可以得到它们之间的关系是

$$\delta(t)=\frac{\mathrm{d}u(t)}{\mathrm{d}t} \tag{1.3-15}$$

$$u(t)=\int_{-\infty}^{t}\delta(x)\mathrm{d}x \tag{1.3-16}$$

1.4 卷积积分及其性质

对卷积方法最早的研究可追溯到 19 世纪初期的数学家欧拉（Euler）、泊松（Poisson）等人，以后许多科学家对此问题的研究做了大量工作，其中，最值得一提的是杜阿美尔（Duhamel，1833）。近代，随着信号与系统理论研究的深入及计算机技术的发展，不仅卷积方法得到广泛应用，反卷积的问题也越来越受重视。反卷积是卷积的逆运算，在地震勘探、超声诊断、光学成像、系统辨识及其他诸多信号处理领域中卷积和反卷积的应用无处不在，而且许多都是有待深入开发研究的课题。本节将对卷积积分的运算方法进行逐一说明，然后阐述卷积的性质及其应用。

1.4.1 卷积积分的定义

对于任意两个信号 $x(t)$ 和 $y(t)$，两者作卷积运算定义为

$$x(t)*y(t)=\int_{-\infty}^{\infty}x(\tau)y(t-\tau)\mathrm{d}\tau \tag{1.4-1}$$

对上式右边作变量代换：$\zeta=t-\tau$，则 $\tau=t-\zeta$ 及 $\mathrm{d}\tau=-\mathrm{d}\zeta$，上式变为

$$x(t)*y(t)=-\int_{\infty}^{-\infty}x(t-\zeta)y(\zeta)\mathrm{d}\zeta=\int_{-\infty}^{\infty}y(\zeta)x(t-\zeta)\mathrm{d}\zeta \tag{1.4-2}$$

依据卷积的定义式可知，上式右边等于 $y(t)*x(t)$，这表明卷积运算满足交换律。综合式（1.4-1）和式（1.4-2）得

$$x(t)*y(t)=\int_{-\infty}^{\infty}x(\tau)y(t-\tau)\mathrm{d}\tau=\int_{-\infty}^{\infty}x(t-\tau)y(\tau)\mathrm{d}\tau=y(t)*x(t) \tag{1.4-3}$$

式中，$x(t)*y(t)$ 是两函数作卷积运算的简写符号，也可以写成 $x(t)\otimes y(t)$。这里的积分限取 $-\infty$ 和 ∞，这是由于对 $x(t)$ 和 $y(t)$ 的作用时间范围没有加以限制。实际上由于系统的因果性或激励信号存在时间的局限性，其积分限会有变化，这一点借助卷积的图形解释可以看得很清楚。可以说卷积积分中积分限的确定是非常关键的，务请在运算中注意。

1.4.2 卷积积分的计算

用图解方法说明卷积运算可以把一些抽象的关系形象化，便于理解卷积的概念及方便运算。

设有函数 $g(t)$ 和 $h(t)$，如图 1.4-1（a）、（b）所示，要计算卷积积分

$$r(t)=g(t)*h(t)=\int_{-\infty}^{\infty}g(\tau)h(t-\tau)\mathrm{d}\tau \tag{1.4-4}$$

分析式（1.4-4）可以看出，卷积积分变量是 τ。$h(t-\tau)$ 说明在 τ 的坐标系中 $h(\tau)$ 有反褶和移位的过程，然后两者重叠部分相乘作积分。这样对两信号作卷积积分运算需要五个步骤：

（1）改换图形中的横坐标，由 t 改为 τ，τ 变成函数的自变量；

（2）把其中的一个信号反褶，如图 1.4-1（c）所示；

（3）把反褶后的信号做移位，移位量是 t，这样 t 是一个参变量，在 τ 坐标系中，t>0 图形

右移；$t<0$ 图形左移，如图 1.4-1（d）所示；

（4）两信号重叠部分相乘 $g(\tau)h(t-\tau)$；

（5）完成相乘后图形的积分。

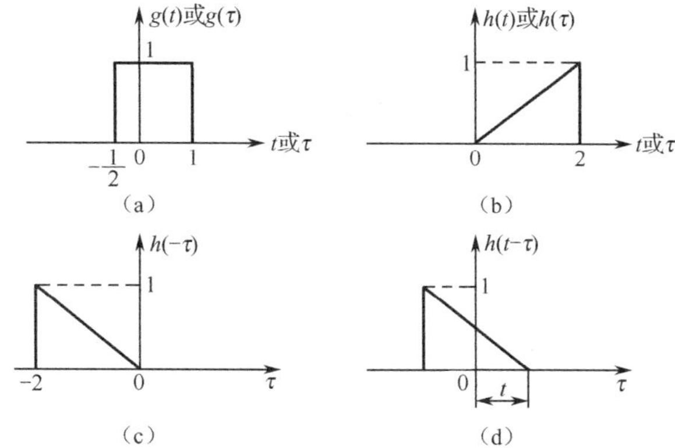

图 1.4-1　卷积的图形解释

按上述步骤完成的卷积积分结果如下：

（1）$-\infty<t\leqslant-\dfrac{1}{2}$，如图 1.4-2（a）所示，即

$$g(t)*h(t)=0$$

（2）$-\dfrac{1}{2}\leqslant t\leqslant 1$，如图 1.4-2（b）所示，即

$$g(t)*h(t)=\int_{-\frac{1}{2}}^{t}1\times\frac{1}{2}(t-\tau)\mathrm{d}\tau=\frac{t^2}{4}+\frac{t}{4}+\frac{1}{16}$$

（3）$1\leqslant t\leqslant\dfrac{3}{2}$，如图 1.4-2（c）所示，即

$$g(t)*h(t)=\int_{-\frac{1}{2}}^{1}1\times\frac{1}{2}(t-\tau)\mathrm{d}\tau=\frac{3}{4}t-\frac{3}{16}$$

（4）$\dfrac{3}{2}\leqslant t\leqslant 3$，如图 1.4-2（d）所示，即

$$g(t)*h(t)=\int_{t-2}^{1}1\times\frac{1}{2}(t-\tau)\mathrm{d}\tau=-\frac{t^2}{4}+\frac{t}{2}+\frac{3}{4}$$

（5）$3\leqslant t<\infty$，如图 1.4-2（e）所示，即

$$g(t)*h(t)=0$$

以上各图中的阴影面积，即为相乘积分的结果。最后，若以 t 为横坐标，将与 t 对应的积分值描成曲线，就是卷积积分 $g(t)*h(t)$ 的函数图像，如图 1.4-3 所示。

从以上图解分析可以看出，卷积中积分限的确定取决于两个图形交叠部分的范围。卷积结果所占有的时宽等于两个函数各自时宽的总和。也可以把 $g(t)$ 反褶位移计算，得到的结果相同，读者可自行完成。

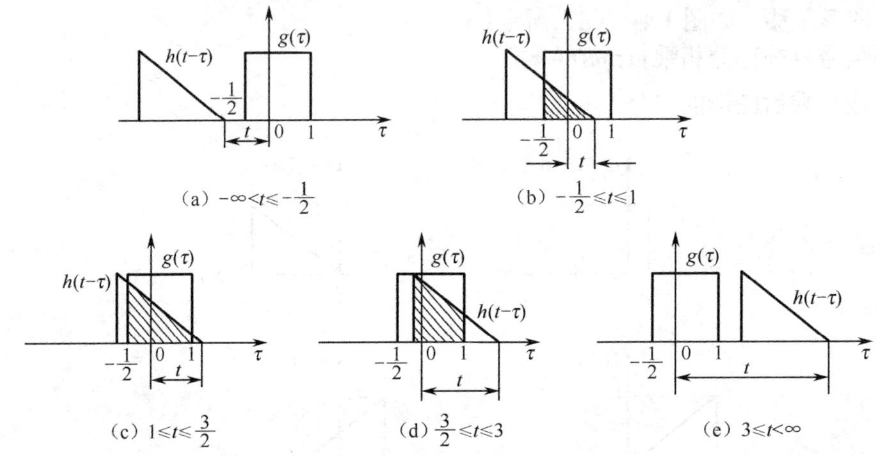

图 1.4-2　卷积积分的求解过程

【例 1.4-1】　已知 $x(t)=\mathrm{e}^{-2t}u(t+1)$ 和 $y(t)=\mathrm{e}^{-3t}u(t-2)$，求卷积 $x(t)*y(t)$。

解：利用卷积积分的定义式得

$$x(t)*y(t)=\int_{-\infty}^{\infty}x(\tau)y(t-\tau)\mathrm{d}\tau=\int_{-\infty}^{\infty}\mathrm{e}^{-2\tau}u(\tau+1)\mathrm{e}^{-3(t-\tau)}u(t-\tau-2)\mathrm{d}\tau$$

整理得

$$x(t)*y(t)=\mathrm{e}^{-3t}\int_{-\infty}^{\infty}\mathrm{e}^{\tau}u(\tau+1)u(t-\tau-2)\mathrm{d}\tau$$

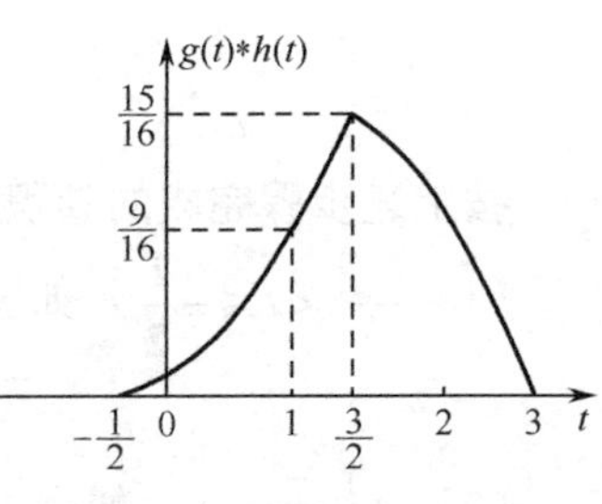

图 1.4-3　卷积积分结果

观察上式右边积分的被积函数 $\mathrm{e}^{\tau}u(\tau+1)u(t-\tau-2)$，其中的 $u(\tau+1)$ 只在 $\tau\geqslant -1$ 时才不为零，而 $u(t-\tau-2)$ 只在 $\tau\leqslant t-2$ 时才不为零，显然只有这两个条件同时满足时，被积函数才不为零；否则，被积函数恒为零，卷积为零。当 $t-2$ 在−1 左边（即 $t-2<-1$ 或 $t<1$）时，$u(\tau+1)$ 和 $u(t-\tau-2)$ 不存在同时取值不为零的重叠区间，卷积为零；而 $t-2$ 在−1 右边（即 $t-2>-1$ 或 $t>1$）时，$u(\tau+1)$ 和 $u(t-\tau-2)$ 在 $-1\leqslant\tau\leqslant t-2$ 区间内（此即积分区间）同时不为零，此时卷积结果为

$$x(t)*y(t)=\int_{-1}^{t-2}\mathrm{e}^{-3t}\mathrm{e}^{\tau}\mathrm{d}\tau=\mathrm{e}^{-3t}(\mathrm{e}^{t-2}-\mathrm{e}^{-1})=\mathrm{e}^{-2t-2}-\mathrm{e}^{-3t-1}$$

考虑到卷积不为零的充要条件为 $t>1$，这显然可以用积分值乘以 $u(t-1)$ 表示，所以最后的结果为

$$x(t)*y(t)=(\mathrm{e}^{-2t-2}-\mathrm{e}^{-3t-1})u(t-1)$$

【例 1.4-2】　求任意函数 $x(t)$ 和常数 1 的卷积：$x(t)*[1]$。

解：初学卷积运算的读者很可能认为任意函数 $x(t)$ 和常数 1 的卷积为这个函数本身，实际上这是不对的。任意函数 $x(t)$ 和常数 1 的乘积当然就是这个函数本身，但是卷积运算和通常的乘法运算有着根本的区别。令 $y(t)=1$，由卷积的定义得

$$x(t)*y(t)=\int_{-\infty}^{\infty}x(\tau)y(t-\tau)\mathrm{d}\tau$$

显然对任意 τ，$y(t-\tau)=1$，这样上式变为

$$x(t)*[1]=\int_{-\infty}^{\infty}x(\tau)\mathrm{d}\tau \tag{1.4-5}$$

这表明任意函数 $x(t)$ 和常数 1 的卷积等于这个函数在整个时域内的积分。

【例 1.4-3】 证明下式成立：

$$x(t)*y(-t)=\int_{-\infty}^{\infty}x(\tau)y(\tau-t)\mathrm{d}\tau \tag{1.4-6}$$

证明：令 $z(t)=y(-t)$，由卷积的定义有

$$x(t)*y(-t)=x(t)*z(t)=\int_{-\infty}^{\infty}x(\tau)z(t-\tau)\mathrm{d}\tau$$

由于 $z(t)=y(-t)$，所以有

$$z(t-\tau)=y[-(t-\tau)]=y(\tau-t)$$

所以

$$x(t)*y(-t)=\int_{-\infty}^{\infty}x(\tau)z(t-\tau)\mathrm{d}\tau=\int_{-\infty}^{\infty}x(\tau)y(\tau-t)\mathrm{d}\tau$$

【例 1.4-4】 证明卷积的面积性质，即若 $x(t)*h(t)=y(t)$，则 $y(t)$ 的面积等于 $x(t)$ 的面积与 $h(t)$ 的面积之积。

$$\int_{-\infty}^{\infty}y(t)\mathrm{d}t=\left[\int_{-\infty}^{\infty}x(t)\mathrm{d}t\right]\left[\int_{-\infty}^{\infty}h(\lambda)\mathrm{d}\lambda\right] \tag{1.4-7}$$

证明：由卷积的定义得

$$\int_{-\infty}^{\infty}y(t)\mathrm{d}t=\int_{-\infty}^{\infty}\left[\int_{-\infty}^{\infty}x(t-\lambda)h(\lambda)\mathrm{d}\lambda\right]\mathrm{d}t$$

在上式右边中交换对 λ 和对 t 积分的次序得

$$\int_{-\infty}^{\infty}y(t)\mathrm{d}t=\int_{-\infty}^{\infty}\left[\int_{-\infty}^{\infty}x(t-\lambda)\mathrm{d}t\right]h(\lambda)\mathrm{d}\lambda$$

考虑到波形的平移不影响函数波形的面积，所以上式右边中括号内积分即为 $x(t)$ 的面积，这样上式变为

$$\int_{-\infty}^{\infty}y(t)\mathrm{d}t=\left[\int_{-\infty}^{\infty}x(t)\mathrm{d}t\right]\left[\int_{-\infty}^{\infty}h(\lambda)\mathrm{d}\lambda\right]$$

1.4.3　卷积积分的性质

作为一种数学运算，卷积运算具有某些特殊性质，这些性质在信号与系统分析中有重要作用。这里给出几个卷积积分运算的常用性质，利用这些性质可以简化卷积计算。

1．卷积代数

（1）交换律：

$$f_1(t)*f_2(t)=f_2(t)*f_1(t) \tag{1.4-8}$$

上式表明两信号在卷积积分中的次序是可以交换的。

（2）分配率：

$$[f_1(t)+f_2(t)]*f_3(t)=f_1(t)*f_3(t)+f_2(t)*f_3(t) \tag{1.4-9}$$

（3）结合律：

$$[f_1(t)*f_2(t)]*f_3(t)=f_1(t)*[f_2(t)*f_3(t)] \tag{1.4-10}$$

上述三式的证明可根据卷积的定义得到（证明略），等学完连续系统的零状态响应后，请思考它们所隐含的物理意义。

2．任意函数与 $\delta(t)$、$u(t)$ 的卷积

（1）$f(t)*\delta(t)=f(t)$ （1.4-11）

证明：利用卷积的定义及冲激函数的筛选性质可得

$$f(t)*\delta(t)=\int_{-\infty}^{\infty}f(\tau)\delta(t-\tau)\mathrm{d}\tau=f(t)\int_{-\infty}^{\infty}\delta(t-\tau)\mathrm{d}\tau=f(t)$$

式（1.4-11）表明，任意函数与单位冲激函数的卷积就是它本身，$\delta(t)$ 是卷积的单位元。

（2）$f(t)*\delta(t-t_1)=f(t-t_1)$ （1.4-12）

证明同上，略。

式（1.4-12）表明，任意函数与 $\delta(t-t_1)$ 的卷积，相当于该信号通过一个延时器或移位器。

（3）$f(t-t_1)*\delta(t-t_2)=f(t-t_1-t_2)$

（4）$f(t)*u(t)=\int_{-\infty}^{t}f(\tau)\,\mathrm{d}\tau$ （1.4-13）

式（1.4-13）表明，任意函数与 $u(t)$ 的卷积，相当于通过一个积分器。

【例 1.4-5】 已知 $f_1(t)=u(t+1)-u(t-1)$，$f_2(t)=\delta(t+5)+\delta(t-5)$，画出 $y_1(t)=f_1(t)*f_2(t)$ 的图形。

解：利用性质可得

$$\begin{aligned}y_1(t)=f_1(t)*f_2(t)&=[u(t+1)-u(t-1)]*[\delta(t+5)+\delta(t-5)]\\&=u(t+6)+u(t-4)-u(t+4)-u(t-6)\end{aligned}$$

波形如图 1.4-4 所示。

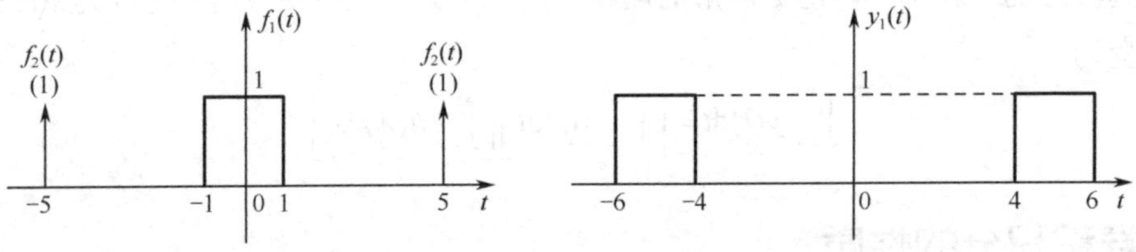

图 1.4-4 例 1.4-5 图形

可见，卷积结果所占的时宽等于两个函数各自时宽的总和。

3．卷积的微分、积分性质

上述卷积代数定律与乘法运算的性质类似，但是卷积的微分或积分却与两函数相乘的微分或积分性质不同。

（1）微分

$$\frac{\mathrm{d}}{\mathrm{d}t}[f_1(t)*f_2(t)]=f_1(t)*\frac{\mathrm{d}f_2(t)}{\mathrm{d}t}=\frac{\mathrm{d}f_1(t)}{\mathrm{d}t}*f_2(t) \tag{1.4-14}$$

式（1.4-14）表明，对两个函数的卷积函数求导，等于其中一个函数的导数与另一个函数的卷积。

证明：

$$\frac{\mathrm{d}}{\mathrm{d}t}[f_1(t)*f_2(t)]=\frac{\mathrm{d}}{\mathrm{d}t}\int_{-\infty}^{\infty}f_1(\tau)f_2(t-\tau)\mathrm{d}\tau=\int_{-\infty}^{\infty}f_1(\tau)\frac{\mathrm{d}f_2(t-\tau)}{\mathrm{d}t}\mathrm{d}\tau=f_1(t)*\frac{\mathrm{d}f_2(t)}{\mathrm{d}t}$$

同理可以证明

$$\frac{\mathrm{d}}{\mathrm{d}t}[f_2(t)*f_1(t)]=\frac{\mathrm{d}f_1(t)}{\mathrm{d}t}*f_2(t)$$

显然，$f_2(t)*f_1(t)=f_1(t)*f_2(t)$，故式（1.4-14）成立。

（2）积分

$$\int_{-\infty}^{t}[f_1(\lambda)*f_2(\lambda)]\mathrm{d}\lambda=f_1(t)*\int_{-\infty}^{t}f_2(\lambda)\mathrm{d}\lambda=f_2(t)*\int_{-\infty}^{t}f_1(\lambda)\mathrm{d}\lambda \qquad (1.4\text{-}15)$$

式（1.4-15）表明，对两个函数的卷积函数求积分，等于其中一个函数的积分与另一个函数的卷积。

证明：由卷积的定义式得

$$\int_{-\infty}^{t}[f_1(\lambda)*f_2(\lambda)]\,\mathrm{d}\lambda=\int_{-\infty}^{t}\left[\int_{-\infty}^{\infty}f_1(\lambda-\tau)f_2(\tau)\mathrm{d}\tau\right]\mathrm{d}\lambda$$

对上式右边交换积分次序得

$$\int_{-\infty}^{t}[f_1(\lambda)*f_2(\lambda)]\,\mathrm{d}\lambda=\int_{-\infty}^{\infty}f_2(\tau)\left[\int_{-\infty}^{t}f_1(\lambda-\tau)\mathrm{d}\lambda\right]\mathrm{d}\tau$$

对上式右边作变量代换：$\eta=\lambda-\tau$，则 $\mathrm{d}\lambda=\mathrm{d}\eta$，积分上限变为 $(t-\tau)$，上式变为

$$\int_{-\infty}^{t}[f_1(\lambda)*f_2(\lambda)]\mathrm{d}\lambda=\int_{-\infty}^{\infty}f_2(\tau)\left[\int_{-\infty}^{t-\tau}f_1(\eta)\,\mathrm{d}\eta\right]\mathrm{d}\tau=f_2(t)*\int_{-\infty}^{t}f_1(\eta)\mathrm{d}\eta$$

同理可证：

$$\int_{-\infty}^{t}[f_1(\lambda)*f_2(\lambda)]\mathrm{d}\lambda=f_1(t)*\int_{-\infty}^{t}f_2(\lambda)\,\mathrm{d}\lambda$$

（3）微、积分性质

$$f_1(t)*f_2(t)=\frac{\mathrm{d}f_1(t)}{\mathrm{d}t}*\int_{-\infty}^{t}f_2(\lambda)\mathrm{d}\lambda=\int_{-\infty}^{t}f_1(\lambda)\mathrm{d}\lambda*\frac{\mathrm{d}f_2(t)}{\mathrm{d}t} \qquad (1.4\text{-}16)$$

证明：由积分性质

$$\int_{-\infty}^{t}[f_1(\lambda)*f_2(\lambda)]\mathrm{d}\lambda=f_1(t)*\int_{-\infty}^{t}f_2(\lambda)\,\mathrm{d}\lambda$$

上式两边求导可得

$$f_1(t)*f_2(t)=\frac{\mathrm{d}}{\mathrm{d}t}\left[f_1(t)*\int_{-\infty}^{t}f_2(\lambda)\mathrm{d}\lambda\right]\xlongequal{\text{由微分性质}}\frac{\mathrm{d}f_1(t)}{\mathrm{d}t}*\int_{-\infty}^{t}f_2(\lambda)\mathrm{d}\lambda$$

由于卷积满足交换律，显然式（1.4-16）成立。

根据需要利用这些性质，可以简化一些函数的卷积运算。

【例 1.4-6】 $f_1(t)=u(t)$，$f_2(t)=\mathrm{e}^{-at}u(t)$，利用微积分性质求 $f(t)=f_1(t)*f_2(t)$。

解：
$$f_1(t)*f_2(t)=\frac{\mathrm{d}f_1(t)}{\mathrm{d}t}*\int_{-\infty}^{t}f_2(\tau)\mathrm{d}\tau=\delta(t)*\left[\frac{1}{a}-\frac{1}{a}\mathrm{e}^{-at}\right]u(t)=\frac{1}{a}[1-\mathrm{e}^{-at}]u(t)$$

当被卷积函数的导数出现冲激函数项时，利用微积分性质求解卷积较简单。

【例 1.4-7】 $f_1(t)$ 与 $f_2(t)$ 的信号如图 1.4-5 所示，利用微积分性质求 $f(t)=f_1(t)*f_2(t)$。

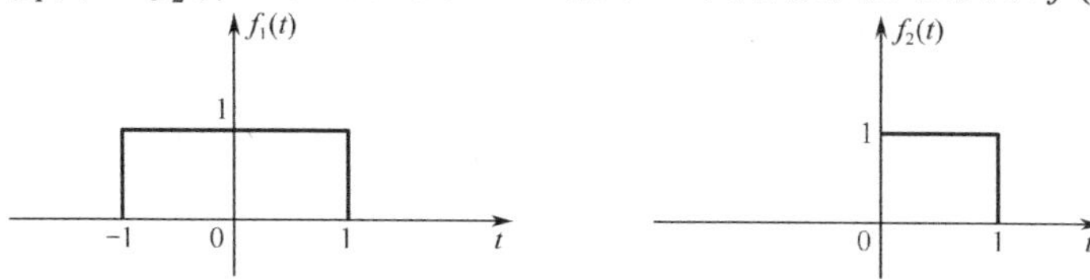

图 1.4-5　例 1.4-7 信号图形

解：
$$\int_{-\infty}^{t} f_1(\lambda)\mathrm{d}\lambda = (t+1)[u(t+1)-u(t-1)]+2u(t-1)$$

$$\frac{\mathrm{d}f_2(t)}{\mathrm{d}t} = \delta(t)-\delta(t-1)$$

$$\begin{aligned}f(t) &= f_1(t)*f_2(t) = \frac{\mathrm{d}f_2(t)}{\mathrm{d}t} * \int_{-\infty}^{t} f_1(t)\mathrm{d}\lambda \\ &= [\delta(t)-\delta(t-1)]*\{(t+1)[u(t+1)-u(t-1)]+2u(t-1)\} \\ &= (t+1)u(t+1)-tu(t-1)+u(t-1)-[tu(t)-(t-1)u(t-2)+u(t-2)] \\ &= (t+1)u(t+1)-tu(t-1)+u(t-1)-tu(t)+(t-1)u(t-2)-u(t-2) \\ &= \begin{cases} t+1, & -1<t<0 \\ 1, & 0<t<1 \\ 2-t, & 1<t<2 \\ 0, & 其他 \end{cases}\end{aligned}$$

结果图形如图 1.4-6 所示。

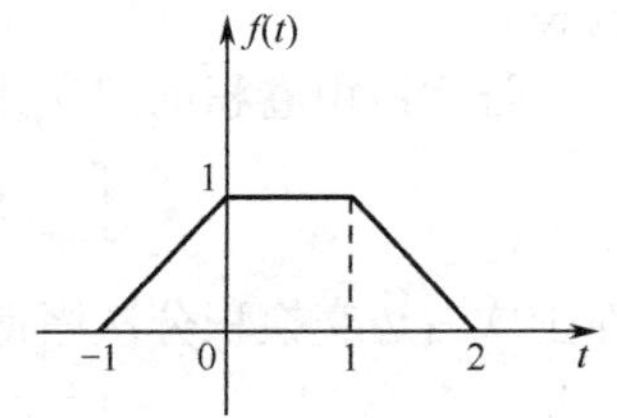

图 1.4-6　例 1.4-7 结果图形

1.5 离散时间信号

1.5.1 离散时间信号的概念

仅在一些离散的瞬间才有定义的信号称为离散时间信号，简称离散信号。这里“离散”是指信号的定义域——时间是离散的，它只在离散时刻 t_n（$n=0,\pm1,\pm2,\cdots$）有定义，在其余的时间不予定义。时刻 t_n 与 t_{n+1} 之间的间隔 $T_s=t_{n+1}-t_n$ 可以是常数，也可以随 n 而变化。本书只讨论 T_s 等于常数的情况。若令相邻时刻 t_{n+1} 与 t_n 之间的间隔为常数 T_s，则离散信号只在均匀离散时刻 $t=\cdots,\ -T_s, 0, T_s,\cdots$ 时有定义，它可以表示成 $x(nT_s)$。为了简便起见，不妨把 $x(nT_s)$ 简记为 $x(n)$。这样离散信号在数学上可以表示为数的序列，故离散信号也常称为序列。

离散信号常可以通过对模拟信号（如语音）进行等间隔采样而得到，如图 1.5-1 所示。例如，对于一个连续时间信号 $x_a(t)$，以每秒 $f_s=1/T_s$ 的抽样频率采样而产生离散信号，它与 $x_a(t)$ 的关系如下

$$x(n)=x_a(nT_s) \tag{1.5-1}$$

然而，并不是所有的离散信号都是由模拟信号采样获得的。一些信号可以认为是自然产生的离散信号，如每日股票市场价格、人口统计数和仓库存量等。还有一些离散信号是由计算机仿真产生的。

序列 $x(n)$ 可以用图形表示，如图 1.5-2 所示。若序列 $x(n)$ 随 n 的变化规律可以用公式表示，则其数学表达式可以写成闭合形式，如

$$x(n)=A\cos(\beta n+\varphi) \tag{1.5-2}$$

如果 $x(n)$ 是通过观测得到的一组离散数据，也可以逐个列出 $x(n)$ 的值，用集合的形式给出序列的值，例如

$$x(n)=\{\ -0.42\quad 0.54\quad \underset{\substack{\uparrow\\ n=0}}{1.00}\quad 0.54\quad -0.42\quad -0.99\} \tag{1.5-3}$$

序列 $x(n)$ 中数字 1.00 下面箭头↑表示与序号 $n=0$ 对应，左右两侧依次是 n 取负整数和 n 取正整数时相对应的 $x(n)$ 的值。通常把对应某序号 m 的序列值称为第 m 个样点的样值，如上述用集合表示的序列 $x(n)$ 的第 3 个样点的样值为–0.99。

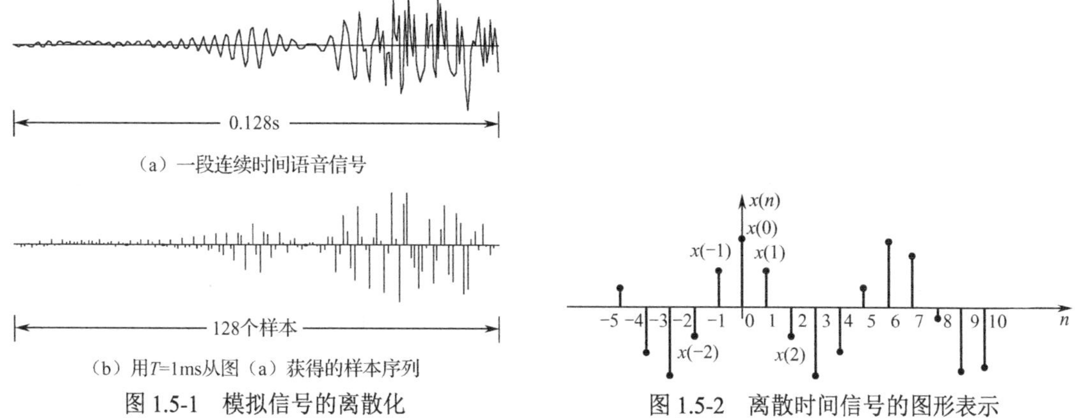

（a）一段连续时间语音信号

（b）用 T=1ms从图（a）获得的样本序列

图 1.5-1　模拟信号的离散化

图 1.5-2　离散时间信号的图形表示

1.5.2　序列的基本运算

1．加法和乘法

信号 $x_1(n)$ 和 $x_2(n)$ 之和是指同一样点（序号）的样值对应相加所构成的“和信号”，即

$$x(n)=x_1(n)+x_2(n) \tag{1.5-4}$$

调音台是信号相加的一个实际例子，它将音乐和语言混合到一起。

信号 $x_1(n)$ 和 $x_2(n)$ 之积是指同一样点（序号）的样值对应相乘所构成的“积信号”，即

$$x(n)=x_1(n)\cdot x_2(n) \tag{1.5-5}$$

收音机的调幅信号是信号相乘的一个实际例子，它将音频信号加载到被称为载波的正弦信号上。

加法和乘法都是“点对点”的运算。

【例 1.5-1】 已知序列

$$x_1(n)=\begin{cases}2^n, & n<0\\ n+1, & n\geqslant 0\end{cases};\quad x_2(n)=\begin{cases}0, & n<-2\\ 2^{-n}, & n\geqslant -2\end{cases}$$

求 $x_1(n)$ 和 $x_2(n)$ 之和以及 $x_1(n)$ 和 $x_2(n)$ 之积。

解： $x_1(n)$ 和 $x_2(n)$ 之和为

$$x_1(n)+x_2(n)=\begin{cases}2^n, & n<-2\\ 2^n+2^{-n}, & n=-2,-1\\ n+1+2^{-n}, & n\geqslant 0\end{cases}$$

$x_1(n)$ 和 $x_2(n)$ 之积为

$$x_1(n)x_2(n)=\begin{cases}2^n\times 0\\ 2^n\times 2^{-n}\\ (n+1)\times 2^{-n}\end{cases}=\begin{cases}0, & n<-2\\ 1, & n=-2,-1\\ (n+1)2^{-n}, & n\geqslant 0\end{cases}$$

$x_1(n)$、$x_2(n)$、$x_1(n)+x_2(n)$ 及 $x_1(n)x_2(n)$ 的波形图如图 1.5-3（a）～（d）所示。

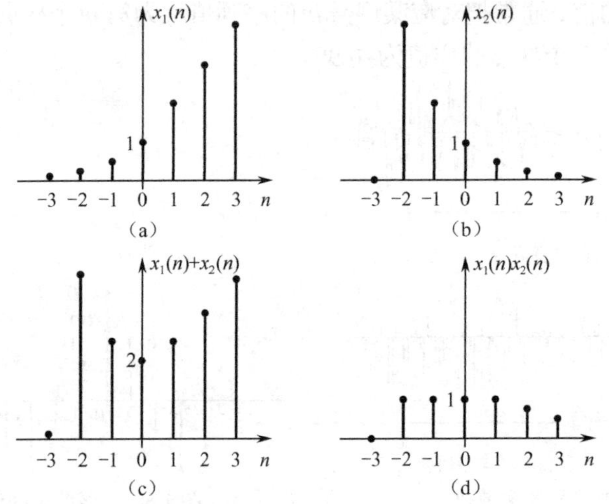

图 1.5-3　序列的加法和乘法

2．移位

给定离散信号 $x(n)$，若有正整数 m，序列 $x(n-m)$ 是将原序列沿 n 轴正方向平移 m 单位，即向右移位（延时序列），而序列 $x(n+m)$ 是将原序列沿 n 轴负方向平移 m 单位，即向左移位（超前序列），如图 1.5-4 所示，图中 $m=2$。在雷达系统中，雷达接收到的目标回波信号就是延时信号。在数字信号处理的硬件设备中，移位实际上是由一系列的移位寄存器来实现的。

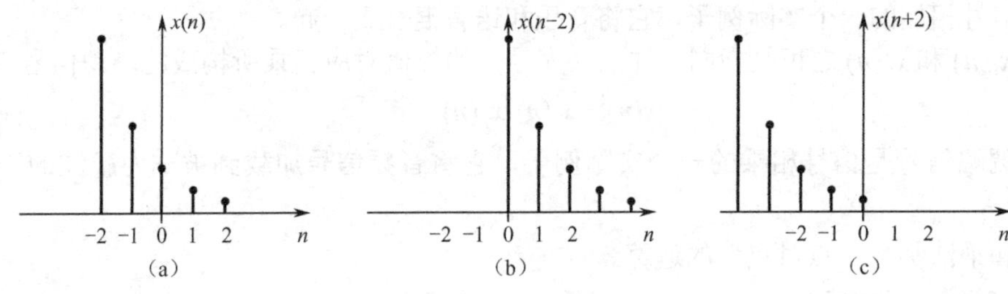

图 1.5-4　序列的移位

3．反褶

给定离散信号 $x(n)$，序列 $x(-n)$ 就是将 $x(n)$ 以 $n=0$ 的纵轴为对称轴进行反褶，如图 1.5-5 所示。

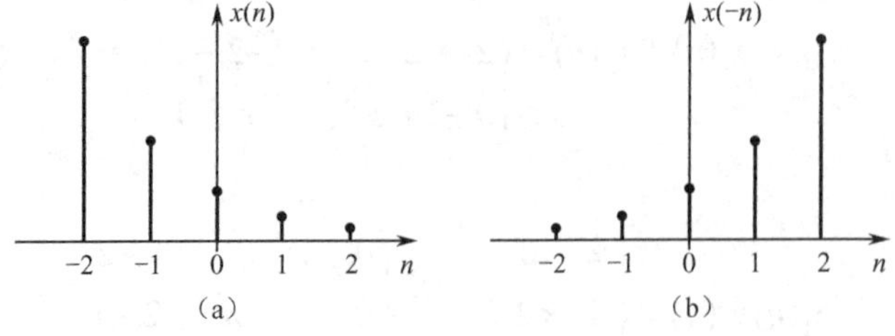

图 1.5-5　序列的反褶

如果将移位和反褶相结合，就可以得到$x(-n\pm m)$。在画这类信号的波形时，可以先反褶，然后移位，也可以先移位，然后反褶，但是要注意波形的变换始终是针对序号n进行的。例如，画信号$x(-n+m)$，m取正整数时，可以先将$x(n)$向左移位得到$x(n+m)$，然后将$x(n+m)$反褶得到$x(-n+m)$；或可以先将$x(n)$反褶得到$x(-n)$，然后将$x(-n)$向右移位得到$x[-(n-m)]=x(-n+m)$。注意这时移位的方向与前述相反。移位和反褶相结合的波形如图 1.5-6 所示。

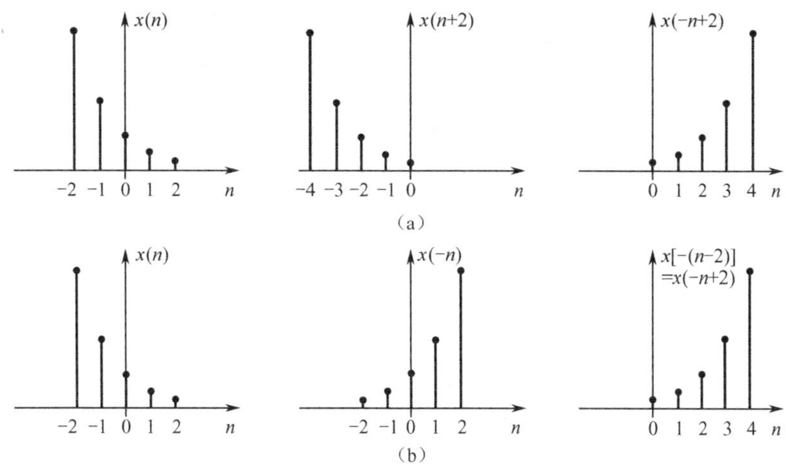

图 1.5-6　移位和反褶相结合

4．累加

设某序列为$x(n)$，则$x(n)$的累加序列$y(n)$定义为

$$y(n)=\sum_{m=-\infty}^{n}x(m) \tag{1.5-6}$$

它表示$y(n)$在时刻n上的值等于该时刻以及其之前所有时刻的$x(n)$值之和。求和是在虚设的变量m下进行的，m为哑变量，n为参变量，结果仍为n的函数。

累加的概念与连续时间信号中积分的概念是一致的。在积分中，定义信号$x(t)$的积分$y(t)$为

$$y(t)=\int_{-\infty}^{t}x(\tau)\mathrm{d}\tau \tag{1.5-7}$$

可以看到累加运算与积分运算的主要区别是求和与积分符号的不同，它们对信号的作用是一样的。

5．差分运算

序列的差分可以分为前向差分和后向差分。一阶前向差分定义为

$$\Delta x(n)\overset{\text{def}}{=}x(n+1)-x(n) \tag{1.5-8}$$

一阶后向差分定义为

$$\nabla x(n)\overset{\text{def}}{=}x(n)-x(n-1) \tag{1.5-9}$$

式中，Δ和∇称为差分算子。由式（1.5-8）和式（1.5-9）可见，前向差分和后向差分的关系为

$$\nabla x(n)=\Delta x(n-1) \tag{1.5-10}$$

两者仅移位不同，没有原则上的差别，因而它们的性质也相同。一般地，为方便起见，前向差分方程多用于状态变量分析；后向差分方程多用于因果系统与数字滤波器的分析。本书主要讨论后向差分，简称差分。

序列的差分运算与连续时间信号的微分运算相对应。在微分中，我们定义

$$\begin{aligned}\frac{\mathrm{d}x(t)}{\mathrm{d}t}&=\lim_{\Delta t\to 0}\frac{\Delta x(t)}{\Delta t}\\&=\lim_{\Delta t\to 0}\frac{x(t+\Delta t)-x(t)}{\Delta t}=\lim_{\Delta t\to 0}\frac{x(t)-x(t-\Delta t)}{\Delta t}\end{aligned}\tag{1.5-11}$$

就离散信号而言，可用两个相邻序列值的差值代替 $\Delta x(t)$，用相应离散时间之差代替 Δt，并称这两个差值之比为离散信号的变化率，就可以由微分运算得到差分运算：

$$\frac{\Delta x(n)}{\Delta n}=\frac{x(n+1)-x(n)}{(n+1)-n}\tag{1.5-12}$$

$$\frac{\nabla x(n)}{\nabla n}=\frac{x(n)-x(n-1)}{n-(n-1)}\tag{1.5-13}$$

二阶差分可以定义为

$$\nabla^2 x(n)=\nabla[\nabla x(n)]=x(n)-2x(n-1)+x(n-2)\tag{1.5-14}$$

类似地，可定义三阶、四阶、…、m阶差分。一般地，m阶差分为

$$\nabla^m x(n)=\nabla[\nabla^{m-1}x(n)]=\sum_{i=0}^{m}(-1)^i\binom{m}{i}x(n-i)\tag{1.5-15}$$

式中

$$\binom{m}{i}=\frac{m!}{(m-i)!i!},\quad i=0,1,2,\cdots,m\tag{1.5-16}$$

为二项式系数。

6．尺度变换（抽取与插值）

（1）抽取。

给定序列 $x(n)$，令

$$x_{\mathrm{d}}(n)=x(Dn),\quad D\text{为正整数}\tag{1.5-17}$$

则 $x_{\mathrm{d}}(n)$ 表示从 $x(n)$ 的每连续 D 个样本值中取出一个组成的新序列，这种运算称为抽取。抽取丢失了原信号的部分信息，它不是简单的时间轴的压缩。若序列 $x(n)$ 是由连续信号 $x_{\mathrm{a}}(t)$ 以 f_{s} 为抽样频率抽样产生的，则可以认为 $x_{\mathrm{d}}(n)$ 是以 $1/D$ 倍的抽样频率 (f_{s}/D) 对 $x_{\mathrm{a}}(t)$ 抽样产生的，相当于将抽样间隔由 T 变成 DT。当 $D=2$ 时，$x(n)$ 和 $x_{\mathrm{d}}(n)$ 分别如图 1.5-7（a）、（b）所示。

（2）插值。

给定序列 $x(n)$，令

$$x_{\mathrm{i}}(n)=\begin{cases}x(n/I), & n=mI,\quad I\text{为正整数},m\text{为整数}\\0, & \text{其他}n\end{cases}\tag{1.5-18}$$

则 $x_{\mathrm{i}}(n)$ 表示在原序列 $x(n)$ 的两个相邻样本值之间插入 $(I-1)$ 个零值（I 为正整数），故也称为序列的零值插入。当 $I=2$ 时，$x_{\mathrm{i}}(n)$ 如图 1.5-7（c）所示。

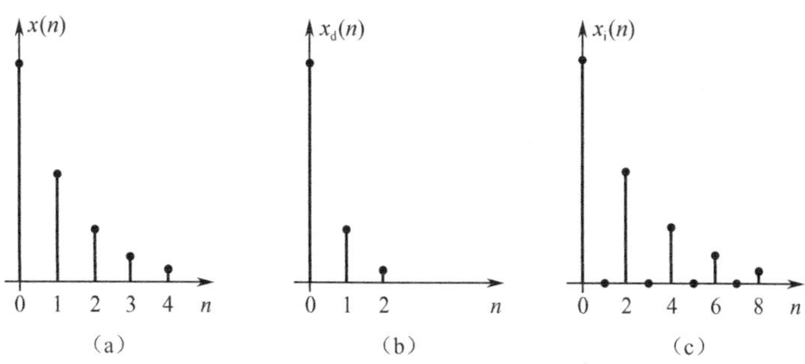

图 1.5-7　序列的抽取与插值

1.5.3　基本序列

下面介绍一些典型的离散信号。

1．单位抽样序列

单位抽样序列也称单位冲激序列、单位序列、单位样本序列等，它的定义为

$$\delta(n)=\begin{cases}1, & n=0\\0, & n\neq 0\end{cases} \tag{1.5-19}$$

单位抽样序列只在 $n=0$ 处有一个单位值 1，其余点上皆为 0。单位抽样序列如图 1.5-8（a）所示。它是最常用、最重要的一种序列，它在离散时间系统中的作用，类似于连续时间系统中的单位冲激函数 $\delta(t)$。但是，在连续时间系统中，$\delta(t)$ 是 $t=0$ 点脉宽趋于零，幅值趋于无限大，面积为 1 的信号，是极限概念的信号，并非任何现实的信号。而离散时间系统中的 $\delta(n)$，却完全是一个现实的序列，它的样本值是 1，是一个有限值。所以单位抽样序列没有遇到那么多像连续时间冲激所带来的数学处理上的麻烦，它的定义既简单又明确。

若将 $\delta(n)$ 在时间轴上延时 m 个抽样周期，则得到 $\delta(n-m)$，其波形图如图 1.5-8（b）所示，即

$$\delta(n-m)=\begin{cases}1, & n=m\\0, & n\neq m\end{cases} \tag{1.5-20}$$

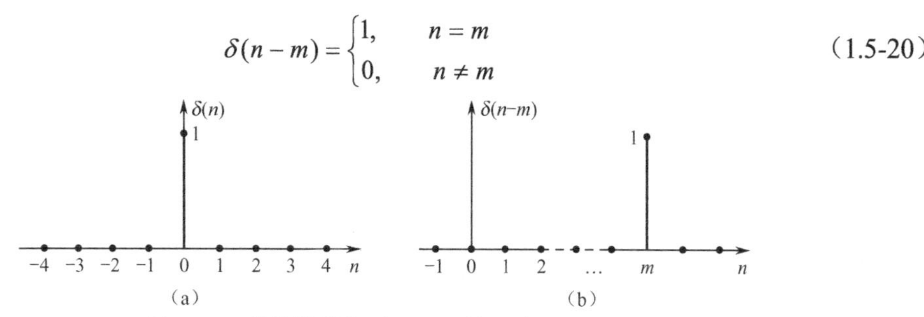

图 1.5-8　单位抽样序列 $\delta(n)$ 及其延时 $\delta(n-m)$

和单位冲激信号 $\delta(t)$ 类似，单位抽样序列 $\delta(n)$ 也有抽样性质：

$$x(n)\delta(n-m)=x(m)\delta(n-m)=\begin{cases}x(m), & n=m\\0, & 其他n\end{cases} \tag{1.5-21}$$

这表明，单位抽样序列（或其延时）和任意函数相乘，结果是取出该函数在单位抽样序列出现时刻的样本值。

单位抽样序列的一个重要作用就是任何序列都可以用一组幅度加权和延时的单位抽样序列的和来表示。例如，在图 1.5-9 中，序列 $x(n)$ 可以表示为

$$
\begin{aligned}
x(n) = & \cdots + x(-1)\delta(n+1) + x(0)\delta(n) + x(1)\delta(n-1) \\
& + x(2)\delta(n-2) + x(3)\delta(n-3) + \\
& \cdots + x(m)\delta(n-m) + \cdots
\end{aligned}
$$

一般地，上式简写为

$$x(n) = \sum_{m=-\infty}^{\infty} x(m)\delta(n-m) \tag{1.5-22}$$

根据卷积和的定义

$$x(n) = \sum_{m=-\infty}^{\infty} x(m)\delta(n-m) = x(n) * \delta(n) \tag{1.5-23}$$

该公式可以理解为信号的时域分解公式。也就是说，任何序列都可以以 $\delta(n)$ 为基进行分解，这和连续时间信号在时域分解为 $\delta(t)$ 的积分的意义是一样的。这个分解用数学符号来表示，实际上就是卷积。

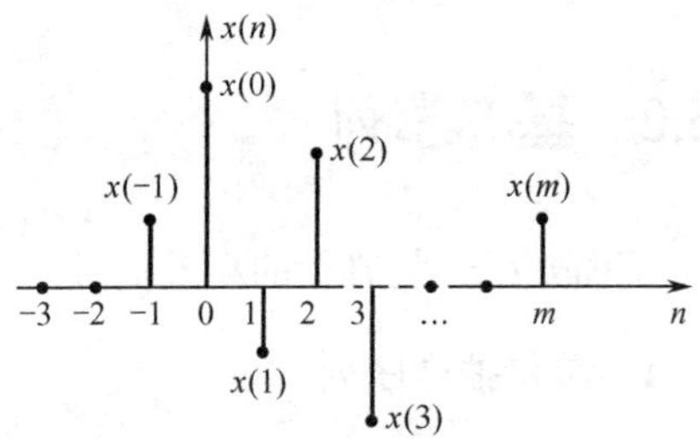

图 1.5-9　用单位抽样序列表示任意序列

2．单位阶跃序列

单位阶跃序列定义为

$$u(n) = \begin{cases} 1, & n \geqslant 0 \\ 0, & n < 0 \end{cases} \tag{1.5-24}$$

它类似于连续时间信号中的单位阶跃函数 $u(t)$。但 $u(t)$ 在 $t=0$ 时通常不予定义，或者定义为左极限与右极限之和的一半，即 $u(0)=[u(0_-)+u(0_+)]/2=[0+1]/2=1/2$，总之它的定义不甚明确。而 $u(n)$ 在 $n=0$ 时明确定义为 $u(0)=1$，它是一个普通序列。$u(n)$ 以及延时 $u(n-m)$ 如图 1.5-10 所示。

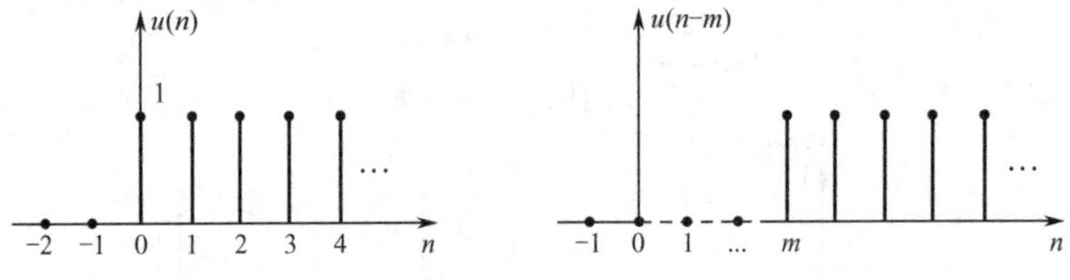

图 1.5-10　单位阶跃序列 $u(n)$ 及其延时 $u(n-m)$

阶跃序列 $u(n)$ 和单位抽样序列 $\delta(n)$ 的关系为

$$\delta(n) = u(n) - u(n-1) \tag{1.5-25}$$

这就是 $u(n)$ 的后向差分。

将 $u(n)$ 看作一组延时的单位抽样序列之和，这时，非零样本值全都是 1，有

$$u(n) = \delta(n) + \delta(n-1) + \delta(n-2) + \cdots \tag{1.5-26}$$

或者

$$u(n)=\sum_{m=0}^{\infty}\delta(n-m) \tag{1.5-27}$$

令 $n-m=k$ ，有

$$u(n)=\sum_{k=-\infty}^{n}\delta(k) \tag{1.5-28}$$

这表明，$u(n)$ 为 $\delta(n)$ 的累加。

3. 矩形序列

$$R_N(n)=\begin{cases}1, & 0\leqslant n\leqslant N-1\\ 0, & \text{其他}n\end{cases} \tag{1.5-29}$$

矩形序列 $R_N(n)$ 如图 1.5-11 所示。

将 $R_N(n)$ 用 $\delta(n)$ 和 $u(n)$ 表示为

$$R_N(n)=\sum_{m=0}^{N-1}\delta(n-m)=\delta(n)+\delta(n-1)+\cdots+\delta[n-(N-1)] \tag{1.5-30}$$

$$R_N(n)=u(n)-u(n-N) \tag{1.5-31}$$

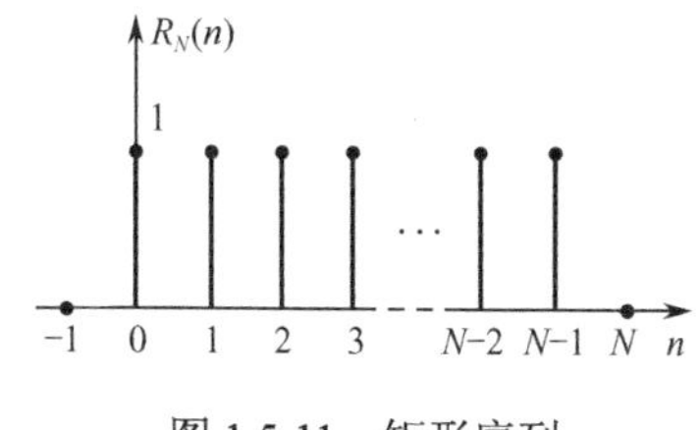

图 1.5-11　矩形序列

4. 实指数序列

$$x(n)=Aa^n u(n) \tag{1.5-32}$$

式中，A 和 a 都是实数。当 $|a|<1$ 时，序列是收敛的；而当 $|a|>1$ 时，序列是发散的。a 为负数时，序列是正负交替变化的。单边实指数序列如图 1.5-12 所示。

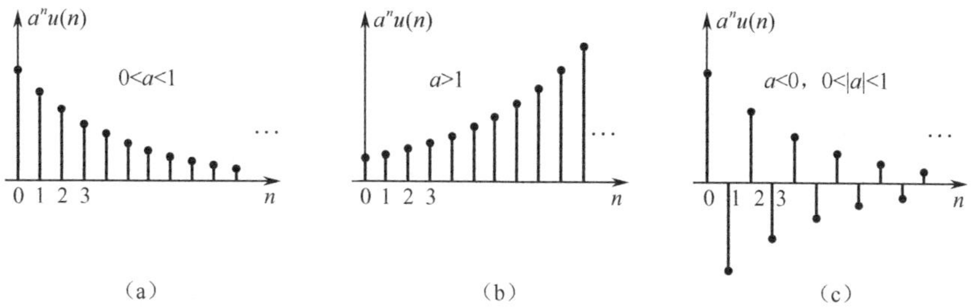

图 1.5-12　单边实指数序列

5. 正弦序列

$$x(n)=A\cos(\beta n+\varphi) \tag{1.5-33}$$

式中，A 为幅度；φ 为起始相位；β 为数字域角频率，它反映了序列变化的速率。三个参数均为实数。需要注意的是，n 是一个无量纲的整数，由此 β 的量纲必须是弧度。在连续时间信号中，角频率 ω 的单位是弧度每秒，倘若我们希望与连续时间的情况保持一种更为相近的对照，可以认为 β 的单位为弧度每样本，而 n 的单位就是样本。

$\beta=0.1\pi$ 时，序列 $x(n)$ 如图 1.5-13 所示，该序列值每 20 个重复一次循环。正弦序列的周期性在前述已详细讨论，这里不再赘述。

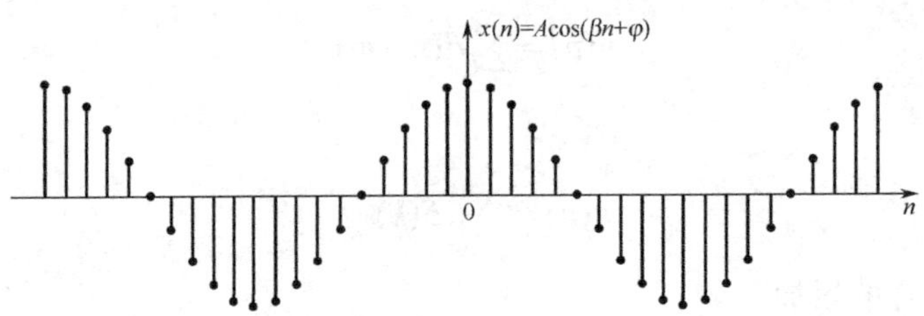

图 1.5-13 当 $A=1$，$\beta=0.1\pi$，$\varphi=0$ 时的正弦序列

6. 复指数序列

序列值为复数的序列称为复序列，复序列的每个值具有实部和虚部两部分。

当指数序列 $x(n)=Aa^n$ 中 A 和 a 都是复数时，令 $A=|A|\mathrm{e}^{\mathrm{j}\varphi}$，$a=|a|\mathrm{e}^{\mathrm{j}\beta}$，有

$$x(n)=Aa^n=|A|\mathrm{e}^{\mathrm{j}\varphi}\cdot|a|^n\mathrm{e}^{\mathrm{j}\beta n}=|A||a|^n\mathrm{e}^{\mathrm{j}(\beta n+\varphi)} \tag{1.5-34}$$

式（1.5-34）中，模和相角分别为

$$|x(n)|=|A||a|^n,\quad \arg[x(n)]=\beta n+\varphi \tag{1.5-35}$$

式（1.5-34）还可以表示为实部和虚部

$$\begin{aligned}x(n)&=|A||a|^n\mathrm{e}^{\mathrm{j}(\beta n+\varphi)}\\&=|A||a|^n\cos(\beta n+\varphi)+\mathrm{j}|A||a|^n\sin(\beta n+\varphi)\end{aligned} \tag{1.5-36}$$

可见，复指数序列 $x(n)=Aa^n$ 是实部和虚部分别指数加权的正弦序列。若 $|a|>1$，该序列振荡的包络按指数增长；若 $|a|<1$，该序列振荡的包络按指数衰减。包络衰减的复指数序列如图 1.5-14 所示。

当 $|a|=1$ 时，$x(n)$ 也称为复正弦序列（或称为虚指数序列），其实部和虚部分别是余弦和正弦序列

$$x(n)=|A|\mathrm{e}^{\mathrm{j}(\beta n+\varphi)}=|A|\cos(\beta n+\varphi)+\mathrm{j}|A|\sin(\beta n+\varphi) \tag{1.5-37}$$

这里 β 也称为复正弦或复指数的频率。

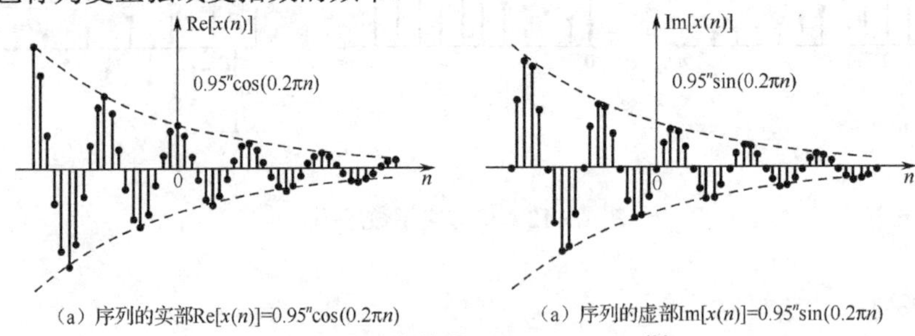

图 1.5-14 复指数序列 $x(n)=0.95^n\mathrm{e}^{\mathrm{j}0.2\pi n}$

1.6 离散时间信号的卷积和

1.6.1 卷积和的定义及计算

若两个序列为 $x_1(n)$ 和 $x_2(n)$，则 $x_1(n)$ 和 $x_2(n)$ 的卷积和定义为

$$x(n) = x_1(n) * x_2(n) \overset{\text{def}}{=} \sum_{m=-\infty}^{\infty} x_1(m)x_2(n-m) \quad (1.6\text{-}1)$$

注意，这里求和是在虚设的变量m下进行的，m为求和变量，也称为哑变量，n为参变量，结果仍为n的函数。

【例 1.6-1】 已知序列

$$x_1(n) = \begin{cases} 0, & n<0 \\ a^n, & n \geqslant 0 \end{cases}; \quad x_2(n) = \begin{cases} 0, & n<0 \\ 1, & n \geqslant 0 \end{cases}$$

求 $x(n) = x_1(n) * x_2(n)$ 。

解： 由卷积和的定义式，有

$$x_1(n) * x_2(n) = \sum_{m=-\infty}^{\infty} x_1(m)x_2(n-m)$$

对于 $x_1(m)$ ，考虑仅当 $m \geqslant 0$ 时，序列有非零表达式 $x_1(m) = a^m$ ，因此求和下限可以改为 $m=0$ ；对于 $x_2(n-m)$ ，当 $n-m \geqslant 0$ 时，即 $m \leqslant n$ 时，序列有非零表达式 $x_2(n-m)=1$ ，因此求和上限可以改为n，故上式可写为

$$x_1(n) * x_2(n) = \sum_{m=0}^{n} a^m \times 1 = \sum_{m=0}^{n} a^m$$

$$= \begin{cases} \dfrac{1-a^{n+1}}{1-a}, & a \neq 1 \\ n+1, & a=1 \end{cases}$$

显然，上式中 $n \geqslant 0$ ，因为若求和上限小于求和下限，则求和区间不存在。故最后结果为

$$x(n) = \begin{cases} \dfrac{1-a^{n+1}}{1-a}, & a \neq 1, \ n \geqslant 0 \\ n+1, & a = 1, \ n \geqslant 0 \end{cases}$$

由上例可知，计算卷积和时，正确地选择参变量n的适用区域以及确定相应的求和上下限是十分关键的步骤，这可以借助作图的方法辅助解决。图解法能直观地表明卷积的含义，有助于对卷积概念的理解，同时，图解法也是求解序列卷积和的有效方法。

图解法计算序列 $x_1(n)$ 与 $x_2(n)$ 的卷积和的步骤如下：

（1）换元：将序列 $x_1(n)$ 与 $x_2(n)$ 的自变量n用m代替；

（2）反转平移：将序列 $x_2(m)$ 以纵坐标为轴进行翻转，得到序列 $x_2(-m)$ ，然后将序列 $x_2(-m)$ 沿m轴正方向平移n个单位，成为 $x_2(n-m)$ ；

（3）乘积：求乘积 $x_1(m)x_2(n-m)$ ；

（4）求和：m从$-\infty$到∞对乘积项求和，得到某一特定点$x(n)$的值。

依次取 $n = \cdots,-2,-1,0,1,2,\cdots$ ，重复步骤（3）、（4），即得到全部$x(n)$的值。下面举例说明。

【例 1.6-2】 已知序列 $x_1(n) = \{\underset{\underset{n=0}{\uparrow}}{1},2,3\}$ ， $x_2(n) = \{\underset{\underset{n=0}{\uparrow}}{1},1,1,1\}$ ，求 $x(n) = x_1(n) * x_2(n)$ 。

解： 将序列 $x_1(n)$ 与 $x_2(n)$ 的自变量换为m，得到序列 $x_1(m)$ 和 $x_2(m)$ 如图 1.6-1（a）和（b）所示。

将 $x_2(m)$ 反转后，得到 $x_2(-m)$ 如图 1.6-1（c）所示。

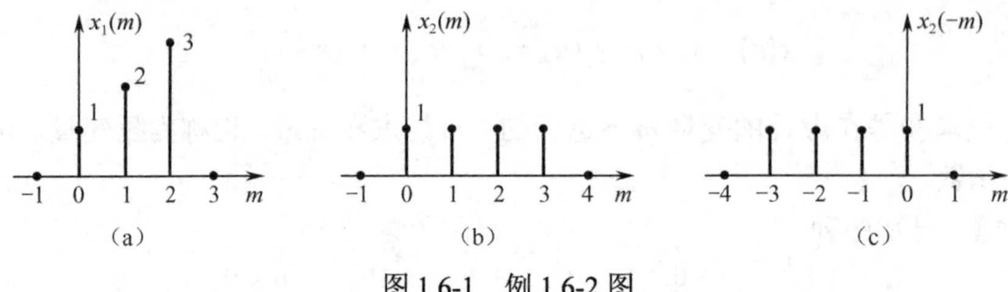

图 1.6-1 例 1.6-2 图

逐次令 $n=\cdots,-2,-1,0,1,2,\cdots$，计算乘积并求和，其图示如图 1.6-2 所示。

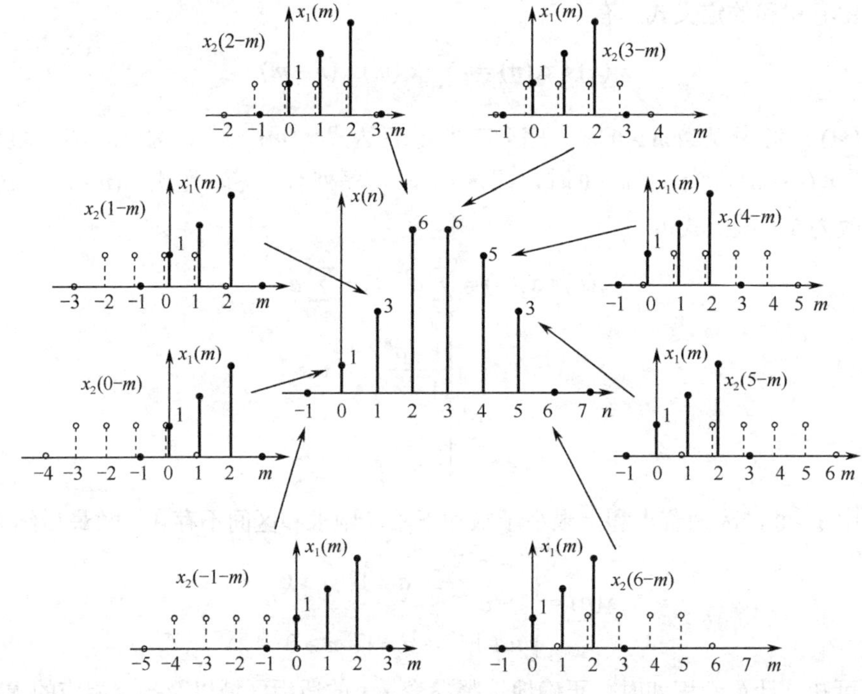

图 1.6-2 例 1.6-2 图卷积和的计算过程

（1）当 $n<0$ 时，$x_1(m)$ 和 $x_2(n-m)$ 没有交叠部分，乘积处为零，故 $x(n)=0$。

（2）当 $n=0$ 时，有

$$x(0)=\sum_{m=-\infty}^{\infty}x_1(m)x_2(0-m)=x_1(0)x_2(0)=1$$

（3）当 $n=1$ 时，有

$$x(1)=\sum_{m=-\infty}^{\infty}x_1(m)x_2(1-m)=x_1(0)x_2(1)+x_1(1)x_2(0)=3$$

（4）当 $n=2$ 时，有

$$\begin{aligned}x(2)&=\sum_{m=-\infty}^{\infty}x_1(m)x_2(2-m)\\&=x_1(0)x_2(2)+x_1(1)x_2(1)+x_1(2)x_2(0)=6\end{aligned}$$

（5）当 $n=3$ 时，有

$$x(3)=\sum_{m=-\infty}^{\infty}x_1(m)x_2(3-m)$$
$$=x_1(0)x_2(3)+x_1(1)x_2(2)+x_1(2)x_2(1)=6$$

（6）当 $n=4$ 时，有

$$x(4)=\sum_{m=-\infty}^{\infty}x_1(m)x_2(4-m)=x_1(1)x_2(3)+x_1(2)x_2(2)=5$$

（7）当 $n=5$ 时，有

$$x(5)=\sum_{m=-\infty}^{\infty}x_1(m)x_2(5-m)=x_1(2)x_2(3)=3$$

（8）当 $n\geqslant 6$ 时，$x_1(m)$ 和 $x_2(n-m)$ 没有交叠部分，乘积处为零，故 $x(n)=0$ 。

综上所述，$x(n)=x_1(n)*x_2(n)=\{\underset{\substack{\uparrow\\ n=0}}{1},3,6,6,5,3\}$

上述图解过程较为复杂，考虑到有限长序列可以用序列的形式表示，故也可以把图示的过程用序列阵表的形式表示，从而简化求解过程。卷积和的列表法见表 1.6-1，可见计算结果同前。

表 1.6-1　卷积和的序列阵表

（↓ $n=0$ 位于第 4 列上方）

$x_1(m)$ / $x_2(n-m)$ / n				1	2	3					$x(n)$
0	1	1	1	1							1
1		1	1	1	1						3
2			1	1	1	1					6
3				1	1	1	1				6
4					1	1	1	1			5
5						1	1	1	1		3
6							1	1	1	1	0

观察卷积和

$$x(n)=\sum_{m=-\infty}^{\infty}x_1(m)x_2(n-m)$$
$$=\cdots+x_1(-1)x_2(n+1)+x_1(0)x_2(n)+x_1(1)x_2(n-1)+\cdots$$

求和符号内 $x_1(m)$ 的序号 m 和 $x_2(n-m)$ 的序号 $n-m$ 之和恰好等于 n 。从例 1.6-2 的求解过程亦可以看出，$x(n)$ 的某一特定值 $x(n_0)$ 为所有两序列序号之和为 n_0 的那些样本乘积之和。因此，我们将这些序号和相同的乘积排成一列，用竖式乘法来表示。例 1.6-2 中：

$$x_1(n)=\{0,x_1(0),x_1(1),x_1(2),0\}$$
$$x_2(n)=\{0,x_2(0),x_2(1),x_2(2),x_2(3),0\}$$

将它们排成乘法：

$$
\begin{array}{cccccc}
 & & & x_1(0) & x_1(1) & x_1(2) \\
\times & & x_2(0) & x_2(1) & x_2(2) & x_2(3) \\
\hline
 & & & x_1(0)x_2(3) & x_1(1)x_2(3) & x_1(2)x_2(3) \\
 & & x_1(0)x_2(2) & x_1(1)x_2(2) & x_1(2)x_2(2) & \\
 & x_1(0)x_2(1) & x_1(1)x_2(1) & x_1(2)x_2(1) & & \\
x_1(0)x_2(0) & x_1(1)x_2(0) & x_1(2)x_2(0) & & & \\
\hline
\end{array}
$$

$$x_1(0)x_2(0)$$

$$x_1(0)x_2(1)+x_1(1)x_2(0)$$

$$x_1(0)x_2(2)+x_1(1)x_2(1)+x_1(2)x_2(0)$$

$$x_1(0)x_2(3)+x_1(1)x_2(2)+x_1(1)x_2(2)$$

$$x_1(1)x_2(3)+x_1(2)x_2(2)$$

$$x_1(2)x_2(3)$$

由上式可见，将 $x_1(n)$ 作为被乘数，将 $x_2(n)$ 作为乘数，可以简单地列一个竖式乘法求其两序列的卷积和。求卷积和的竖式乘法与乘法的唯一差别是没有进位运算。

从上述竖式乘法中我们还可以简单地看出两序列卷积后得到的新序列序号范围的长度。若有限长序列 $x_1(n)$ 非零区间为 $M_1 \leqslant n \leqslant M_2$，序列长度为 $N_1 = M_2 - M_1 + 1$；有限长序列 $x_2(n)$ 非零区间为 $M_3 \leqslant n \leqslant M_4$，序列长度为 $N_2 = M_4 - M_3 + 1$，则 $x(n) = x_1(n) * x_2(n)$ 的非零区间为 $M_1 + M_3 \leqslant n \leqslant M_2 + M_4$，序列长度为 $N = (M_2 + M_4) - (M_1 + M_3) + 1 = N_1 + N_2 - 1$。我们可以先做一个竖式乘法，得到一串样本值，然后根据上述规律得到卷积和序列的某一个样本值（一般是第一个）的序号，从而确定整个序列。例 1.6-2 的竖式乘法如下所示：

$$
\begin{array}{cccccc}
 & & & 1 & 2 & 3 \\
\times & & 1 & 1 & 1 & 1 \\
\hline
 & & & 1 & 2 & 3 \\
 & & 1 & 2 & 3 & \\
 & 1 & 2 & 3 & & \\
1 & 2 & 3 & & & \\
\hline
\underset{\substack{\uparrow \\ n=0+0}}{1} & 3 & 6 & 6 & 5 & 3
\end{array}
$$

于是，可以得到所求卷积和 $x(n) = x_1(n) * x_2(n) = \{\underset{\substack{\uparrow \\ n=0}}{1}, 3, 6, 6, 5, 3\}$，该结果与前面两种方法得到的结果是一致的。

1.6.2 卷积和的性质

卷积和作为与卷积积分对应的运算，其性质也具有相似的形式。

1．代数运算规则

（1）交换律：

$$x(n)*h(n)=h(n)*x(n) \tag{1.6-2}$$

上式表明，卷积和中两个序列的先后次序是无关的。

（2）结合律：

$$x(n)*h_1(n)*h_2(n)=[x(n)*h_1(n)]*h_2(n)=x(n)*[h_1(n)*h_2(n)] \tag{1.6-3}$$

（3）分配律：

$$x(n)*[h_1(n)+h_2(n)]=x(n)*h_1(n)+x(n)*h_2(n) \tag{1.6-4}$$

2．序列 $x(n)$ 与单位抽样序列 $\delta(n)$ 的卷积

序列 $x(n)$ 与单位抽样序列 $\delta(n)$ 的卷积和为序列 $x(n)$ 本身。这个结果式（1.5-23）已经给出了。

$$x(n)*\delta(n)=\sum_{m=-\infty}^{\infty}x(m)\delta(n-m)=x(n) \tag{1.6-5}$$

上述求和当且仅当 $n-m=0$，也即 $m=n$ 时，$\delta(n-m)=1$，其他 $m\neq n$ 时求和项全为零，故有 $x(n)*\delta(n)=x(n)$。

将该式推广，序列 $x(n)$ 与移位单位抽样序列 $\delta(n-n_0)$ 的卷积为

$$x(n)*\delta(n-n_0)=\sum_{m=-\infty}^{\infty}x(m)\delta(n-n_0-m)=x(n-n_0) \tag{1.6-6}$$

进一步

$$\begin{aligned}x(n-n_1)*\delta(n-n_2)&=x(n)*\delta(n-n_1)*\delta(n-n_2)\\&=x(n)*\delta(n-n_1-n_2)\\&=x(n-n_1-n_2)\end{aligned} \tag{1.6-7}$$

3．移位性质

若 $x(n)*h(n)=y(n)$

则

$$x(n-m_1)*h(n-m_2)=x(n-m_2)*h(n-m_1)=y(n-m_1-m_2) \tag{1.6-8}$$

证明同上。

习题 1

1．画出下列信号的波形图。

（1）$f_1(t)=(2-2\mathrm{e}^{-t})u(t)$　　（2）$f_2(t)=\mathrm{e}^{-t}u(t)$

（3）$f_3(t)=\mathrm{e}^{-t}u(\cos t)$　　（4）$f_4(t)=\cos 2(\pi t)[u(t-1)-u(t-3)]$

（5）$f_5(t)=4u(t+2)-u(t)-2u(t-1)+2u(t-3)$　　（6）$f_6(t)=\sin(\pi t)[u(5-t)-u(-t)]$

2．判断下列信号是否为周期信号，若是周期信号，确定信号的周期。

（1）$f(t)=A\sin(3t+45^\circ)$　　（2）$f(t)=A\cos(5t+30^\circ)$

（3）$f(t)=\mathrm{e}^{\mathrm{j}(\pi t-1)}$　　（4）$f(t)=5\mathrm{e}^{\mathrm{j}\frac{\pi}{2}t}$

（5）$f(t)=a\sin t+b\sin 2t$　　（6）$f(t)=4\sin 2t+5\cos(\pi t)$

（7）$f(t)=\left[\sin\left(t-\dfrac{\pi}{6}\right)\right]^2$

3．信号 $f(t)$ 的波形图如图 1 所示，试画出下列信号的波形。

（1）$f_1(2t-1)$　　（2）$f_2(-2t-2)$　　（3）$f_1(2-t)$

（4）$f_2(t+2)u(-t)$　　（5）$f_1\left(2-\dfrac{1}{2}t\right)$　　（6）$f_2\left(\dfrac{1}{2}t-2\right)$

（7）$f_1(2t)+f_2(t-1)$　　（8）$f_1(2t-1)f_2(t+1)$

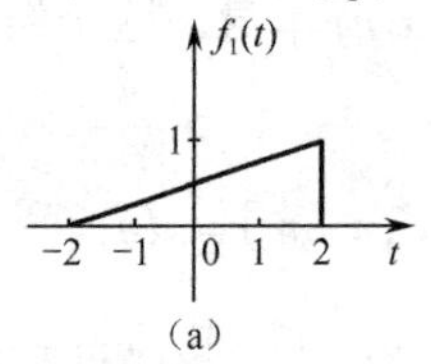

（a）

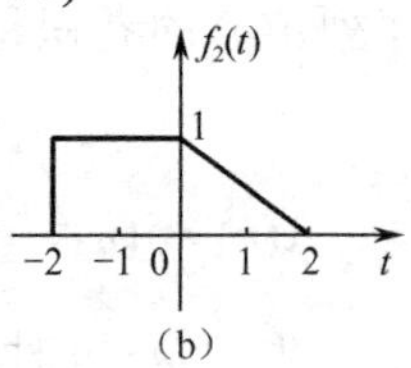

（b）

图 1

4．已知信号 $f(t+1)$ 的波形图如图 2 所示，试画出 $\dfrac{\mathrm{d}}{\mathrm{d}t}\left[f\left(\dfrac{1}{2}t+1\right)\right]$ 的波形。

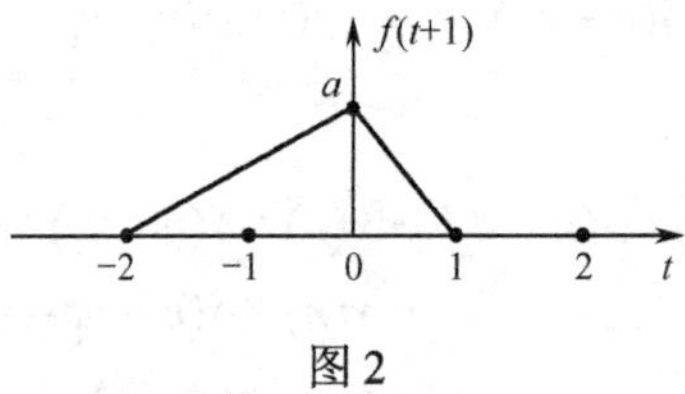

图 2

5．写出图 3 中各信号的解析表达式。

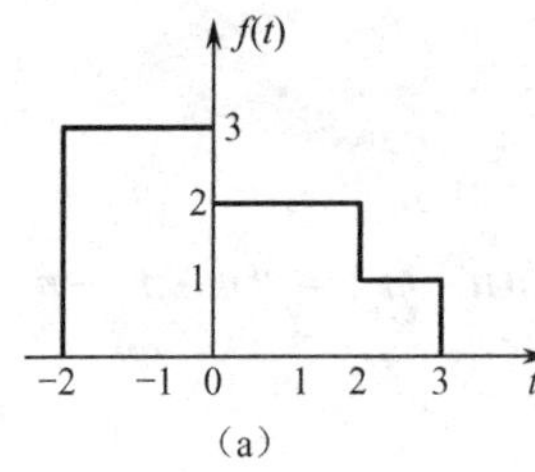

（a）

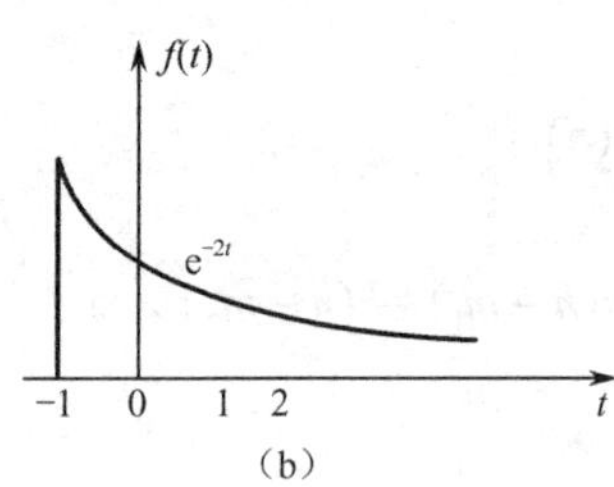

（b）

图 3

6．计算下列各题。

（1）$\dfrac{\mathrm{d}}{\mathrm{d}t}[\mathrm{e}^{-t}\delta(t)]$　　（2）$\dfrac{\mathrm{d}}{\mathrm{d}t}[\mathrm{e}^{-t}u(t)]$

（3）$\mathrm{e}^{-4t}\delta(2+2t)$　　（4）$\mathrm{e}^{-5t}\delta(t+2)$

（5）$\int_{-\infty}^{+\infty}\mathrm{e}^{\mathrm{j}\omega t}[\delta(t)-\delta(t-t_0)]\mathrm{d}t$　　（6）$\int_{-\infty}^{t}\mathrm{e}^{-\tau}[\delta(\tau)+\delta'(\tau)]\mathrm{d}\tau$

（7）$\int_{-5}^{5}(2t^2+t-5)\delta(3-t)\mathrm{d}t$　　（8）$\int_{-1}^{5}\left(t^2+t-\sin\dfrac{\pi}{4}t\right)\delta(t+2)\mathrm{d}t$

（9）$\int_{0}^{10}\delta(t-4)\mathrm{d}t$　　（10）$\int_{-\infty}^{\infty}(t^2+t+1)\delta\left(\dfrac{t}{2}\right)\mathrm{d}t$

7．用图解法计算图 4 中 $f_1(t)*f_2(t)$ 的卷积积分。

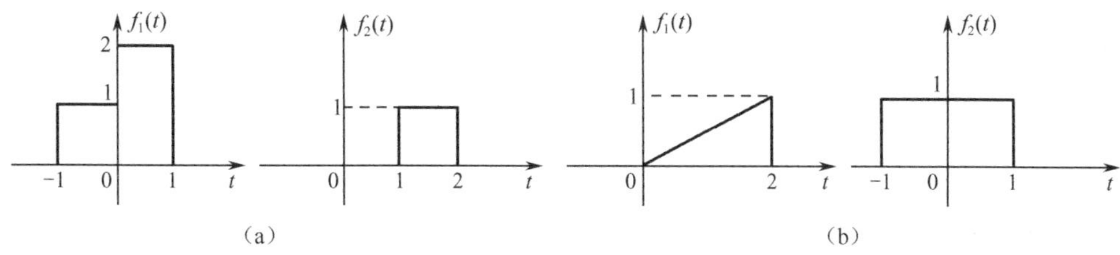

图 4

8．利用卷积的性质，求下列函数的卷积 $f(t)=f_1(t)*f_2(t)$。

（1） $f_1(t)=\cos(\omega t)$， $f_2(t)=\delta(t+1)-\delta(t-1)$

（2） $f_1(t)=u(t)-u(t-2)$， $f_2(t)=u(t-1)-u(t-2)$

（3） $f_1(t)=\mathrm{e}^{-t}u(t)$ ， $f_2(t)=u(t-1)$

（4） $f_1(t)=\cos 2(\pi t)[u(t)-u(t-1)]$， $f_2(t)=u(t)$

（5） $f_1(t)=tu(t)$， $f_2(t)=\mathrm{e}^{-2t}u(t)$

（6） $f_1(t)=u(t)-u(t-4)$， $f_2(t)=\sin(\pi t)u(t)$

（7） $f_1(t)=tu(t)$， $f_2(t)=u(t)-u(t-2)$

（8） $f_1(t)=\mathrm{e}^{-2t}u(t+1)$， $f_2(t)=u(t-3)$

9．画出下列信号的波形图。

（1） $f_1(n)=n^2[u(n+3)-u(n-3)]$　　（2） $f_2(n)=2^{1-n}u(n-1)$

（3） $f_3(n)=(-1)^n u(n-2)$　　（4） $f_4(n)=\sin\left(\dfrac{\pi n}{2}\right)[u(n)-u(n-7)]$

（5） $f_5(n)=\begin{cases}\left(\dfrac{1}{2}\right)^n, & n\leqslant 0\\ \left(\dfrac{1}{2}\right)^{-n}, & n<0\end{cases}$

10．写出图 5 中各信号的解析表达式。

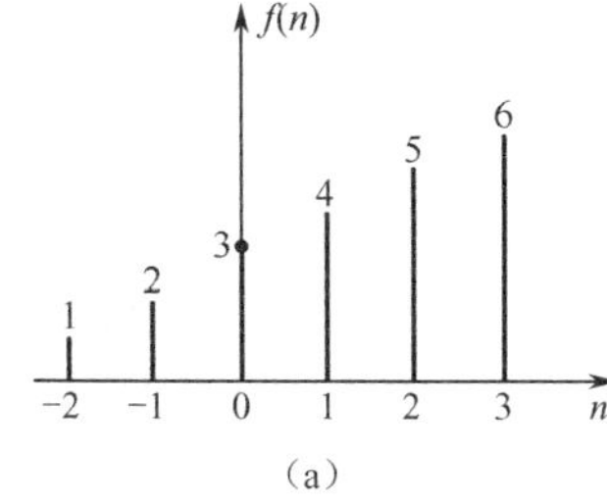

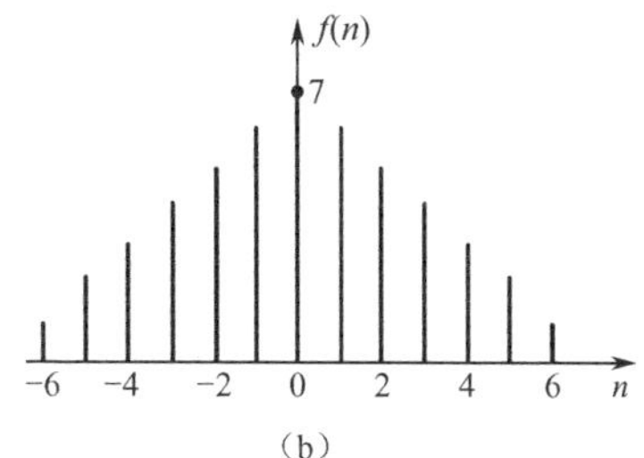

图 5

11．判断下列信号是否为周期信号，若是周期信号，确定信号的周期。

（1） $f(n)=\mathrm{e}^{\mathrm{j}\left(\frac{n}{2}-\pi\right)}$　　（2） $f(n)=\mathrm{e}^{\mathrm{j}\left(\frac{\pi}{2}n-\pi\right)}$

（3） $f(n)=A\cos\left(\dfrac{3\pi}{7}n-\dfrac{\pi}{8}\right)$　　（4） $f(n)=A\cos(\omega_0 n)u(n)$

（5） $f(n)=\sum\limits_{m=-\infty}^{+\infty}\{\delta[n-3m]-\delta[n-1-3m]\}$

（6） $f(n)=\cos\left(\frac{n}{4}\right)\cos\left(\frac{\pi n}{4}\right)$

12．已知离散信号 $f_1(n)$ 和 $f_2(n)$ 的波形图如图 6 所示，试画出下列信号的波形。

（1） $f_1(n-2)$

（2） $f_2(n-2)u(n+1)$

（3） $f_1(n+2)[u(n+1)-u(n-3)]$

（4） $f_2(-2n-4)$

（5） $f_1(n+1)+f_2(-2n)$

（6） $f_1(n)+f_2(2n)$

（7） $f_1(n-2)f_2(n-1)$

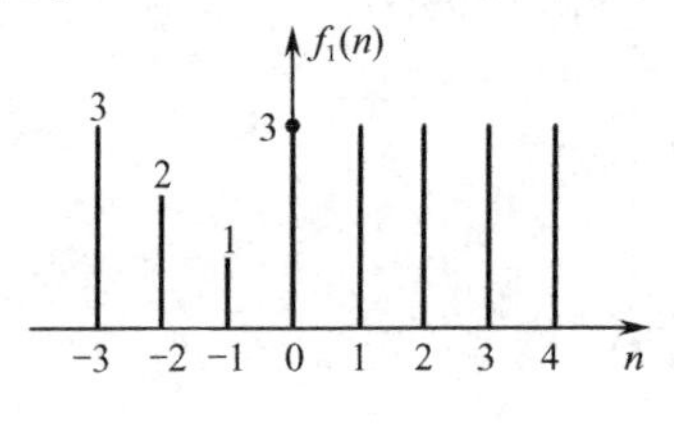

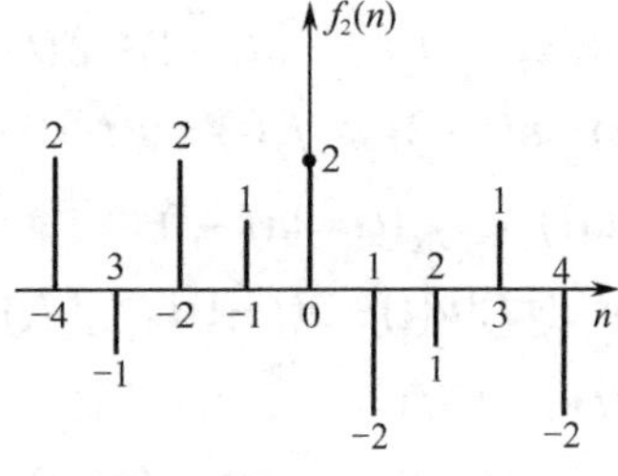

图 6

13．用图解法计算 $\left(\frac{1}{2}\right)^n u(n)*[u(n)-u(n-2)]$，并画出卷积和的波形。

14．用卷积和定义计算下列各题。

（1） $2^n u(n)*3^n u(n)$

（2） $u(n)*nu(n)$

（3） $2*\left(\frac{1}{2}\right)^n u(n)$

（4） $u(n)*3^n u(-n)$

15．用位移性质计算下列各卷积和。

（1） $nu(n)*[\delta(n+1)-\delta(n-2)]$

（2） $nu(n)*2^n u(n-1)$

（3） $nu(n)*(n-1)u(n-1)$

（4） $3^{n-1}u(n-2)*2^n u(n-1)$

16．求下列序列的卷积和 $y(n)=x_1(n)*x_2(n)$。

（1） $x_1(n)=2^n u(-n-1)$，$x_2(n)=\left(\frac{1}{2}\right)^n u(n-1)$

（2） $x_1(n)=(0.3)^n u(n)$, $x_2(n)=(0.5)^n u(n)$

（3） $x_1(n)=\{\underset{\underset{n=0}{\uparrow}}{1}, 2, 0, 1\}$，$x_2(n)=\{\underset{\underset{n=0}{\uparrow}}{2}, 2, 3\}$

（4） $x_1(n)=u(n+2)$, $x_2(n)=u(n-3)$

17.已知 $f_1(n)=\left(\frac{1}{4}\right)^n u(n)$，$f_2(n)=\delta(n)-\frac{1}{4}\delta(n-1)$，$f_3(n)=\left(\frac{1}{4}\right)^n$，计算：

（1） $y_1(n)=[f_1(n)*f_2(n)]*f_3(n)$

（2） $y_2(n)=[f_2(n)*f_3(n)]*f_1(n)$

（3） $y_3(n)=[f_1(n)*f_3(n)]*f_2(n)$

$y_1(n)$，$y_2(n)$ 和 $y_3(n)$ 相等吗？说明为什么。

Chapter 2

第2章 系统的基本概念

要点

本章主要介绍了系统的概念及其分类方法，给出了线性时不变（Linear Time-Invariant，LTI）系统的特性，简明扼要地介绍了 LTI 系统的描述方法和分析方法。

2.1 系统的描述

2.1.1 连续时间系统

在系统理论中，系统是指由若干相互联系的事物组合而成并且具有特定功能的整体。它包括电子、机械等物理实体，也包括社会、经济等非物理实体。本书主要研究以电信号为基础的物理实体。

系统的基本作用是对输入信号进行采集、处理，并将其转换成需要的输出信号。如图 2.1-1 所示，图中 $f(t)$ 为输入信号或激励，$y(t)$ 为输出信号或响应，放大器和滤波器表示的就是一个系统。响应是激励和系统共同作用的结果。激励是引起响应的外部因素，而系统则是引起响应的内部原因。显然，对于相同的输入信号（或激励），加入的系统不同，得到的响应也不相同。

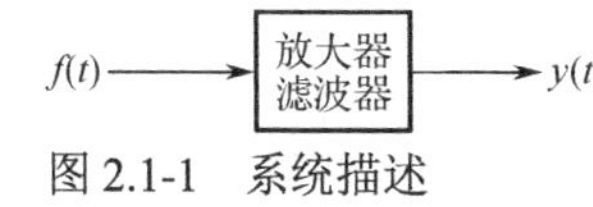

图 2.1-1 系统描述

通常情况下，一个实用系统可以由一个独立系统组成，也可以由若干个独立的子系统组成，这些子系统的各个独立特性构成整个系统的特性，因此对于系统的研究显得尤其重要。

描述一个系统，无论系统内部的结构如何，均可以将系统看成一个黑盒子，只需要研究或描述系统的输入-输出之间的关系，这种描述方法称为输入-输出描述。如果系统只有一个输入信号和一个输出信号，则该系统称为单输入-单输出系统；若系统有多个输入信号和多个输出信号，则称其为多输入-多输出系统。

连续时间系统通常用输入-输出微分方程来描述。下面举一个例子来说明。

【例 2.1-1】 图 2.1-2 所示为一个电路系统，$i(t)$ 为激励信号，$u(t)$ 为响应信号，写出该系统的输入-输出关系。

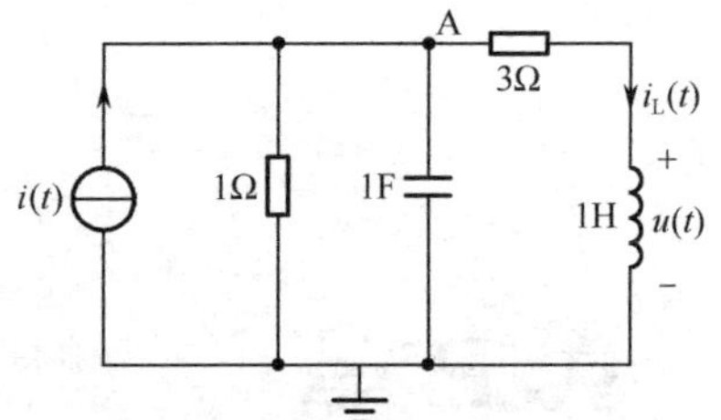

图 2.1-2　例 2.1-1 图

解：列节点方程如下。

$$\begin{cases} C\dfrac{\mathrm{d}u_A(t)}{\mathrm{d}t}+\dfrac{u_A(t)}{1}+i_L(t)=i(t) \\ u_A(t)=3i_L(t)+L\dfrac{\mathrm{d}i_L(t)}{\mathrm{d}t} \\ u(t)=L\dfrac{\mathrm{d}i_L(t)}{\mathrm{d}t} \end{cases}$$

代入参数，解得

$$\frac{\mathrm{d}^2u(t)}{\mathrm{d}t^2}+4\frac{\mathrm{d}u(t)}{\mathrm{d}t}+4u(t)=\frac{\mathrm{d}i(t)}{\mathrm{d}t} \quad \text{或} \quad u''(t)+4u'(t)+4u(t)=i'(t)$$

由此可见，对于一个二阶系统，可以用一个二阶微分方程来描述其输入-输出关系。

众所周知，要想求解此二阶微分方程，需要给定两个初始条件 $u(0_+)$ 和 $u'(0_+)$。同理，对于一个 N 阶系统，可以用一个 N 阶微分方程来描述其输入-输出关系。如果用 $y^{(i)}$（或 $f^{(j)}$）表示 y（或 f）的 i 阶（或 j 阶）微分，那么对于 N 阶微分方程，写成一般形式为

$$\sum_{i=0}^{N}a_i y^{(i)}(t)=\sum_{j=0}^{M}b_j f^{(j)}(t) \tag{2.1-1}$$

式中，$f(t)$ 是系统的激励信号；$y(t)$ 是系统的响应信号。若要求解一个 N 阶微分方程，需要 N 个初始条件 $y(0_+), y^{(1)}(0_+), \cdots, y^{(N-1)}(0_+)$，对于该方程的求解将在后面讲述。

2.1.2　离散时间系统

对于离散时间系统，通常用差分方程来描述其输入与输出之间的关系。下面以一个实际例子加以说明。

【例 2.1-2】 假如一个储户每月定期在银行存款。每个月的存款额为 $f(n)$，银行每月支付的利息利率为 a，每月利息按复利计算，试计算第 n 个月储户的本息总额 $y(n)$。

解：第 n 个月储户的本息总额包括三个部分：

（1）前 $(n-1)$ 个月的本息总额 $y(n-1)$；

（2）$y(n-1)$ 的月息 $ay(n-1)$；

（3）第 n 个月存入的本金 $f(n)$。

因此，在第 n 个月储户的本息总额 $y(n)$ 为

$$y(n)=y(n-1)+ay(n-1)+f(n)=(1+a)y(n-1)+f(n)$$

或

$$y(n)-(1+a)ay(n-1)=f(n)$$

从本例可见，$f(n)$ 为系统的输入，$y(n)$ 为系统的输出，该系统为一个离散时间系统。系统输入、输出之间的关系组成的方程称为差分方程，该系统方程为一阶差分方程。该方程的未知序列项为一阶，其系数为常数，故该方程为一阶常系数线性差分方程。

同理，当未知序列项的阶数为 N 阶，且其系数为常数时，称其为 N 阶常系数线性差分方程。其一般表达式为

$$\sum_{i=0}^{N}a_i y(n-i)=\sum_{j=0}^{M}b_j f(n-j) \tag{2.1-2}$$

2.1.3　系统的框图表示

系统特性的描述除了采用数学模型形式之外还有另外一种描述形式——系统框图。系统框图是若干个基本运算单元经过相互连接来反映系统变量之间的运算关系。系统框图除能反映运算变量之间的关系外，还能以图形的方式直观地表示各单元在系统中的地位和作用。

下面介绍几种常用的系统基本运算单元。

（1）加法器：$y(\bullet)=f_1(\bullet)+f_2(\bullet)$，如图 2.1-3（a）所示。

（2）数乘器：$y(\bullet)=af(\bullet)$，如图 2.1-3（b）所示。

（3）乘法器：$y(\bullet)=f_1(\bullet)f_2(\bullet)$，如图 2.1-3（c）所示。

（4）积分器：$y(\bullet)=\int_{-\infty}^{t}f(\tau)\mathrm{d}\tau$，如图 2.1-3（d）所示。

（5）移位器：$y(n)=f(n-1)$，如图 2.1-3（e）所示。

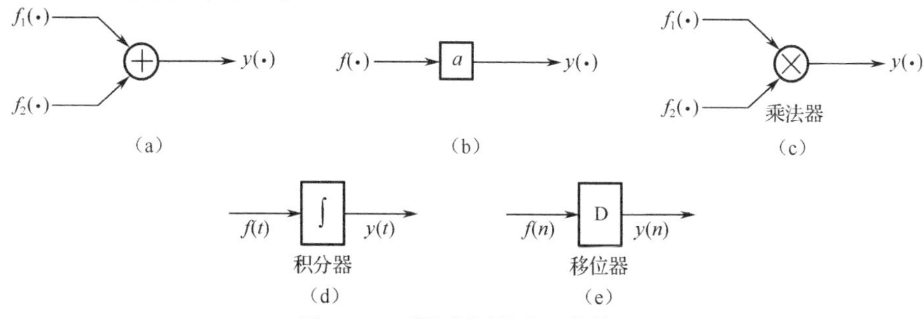

图 2.1-3　系统框图基本运算单元

移位器用于离散时间系统，由于离散时间系统的数学模型是差分方程，对一阶差分而言，用图形表示时，相当于位移一个单位。

【例 2.1-3】 已知函数 $f(n)$ 波形如图 2.1-4（a）所示，让其通过图 2.1-3（e）所示的系统，其输出波形 $y(n)$ 如图 2.1-4（b）所示。由移位器可知，经过系统后，相当于函数 $f(n)$ 的波形向右移 1 位，即得到 $f(n-1)$。

画系统框图时需注意两点：

（1）在系统框图中加法器的输出是微分方程（或差分方程）的最高阶。

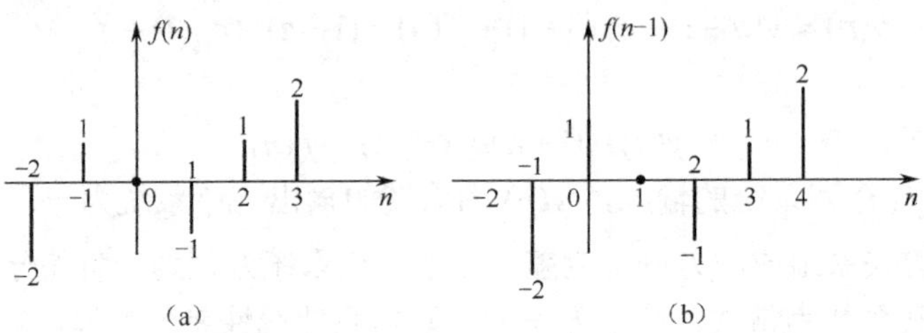

图 2.1-4　例 2.1-3 图

（2）当微分方程（或差分方程）输入信号的阶数等于（或高于）一阶时，应采用变量代换的方法建立辅助方程。

下面以例题说明系统框图的画法。

【例 2.1-4】 某一连续时间系统的微分方程为

$$y^{(2)}(t)+a_1y^{(1)}(t)+a_0y(t)=f(t)$$

试画出该系统的系统框图。

解：由于微分方程的最高阶为二阶，以 $y^{(2)}(t)$ 作为加法器的输出，其后面需要经过两个积分器才能得到 $y^{(1)}(t)$ 和 $y(t)$，故将微分方程改写为

$$y^{(2)}(t)=f(t)-a_1y^{(1)}(t)-a_0y(t)$$

画出的系统框图如图 2.1-5 所示。由此可以看出，当输出信号为二阶时，系统中需要两个积分器来表示。

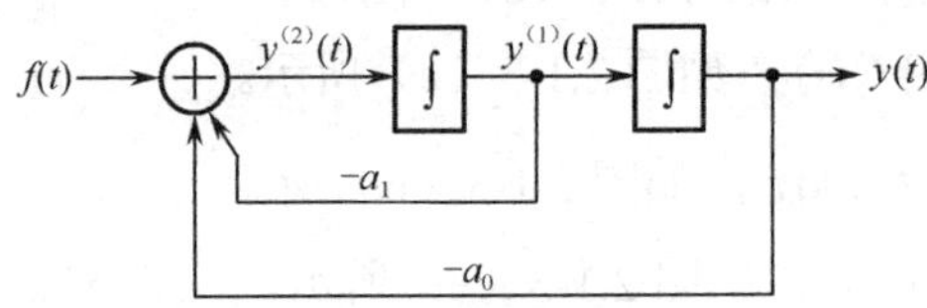

图 2.1-5　例 2.1-4 图

【例 2.1-5】 某连续系统的微分方程为

$$y^{(2)}(t)+a_1y^{(1)}(t)+a_0y(t)=b_1f^{(1)}(t)+b_0f(t)$$

试画出该系统的系统框图。

解：本例中，输出函数最高阶为二阶，故需要两个积分器，输入信号的最高阶数为一阶，对于这类系统，需要引入辅助方程。

设最右边积分器的输出为辅助函数 $x(t)$，则两个积分器的输入端分别为 $x^{(1)}(t)$ 和 $x^{(2)}(t)$，因此，可写出两个辅助方程：

$$x^{(2)}(t)=f(t)-a_1x^{(1)}(t)-a_0x(t)$$

$$y(t)=b_1x^{(1)}(t)+b_0x(t)$$

根据辅助方程可以画出系统框图，如图 2.1-6 所示。

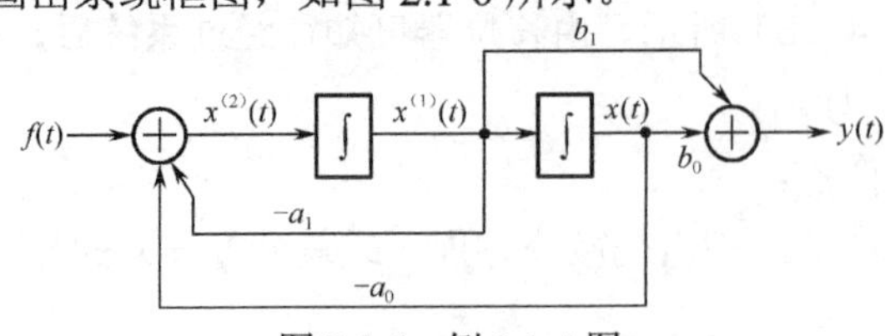

图 2.1-6　例 2.1-5 图

将系统框图与微分方程进行比较，可以发现，微分方程中输出函数 $y(t)$ 的各阶导数的系数对应系统框图中的反馈支路，系数加一个负号；微分方程中输入函数 $f(t)$ 及各阶导数的系数对应系统框图中的正向支路，系数符号不变。

上述结论可以推广到 N 阶连续时间系统，即

$$y^{(N)}(t)+a_{N-1}y^{(N-1)}(t)+\cdots+a_1y^{(1)}(t)+a_0y(t)=$$
$$b_Mf^{(M)}(t)+b_{M-1}f^{(M-1)}(t)+\cdots+b_1f^{(1)}(t)+b_0f(t)$$

式中，$M<N$。相应的框图如图 2.1-7 所示。

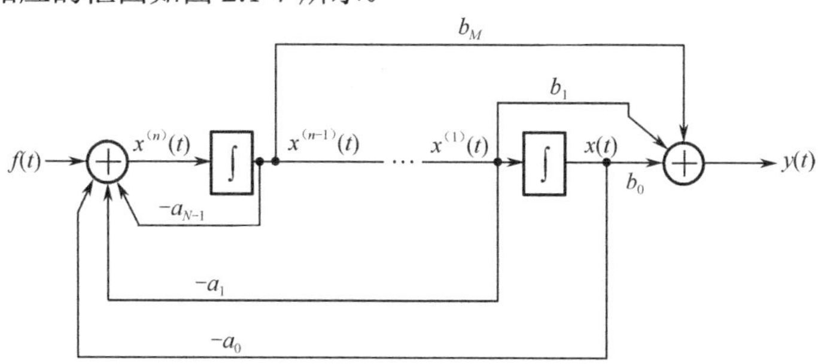

图 2.1-7　N 阶连续时间系统的一般形式框图

【例 2.1-6】 某离散系统的差分方程为

$$y(n)+a_1y(n-1)+a_0y(n-2)=f(n-2)$$

试画出该系统的系统框图。

解：方程经变换可得

$$y(n+2)+a_1y(n+1)+a_0y(n)=f(n)$$
$$y(n+2)=f(n)-a_1y(n+1)-a_0y(n)$$

系统框图如图 2.1-8 所示。

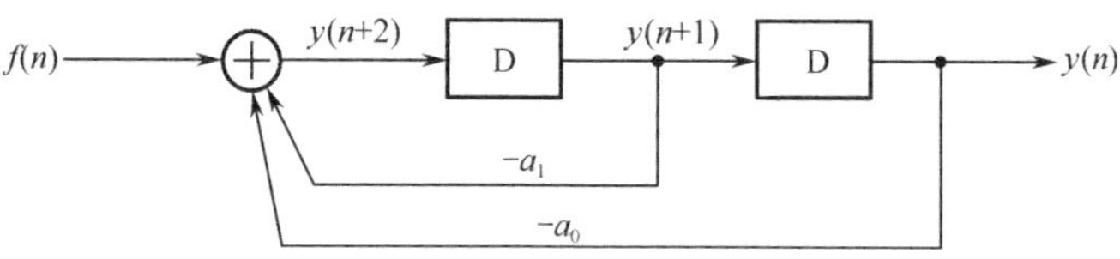

图 2.1-8　例 2.1-6 图

【例 2.1-7】 某离散系统框图如图 2.1-9 所示，试写出描述该系统的差分方程。

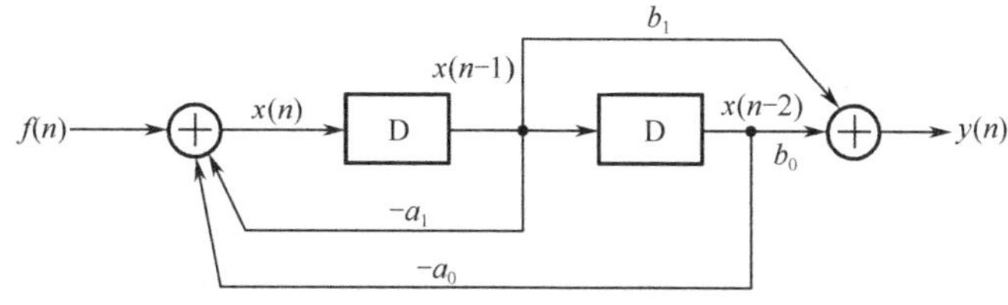

图 2.1-9　例 2.1-7 图

解：系统框图中有两个移位器，故系统为二阶系统。设辅助函数 $x(n)$ 作为相加器的输出，则有

$$x(n)=f(n)-a_1x(n-1)-a_0x(n-2) \tag{2.1-3}$$

即

$$x(n)+a_1x(n-1)+a_0x(n-2)=f(n) \tag{2.1-4}$$

系统输出为

$$y(n)=b_1x(n-1)+b_0x(n-2) \tag{2.1-5}$$

为了消除辅助项，由式（2.1-3）得

$$\begin{cases}x(n-1)=f(n-1)-a_1x(n-2)-a_0x(n-3) & (2.1\text{-}6)\\ x(n-2)=f(n-2)-a_1x(n-3)-a_0x(n-4) & (2.1\text{-}7)\end{cases}$$

由式（2.1-5）得

$$\begin{cases}y(n-1)=b_1x(n-2)+b_0x(n-3) & (2.1\text{-}8)\\ y(n-2)=b_1x(n-3)+b_0x(n-4) & (2.1\text{-}9)\end{cases}$$

将式（2.1-6）、式（2.1-7）代入式（2.1-5）并综合式（2.1-8）、式（2.1-9），可得

$$\begin{aligned}y(n)&=b_1[f(n-1)-a_1x(n-2)-a_0x(n-3)]\\&\quad+b_0[f(n-2)-a_1x(n-3)-a_0x(n-4)]\\&=b_1f(n-1)+b_0f(n-2)-a_1y(n-1)-a_0y(n-2)\end{aligned}$$

因此，该系统的差分方程为

$$y(n)+a_1y(n-1)+a_0y(n-2)=b_1f(n-1)+b_0f(n-2) \tag{2.1-10}$$

2.2 系统的特性和分析方法

2.2.1 连续时间系统的特性

1. 线性

系统的作用是将输入信号经过一定的变换转换成所需要的输出信号。因此，系统的特性也是通过输入-输出关系反映出来的。

设系统的输入信号为 $f(t)$，在此激励下系统的响应为 $y(t)$，则系统具有线性特性的两个条件如下。

（1）齐次性。

若 $T[f(t)]=y(t)$，且 $T[af(t)]=ay(t)$，a 为常数，则称系统具有齐次性。

（2）叠加性。

若 $T[f_1(t)]=y_1(t)$，$T[f_2(t)]=y_2(t)$，且 $T[f_1(t)+f_2(t)]=y_1(t)+y_2(t)$，则称系统具有叠加性。

如果同时满足齐次性和叠加性则称系统满足线性特性。否则，系统满足非线性特性。因此，综合齐次性和叠加性，具有线性特性也可以用下式来表示，即

$$T[a_1f_1(t)+a_2f_2(t)]=a_1y_1(t)+a_2y_2(t) \tag{2.2-1}$$

【例 2.2-1】 检验下列系统是否具有线性。

（1）$y(t)=tf(t)$；（2）$y(t)=f^2(t)$。

解：（1）设

$$y_1(t)=T[f_1(t)]=tf_1(t)\text{；}\quad y_2(t)=T[f_2(t)]=tf_2(t)$$

那么

$$T[af_1(t)]=atf_1(t)\text{；}\quad T[bf_2(t)]=btf_2(t)$$

因此

$$T[af_1(t)+bf_2(t)]=atf_1(t)+btf_2(t)=ay_1(t)+by_2(t)$$

系统具有线性性质。

（2）设

$$y_1(t)=T[f_1(t)]=f_1^{\,2}(t)\text{；}\quad y_2(t)=T[f_2(t)]=f_2^{\,2}(t)$$

那么

$$T[af_1(t)]=[af_1(t)]^2=a^2f_1^{\,2}(t)\text{；}\quad T[bf_2(t)]=[bf_2(t)]^2=b^2f_2^{\,2}(t)$$

因此

$$T[af_1(t)+bf_2(t)]=[af_1(t)+bf_2(t)]^2$$

而

$$ay_1(t)+by_2(t)=af_1^{\,2}(t)+bf_2^{\,2}(t)$$

显然

$$T[af_1(t)+bf_2(t)]\neq ay_1(t)+by_2(t)$$

系统是非线性的。

对于大多数系统而言，系统具有初始储能，此时系统的输出响应由输入信号和系统的初始状态共同作用而决定。由此可见，对初始状态不为零的系统，若能同时满足以下三个条件，则系统称为线性系统，否则，称为非线性系统。

（1）可分解性。

系统响应 $y(t)$ 可以分解为零输入响应 $y_{zi}(t)$ 和零状态响应 $y_{zs}(t)$ 之和，即

$$y(t)=y_{zi}(t)+y_{zs}(t) \tag{2.2-2}$$

（2）零输入线性。

系统零输入响应 $y_{zi}(t)$ 和系统初始状态 $y_{zi}^{(N-1)}(0_-),\cdots,y_{zi}^{(1)}(0_-),y_{zi}(0_-)$ 之间满足线性关系。

（3）零状态线性。

系统零状态响应 $y_{zs}(t)$ 和激励信号 $f(t)$ 之间满足线性关系。

对于系统初始状态为零的响应——零状态响应，只要输入-输出之间的关系满足线性特性，则该系统为线性系统。

【例 2.2-2】 若系统激励信号为 $f(t)$，系统初始状态为 $x(0_-)$，系统的响应为 $y(t)$，试判断系统是否为线性系统。

（1）$y(t)=2x(0_-)f(t)+f(t)$；　（2）$y(t)=5x(0_-)f(t)+4f^2(t)$；

（3）$y(t)=x^2(0_-)+7f(t)$；　（4）$y(t)=3t^2x(0_-)+5f(t)$；

（5）$y(t)=3t^2x(0_-)+8\dfrac{\mathrm{d}}{\mathrm{d}t}f(t)$。

解：（1）可分解性：不满足。故为非线性系统。

（2）可分解性：不满足；零输入线性：满足；零状态线性：不满足。故为非线性系统。

（3）可分解性：满足；零输入线性：不满足。故为非线性系统。

（4）可分解性：满足；零输入线性：满足（t 不是考察对象）；零状态线性：满足。故为线

性系统。

（5）可分解性：满足；零输入线性：满足（t不是考察对象）；零状态线性：满足。故为线性系统。

通常，以线性微分方程作为输入-输出描述方程的系统都是线性系统，而以非线性微分方程作为输入-输出描述方程的系统都是非线性系统。线性性质是线性系统所具有的本质性质，它是分析和研究线性系统的重要基础。

2．时不变性

时不变系统是指系统参数不随时间变化的系统。对于一个时不变系统而言，由于系统参数不随时间t变化，故系统的输入-输出关系也不随时间变化。

若输入激励信号$f(t)$作用于系统时所产生的零状态响应为$y_{zs}(t)$，则当输入激励信号延时t_d时间时，其系统的零状态响应$y_{zs}(t)$也延时相同的时间，且相应的波形形状保持不变。

连续时间时不变系统的波形如图2.2-1所示。

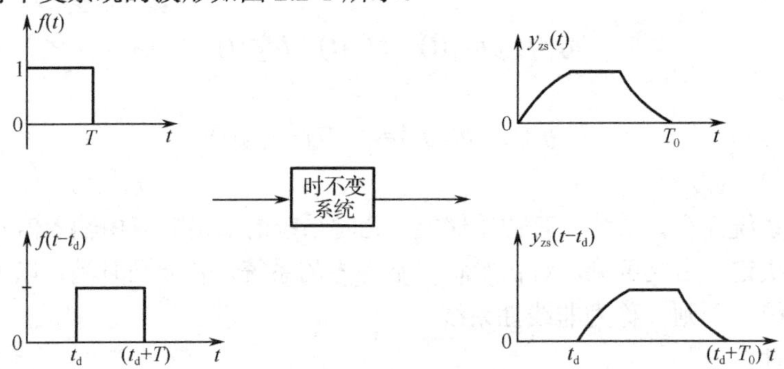

图2.2-1 连续时间时不变系统

设系统的输入信号为$f(t)$，在此激励下，系统的响应为$y(t)$，如果系统具有如下特性：

若$T[f(t)]=y(t)$，有$T[f(t-t_d)]=y(t-t_d)$

则该系统为时不变系统。

【例2.2-3】 判断下列系统是否为时不变系统。

（1）$y_{zs}(t)=4f^2(t)+3f(t)$；（2）$y_{zs}(t)=\cos t\cdot f(t)$；

（3）$y_{zs}(t)=2t\,f(t)$；（4）$y_{zs}(t)=6\cos\left[f(t)\right]$；

（5）$y_{zs}(t)=9f(2t)$。

解：（1）因为

$$T[f(t-t_d)]=4f^2(t-t_d)+3f(t-t_d)=y_{zs}(t-t_d)$$

所以系统是时不变系统。

（2）因为

$$T[f(t-t_d)]=\cos t\cdot f(t-t_d) \quad 而 \quad y_{zs}(t-t_d)=\cos(t-t_d)\cdot f(t-t_d)$$

那么

$$T[f(t-t_d)]\neq y_{zs}(t-t_d)$$

所以系统是时变系统。

（3）因为

$$T[f(t-t_d)]=2t\cdot f(t-t_d) \quad 而 \quad y_{zs}(t-t_d)=2(t-t_d)\cdot f(t-t_d)$$

那么

$$T\left[f(t-t_d)\right]\neq y_{zs}(t-t_d)$$

所示系统是时变系统。

（4）因为

$$T\left[f(t-t_d)\right]=6\cos\left[f(t-t_d)\right]=y_{zs}(t-t_d)$$

所以系统是时不变系统。

（5）因为

$$T\left[f(t-t_d)\right]=9f(2t-t_d) \quad 而 \quad y_{zs}(t-t_d)=9f(2t-2t_d)$$

那么

$$T\left[f(t-t_d)\right]\neq y_{zs}(t-t_d)$$

所以系统是时变系统。

同时具备线性和时不变性质的系统称为线性时不变（Linear Time-Invariant）系统，简称 LTI 系统。LTI 系统是本书研究的主要对象，是后续系统时域分析方法和变换域分析方法得以实现的基础。2.1 节示例中线性常系数微分方程所描述的系统就是线性时不变系统。需要注意的是，系统是否线性和是否时不变是两个互不相关的独立概念。

3．因果性

若系统的激励与系统的响应之间是一种因果关系，即激励是产生响应的原因，响应是激励引起的结果，则该系统是因果系统，否则为非因果系统。

讨论一个系统是否为因果系统，我们还可以从以下两个方面考察。

（1）如果在一个系统中，其激励在 $t<t_0$ 时为零，其零状态响应在 $t<t_0$ 时也为零，则该系统为因果系统。

（2）在因果系统中，原因决定结果，结果不会出现在原因之前。因此，如果一个系统任意时刻的输出响应只取决于过去的输入和当前的输入，而与将来的输入无关，则该系统为因果系统。

由于因果系统与将来的输入无关，没有预测未来输入的能力，因此，也称为不可预测系统。

【例 2.2-4】 判断下列系统是否为因果系统。

（1）$y_{zs}(t)=3f(t)+5$；　（2）$y_{zs}(t)=2f(t)+8f(t-1)$；

（3）$y_{zs}(t)=f(t-1)+4f(t)-7f(t+1)$；　（4）$y_{zs}(t)=\int_{-\infty}^{t}f(\tau)\mathrm{d}\tau f(i)$；

（5）$y_{zs}(t)=\int_{-\infty}^{\infty}f(\tau)\mathrm{d}\tau$。

解：（1）因为存在常数项，$y_{zs}(t)$ 在 $t<t_0$ 时不为零，故为非因果系统。

（2）因为 $f(t-1)$ 为右移，不会出现 $t<0$ 时 $y_{zs}(t)\neq 0$ 的情况，故为因果系统。若 $f(t-1)$ 项换成 $f(t+1)$ 项，则该系统为非因果系统。

（3）因为存在 $f(t+1)$ 项，故为非因果系统。

（4）输出响应只与当前的输入和过去的输入有关，该系统为因果系统。

（5）输出响应不仅与当前输入和过去输入有关，还与未来输入有关，故该系统为非因果系统。

4. 稳定性

对于一个系统，如果它对任何有界输入 $f(t)$ 所产生的零状态响应 $y_{zs}(t)$ 也是有界的，则该系统称为有界输入/有界输出（Bound-Input/ Bound -Output）系统，简记为BIBO系统，即

$$若|f(t)|<\infty ，则|y_{zs}(t)|<\infty \tag{2.2-3}$$

有界输入/有界输出系统是稳定系统。若系统输入有界而输出无界，则系统为不稳定系统。

【例 2.2-5】 判断下列系统是否为稳定系统。

（1）$y_{zs}(t)=\mathrm{e}^{f(t)}$；（2）$y_{zs}(t)=4\dfrac{\mathrm{d}}{\mathrm{d}t}f(t)$；（3）$y_{zs}(t)=2[\cos(5t)]f(t)$。

解：（1）由定义可知，当 $|f(t)|\leqslant M<\infty$ 时，一定有 $|y_{zs}(t)|=|\mathrm{e}^{f(t)}|\leqslant \mathrm{e}^{|f(t)|}\leqslant \mathrm{e}^{M}<\infty$，故该系统为稳定系统。

（2）取特例，当 $f(t)=u(t)$ 时，因为 $y_{zs}(t)=4\dfrac{\mathrm{d}}{\mathrm{d}t}f(t)=4\delta(t)$ 为无界，所以该系统为不稳定系统。

（3）由于 $|\cos(5t)|\leqslant 1$，当 $|f(t)|\leqslant M<\infty$ 时

$$|y_{zs}(t)|=\left|2[\cos(5t)]f(t)\right|\leqslant 2|\cos(5t)||f(t)|\leqslant 2M<\infty$$

故该系统为稳定系统。

【例 2.2-6】 若系统激励信号为 $f(t)$，系统初始状态为 $x(0_-)$，系统的响应为 $y(t)$，试判断系统的线性、时变性、因果性及稳定性。

（1）$y(t)=f(t-2)+f(2-t)$；（2）$y(t)=x(0_-)-\sin[f(t)]+f(t-4)$。

解：（1）①满足齐次性和叠加性，为线性系统；

② 因为有 $f(2-t)$ 项，为时变系统；

③ 因为有 $f(2-t)$ 项，为非因果系统；

④ 若 $|f(t)|\leqslant M<\infty$，则 $|f(t-2)|\leqslant M<\infty$，$|f(2-t)|\leqslant M<\infty$，为稳定系统。

（2）①满足分解性，$\sin\left[f(t)\right]$ 不满足齐次性，为非线性系统；

② 满足时不变性，为时不变系统；

③ 仅与当前和过去的输入有关，为因果系统；

④ 若 $|f(t)|\leqslant M<\infty$，则 $|\sin f(t)|\leqslant 1$，$|f(t-4)|\leqslant M<\infty$，为稳定系统。

2.2.2 离散时间系统的特性

1. 线性

和连续系统类似，线性离散系统包括两个特性。

（1）齐次性。

若 $T[f(n)]=y(n)$，且 $T[af(n)]=ay(n)$，a 为常数，则称系统具有齐次性。

（2）叠加性。

若 $T[f_1(n)]=y_1(n)$，$T[f_2(n)]=y_2(n)$，且 $T[f_1(n)+f_2(n)]=y_1(n)+y_2(n)$，则称系统具有叠加性。

如果同时满足齐次性和叠加性，则称系统满足线性特性。否则，系统满足非线性特性。因

此，综合齐次性和叠加性，线性特性也可以用下式来表示，即

$$T[a_1 f_1(n) + a_2 f_2(n)] = a_1 y_1(n) + a_2 y_2(n) \tag{2.2-4}$$

与连续系统类似，对初始状态不为零的系统，离散线性系统应该同时满足可分解性、零输入线性和零状态线性。

2．移不变性

若输入激励信号 $f(n)$ 作用于系统时所产生的响应为 $y(n)$，则当输入激励信号移位到 $f(n-m)$ 时，其系统的零状态响应 $y_{zs}(n)$ 也有相同的位移 $y_{zs}(n-m)$，即若 $T[f(n)] = y(n)$，有 $T[f(n-m)] = y(n-m)$。

【例 2.2-7】 判断下列系统是否为移不变系统。

（1）$y(n) = 3f(n) + 5$　；　（2）$y(n) = nf(n)$；

（3）$y(n) = f(n)\sin\left(\dfrac{\pi}{4}n + \dfrac{5}{6}\pi\right)$。

解：（1）因为　$T[f(n-m)] = 3f(n-m) + 5 = y(n-m)$，系统是移不变系统。

（2）因为　$T[f(n-m)] = nf(n-m)$　而　$y(n-m) = (n-m)\cdot f(n-m)$

那么

$$T[f(n-m)] \neq y(n-m)$$

所以系统是移变系统。

（3）因为　$T[f(n-m)] = f(n-m)\sin\left(\dfrac{\pi}{4}n + \dfrac{5}{6}\pi\right)$

而

$$y(n-m) = f(n-m)\sin\left(\frac{\pi}{4}(n-m) + \frac{5}{6}\pi\right)$$

那么

$$m \neq 8k\pi \text{ 时，} T[f(n-m)] \neq y(n-m)$$

所以系统是移变系统。

同时具备线性和移不变性质的离散系统称为线性移不变（Linear Shift-Invariant）系统，简称 LSI 系统。为统一起见，本书中线性移不变离散系统和线性时不变连续系统均称为线性时不变系统。

3．因果性

如果一个系统任意时刻的输出响应只取决于过去的输入和当前的输入，而与将来的输入无关，则该系统为因果系统。

【例 2.2-8】 判断下列系统是否为因果系统。

（1）$y(n) = nf(n) + f(n-1)$；　（2）$y(n) = nf(n+1) + f(n-1)$；

（3）$y(n) = f(n^2)$　；　（4）$y(n) = f(-n)$。

解：（1）输出响应 $y(n)$ 只与 n 和 $n-1$ 时刻的输入有关，故该系统为因果系统。

（2）因为存在 $f(n+1)$ 项，说明系统的输出还与将来时刻的输入有关，故该系统为非因果系统。

（3）和（4），当取$n=-1$时，输出先于输入，故该系统为非因果系统。

4．稳定性

对于一个系统，如果它对任何有界输入$f(n)$所产生的零状态响应$y(n)$也是有界的，则该系统称为BIBO系统，也就是稳定系统。

【例2.2-9】 判断下列系统是否为稳定系统。

（1）$y(n)=f(n)f(n-3)$；（2）$y(n)=(n-4)f(n+1)$。

解：（1）由定义，当$|f(n)|\leqslant M<\infty$ 时，一定有$|f(n-3)|\leqslant M<\infty$，那么

$$|y(n)|=|f(n)f(n-3)|\leqslant|f(n)|\ |f(n-3)|\leqslant M^2<\infty$$

故该系统为稳定系统。

（2）因为$n\to\infty$时，$(n-4)\to\infty$，那么$(n-4)f(n+1)$不一定小于无穷，故该系统为不稳定系统。

2.2.3 LTI系统分析方法概述

在系统分析中，LTI 系统的分析具有重要意义。这不仅是因为在实际应用中经常遇到 LTI 系统，而且，还有一些非线性系统或时变系统在限定范围和指定条件下，遵从线性时不变的规律；另一方面，LTI系统的分析方法已经形成了完整、严密的体系，并日趋完善和成熟。

为了便于读者了解本书全貌，下面就系统分析方法做一概述，着重说明线性时不变系统的分析方法。

在建立系统模型方面，系统的数学描述方法可以分为两大类，一是输入-输出描述法，二是状态变量描述法。

输入-输出描述法着眼于系统激励与响应之间的关系，并不关心系统内部变量的情况。对于在通信系统中大量遇到的单输入-单输出系统，应用这种方法较方便。

状态变量描述法不仅可以给出系统的响应，还可以提供系统内部各变量的情况，也便于多输入-多输出系统的分析。在近代控制系统的理论研究中，广泛采用状态变量描述法。

从系统数学模型的求解方法来讲，大体上可以分成时域方法和变换域方法两大类型。

时域方法是通过直接分析时间变量的函数来研究系统的时间响应特性，或称时域特性。这种方法的主要优点是物理概念清晰。对于输入-输出描述的数学模型，可以利用经典法求解常系数线性微分方程或差分方程；对于状态变量描述的数学模型，则需求解矩阵方程。在线性系统的时域分析方法中，卷积方法最受重视，它的优点表现在许多方面，本书将用较多篇幅研究这种方法。借助计算机，利用数值方法求解微分方程也比较方便。在信号与系统研究的发展过程中，曾一度认为时域方法运算烦琐、不够方便，随着计算技术与各种运算工具的出现，时域方法又重新受到重视。

变换域方法将信号与系统模型的时间变量函数变换成相应变换域的某种变量函数。例如，傅里叶变换以频率为独立变量，以频域特性为主要研究对象；而拉普拉斯变换与z变换则注重研究极点与零点分析，利用s域或z域的特性解释现象和说明问题。目前，在离散系统分析中，正交变换的内容日益丰富，如离散傅里叶变换、离散小波变换等。为了提高计算速度，人们对于快速算法产生了巨大兴趣，又出现了如快速傅里叶变换等计算方法。变换域方法可以将时域

分析中的微分、积分运算转化为代数运算，或将卷积积分变换为乘法。在解决实际问题时又有许多方便之处，如根据信号占有频带与系统带宽之间的适应关系来分析信号传输问题往往比时域方法简便和直观。在信号处理问题中，经正交变换，将时间函数用一组变换系数（谱线）来表示，在允许一定误差的情况下，变换系数的数目可以很少，有利于判别信号中带有特征性的分量，也便于传输。

LTI 系统的研究，以齐次性、叠加性和时不变性作为分析一切问题的基础。按照这一观点去考察问题，时域方法和变换域方法并没有本质区别。这两种方法都是把激励信号分解为某种基本运算单元，在这些单元信号分别作用的条件下求得系统的响应，然后叠加。例如，在时域卷积方法中这种单元是冲激函数，在傅里叶变换中是正弦函数或指数函数，在拉普拉斯变换中则是复指数信号。因此，变换域方法不仅可以视为求解数学模型的有力工具，而且能够赋予明确的物理意义，基于这种物理解释，时域方法和变换域方法得到了统一。

本书按照先输入-输出描述后状态变量描述、先连续后离散、先时域后变换域的顺序，研究线性时不变系统的基本分析方法，结合通信系统和控制系统的一般问题，初步介绍这些方法在信号传输和处理方面的简单应用。

习题 2

1．电路如图 1 所示，输入信号为 $i_s(t)$，写出以 $i(t)$ 为输出时电路的输入-输出方程。

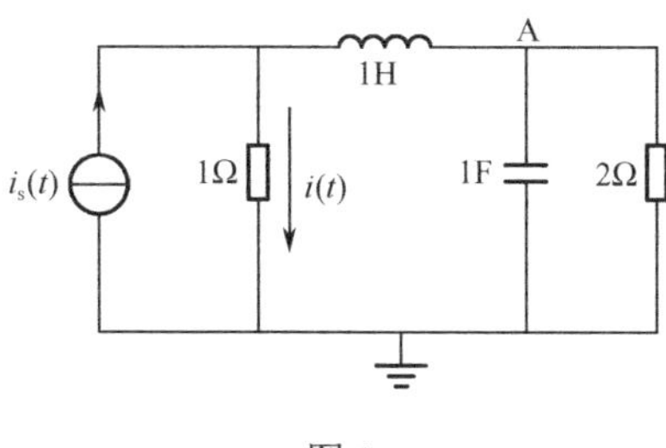

图 1

2．写出图 2 中各系统的输入-输出方程。

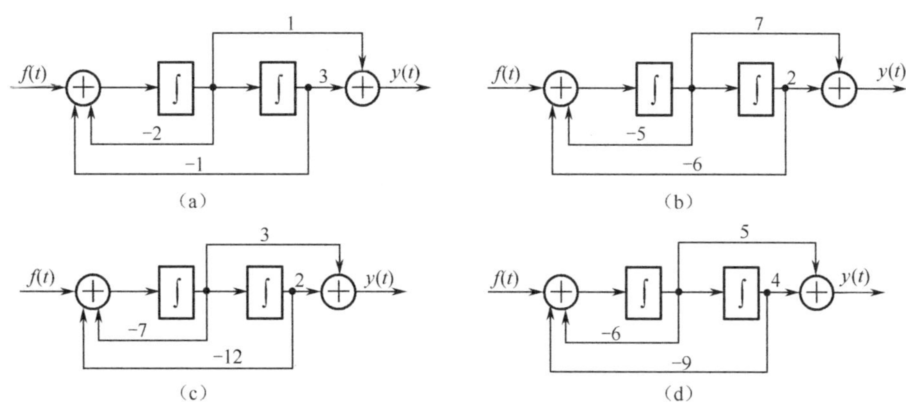

图 2

3．下面各式为连续系统的微分方程，试画出其系统框图。

（1）$y''(t)+2y'(t)+3y(t)=3f(t)$

（2）$y''(t)+5y'(t)+6y(t)=3f''(t)+7f'(t)+2f(t)$

（3）$y''(t)+12y'(t)+4y(t)=3f''(t)+2f(t)$

（4）$y''(t)+12y'(t)+4y(t)=7f''(t)+4f(t)$

4．写出图 3 中各系统的输入-输出方程。

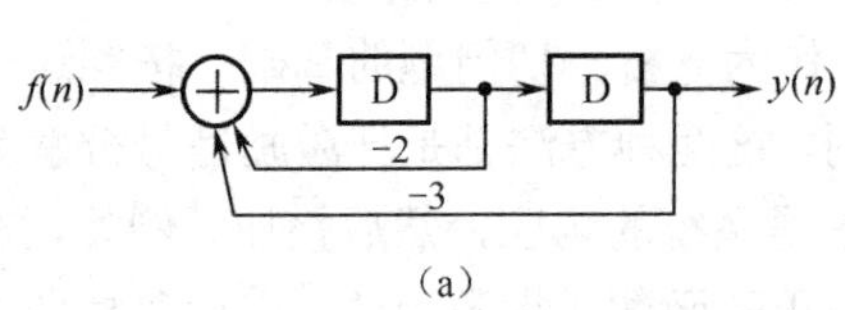

（a）

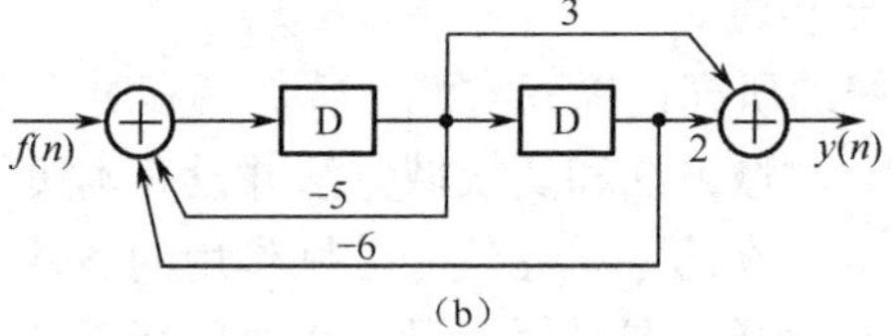

（b）

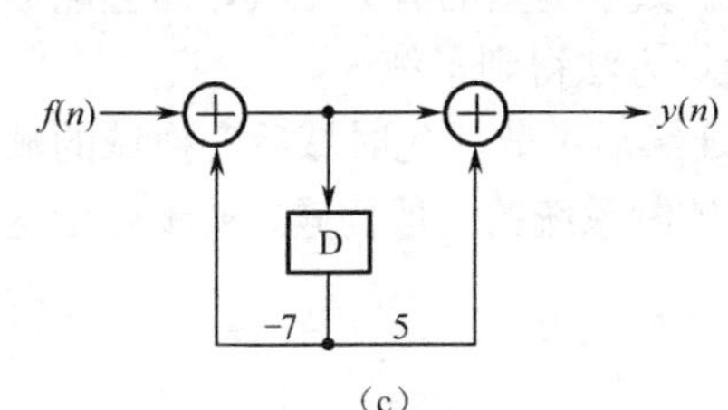

（c）

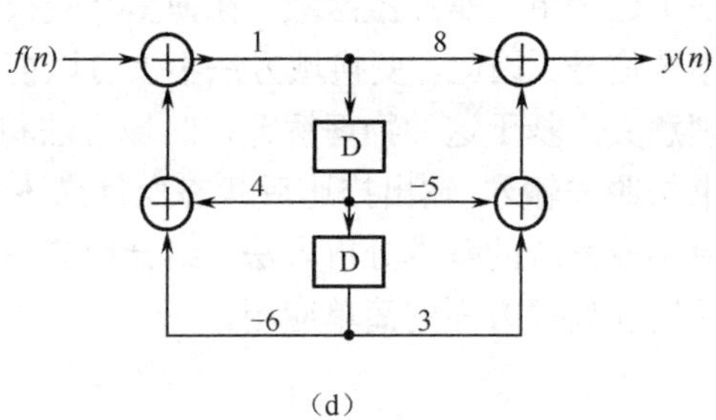

（d）

图 3

5．已知离散系统的差分方程如下，试画出其系统框图。

（1）$y(n)+4y(n-1)+5y(n-2)=f(n)$

（2）$y(n+2)+3y(n+1)+2y(n)=f(t+2)$

（3）$y(n)+7y(n-1)+8y(n-2)=2f(n)+5f(n-1)$

（4）$y(n+2)+8y(n+1)+3y(n)=2f(n+2)+5f(n+1)$

6．判断下列系统是否为线性系统。

（1）$y(t)=t^2 f(t)$　　（2）$y(t)=tf^2(t)$

（3）$y(t)=\sin[f(t)]$　　（4）$y(t)=t^2\lg[f(t)]$

7．判断下列系统是否为线性系统。

（1）$y(t)=2x(0)+3\int_0^t f(\tau)\mathrm{d}\tau$　　（2）$y(t)=3x(0)+2f^2(t)$

（3）$y(t)=3x(0)f(t)+2f^2(t)$　　（4）$y(t)=3x^2(0)+2f(t^2)$

8．判断下列系统是否为时不变系统。

（1）$y(t)=tf(t)$　　（2）$y(t)=f(-t)$

（3）$y(t)=3f(t)+2\sin[f(t)]$　　（4）$y(t)=3f^2(t)+4f(2t)$

9．判断下列系统是否为线性系统。

（1）$y(n)=nf(n)+5$　　（2）$y(n)=nf(n^2)$

（3）$y(n)=2f(n)+7$　　（4）$y(n)=\mathrm{e}^{f(n)}$

（5）$y(n)=2y(n-1)+f(n)$

10．判断下列系统是否为时不变系统。

（1）$y(n)=3f(n)+5$

（2）$y(n)=f(n)\cos(\omega_0 n)$

（3）$y(n)=f(n-1)f(n)$

（4） $y(n)=\begin{cases} f(n)\ , & n\geqslant 1 \\ 0\ , & n=0 \\ f(n+1), & n\leqslant -1 \end{cases}$

11. 判断下列系统是否为因果稳定系统。

（1） $y(n)=\dfrac{1}{N}\sum\limits_{k=0}^{N-1}f(n-k)$

（2） $y(n)=f(n+2)+3f(n)$

（3） $y(n)=\sum\limits_{k=n-n_0}^{n+n_0}f(k)$

（4） $y(n)=f(n-n_0)$

（5） $y(n)=\mathrm{e}^{f(n)}$

12. 若系统初始状态为 $x_1(0)$ 和 $x_2(0)$，系统激励信号为 $f(t)$，系统的响应为 $y(t)$，试判断系统的线性、时不变性、因果性及稳定性。

（1） $y(t)=x_1(0)x_2(0)+\int_0^t f(\tau)\mathrm{d}\tau$

（2） $y(t)=x_1(0)+\sin[f(t)]+f(t-2)$

（3） $y(t)=x(0)+4f'(t)+3f(t)$

（4） $y(t)=2x_1(0)+2x_2(0)+3f(t)$

Chapter 3

第3章 系统的时域分析

要点

本章主要介绍了微分方程与差分方程的建立与求解、零输入响应与零状态响应、冲激响应与阶跃响应、卷积积分与卷积和求解系统的零状态响应等内容。要求熟悉 LTI 系统的描述及响应，了解特征根为重根的微分方程及差分方程的解法。

3.1 引言

对系统进行时域分析，通常用微分或差分方程来描述这类系统。如果输入与输出只用一个微分或差分方程来描述，而不研究系统内部其他信号的变化，这种描述系统的方法称为输入-输出法或端口描述法。系统分析的任务是对给定的系统模型和输入信号求系统的输出响应。分析系统的方法很多，其中时域分析法不通过任何变换，直接求解系统的方程，系统的分析与计算全部在时间变量领域内进行，这种方法直观，物理概念清楚，是学习各种变换域分析方法的基础。目前计算机技术的发展及各种算法软件的开发，使这一经典的方法重新得到广泛的关注和应用。

系统时域分析法包含两方面内容：一个是微分或差分方程的求解；另一个是已知系统单位冲激响应，将单位冲激响应与输入激励信号进行卷积，求出系统输出响应。本章将对这两种方法进行阐述。在微分或差分方程求解中，除复习数学中经典解法外，着重说明解的物理意义。同时作为近代时域分析方法，将建立零输入响应和零状态响应两个重要的基本概念。

它使线性系统分析在理论上更完善，解决实际问题更方便。虽然用卷积只能得到系统的零状态响应，但它的物理概念明确，运算过程方便，被认为是系统分析的基本方法，是近代计算分析系统的强有力工具。卷积也是时间域与变换域分析线性系统的一条纽带，通过它把变换域分析赋予清晰的物理概念。

3.2 LTI 连续系统的响应

3.2.1 微分方程的经典解

一般而言，如果组成系统的元件都是参数恒定的线性元件，则构成的系统就是线性时不变系统（LTI 系统），体现在方程形式上就是线性常系数微分方程。

对于一个单输入单输出系统，若激励为 $f(t)$，响应为 $y(t)$，则描述该 LTI 连续系统激励与响应之间的数学模型是一个 n 阶常系数线性微分方程，可以写成

$$\begin{aligned}&y^{(n)}(t)+a_{n-1}y^{(n-1)}(t)+\cdots+a_1y^{(1)}(t)+a_0y(t)\\&=b_mf^{(m)}(t)+b_{m-1}f^{(m-1)}(t)+\cdots+b_1f^{(1)}(t)+b_0f(t)\end{aligned}$$

$y^{(n)}(t)$表示 $y(t)$的 n 次微分，后文类似的表示方法含义相同。由时域经典解法可知，方程式的完全解由齐次解与特解两部分组成。即全解=齐次解+特解。

1．齐次解

齐次解是令方程等式右边激励全为零时齐次方程的解，即

$$y_{\mathrm{h}}^{(n)}(t)+a_{n-1}y_{\mathrm{h}}^{(n-1)}(t)+\cdots+a_1y_{\mathrm{h}}^{(1)}(t)+a_0y_{\mathrm{h}}(t)=0$$

齐次解的形式是形如 $C\mathrm{e}^{\lambda t}$ 函数的线性组合，令 $y_{\mathrm{h}}(t)=C\mathrm{e}^{\lambda t}$ 代入上式，则有

$$C\lambda^n\mathrm{e}^{\lambda t}+a_{n-1}C\lambda^{n-1}\mathrm{e}^{\lambda t}+\cdots+a_1C\lambda\mathrm{e}^{\lambda t}+a_0C\mathrm{e}^{\lambda t}=0$$

化简得

$$\lambda^n+a_{n-1}\lambda^{n-1}+\cdots+a_1\lambda+a_0=0$$

如果 λ_k 是上式的根，则 $y_{\mathrm{h}}(t)=C\mathrm{e}^{\lambda_k t}$ 将满足原齐次方程。称上式为原齐次方程的特征方程，对应的 n 个根 $\lambda_1,\lambda_2,\cdots,\ \lambda_n$ 称为微分方程的特征根。

在特征根各不相同（无重根）的情况下，微分方程的齐次解为

$$y_{\mathrm{h}}(t)=C_1\mathrm{e}^{\lambda_1 t}+C_2\mathrm{e}^{\lambda_2 t}+\cdots+C_n\mathrm{e}^{\lambda_n t}=\sum_{i=1}^{n}C_i\mathrm{e}^{\lambda_i t}$$

其中，常数 $C_1,C_2,\cdots,\ C_n$ 由初始条件确定。

若特征方程有重根或者共轭复数根，不同特征根对应的齐次解见表 3.2-1。其中 C、C_0～C_{r-1}、D、A、A_0～A_{r-1}，θ、θ_0～θ_{r-1} 均为待定常数。

表 3.2-1 不同特征根所对应的齐次解

特征根 λ	齐次解 $y_{\text{h}}(t)$
单实根	$C\text{e}^{\lambda t}$
r 重实根	$(C_{r-1}t^{r-1}+C_{r-2}t^{r-2}+\cdots+C_1t+C_0)\text{e}^{\lambda t}$
一对共轭复根 $\lambda_{1,2}=\alpha\pm\text{j}\beta$	$\text{e}^{\alpha t}\left[C\cos(\beta t)+D\sin(\beta t)\right]$ 或 $A\cos(\beta t-\theta)$，其中 $A\text{e}^{\text{j}\theta}=C+\text{j}D$
r 重共轭复根	$\left[A_{r-1}t^{r-1}\cos(\beta t+\theta_{r-1})+A_{r-2}t^{r-2}\cos(\beta t+\theta_{r-2})+\cdots+A_0\cos(\beta t+\theta_0)\right]\text{e}^{\alpha t}$

【例 3.2-1】 求微分方程 $y^{(3)}(t)+7y^{(2)}(t)+16y^{(1)}(t)+12y(t)=f(t)$ 的齐次解。

解： 系统的特征方程为

$$\lambda^3+7\lambda^2+16\lambda+12=0$$
$$(\lambda+2)^2(\lambda+3)=0$$

特征根 $\lambda_1=\lambda_2=-2$（重根）， $\lambda_3=-3$

因此对应的齐次解为

$$y_{\text{h}}(t)=(C_1t+C_2)\text{e}^{-2t}+C_3\text{e}^{-3t}$$

C_1、C_2、C_3 由初始条件确定。

2．特解

特解的函数形式与激励函数的形式有关。表 3.2-2 列出了几种激励及其所对应的特解。其中 P、P_0～P_m、P_0～P_r、Q、A、θ 均为待定常数选定特解形式后，将它代入原微分方程，就可求出特解的待定系数，从而得出方程的特解。

表 3.2-2 不同激励所对应的特解

激励 $f(t)$	特解 $y_{\text{p}}(t)$
t^m	$P_mt^m+P_{m-1}t^{m-1}+\cdots+P_1t+P_0$ 所有的特征根均不等于 0； $t^r\left[P_mt^m+P_{m-1}t^{m-1}+\cdots+P_1t+P_0\right]$ 有 r 重等于 0 的特征根
$\text{e}^{\alpha t}$	$P\text{e}^{\alpha t}$ α 不等于特征根； $(P_1t+P_0)\text{e}^{\alpha t}$ α 等于特征单根； $(P_rt^r+P_{r-1}t^{r-1}+\cdots+P_1t+P_0)\text{e}^{\alpha t}$ α 等于 r 重特征根
$\cos(\beta t)$ 或 $\sin(\beta t)$	$P\cos(\beta t)+Q\sin(\beta t)$ 所有的特征根均不等于 $\pm\text{j}\beta$ 或 $A\cos(\beta t-\theta)$，其中 $A\text{e}^{\text{j}\theta}=P+\text{j}Q$

由表 3.2-2 可知，当例 3.2-1 方程所描述的系统的激励为 $f(t)=2\text{e}^{-t}$ 时，其特解可设为

$$y_{\text{p}}(t)=P\text{e}^{-t}$$

代入例 3.2-1 方程，有

$$P(-1)^3\text{e}^{-t}+7P(-1)^2\text{e}^{-t}+16P(-1)^1\text{e}^{-t}+12P\text{e}^{-t}=2\text{e}^{-t}$$

进一步有

$$-P+7P-16P+12P=2$$
$$P=1$$

所以方程的特解为　$$y_{\mathrm{p}}(t)=\mathrm{e}^{-t}$$

3．全解

由以上可见，LTI 系统的数学模型——常系数线性微分方程的全解由齐次解和特解组成，齐次解的函数形式与特征方程的根有关，由系统本身特性决定，而与激励 $f(t)$ 的函数形式无关，称为系统的自由响应或固有响应。特征方程的特征根 λ_i 称为系统的“固有频率”，它决定了系统自由响应的形式。但是应该注意，齐次解的系数 C_i 是与激励有关的。特解的形式由激励信号确定，称为强迫响应。

另外，系统的完全响应中，随着时间的增长而逐渐衰减的部分，称为暂态响应（或瞬态响应）；随着时间的增长而趋于稳定的部分，称为稳态响应。

【例 3.2-2】 描述连续时间 LTI 系统的微分方程为

$$y'''(t)+8y''(t)+21y'(t)+18y(t)=2f'(t)+f(t)$$

求系统在 $f(t)=\mathrm{e}^{-4t}$ 及 $y(0)=1$、$y'(0)=2$、$y''(0)=3$ 时的完全响应。

解：先求齐次解 $y_{\mathrm{h}}(t)$。系统的特征方程为

$$\lambda^3+8\lambda^2+21\lambda+18=0$$

特征根为 $\lambda_1=2$ ，$\lambda_2=\lambda_3=3$，所以齐次解可设为

$$y_{\mathrm{h}}(t)=C_1\mathrm{e}^{-2t}+(C_2+C_3t)\mathrm{e}^{-3t}$$

系数 C_1、C_2、C_3 待定。

再求特解 $y_{\mathrm{p}}(t)$。将 $x(t)=\mathrm{e}^{-4t}$ 代入原方程式右边，并整理得

$$y_{\mathrm{p}}'''(t)+8y_{\mathrm{p}}''(t)+21y_{\mathrm{p}}'(t)+18y_{\mathrm{p}}(t)=-7\mathrm{e}^{-4t} \tag{3.2-1}$$

特解 $y_{\mathrm{p}}(t)$ 可设为

$$y_{\mathrm{p}}(t)=a\mathrm{e}^{-4t}$$

将上式代入式（3.2-1），即可求得 $a=3.5$，所以特解为

$$y_{\mathrm{p}}(t)=3.5\mathrm{e}^{-4t}$$

系统的完全响应 $y(t)$为

$$y(t)=y_{\mathrm{h}}(t)+y_{\mathrm{p}}(t)=C_1\mathrm{e}^{-2t}+(C_2+C_3t)\mathrm{e}^{-3t}+3.5\mathrm{e}^{-4t}$$

从而

$$y(0)=C_1+C_2+3.5$$

对 $y(t)$ 求一阶导数得

$$y'(t)=-2C_1\mathrm{e}^{-2t}+C_3\mathrm{e}^{-3t}-3(C_2+C_3t)\mathrm{e}^{-3t}-14\mathrm{e}^{-4t}$$

从而

$$y'(0)=-2C_1+C_3-3C_2-14$$

对 $y'(t)$ 再次求导得

$$y''(t)=4C_1\mathrm{e}^{-2t}-3C_3\mathrm{e}^{-3t}+9(C_2+C_3t)\mathrm{e}^{-3t}-3C_3\mathrm{e}^{-3t}+56\mathrm{e}^{-4t}$$

从而

$$y''(0)=4C_1-3C_3+9C_2-3C_3+56$$

由已知的初始条件得以下方程组

$$\begin{cases} C_1 + C_2 + 3.5 = 1 \\ -2C_1 + C_3 - 3C_2 - 14 = 2 \\ 4C_1 - 3C_3 + 9C_2 - 3C_3 + 56 = 3 \end{cases}$$

解得

$$\begin{cases} C_1 = 20.5 \\ C_2 = -23 \\ C_3 = -12 \end{cases}$$

所以该系统的完全响应为

$$y(t) = [20.5\mathrm{e}^{-2t} - (23 + 12t)\mathrm{e}^{-3t} + 3.5\mathrm{e}^{-4t}]u(t)$$

【例 3.2-3】 描述某系统的微分方程为 $y''(t) + 5y'(t) + 6y(t) = f(t)$，求输入 $f(t) = 10\cos t$，$t \geqslant 0$，$y(0) = 2$，$y'(0) = 0$ 时的全响应。

解：本例的微分方程特征根为 $\lambda_1 = -2$，$\lambda_2 = -3$。

齐次解为

$$y_{\mathrm{h}}(t) = C_1\mathrm{e}^{-2t} + C_2\mathrm{e}^{-3t}$$

由表 3.2-2 可知，因输入 $f(t) = 10\cos t$，故可设方程的特解为

$$y_{\mathrm{p}}(t) = P\cos t + Q\sin t$$

其一、二阶导数分别为

$$y_{\mathrm{p}}'(t) = -P\sin t + Q\cos t$$

$$y_{\mathrm{p}}''(t) = -P\cos t - Q\sin t$$

将 y_{p}''、y_{p}'、y_{p} 和 $f(t)$ 代入原方程得

$$(-P + 5Q + 6P)\cos t + (-Q - 5P + 6Q)\sin t = 10\cos t$$

因上式对所有的 $t \geqslant 0$ 成立，故有

$$5P + 5Q = 10$$

$$-5P + 5Q = 0$$

由以上二式可解得 $P = Q = 1$，得特解

$$y_{\mathrm{p}}(t) = \cos t + \sin t = \sqrt{2}\cos\left(t - \frac{\pi}{4}\right)$$

于是得方程的全解，即系统的全响应为

$$y(t) = y_{\mathrm{h}}(t) + y_{\mathrm{p}}(t) = C_1\mathrm{e}^{-2t} + C_2\mathrm{e}^{-3t} + \sqrt{2}\cos\left(t - \frac{\pi}{4}\right)$$

其一阶导数为

$$y'(t) = -2C_1\mathrm{e}^{-2t} - 3C_2\mathrm{e}^{-3t} - \sqrt{2}\sin\left(t - \frac{\pi}{4}\right)$$

令 $t = 0$，并代入初始条件，得

$$y(0) = C_1 + C_2 + 1 = 2$$

$$y'(0) = -2C_1 - 2C_2 + 1 = 0$$

由上式可解得 $C_1 = 2$，$C_2 = -1$，将它们代入原方程，最后得到该系统的全响应为

$$y(t) = \underbrace{\overbrace{2e^{-2t} - e^{-3t}}^{\text{自由响应}}}_{\text{暂态响应}} + \underbrace{\overbrace{\sqrt{2}\cos\left(t - \frac{\pi}{4}\right)}^{\text{强迫响应}}}_{\text{稳态响应}},\ t \geqslant 0$$

此结果的前两项，随 t 的增大而逐渐消失，称为暂态响应（或瞬态响应）；后一项随 t 的增大，呈现等幅振荡，称为稳态响应。

通常，当输入信号是阶跃函数或有始的周期函数（例如，有始正弦函数、方波等）时，稳定系统的全响应也可分解为暂态响应和稳态响应。暂态响应是指激励接入以后，全响应中暂时出现的分量，随着时间的增长，它将消失。也就是说，全响应中按指数衰减的各项组成瞬态分量，如 $\alpha > 0$ 时的 $e^{-\alpha t}$ 、$e^{-\alpha t}\sin(\beta t + \theta)$ 等。如果系统微分方程的特征根 λ_i 的实部均为负（这样的系统是稳定的，其齐次解均按指数衰减），那么，在全响应中除去瞬态响应就是稳态响应，它通常也是由阶跃函数或周期函数组成的。对于特征根有正实部的不稳定系统或激励不是阶跃信号或有始周期信号的系统，通常不这样区分。

4．初始状态 0_- 值和初始条件 0_+ 值

在用经典法求解微分方程时，一般输入 $f(t)$ 是在 $t=0$（或 $t=t_0$）时刻接入系统的，那么方程的解也适用于 $t>0$（或 $t>t_0$）。为确定求解的待定系数所需的一组初始值是指响应及其各阶函数在 t=0_+时刻的数值，即 $y^{(j)}(0_+)$ 或 $y^{(j)}(t_{0_+})(j=0,1,\cdots,n-1)$，简称初始条件 0_+ 值。在 $t=0_-$ 或 $t=t_{0_-}$ 时，激励尚未接入，因而响应及其各阶导数在该时刻的值 $y^{(j)}(0_-)$ 或 $y^{(j)}(t_{0_-})$ 反映了系统的历史情况而与激励无关，它们为求得 $t>0$（或 $t>t_0$）时的响应 $y(t)$ 提供了以往历史的全部信息，称这些在 $t=0_-$ 或 $t=t_{0_-}$ 时刻的值为初始状态，简称 0_- 值。通常，对于具体的系统，初始状态 0_- 值常常容易求得。如果激励 $f(t)$ 中含有冲激函数及其导数，那么当 $t=0$ 激励接入系统时，响应及其导数从 $y^{(j)}(0_-)$ 值到 $y^{(j)}(0_+)$ 值可能发生跃变。这样，为求解描述 LTI 系统的微分方程时，就需要从已知的 $y^{(j)}(0_-)$ 或 $y^{(j)}(t_{0_-})$ 设法求得 $y^{(j)}(0_+)$ 或 $y^{(j)}(t_{0_+})$。下面以二阶系统为例说明其求解方法。

【例 3.2-4】 描述某 LTI 系统的微分方程为 $y''(t)+2y'(t)+y(t)=f''(t)+2f(t)$，已知 $y(0_-)=1$，$y'(0_-)=-1$，$f(t)=\delta(t)$，求 $y(0_+)$和$y'(0_+)$。

解：将输入 $f(t)=\delta(t)$ 代入微分方程，得

$$y''(t)+2y'(t)+y(t)=\delta''(t)+2\delta(t) \tag{3.2-2}$$

因为式（3.2-2）对所有的 t 成立，故等号两端 $\delta(t)$ 及其各阶导数的系数应分别相等，于是式（3.2-2）中 $y''(t)$ 必含有 $\delta''(t)$ 项，即 $y''(t)$ 含有冲激函数导数的最高阶为二阶，故令

$$y''(t)=a\delta''(t)+b\delta'(t)+c\delta(t)+r_0(t) \tag{3.2-3}$$

式中，a、b、c 为待定常数，函数 $r_0(t)$ 中不含 $\delta(t)$ 及其各阶导数的连续函数。对式（3.2-3）等号两端从 $-\infty$ 到 t 积分，得

$$y'(t)=a\delta'(t)+b\delta(t)+r_1(t) \tag{3.2-4}$$

上式中

$$r_1(t)=cu(t)+\int_{-\infty}^{t} r_0(x)\mathrm{d}x$$

它不含 $\delta(t)$ 及其各阶导数。对式（3.2-4）等号两端从 $-\infty$ 到 t 积分，得

$$y(t)=a\delta(t)+r_2(t) \tag{3.2-5}$$

式中，$r_2(t)=bu(t)+\int_{-\infty}^{t} r_1(x)\mathrm{d}x$，它也不含$\delta(t)$及其各阶导数。将式（3.2-3）、式（3.2-4）和式（3.2-5）代入微分方程式（3.2-2）并稍加整理，得

$$a\delta''(t)+(2a+b)\delta'(t)+(a+2b+c)\delta(t)+[r_0(t)+2r_1(t)+r_2(t)]=\delta''(t)+2\delta(t) \tag{3.2-6}$$

上式中等号两端$\delta(t)$及其各阶导数的系数应分别相等，故得

$$\begin{cases}a=1\\2a+b=0\\a+2b+c=2\end{cases}$$

由上式可解得$a=1$，$b=-2$，$c=5$。将a、b代入式（3.2-4），并对等号两端从0_-到0_+进行积分，有

$$y(0_+)-y(0_-)=\int_{0_-}^{0_+}\delta'(t)\mathrm{d}t-\int_{0_-}^{0_+}2\delta(t)\mathrm{d}t+\int_{0_-}^{0_+}r_1(t)\mathrm{d}t$$

由于$r_1(t)$不含$\delta(t)$及其各阶导数，而且积分是在无穷小区间$[0_-,0_+]$进行的，故$\int_{0_-}^{0_+}r_1(t)\mathrm{d}t=0$，而$\int_{0_-}^{0_+}\delta'(t)\mathrm{d}t=\delta(0_+)-\delta(0_-)=0$；同时$\int_{0_-}^{0_+}\delta(t)\mathrm{d}t=1$，故有

$$y(0_+)-y(0_-)=-2$$

已知$y(0_-)=1$，得

$$y(0_+)=y(0_-)-2=-1$$

同样地，将a、b、c代入式（3.2-3），并对等号两端从0_-到0_+进行积分，得

$$y'(0_+)-y'(0_-)=\int_{0_-}^{0_+}\delta''(t)\mathrm{d}t-2\int_{0_-}^{0_+}\delta'(t)\mathrm{d}t+5\int_{0_-}^{0_+}\delta(t)\mathrm{d}t+\int_{0_-}^{0_+}r_0(t)\mathrm{d}t$$

由于在$[0_-,0_+]$区间$\delta''(t)$、$\delta'(t)$及$r_0(t)$的积分均为0，故得

$$y'(0_+)-y'(0_-)=c=5$$

将$y'(0_-)=-1$代入上式得

$$y'(0_+)=y'(0_-)+5=4$$

上述求0_+值的方法称为冲激函数匹配法，由上述可见，当微分方程等号右端含有冲激函数及其各阶导数时，响应$y(t)$及其各阶导数由0_-到0_+的瞬间将发生跃变。这时可按下述步骤由0_-值求得0_+（仍以二阶系统为例）。

（1）将输入$f(t)$代入微分方程。如等号右端含有$\delta(t)$及其各阶导数，根据微分方程等号两端各奇异函数的系数相等的原理，判断方程左端$y(t)$的最高阶导数[对于二阶系统为$y''(t)$]所含$\delta(t)$导数的最高阶次[例如为$\delta''(t)$]。

（2）令$y''(t)=a\delta''(t)+b\delta'(t)+c\delta(t)+r_0(t)$，对$y''(t)$进行积分（从$-\infty$到$t$），逐次求得$y'(t)$和$y(t)$。

（3）将$y''(t)$、$y'(t)$、$y(t)$代入微分方程，根据方程等号两端各奇异函数的系数相等，从而求得$y''(t)$中的各待定系数。

（4）分别对$y'(t)$和$y''(t)$等号两端从0_-到0_+进行积分，依次求得各0_+值和$y(0_+)$和$y'(0_+)$。

【例 3.2-5】 求以下微分方程描述的系统在初始点是否发生跳变，并求0_+初始条件：

$$y''(t)+6y'(t)+8y(t)=2f''(t)+3f'(t)+f(t) \tag{3.2-7}$$

已知初始状态为$y(0_-)=1$，$y'(0_-)=2$；激励信号为$f(t)=\mathrm{e}^{-2t}u(t)$。

解：把 $f(t)=\mathrm{e}^{-2t}u(t)$ 代入原方程（3.2-7）右边，整理得

$$y''(t)+6y'(t)+8y(t)=2\delta'(t)-\delta(t)+3\mathrm{e}^{-2t}u(t) \tag{3.2-8}$$

用冲激函数匹配法。设

$$y''(t)=a\delta'(t)+b\delta(t)+r_0(t) \tag{3.2-9}$$

式中 $r_0(t)$ 不包含冲激函数及其导数项，为普通函数。对上式两边从-∞到 t 积分一次得

$$y'(t)=a\delta(t)+r_1(t) \tag{3.2-10}$$

式中 $r_1(t)=bu(t)+\int_{-\infty}^{t} r_0(\tau)\mathrm{d}\tau$，不包含冲激函数及其导数项，为普通函数。对式（3.2-10）两边 -∞到 t 积分一次得

$$y(t)=r_2(t) \tag{3.2-11}$$

式中 $r_2(t)=au(t)+\int_{-\infty}^{t} r_1(\tau)\mathrm{d}\tau$，同样不包含冲激函数及其导数项，为普通函数。将式（3.2-9）、式（3.2-10）和式（3.2-11）代入方程式（3.2-8），并整理得

$$a\delta'(t)+(6a+b)\delta(t)+[r_0(t)+6r_1(t)+8r_2(t)]=2\delta'(t)-\delta(t)+3\mathrm{e}^{-2t}u(t) \tag{3.2-12}$$

令上式两端 $\delta'(t)$ 和 $\delta(t)$项前的系数分别相等，得

$$\begin{cases} a=2 \\ 6a+b=-1 \end{cases} \tag{3.2-13}$$

从而

$$\begin{cases} a=2 \\ b=-13 \end{cases} \tag{3.2-14}$$

将式（3.2-9）从 0_- 时刻到 0_+ 时刻积分，有

$$y'(0_+)-y'(0_-)=b \tag{3.2-15}$$

所以

$$y'(0_+)=b+y'(0_-)=2-13=-11 \tag{3.2-16}$$

将式（3.2-10）从 0_- 时刻到 0_+ 时刻积分，有

$$y(0_+)-y(0_-)=a \tag{3.2-17}$$

从而

$$y(0_+)=a+y(0_-)=2+1=3 \tag{3.2-18}$$

3.2.2　零输入响应与零状态响应

1．零输入响应

连续时间系统的完全响应 $y(t)$ 可以分为零输入响应 $y_{\mathrm{zi}}(t)$ 和零状态响应 $y_{\mathrm{zs}}(t)$。零输入响应是激励为零时仅由系统的初始状态（0_-）所引起的响应；零状态响应是指系统的初始状态（0_-）为零时，仅由激励信号所引起的响应。

下面首先讨论零输入响应。

考虑由下述微分方程描述的连续时间系统

$$\sum_{k=0}^{M} a_k \frac{\mathrm{d}^k}{\mathrm{d}t^k} y(t)=\sum_{l=0}^{N} b_m \frac{\mathrm{d}^m}{\mathrm{d}t^m} f(t) \tag{3.2-19}$$

若系统的输入信号为零，即 $f(t)=0$，这时上述方程变为以下齐次方程

$$\sum_{k=0}^{M} a_k \frac{\mathrm{d}^k}{\mathrm{d}t^k} y(t) = 0 \tag{3.2-20}$$

这个齐次方程的解即为系统的零输入响应 $y_{\mathrm{zi}}(t)$，待定系数由系统的非零初始状态确定。由于系统方程为齐次方程，所以系统在 $t=0$ 的状态不会发生跳变，此即 $y(0_-)=y(0_+)$，由此就可以确定零输入响应中的待定系数。

齐次方程的特征方程为

$$\sum_{k=0}^{M} a_k \lambda^k = 0 \tag{3.2-21}$$

先假设所有的特征根 λ_i 均为单根，则零输入响应 $y_{\mathrm{zi}}(t)$ 的形式为

$$y_{\mathrm{zi}}(t) = \sum_{i=1}^{M} c_i \mathrm{e}^{\lambda_i t} \tag{3.2-22}$$

显然

$$\frac{\mathrm{d}^n}{\mathrm{d}t^n} y_{\mathrm{zi}}(t)\Big|_{t=0^+} = \frac{\mathrm{d}^n}{\mathrm{d}t^n}\left[\sum_{i=1}^{M} c_i \mathrm{e}^{\lambda_i t}\right]\Bigg|_{t=0^+} = \sum_{i=1}^{M} c_i (\lambda_i)^n \mathrm{e}^{\lambda_i t}\Big|_{t=0^+} = \sum_{i=1}^{M} c_i (\lambda_i)^n \tag{3.2-23}$$

因为系统的初始条件为 $y(0_-)=y(0_+)$，则有以下 M 元一次方程组：

$$\begin{cases} \sum_{i=1}^{M} c_i = y(0_+) \\ \sum_{i=1}^{M} c_i \lambda_i = y'(t)\Big|_{t=0_+} \\ \quad\vdots \\ \sum_{i=1}^{M} c_i (\lambda_i)^{M-1} = y^{(M-1)}(t)\Big|_{t=0_+} \end{cases} \tag{3.2-24}$$

求得以上方程组的解 $c=[c_1, c_2, \cdots, c_M]$，就可以由式（3.2-22）完全确定零输入响应 $y_{\mathrm{zi}}(t)$。

若 β 为特征方程的 k 重根，则 $y_{\mathrm{zi}}(t)$ 含有以下 k 项：$d_1\mathrm{e}^{\beta t}, d_2 t\mathrm{e}^{\beta t}, \cdots, d_k t^{k-1}\mathrm{e}^{\beta t}$。其余步骤同上。系统的零输入响应 $y_{\mathrm{zi}}(t)$ 是系统在没有任何外界激励下，完全由系统的初始状态和系统特性（具体来说是由特征根）确定的，方程组（3.2-24）的形式也可清楚地说明这一点。

考虑到以上得到的零输入响应 $y_{\mathrm{zi}}(t)$ 是 $t \geqslant 0$ 时的响应，所以可以写为

$$y_{\mathrm{zi}}(t) = \sum_{i=1}^{M} c_i \mathrm{e}^{\lambda_i t} u(t) \tag{3.2-25}$$

如果系统所有的初始状态都变为原来的 k 倍，则有以下 M 元一次方程组

$$\begin{cases} \sum_{i=1}^{M} c_i' = k \cdot y(0_+) \\ \sum_{i=1}^{M} c_i' \lambda_i = k \cdot y'(t)\Big|_{t=0_+} \\ \quad\vdots \\ \sum_{i=1}^{M} c_i' (\lambda_i)^{M-1} = k \cdot y^{(M-1)}(t)\Big|_{t=0_+} \end{cases} \tag{3.2-26}$$

若 $c=[c_1, c_2, \cdots, c_M]$ 为方程组（3.2-24）的解，很容易验证 $kc=[kc_1, kc_2, \cdots, kc_M]$ 是方程组

（3.2-26）的解 $c' = [c'_1, c'_2, \cdots, c'_M]$，这表明常系数线性微分方程描述的系统的零输入响应对初始状态具有线性，即若系统所有的初始状态变为原来的 k 倍，则零输入响应也变为原来的 k 倍，这称为零输入线性。

【例 3.2-6】 一个连续时间系统由下面的微分方程描述

$$y''(t) + 5y'(t) + 6y(t) = f'(t) + 2f(t)$$

已知初始状态为 $y(0_-) = 2$ 及 $y'(0_-) = 3$，求系统在 $t \geqslant 0$ 时的零输入响应 $y_{\text{zi}}(t)$。

解： 零输入响应 $y_{\text{zi}}(t)$ 是在 $f(t) = 0$ 时，完全由系统非零的初始状态产生的。初始条件和初始状态相等，即 $y_{\text{zi}}(0_+) = y_{\text{zi}}(0_-) = 2$、$y'_{\text{zi}}(0_+) = y'_{\text{zi}}(0_-) = 3$。这时系统方程变为齐次方程

$$y''_{\text{zi}}(t) + 5y'_{\text{zi}}(t) + 6y_{\text{zi}}(t) = 0$$

上述齐次方程的特征方程为

$$\lambda^2 + 5\lambda + 6 = 0$$

特征根为 $\lambda_1 = -2$，$\lambda_2 = -3$。零输入响应 $y_{\text{zi}}(t)$ 具有如下形式

$$y_{\text{zi}}(t) = c_1 \mathrm{e}^{-2t} + c_2 \mathrm{e}^{-3t}$$

从而

$$\begin{cases} y_{\text{zi}}(0_+) = c_1 + c_2 = 2 \\ y'_{\text{zi}}(0_+) = -2c_1 - 3c_2 = 3 \end{cases}$$

解上述方程式得

$$\begin{cases} c_1 = 9 \\ c_2 = -7 \end{cases}$$

从而系统的零输入响应为

$$y_{\text{zi}}(t) = (9\mathrm{e}^{-2t} - 7\mathrm{e}^{-3t})u(t)$$

2．零状态响应

前面提到，零状态响应是指系统的初始状态（0_-）为零的条件下，完全由外界激励信号产生的响应。把激励信号 $f(t)$ 的具体函数表达式代入微分方程（3.2-19），齐次解 $y_{\text{h}}(t)$ 即齐次方程的解，解法同上，系数待定。特解 $y_{\text{p}}(t)$ 由激励信号 $f(t)$ 完全确定。同样为了方便起见，假设特征方程的特征根 λ_i 均为单根，则齐次解的形式为

$$y_{\text{h}}(t) = \sum_{i=1}^{M} d_i \mathrm{e}^{\lambda_i t} \tag{3.2-27}$$

显然

$$\left.\frac{\mathrm{d}^n y_{\text{h}}(t)}{\mathrm{d}t^n}\right|_{t=0_-} = \frac{\mathrm{d}^n}{\mathrm{d}t^n}\left[\sum_{i=1}^{M} d_i \mathrm{e}^{\lambda_i t}\right]\Bigg|_{t=0_-} = \sum_{i=1}^{M} d_i (\lambda_i)^n \mathrm{e}^{\lambda_i t}\Bigg|_{t=0_-} = \sum_{i=1}^{M} d_i (\lambda_i)^n \tag{3.2-28}$$

由于零状态响应是在系统的初始状态为零的条件下求得的，即

$$y_{\text{zs}}(0_-) = 0,\quad \left.\frac{\mathrm{d}}{\mathrm{d}t} y_{\text{zs}}(t)\right|_{t=0_-} = 0, \cdots, \left.\frac{\mathrm{d}^{M-1}}{\mathrm{d}t^{M-1}} y_{\text{zs}}(t)\right|_{t=0_-} = 0 \tag{3.2-29}$$

由式（3.2-27）、式（3.2-28）和式（3.2-29）可得以下 M 元一次方程组

$$\begin{cases}\sum_{i=1}^{M} d_i + y_p(0_-) = 0 \\ \sum_{i=1}^{M} d_i\lambda_i + \frac{\mathrm{d}}{\mathrm{d}t}y_p(t)\Big|_{t=0_-} = 0 \\ \vdots \\ \sum_{i=1}^{M} d_i(\lambda_i)^{M-1} + \frac{\mathrm{d}^{M-1}}{\mathrm{d}t^{M-1}}y_p(t)\Big|_{t=0_-} = 0\end{cases} \tag{3.2-30}$$

求得以上方程组的解 $d=[d_1, d_2, \cdots, d_{M-1}]$，就可以完全确定零状态响应 $y_{zs}(t)$ 为

$$y_{zs}(t) = \sum_{i=1}^{M} d_i \mathrm{e}^{\lambda_i t} + y_p(t) \tag{3.2-31}$$

若 λ 为特征方程的 k 重根，则 $y_{zs}(t)$ 的齐次解部分含有 $d_1\mathrm{e}^{\lambda t}, d_2 t\mathrm{e}^{\lambda t}, \cdots, d_k t^{k-1}\mathrm{e}^{\lambda t}$ 共 k 项，其余步骤同上。

很容易验证，如果激励变为原来的 k 倍，则常系数线性微分方程的特解 $y_p(t)$ 也变为原来的 k 倍，从而有以下方程组

$$\begin{cases}\sum_{i=1}^{M} d_i' + k\cdot y_p(0_-) = 0 \\ \sum_{i=1}^{M} d_i'\lambda_i + \frac{\mathrm{d}}{\mathrm{d}t}[k\cdot y_p(t)]\Big|_{t=0_-} = 0 \\ \vdots \\ \sum_{i=1}^{M} d_i'(\lambda_i)^{M-1} + \frac{\mathrm{d}^{M-1}}{\mathrm{d}t^{M-1}}[k\cdot y_p(t)]\Big|_{t=0_-} = 0\end{cases} \tag{3.2-32}$$

若 $d=[d_1, d_2, \cdots, d_{M-1}]$ 为方程组（3.2-23）的解，很容易验证 $k\cdot d=[k\cdot d_1, k\cdot d_2, \cdots, k\cdot d_{M-1}]$ 是方程组（3.2-32）的解。这表明常系数线性微分方程描述的系统的零状态响应对输入具有线性，即若系统的输入变为原来的 k 倍，则零状态响应也变为原来的 k 倍，这称为零状态线性。

求系统的零状态响应，实际上是求解常系数线性微分方程，响应由微分方程的特解和齐次解组成。把输入信号的具体形式代入微分方程式的右边，如果没有出现冲激函数及其导数项，这时系统的状态在 $t=0_-$ 到 $t=0_+$ 前后不会发生跳变，初始条件和初始状态相等。考虑到零状态响应是在系统的初始状态为零时求得的，所以这时系统的初始条件也为零，求解过程非常简单。作为例子，研究以下微分方程描述系统的零状态响应

$$y''(t) + 3y'(t) + 2y(t) = 3f'(t) + f(t) \tag{3.2-33}$$

其中输入为 $f(t)=\sin(3t)$ 。将 $f(t)=\sin(3t)$ 代入以上微分方程的右边得

$$y''(t) + 3y'(t) + 2y(t) = 9\cos(3t) + \sin(3t) \tag{3.2-34}$$

以上方程式右边不包括冲激函数及其导数项，所以系统的状态在 $t=0_-$ 到 $t=0_+$ 前后不会发生跳变。零初始状态意味着零初始条件。特解可设为

$$y_p(t) = a_1\sin(3t) + a_2\cos(3t) \tag{3.2-35}$$

将上式代入方程式（3.2-34）左边，整理得

$$2a_1\sin(3t) + 2a_2\cos(3t) = 9\cos(3t) + \sin(3t) \tag{3.2-36}$$

比较系数即可得 $a_1=0.5$ ，$a_2=4.5$ ，从而特解为

$$y_p(t) = 0.5\sin(3t) + 4.5\cos(3t) \tag{3.2-37}$$

显然齐次解的形式为

$$y_h(t)=c_1e^{-2t}+c_2e^{-t} \tag{3.2-38}$$

因而零状态响应 $y_{zs}(t)$ 为

$$y_{zs}(t)=y_p(t)+y_h(t)=0.5\sin(3t)+4.5\cos(3t)+c_1e^{-2t}+c_2e^{-t} \tag{3.2-39}$$

未定系数由零初始条件确定，即

$$\begin{cases} y_{zs}(0_+)=4.5+c_1+c_2=0 \\ y'_{zs}(0_+)=1.5-2c_1-c_2=0 \end{cases} \tag{3.2-40}$$

解以上方程组即可得 $c_1=6$，$c_2=-10.5$，至此得到系统的零状态响应为

$$y_{zs}(t)=[0.5\sin(3t)+4.5\cos(3t)+6e^{-2t}-10.5e^{-t}]u(t) \tag{3.2-41}$$

如果描述 LTI 连续系统的微分方程的右边出现冲激函数甚至高阶奇异函数，系统的状态在 $t=0_-$ 到 $t=0_+$ 前后要发生跳变。这时，先利用冲激函数匹配法可以由初始状态（0_-）求得初始条件（0_+），然后再利用上面求零状态响应的一般解法就可以求出系统的零状态响应 $y_{zs}(t)$。

【例 3.2-7】 一个连续时间系统由下面的微分方程描述

$$y'(t)+3y(t)=f''(t)+3f'(t)+2f(t)$$

求系统在激励为 $f(t)=e^{-4t}u(t)$ 时的零状态响应 $y_{zs}(t)$。

解： 先求以下微分方程描述系统的零状态响应 $y_{zs1}(t)$

$$y'(t)+3y(t)=x(t) \tag{3.2-42}$$

将 $f(t)=e^{-4t}u(t)$ 代入以上方程式右边得

$$y'(t)+3y(t)=e^{-4t}u(t)$$

上式右边没有包含冲激函数及其导数项，所以系统的状态在 $t=0_-$ 到 $t=0_+$ 前后不会发生跳变。零状态响应在系统的初始状态为零时求得，所以系统的初始条件也同样为零。很容易得到以上方程式的特解为

$$y_{p1}(t)=-e^{-4t}u(t)$$

齐次解的形式为

$$y_{h1}(t)=ce^{-3t}u(t)$$

c 为待定常数。这样得到方程式（3.2-42）描述系统的零状态响应 $y_{zs1}(t)$ 为

$$y_{zs1}(t)=y_{h1}(t)+y_{p1}(t)=(ce^{-3t}-e^{-4t})u(t)$$

由零初始条件即可得

$$y_{zs1}(0_+)=c-1=0$$

从而 $c=1$。至此得到由方程式（3.2-42）描述系统的零状态响应 $y_{zs1}(t)$ 为

$$y_{zs1}(t)=(e^{-3t}-e^{-4t})u(t) \tag{3.2-43}$$

如果把原方程式右边当作一个整体作为系统的输入，并记为 $f_1(t)$，显然 $f_1(t)$ 和方程式（3.2-42）右边的关系为

$$f_1(t)=f''(t)+3f'(t)+2f(t)$$

由 LTI 系统的微分特性和线性性质，由微分方程描述的系统的零状态响应 $y_{zs}(t)$ 和微分方程　式（3.2-42）描述的系统的零状态响应 $y_{zs1}(t)$ 的关系为

$$y_{zs}(t)=y''_{zs1}(t)+3y'_{zs1}(t)+2y_{zs1}(t)$$

将式（3.2-43）所表示的 $y_{zs1}(t)$ 代入上式右边得

$$y_{zs}(t)=2(e^{-3t}-e^{-4t})u(t)+3(4e^{-4t}-3e^{-3t})u(t)+(9e^{-3t}-16e^{-4t})u(t)+\delta(t)$$
$$=(2e^{-3t}-6e^{-4t})u(t)+\delta(t)$$

由以上求解过程可以看出，这种解法避免了复杂的冲激函数匹配过程，求解过程简单明了。

3. 全响应

如果系统的初始状态不为零，在激励 $f(t)$ 的作用下，LTI 系统的响应称为全响应，它是零输入响应与零状态响应之和，即

$$y(t)=y_{zi}(t)+y_{zs}(t) \tag{3.2-44}$$

其各阶导数为

$$y^{(j)}(t)=y_{zi}^{(j)}(t)+y_{zs}^{(j)}(t),(j=0,1,\cdots,n-1) \tag{3.2-45}$$

上式对 $t=0_-$ 也成立，故有

$$y^{(j)}(0_-)=y_{zi}^{(j)}(0_-)+y_{zs}^{(j)}(0_-) \tag{3.2-46}$$

$$y^{(j)}(0_+)=y_{zi}^{(j)}(0_+)+y_{zs}^{(j)}(0_+) \tag{3.2-47}$$

对于零状态响应，在 $t=0_-$ 时激励尚未接入，故 $y_{zs}^{(j)}(0_-)=0$，因而零输入响应的 0_+ 值为

$$y_{zi}^{(j)}(0_+)=y_{zi}^{(j)}(0_-)=y^{(j)}(0_-) \tag{3.2-48}$$

根据给定的初始状态（即 0_- 值）以及前述由 0_- 值求 0_+ 值的方法，可求得零输入响应和零状态响应的 0_+ 值。

综上所述，LTI 系统的全响应既可分为自由（固有）响应和强迫响应，也可分为零输入响应和零状态响应。两种分解方式有明显的区别。虽然自由响应和零输入响应都是齐次方程的解，但二者系数各不相同。在初始状态为零时，零输入响应等于零，但在激励信号的作用下，自由响应并不为零。也就是说，系统的自由响应包括零输入响应和零状态响应的一部分。

【例 3.2-8】 求以下微分方程描述系统的零输入响应和零状态响应：

$$y''(t)+5y'(t)+6y(t)=f'(t)+2f(t) \tag{3.2-49}$$

已知 $x(t)=e^{-4t}u(t)$，$y(0_-)=1$，$y'(0_-)=2$。

解： 把 $f(t)=e^{-4t}u(t)$ 代入原微分方程，整理得

$$y''(t)+5y'(t)+6y(t)=\delta(t)-2e^{-4t}u(t)$$

由原微分方程对应的特征方程为 $\lambda^2+5\lambda+6=0$，特征根 $\lambda_1=-2$，$\lambda_2=-3$。

（1）先求零输入响应 $y_{zi}(t)$。

由于零输入响应激励为零，此时的零输入响应方程为

$$y_{zi}''(t)+5y_{zi}'(t)+6y_{zi}(t)=0 \tag{3.2-50}$$

初始条件为 $\begin{cases} y_{zi}(0_+)=y_{zi}(0_-)=1 \\ y_{zi}'(0_+)=y_{zi}'(0_-)=2 \end{cases}$

解这个齐次方程，其形式为 $y_{zi}(t)=a_1^{-2t}+b_1^{-3t}$，未定系数 a_1 和 b_1 由初始条件（等于初始状态）确定，即

$$\begin{cases} y_{zi}(0_+)=a_1+b_1=y(0_-)=1 \\ y_{zi}'(0_+)=-2a_1-3b_1=y'(0_-)=2 \end{cases}$$

解得 $a_1=5,b_1=-4$，所以零输入响应为 $y_{zi}(t)=[5e^{-2t}-4e^{-3t}]u(t)$。

（2）再求零状态响应 $y_{zs}(t)$。

此时的零状态响应方程为

$$y''_{zs}(t)+5y'_{zs}(t)+6y_{zs}(t)=\delta(t)-2e^{-4t}u(t) \tag{3.2-51}$$

初始状态为$\begin{cases} y_{zs}(0_-)=0 \\ y'_{zi}(0_-)=0 \end{cases}$

先考虑方程式（3.2-51）右边的 $\delta(t)$ 项， 由冲激函数匹配法设

$$y''_{zs}(t)=c\delta(t)+r_0(t) \tag{3.2-52}$$

其中 $r_0(t)$ 为普通函数项。

对上式两边从$-\infty$到 t 积分一次得

$$y'_{zs}(t)=cu(t)+\int_{-\infty}^{t} r_0(\tau)\mathrm{d}\tau \tag{3.2-53}$$

定义 $r_1(t)=\int_{-\infty}^{t} r_0(\tau)\mathrm{d}\tau$，显然 $r_1(t)$ 不包含冲激函数及其导数项，为普通函数。

$$y_{zs}(t)=ctu(t)+\int_{-\infty}^{t} r_1(\tau)\mathrm{d}\tau \tag{3.2-54}$$

显然 $y(t)$不包含冲激函数及其导数项，为普通函数。

将以上三式［（式 3.2-52）、（式 3.2-53）和（式 3.2-54）］代入原微分方程（3.2-51），然后比较两边 $\delta(t)$ 项的系数相等即可得 $c=1$。由式（3.2-52）很容易得

$$y'_{zs}(0_+)-y'_{zs}(0_-)=c=1 \quad 即 \quad y'_{zs}(0_+)=1$$

由式（3.2-53）很容易得

$$y_{zs}(0_+)-y_{zs}(0_-)=0 \quad 即 \quad y_{zs}(0_+)=0$$

$t>0$ 时，原微分方程变为

$$y''_{zs}(t)+5y'_{zs}(t)+6y_{zs}(t)=-2e^{-4t} \tag{3.2-55}$$

很容易得到以上微分方程的特解为$-e^{-4t}$，从而 $y_{zs}(t)$ 的形式为

$$y_{zs}(t)=a_2e^{-2t}+b_2e^{-3t}-e^{-4t}$$

未定系数 a_2 和 b_2 由跳变值 $y_{zs}(0_+)=0$， $y'_{zs}(0_+)=1$ 确定，即

$$\begin{cases} y_{zs}(0_+)=a_2+b_2-1=0 \\ y'_{zs}(0_+)=-2a_2-3b_2+4=1 \end{cases}$$

解以上方程组可得 $a_2=0$，$b_2=1$，这样 $t>0$ 时的零状态响应为

$$y_{zs}(t)=[e^{-3t}-e^{-4t}]u(t)$$

系统的完全响应为

$$y(t)=y_{zi}(t)+y_{zs}(t)=(5e^{-2t}-3e^{-3t}-e^{-4t})u(t) \tag{3.2-56}$$

3.3 冲激响应与阶跃响应

3.3.1 冲激响应

一个 LTI 系统，当其初始状态为零时，输入为单位冲激函数 $\delta(t)$ 所引起的响应称为单位冲激响应，简称冲激响应，用 $h(t)$ 表示。

下面研究系统冲激响应的求解方法。

【例 3.3-1】 设描述某二阶 LTI 系统的微分方程为 $y''(t)+5y'(t)+6y(t)=f(t)$，求其冲激响应 $h(t)$。

解：根据冲激响应的定义，当 $f(t)=\delta(t)$ 时，系统的零状态响应 $y_{zs}(t)=h(t)$，$h(t)$ 满足

$$h''(t)+5h'+6h(t)=\delta(t) \tag{3.3-1}$$

$$h'(0_-)=h(0_-)=0$$

式（3.3-1）微分方程的特征根 $\lambda_1=-2$，$\lambda_2=-3$。故系统的冲激响应为

$$h(t)=(C_1\mathrm{e}^{-2t}+C_2\mathrm{e}^{-3t})u(t) \tag{3.3-2}$$

式中 C_1、C_2 为待定系数。为确定 C_1 和 C_2，需要求出 0_+ 时刻的初始值 $h(0_+)$ 和 $h'(0_+)$。由式(3.3-1)可见，等号两端奇异函数要平衡，根据前面讨论的由 0_- 值求 0_+ 值的方法，由于式(3.3-1)右端含 $\delta(t)$，故设

$$h''(t)=a\delta(t)+r_0(t) \tag{3.3-3}$$

从 $-\infty$ 到 t 积分得

$$h'(t)=r_1(t) \tag{3.3-4}$$

$$h(t)=r_2(t) \tag{3.3-5}$$

其中 $r_0(t)$、$r_1(t)$ 和 $r_2(t)$ 不含 $\delta(t)$ 及其各阶导数。将式（3.3-3）、式（3.3-4）和式（3.3-5）代入式（3.3-1）的微分方程，并根据等号两端冲激函数及其各阶导数相平衡，可求得式（3.3-3）中 $a=1$。

对式(3.3-3)和式(3.3-4)等号两端从 0_- 到 0_+ 积分，并考虑到 $\int_{0_-}^{0_+}r_0(t)\mathrm{d}t=0$，$\int_{0_-}^{0_+}r_1(t)\mathrm{d}t=0$，可求得

$$h'(0_+)-h'(0_-)=a\int_{0_-}^{0_+}\delta(t)\mathrm{d}t=a \Rightarrow h'(0_+)=h'(0_-)+a \Rightarrow h'(0_+)=0+1=1$$

$$h(0_+)-h(0_-)=0 \Rightarrow h(0_+)=h(0_-)+0 \Rightarrow h(0_+)=0+0=0$$

将以上初始值代入式（3.3-2），得

$$h(0_+)=C_1+C_2=0$$

$$h'(0_+)=-2C_1-3C_2=1$$

由上式解得 $C_1=1$，$C_2=-1$，最后得系统的冲激响应为

$$h(t)=(\mathrm{e}^{-2t}-\mathrm{e}^{-3t})u(t)$$

一般，若 n 阶微分方程的等号右端只含激励，即

$$y^{(n)}(t)+a_{n-1}y^{(n-1)}(t)+\cdots+a_0y(t)=f(t) \tag{3.3-6}$$

则当 $f(t)=\delta(t)$ 时，其零状态响应［即冲激响应 $h(t)$］满足方程

$$h^{(n)}(t)+a_{n-1}y^{(n-1)}(t)+\cdots+a_0h(t)=\delta(t) \tag{3.3-7}$$

$$h^{(j)}(0_-)=0,\ j=0,1,2,\cdots,n-1$$

用前述类似的方法，可推得各初始值为

$$h^{(j)}(0_+)=0,\ j=0,1,2,\cdots,n-2 \tag{3.3-8}$$

$$h^{(n-1)}(0_+)=1$$

一般而言，若描述 LTI 系统的微分方程为

$$y^{(n)}(t)+a_{n-1}y^{(n-1)}(t)+\cdots+a_0y(t)=b_mf^{(m)}(t)+b_{m-1}f^{(m-1)}(t)+\cdots+b_0f(t) \tag{3.3-9}$$

求解系统的冲激响应 $h(t)$ 可分为两步进行：

（1）选新变量 $y_1(t)$，使它满足的微分方程为左端与式（3.3-9）相同，而右端只含 $f(t)$，即 $y_1(t)$ 满足方程

$$y_1^{(n)}(t)+a_{n-1}y_1^{(n-1)}(t)+\cdots+a_0y_1(t)=f(t) \tag{3.3-10}$$

令式（3.3-10）的冲激响应为 $h_1(t)$，它可按前述方法求得。

（2）根据 LTI 系统零状态响应的线性性质和微分特征，可得式（3.3-9）的冲激响应

$$h(t)=b_mh_1^{(m)}(t)+b_{m-1}h_1^{(m-1)}(t)+\cdots+b_0h_1(t) \tag{3.3-11}$$

【例 3.3-2】 描述某二阶 LTI 系统的微分方程为

$$y''(t)+5y'(t)+6y(t)=f''(t)+2f'(t)+3f(t) \tag{3.3-12}$$

求其冲激响应 $h(t)$。

解法一 ：

选新变量 $y_1(t)$，它满足方程

$$y_1''(t)+5y_1'(t)+6y_1(t)=f(t) \tag{3.3-13}$$

设其冲激响应为 $h_1(t)$，则由式（3.3-11）可知，式（3.3-12）系统的冲激响应为

$$h(t)=h_1''(t)+2h_1'(t)+3h_1(t)\ h(t)=h_1''(t)+2h_1'(t)+3h_1(t) \tag{3.3-14}$$

现在求 $h_1(t)$。由于式（3.3-13）与例 3.3-1 中式（3.3-2）相同，故其冲激响应也相同，即

$$h_1(t)=(\mathrm{e}^{-2t}-\mathrm{e}^{-3t})u(t)$$

它的一阶、二阶导数分别为

$$h_1'(t)=(\mathrm{e}^{-2t}-\mathrm{e}^{-3t})\delta(t)+(-2\mathrm{e}^{-2t}+3\mathrm{e}^{-3t})u(t)=(-2\mathrm{e}^{-2t}+3\mathrm{e}^{-3t})u(t)$$

$$h_1''(t)=(-2\mathrm{e}^{-2t}+3\mathrm{e}^{-3t})\delta(t)+(4\mathrm{e}^{-2t}-9\mathrm{e}^{-3t})u(t)=\delta(t)+(4\mathrm{e}^{-2t}-9\mathrm{e}^{-3t})u(t)$$

将它们代入到式（3.3-14），得式（3.3-12）所述系统的冲激响应

$$h(t)=\delta(t)+(3\mathrm{e}^{-2t}-6\mathrm{e}^{-3t})u(t)$$

解法二：

根据冲激响应的定义，当 $f(t)=\delta(t)$ 时，系统的零状态 $y_{zs}(t)=h(t)$，由式（3.3-12）可知 $h(t)$ 满足

$$h''(t)+5h'(t)+6h(t)=\delta''(t)+2\delta'(t)+3\delta(t) \tag{3.3-15}$$

$$h'(0_-)=h(0_-)=0$$

首先求出 0_+ 时刻的初始值 $h(0_+)$ 和 $h'(0_+)$，根据前面讨论的由 0_- 值求 0_+ 值的方法，由于式（3.3-15）右端含 $\delta''(t)$，故设

$$h''(t)=a\delta''(t)+b\delta'(t)+c\delta(t)+r_0(t) \tag{3.3-16a}$$

对其从 $-\infty$ 到 t 积分得

$$h'(t)=a\delta'(t)+b\delta(t)+r_1(t) \tag{3.3-16b}$$

$$h(t)=a\delta(t)+r_2(t) \tag{3.3-16c}$$

其中 $r_0(t)$、$r_1(t)$ 和 $r_2(t)$ 不含 $\delta(t)$ 及其各阶导数。将式（3.3-16）各式代入式（3.3-15）的微分方程，并由等号两端冲激函数及其各阶导数相平衡，可求得

$$a=1,\ b+5a=2,\ c+5b+6a=3$$

解上式得 $a=1$，$b=3$，$c=12$。对式（3.3-16a）和式（3.3-16b）等号两端从 0_- 到 0_+ 积分，并考虑到 $\int_{0_-}^{0_+}r_0(t)\mathrm{d}t=0$，$\int_{0_-}^{0_+}r_1(t)\mathrm{d}t=0$，可求得 $h'(0_+)-h'(0_-)=c$，$h(0_+)-h(0_-)=b$，故

$$h'(0_+)=h'(0_-)+c=0+12=12$$
$$h(0_+)=h(0_-)+b=0-3=-3$$

当 $t>0$ 时，$h(t)$ 满足方程

$$h''(t)+5h'(t)+6h(t)=0$$

它的特征根 $\lambda_1=-2$，$\lambda_2=-3$。故系统的冲激响应为

$$h(t)=[C_1\mathrm{e}^{-2t}+C_2\mathrm{e}^{-3t}]\ u(t) \tag{3.3-17}$$

式中待定系数 C_1、C_2 由初始值 $h(0_+)=-3$ 和 $h'(0_+)=12$ 确定，将初始值代入式（3.3-17），得

$$h(0_+)=C_1+C_2=-3$$
$$h'(0_+)=-2C_1-3C_2=12$$

由上式解得 $C_1=3$，$C_2=-6$。由于 t<0 时，$h(t)=0$，故根据式（3.3-17）和式（3.3-16c）[$h(t)$ 含 $\delta(t)$]，得系统的冲激响应

$$h(t)=\delta(t)+(3\mathrm{e}^{-2t}-6\mathrm{e}^{-3t})u(t)$$

3.3.2 阶跃响应

一个 LTI 系统，当其初始状态为零且输入为单位阶跃信号时，系统的响应称为单位阶跃响应，简称阶跃响应，用 $g(t)$ 表示。就是说，阶跃响应是激励为单位阶跃函数时，系统的零状态响应，即

$$g(t)\overset{\text{def}}{=}T[\{0\},u(t)] \tag{3.3-18}$$

若 n 阶微分方程等号右端只含激励 $f(t)$，当激励 $f(t)=u(t)$ 时，系统的零状态响应[即阶跃响应 $g(t)$]满足方程

$$g^{(n)}(t)+a_{n-1}g^{(n-1)}(t)+\cdots+a_0g(t)=u(t)$$
$$g^{(j)}(0_-)=0, j=0,1,2,\cdots,n-1 \tag{3.3-19}$$

由于等号右端只含 $u(t)$，故除 $g^{(n)}(t)$ 外，$g(t),g^{(1)}(t),g^{(2)}(t),\cdots,g^{(n-1)}(t)$ 均连续，即有

$$g^{(j)}(0_+)=g^{(j)}(0_-)=0\ ,j=0,1,2,\cdots,n-1 \tag{3.3-20}$$

若方程式（3.3-19）的特征根均为单根，则阶跃响应为

$$g(t)=\left(\sum_{j=1}^{n}C_j\mathrm{e}^{\lambda_j t}+\frac{1}{a_0}\right)u(t) \tag{3.3-21}$$

式中 $\frac{1}{a_0}$ 为式（3.3-19）的特解，待定系数 C_j 由式（3.3-20）的 0_+ 初始值确定。

如果微分方程的等号右端含有 $f(t)$ 及其各阶导数，如式（3.3-9），则可根据 LTI 系统的线性性质和微分特征求得其阶跃响应。

由于单位阶跃函数 $u(t)$ 与单位冲激函数 $\delta(t)$ 的关系为 $\delta(t)=\frac{\mathrm{d}u(t)}{\mathrm{d}t}$，$u(t)=\int_{-\infty}^{t}\delta(x)\mathrm{d}x$。

根据 LTI 系统的微（积）分特性，同一系统的阶跃响应与冲激响应的关系为

$$h(t)=\frac{\mathrm{d}g(t)}{\mathrm{d}t} \tag{3.3-22a}$$

$$g(t)=\int_{-\infty}^{t}h(x)\mathrm{d}x \tag{3.3-22b}$$

【例 3.3-3】 如图 3.3-1 所示的 LTI 系统，求其阶跃响应。

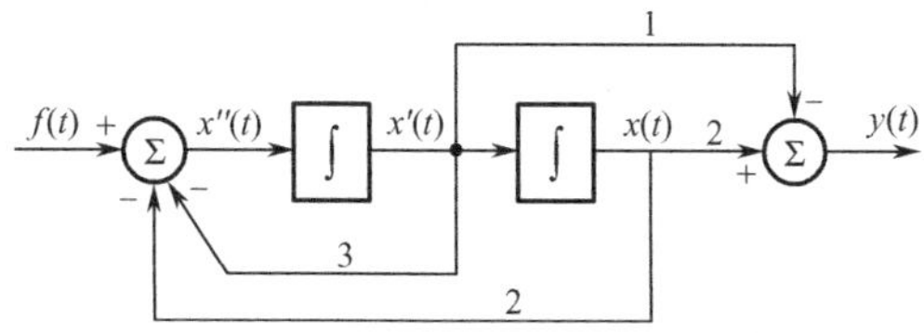

图 3.3-1　例 3.3-3 图

解：（1）列写图 3.3-1 所示系统的微分方程。

设图中右端积分器的输出为 $x(t)$，则其输入为 $x'(t)$，左端积分器的输入为 $x''(t)$。左端加法器的输出 $x''(t)=-3x'(t)-2x(t)+f(t)$，即

$$x''(t)+3x'(t)+2x(t)=f(t) \tag{3.3-23a}$$

右端加法器的输出为

$$y(t)=-x'(t)+2x(t) \tag{3.3-23b}$$

不难求得描述图 3.3-1 所示的微分方程为

$$y''(t)+3y'(t)+2y(t)=-f'(t)+2f(t) \tag{3.3-24}$$

（2）求阶跃响应。

若设式（3.3-23a）所述系统的阶跃响应为 $g_x(t)$，由式（3.3-23b）可知，图 3.3-1 所示系统即式（3.3-24）所述系统的阶跃响应为

$$g(t)=-g_x'(t)+2g_x(t) \tag{3.3-25}$$

由式（3.3-23a）可知，阶跃响应满足方程

$$g_x''(t)+3g_x'(t)+2g_x(t)=u(t) \tag{3.3-26}$$

$$g_x(0_-)=g_x'(0_-)=0$$

其特征根 $\lambda_1=-1$，$\lambda_2=-2$，其特解为 0.5，于是得

$$g_x(t)=(C_1\mathrm{e}^{-t}+C_2\mathrm{e}^{-2t}+0.5)u(t)$$

由式（3.3-20）可知，式（3.3-26）的 0_+ 初始值均为零，即 $g_x(0_+)=g_x'(0_+)=0$。将它们代入上式，有

$$g_x(0_+)=C_1+C_2+0.5=0$$

$$g_x'(0_+)=-C_1-2C_2=0$$

可解得 $C_1=-1$，$C_2=0.5$，于是

$$g_x(t)=(-\mathrm{e}^{-t}+0.5\mathrm{e}^{-2t}+0.5)u(t)$$

其一阶导数为

$$g_x'(t)=(-\mathrm{e}^{-t}+0.5\mathrm{e}^{-2t}+0.5)\delta(t)+(\mathrm{e}^{-t}-e^{-2t})u(t)=(\mathrm{e}^{-t}-\mathrm{e}^{-2t})u(t)$$

将它们代入到式（3.3-25），最后得图 3.3-1 所示系统的阶跃响应为

$$g(t)=-g_x'(t)+2g_x(t)=(-3\mathrm{e}^{-t}+2\mathrm{e}^{-2t}+1)u(t)$$

实际上，图 3.3-1 所示系统的冲激响应为

$$h(t)=(3\mathrm{e}^{-t}-4\mathrm{e}^{-2t})u(t)$$

容易验证，$g(t)$ 与 $h(t)$ 满足式（3.3-22）的关系。

【例 3.3-4】 如图 3.3-2 所示的二阶电路，已知 L=0.4H，C=0.1F，G=0.6S，若以 $u_S(t)$ 为输入，以 $u_C(t)$ 为输出，求该电路的冲激响应和阶跃响应 。

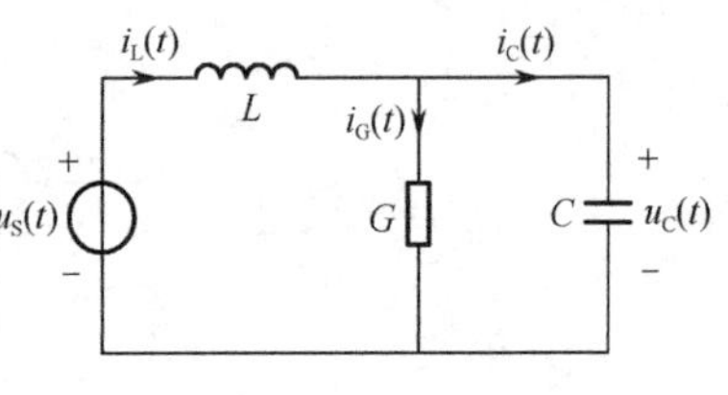

图 3.3-2 例 3.3-4 图

解：（1）列写电路方程。

如图 3.3-2 所示，由 KCL 和 KVL 有

$$i_L = i_C + i_G = Cu_C' + Gu_C$$

$$u_L + u_C = u_S$$

由于 $u_L = L\dfrac{\mathrm{d}i_L}{\mathrm{d}t} = LCu_C'' + LGu_C'$

将它们代入到 KVL 方程并整理，得

$$u_C'' + \frac{G}{C}u_C' + \frac{1}{LC}u_C = \frac{1}{LC}u_S$$

将元件值代入，得图 3.3-2 所示电路的微分方程为

$$u_C''(t) + 6u_C'(t) + 25u_C(t) = 25u_S(t)$$

（2）求冲激响应。

按冲激响应的定义，当 $u_S(t) = \delta(t)$ 时，电路的冲激响应 $h(t)$ 满足方程

$$h''(t) + 6h'(t) + 25h(t) = 25\delta(t) \tag{3.3-27}$$

$$h(0_-) = h'(0_-) = 0$$

用前述方法，不难求得其 0_+ 值分别为 $h(0_+) = 0$，$h'(0_+) = 25$，式（3.3-27）的特征方程为

$$\lambda^2 + 6\lambda + 25 = 0$$

其特征根 $\lambda_{1,2} = -3 \pm \mathrm{j}4$。考虑到在 $t > 0$ 时，$\delta(t) = 0$，冲激响应 $h(t)$ 与式（3.3-27）的齐次方程形式相同，于是有

$$h(t) = \mathrm{e}^{-3t}[C\cos(4t) + D\sin(4t)]u(t)$$

其导数

$$h'(t) = \mathrm{e}^{-3t}[C\cos(4t) + D\sin(4t)]\delta(t)$$
$$+ \mathrm{e}^{-3t}[-4C\sin(4t) + 4D\cos(4t)]u(t) - 3\mathrm{e}^{-3t}[C\cos(4t) + D\sin(4t)]u(t)$$

令 $t = 0_+$，并代入 0_+ 时刻的初始值，有

$$h(0_+) = C = 0$$

$$h'(0_+) = 4D - 3C = 25$$

可解得 $C = 0$，$D = 0.25$，于是得该二阶电路的冲激响应为

$$h(t) = 6.25\mathrm{e}^{-3t}\sin(4t)u(t) \tag{3.3-28}$$

（3）求阶跃响应。

按阶跃响应的定义，当 $u_S(t) = u(t)$ 时，电路的阶跃响应 $g(t)$ 满足方程

$$g''(t) + 6g'(t) + 25g(t) = 25u(t) \tag{3.3-29}$$

$$g(0_-) = g'(0_-) = 0$$

由式（3.3-20）可知，其 0_+ 值 $g(0_+) = g'(0_+) = 0$。

式（3.3-29）的特征根同前，其特解为 1。所以，阶跃响应可写为

$$g(t) = \{\mathrm{e}^{-3t}[C\cos(4t) + D\sin(4t)] + 1\}u(t)$$

或

$$g(t)=[A\mathrm{e}^{-3t}\cos(4t-\theta)+1]u(t)$$

其导数

$$g'(t)=[A\mathrm{e}^{-3t}\cos(4t-\theta)+1]\delta(t)+[-4A\mathrm{e}^{-3t}\sin(4t-\theta)-3A\mathrm{e}^{-3t}\cos(4t-\theta)]u(t)$$

令 $t=0_+$，并代入 0_+ 值，有

$$g(0_+)=A\cos\theta+1$$
$$g'(0_+)=4A\sin\theta-3A\cos\theta=0$$

可解得

$$\theta=\arctan\left(\frac{3}{4}\right)=36.9°, A=-\frac{1}{\cos\theta}=-1.25$$

最后得到图 3.3-2 所示电路的阶跃响应为

$$\begin{aligned}g(t)&=[1-1.25\mathrm{e}^{-3t}\cos(4t-36.9°)]u(t)\\&=\{1-\mathrm{e}^{-3t}[\cos(4t)+0.75\sin(4t)]\}u(t)\end{aligned}$$

3.4 利用卷积求零状态响应

3.4.1 任意激励信号的冲激函数分解

用常系数线性微分方程描述的系统在初始状态为零的条件下，系统是线性时不变的，而且是因果的。如果一般 $f(t)$ 均能表示成冲激信号的线性组合，那么借助系统的冲激响应，利用系统的线性时不变性，我们就能求出任意信号作用下的零响应状态。一般信号均能分解为冲激信号之和吗？下面先来讨论这个问题。

从图 3.4-1 可见，一个信号可以近似看成许多脉冲分量之和，脉冲间隔为 $\varDelta\to 0$ 时，可以以这些窄脉冲完全表达信号 $f(t)$。即

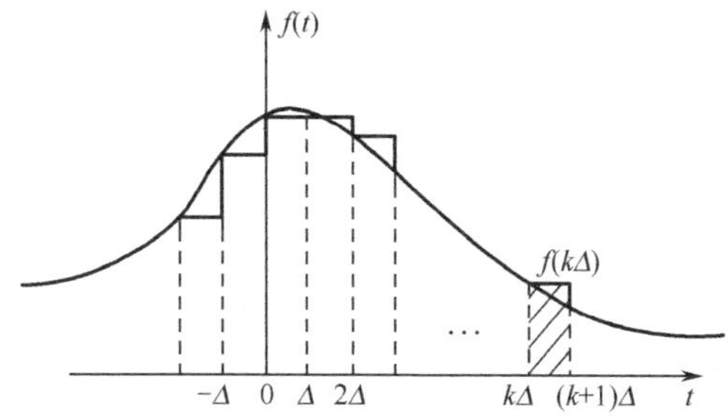

图 3.4-1　任意信号分解成冲激信号的线性组合

$$\begin{aligned}f(t)\approx\cdots+f(0)[u(t)-u(t-\varDelta)]+f(\varDelta)[u(t-\varDelta)-u(t-2\varDelta)]\\+\cdots+f(k\varDelta)[u(t-k\varDelta)-u(t-k\varDelta-\varDelta)]+\cdots\end{aligned}$$

$$=\cdots+f(0)\frac{[u(t)-u(t-\varDelta)]}{\varDelta}\varDelta+f(\varDelta)\frac{[u(t-\varDelta)-u(t-2\varDelta)]}{\varDelta}\varDelta$$
$$+\cdots+f(k\varDelta)\frac{[u(t-k\varDelta)-u(t-k\varDelta-\varDelta)]}{\varDelta}\varDelta+\cdots$$
$$=\sum_{k=-\infty}^{\infty}f(k\varDelta)\frac{[u(t-k\varDelta)-u(t-k\varDelta-\varDelta)]}{\varDelta}\varDelta$$

上式是信号 $f(t)$ 的近似表达式，当 $\varDelta$ 越小时，其误差越小。当 $\varDelta\to 0$ 时，上式完全表示信号 $f(t)$。当 $\varDelta\to 0$ 时，$k\varDelta\to\tau$，$\varDelta\to \mathrm{d}\tau$，$\frac{[u(t-k\varDelta)-u(t-k\varDelta-\varDelta)]}{\varDelta}\to\delta(t-\tau)$，于是有

$$f(t)=\lim_{\varDelta\to 0}\sum_{k=-\infty}^{\infty}f(k\varDelta)\frac{[u(t-k\varDelta)-u(t-k\varDelta-\varDelta)]}{\varDelta}\varDelta$$
$$=\int_{-\infty}^{\infty}f(\tau)\delta(t-\tau)\mathrm{d}\tau \tag{3.4-1}$$

式（3.4-1）表明了任意信号都可以分解为冲激信号的加权和，其值为信号在不同时刻的函数值。实际上，式（3.4-1）即为冲激函数的抽样特性。这样当求解任意信号作用下的系统零状态响应时，只需求出系统的冲激响应，然后利用线性时不变系统的特性，进行叠加和延时即可求得信号 $f(t)$ 产生的响应。

3.4.2 任意激励下的 LTI 系统的零状态响应

下面利用 LTI 的线性和时不变特性，导出一般信号 $f(t)$ 激励下的零状态响应的求解方法。

由冲激响应定义，当输入为 $f(t)=\delta(t)$ 时，在零状态条件下系统的输出为 $h(t)$，记为 $\delta(t)\to h(t)$，由系统的时不变性有 $\delta(t-\tau)\to h(t-\tau)$。

由系统的齐次性有

$$f(\tau)\delta(t-\tau)\mathrm{d}\tau\to f(\tau)\,h(t)\mathrm{d}\tau \tag{3.4-2}$$

由系统的叠加性有

$$\int_{-\infty}^{\infty}f(\tau)\delta(t-\tau)\mathrm{d}\tau\to\int_{-\infty}^{\infty}f(\tau)\,h(t)\mathrm{d}\tau \tag{3.4-3}$$

则由式（3.4-1）及卷积的定义有 $f(t)\to f(t)*h(t)$。

也就是说，对于线性时不变系统，任意信号 $f(t)$ 作用下的零状态响应是系统的输入与系统的冲激响应的卷积。即

$$y_{\mathrm{zs}}(t)=f(t)*h(t) \tag{3.4-4}$$

【例 3.4-1】 已知一线性时不变系统的冲激响应为 $h(t)=(-2\mathrm{e}^{-2t}+3\mathrm{e}^{-3t})u(t)$，系统的激励为单位阶跃函数 $f(t)=u(t)$，试求系统的零状态响应 $y_{\mathrm{zs}}(t)$。

解：

由前面的推导可得系统的零状态响应为

$$y_{\mathrm{zs}}(t)=f(t)*h(t)=u(t)*(-2\mathrm{e}^{-2t}+3\mathrm{e}^{-3t})u(t)$$
$$=\int_{-\infty}^{\infty}(-2\mathrm{e}^{-2\tau}+3\mathrm{e}^{-3\tau})u(\tau)\cdot u(t-\tau)\mathrm{d}\tau$$
$$=\int_{0}^{t}(-2\mathrm{e}^{-2\tau}+3\mathrm{e}^{-3\tau})\,\mathrm{d}\tau$$
$$=(\mathrm{e}^{-2t}-\mathrm{e}^{-3t})u(t)$$

这里卷积采用了解析法。

【例 3.4-2】 描述一个线性时不变系统的微分方程为

$$y''(t)+3y'(t)+2y(t)=\mathrm{e}^{-t}u(t)$$

且系统的初始状态 $y'(0_-)=3$，$y(0_-)=0$，求系统的零输入响应 $y_{zi}(t)$、冲激响应 $h(t)$、零状态响应 $y_{zs}(t)$、全响应 $y(t)$。

解：（1）求零输入响应。

方程的特征方程为 $\lambda^2+3\lambda+2=0$，特征根为 $\lambda_1=-1$，$\lambda_2=-2$，可得零输入响应的形式为

$$y_{zi}(t)=C_1\mathrm{e}^{-t}+C_2\mathrm{e}^{-2t}$$

代入初始条件

$$y'_{zi}(0_+)=y'_{zi}(0_-)=y'(0_-)=3$$
$$y_{zi}(0_+)=y_{zi}(0_-)=y(0_-)=0$$

得 $C_1=3$，$C_2=-3$，故零输入响应为

$$y_{zi}(t)=(3\mathrm{e}^{-t}-3\mathrm{e}^{-2t})u(t)$$

（2）求冲激响应。

由微分方程可求得系统冲激响应的方程为

$$y''(t)+3y'(t)+2y(t)=\delta(t);\ h'(0_+)=1;\ h(0_+)=0$$

所以冲激响应 $h(t)=(\mathrm{e}^{-t}-\mathrm{e}^{-2t})u(t)$。

（3）求零状态响应。

$$\begin{aligned}y_{zs}(t)&=f(t)*h(t)=[\mathrm{e}^{-t}u(t)]*[(\mathrm{e}^{-t}-\mathrm{e}^{-2t})u(t)]\\&=\int_{-\infty}^{\infty}(\mathrm{e}^{-\tau}-\mathrm{e}^{-2\tau})u(\tau)\cdot\mathrm{e}^{-(t-\tau)}u(t-\tau)\mathrm{d}\tau\\&=\int_0^t(\mathrm{e}^{-t}+\mathrm{e}^{-t}\mathrm{e}^{-\tau})\,\mathrm{d}\tau=\mathrm{e}^{-t}\int_0^t(1+\mathrm{e}^{-\tau})\,\mathrm{d}\tau\\&=(t\mathrm{e}^{-t}+\mathrm{e}^{-2t}-\mathrm{e}^{-t})u(t)\end{aligned}$$

（4）求全响应。

$$y(t)=y_{zi}(t)+y_{zs}(t)=(t\mathrm{e}^{-t}+2\mathrm{e}^{-t}-2\mathrm{e}^{-2t})u(t)$$

3.5 LTI 离散系统的响应

3.5.1 离散时间系统与数学模型

描述离散系统的数学模型是差分方程。所谓差分方程是指由未知输出序列项与输入序列项构成的方程。未知序列项变量最高序号与最低序号之差，称为差分方程的阶数。由 N 阶差分方程描述的系统称为 N 阶系统。

有些系统本身就是离散的。如某人每月初在银行存入一定数量的款，月息为 α，求第 n 个月初存折上的款数。

设第 n 个月初的款数为 $y(n)$，这个月初的存款为 $f(n)$，上个月初的款数为 $y(n-1)$，利息为 $\alpha y(n-1)$，则

$$y(n)=(1+\alpha)y(n-1)+f(n)$$

整理得

$$y(n)-(1+\alpha)y(n-1)=f(n)$$

上述方程就称为 $y(n)$ 与 $x(n)$ 之间所满足的差分方程，它是一阶差分方程。为求得上述方程的解，除系数 α 和 $x(n)$ 外，还需要知道初始存款数 $y(0)\,(n=0)$，它称为初始条件。

将微分方程离散化可以得到差分方程，从而可以用数字系统来近似模拟系统，该方法称为数值积分法。以一阶微分方程为例：

$$\frac{\mathrm{d}y(t)}{\mathrm{d}t}+ay(t)=f(t) \tag{3.5-1}$$

对上式两边在区间 $[(n-1)T,nT]$ 积分，有

$$\int_{(n-1)T}^{nT}\frac{\mathrm{d}y(t)}{\mathrm{d}t}\mathrm{d}t+a\int_{(n-1)T}^{nT}y(t)\mathrm{d}t=\int_{(n-1)T}^{nT}f(t)\mathrm{d}t \tag{3.5-2}$$

用梯形面积来近似 $f(t)$ 和 $y(t)$ 的积分，有

$$\int_{(n-1)T}^{nT}y(t)\mathrm{d}t=\frac{T}{2}\{y(nT)+y[(n-1)T]\} \tag{3.5-3}$$

$$\int_{(n-1)T}^{nT}f(t)\mathrm{d}t=\frac{T}{2}\{f(nT)+f[(n-1)T]\} \tag{3.5-4}$$

将式（3.5-3）和式（3.5-4）带入式（3.5-2），得

$$y(nT)-y[(n-1)T]+\frac{aT}{2}\{y(nT)+y[(n-1)T]\}=\frac{T}{2}\{f(nT)+f[(n-1)T]\}$$

记 $y(n)=y(nT)$， $f(n)=f(nT)$，有

$$y(n)-y(n-1)+\frac{aT}{2}[y(n)+y(n-1)]=\frac{T}{2}[f(n)+f(n-1)] \tag{3.5-5}$$

整理得

$$\left(1+\frac{aT}{2}\right)y(n)-\left(1-\frac{aT}{2}\right)y(n-1)=\frac{T}{2}[f(n)+f(n-1)] \tag{3.5-6}$$

可以看到，一阶微分方程可以由一阶差分方程来近似，也即我们能用一个数字系统来近似一个模拟系统，在这个变换过程中，系统的阶数是不变的。

LTI 离散系统的输入输出关系常用以下形式的常系数线性差分方程表示，即

$$\sum_{k=0}^{N}a_k y(n-k)=\sum_{k=0}^{M}b_k f(n-k) \tag{3.5-7}$$

所谓常系数是指决定系统特征的参数 $a_0,a_1,a_2,\cdots,a_N$ 和 $b_0,b_1,b_2,\cdots,b_M$ 都是常数，这是系统为移不变的必要条件。所谓线性是指 $f(n)$ 和 $y(n)$ 及它们的差分都只有一次幂且不存在相乘项，这是系统是线性的必要条件。式（3.5-7）为 N 阶差分方程。

3.5.2 LTI 离散系统差分方程的经典解

求解常系数线性差分方程可以用离散时域求解法，如式（3.5-7）所示的差分方程的全解 $y(n)$ 分为齐次解 $y_{\mathrm{h}}(n)$ 和特解 $y_{\mathrm{p}}(n)$。即

$$y(n)=y_{\mathrm{h}}(n)+y_{\mathrm{p}}(n) \tag{3.5-8}$$

齐次解 $y_{\mathrm{h}}(n)$ 是齐次差分方程

$$\sum_{k=0}^{N} a_k y(n-k)=0 \tag{3.5-9}$$

的解。事实上，齐次解由形式为 $c\lambda^n$ 的序列线性组合而成，将 $c\lambda^n$ 代入齐次差分方程，得到

$$\sum_{k=0}^{N} a_k \lambda^{-k}=0 \tag{3.5-10}$$

式（3.5-10）称为差分方程的特征方程，其根称为差分方程的特征根。齐次解的形式由特征方程的特征根确定。若差分方程的 N 个特征根 λ_k 均不相同，则齐次解为

$$y_{\mathrm{h}}(n)=\sum_{k=1}^{N} c_k \lambda_k^n \tag{3.5-11}$$

其中，齐次解的待定系数 c_k 由初始条件决定，要在特解 $y_{\mathrm{p}}(n)$ 确定后，将初始条件代入全解求得。

特解函数的形式与激励函数的形式类似，它满足方程式（3.5-7），一般采用比较系数法求得。于是

$$y(n)=y_{\mathrm{h}}(n)+y_{\mathrm{p}}(n)=\sum_{k=1}^{N} c_k \lambda_k^n + y_{\mathrm{p}}(n) \tag{3.5-12}$$

依特征根取值的不同，差分方程齐次解 $y_{\mathrm{h}}(n)$ 的形式见表 3.5-1，其中 C、C_0 ～C_{r-1}、D、A、A_0～A_{r-1}、θ、θ_0～θ_{r-1} 均为待定常数。

表 3.5-1　不同特征根所对应的齐次解

特征根 λ	齐次解 $y_{\mathrm{h}}(n)$
单实根	$C\lambda^n$
r 重实根	$(C_{r-1}n^{r-1}+C_{r-2}n^{r-2}+\cdots+C_1 n+C_0)\lambda^n$
一对共轭复根 $\lambda_{1,2}=\alpha\pm \mathrm{j}\beta=\rho \mathrm{e}^{\pm \mathrm{j}\beta}$	$\rho^n[C\cos(\beta n)+D\sin(\beta n)]$ 或 $A\rho^n\cos(\beta n-\theta)$，$A\mathrm{e}^{\mathrm{j}\theta}=C+\mathrm{j}D$
r 重共轭复根	$[A_{r-1}n^{r-1}\cos(\beta n+\theta_{r-1})+A_{r-2}n^{r-2}\cos(\beta n+\theta_{r-2})+\cdots+A_0\cos(\beta n+\theta_0)]\rho^n$

特解 $y_{\mathrm{p}}(n)$ 的函数形式与激励的函数形式有关，表 3.5-2 列出了几种典型的激励 $f(n)$ 对应的特解 $y_{\mathrm{p}}(n)$。其中 P、P_0～P_m、P_0～P_r、Q、A、θ 均为待定常数。

因为 $y(n)$ 中有 N 个待定系数，所以对于某一给定的激励来说，为了能唯一确定 N 个待定系数，就必须有一组 N 个独立的边界条件，这些边界条件由 N 个不同的 $y(n)$ 值给定。一般激励为因果信号，在 $n=0$ 时作用于系统，式（3.5-12）在 $n\geqslant 0$ 时成立，故初始条件为 $y(0)$, $y(1)$,⋯, $y(N-1)$ 。

表 3.5-2　不同激励所对应的特解

激励 $f(n)$	特解 $y_{\mathrm{p}}(n)$	
n^m	$P_m n^m+P_{m-1}n^{m-1}+\cdots+P_1 n+P_0$	所有的特征根均不等于 1；
	$n^r(P_m n^m+P_{m-1}n^{m-1}+\cdots+P_1 n+P_0)$	有 r 重等于 1 的特征根

续表

激励 $f(n)$	特解 $y_p(n)$	
a^n	Pa^n	a 不等于特征根；
	$(P_1 n+P_0)a^n$	a 等于特征单根；
	$(P_r n^r+P_{r-1}n^{r-1}+\cdots+P_1 n+P_0)a^n$	a 等于 r 重特征根
$\cos(\beta n)$ 或 $\sin(\beta n)$	$P\cos(\beta n)+Q\sin(\beta n)$ 或 $A\cos(\beta n-\theta)$，其中 $A\mathrm{e}^{\mathrm{j}\theta}=P+\mathrm{j}Q$	所有的特征根均不等于 $\mathrm{e}^{\pm\mathrm{j}\beta}$

【例 3.5-1】 若描述某系统的差分方程为

$$y(n)+3y(n-1)+2y(n-2)=f(n)$$

已知初始条件 $y(0)=0$，$y(1)=2$，激励 $f(n)=2^n u(n)$，求 $y(n)$。

解：（1）求齐次解。

齐次方程为 $y_h(n)+3y_h(n-1)+2y_h(n-2)=0$

特征方程为 $1+3\lambda^{-1}+2\lambda^{-2}=0$

特征根为 $\lambda_1=-1$，$\lambda_2=-2$

所以，齐次解为 $y_h(n)=c_1(-1)^n+c_2(-2)^n$

（2）求特解。

$$y_p(n)+3y_p(n-1)+2y_p(n-2)=f(n)$$

特解的形式与激励类似，设 $y_p(n)=P_0(2)^n$，$n\geqslant 0$，代入差分方程，有

$$P_0(2)^n+3P_0(2)^{n-1}+2P_0(2)^{n-2}=(2)^n$$

比较系数得 $P_0=\dfrac{1}{3}$

所以，特解为 $y_p(n)=\dfrac{1}{3}(2)^n$，$n\geqslant 0$

（3）求全解。

$$\begin{aligned} y(n)&=y_h(n)+y_p(n)\\ &=c_1(-1)^n+c_2(-2)^n+\frac{1}{3}(2)^n, \qquad n\geqslant 0 \end{aligned}$$

代入初始条件，有

$$\begin{cases} y(0)=\ \ c_1+\ \ c_2+\dfrac{1}{3}=0\\ y(1)=-c_1-2c_2+\dfrac{2}{3}=2 \end{cases} \Rightarrow \begin{cases} c_1=\dfrac{2}{3}\\ c_2=-1 \end{cases}$$

所以，全解为

$$y(n)=\left[\frac{2}{3}(-1)^n-(-2)^n+\frac{1}{3}(2)^n\right]u(n)$$

系统的特征方程有重根，又或激励与齐次解中某些项有相同的函数形式时，解的形式会复杂一些，但求解的过程是一样的。经典法的缺点是在激励信号比较复杂时难于确定其特解，而且系统有重根时解的形式也较为复杂。差分方程本质上是递推的代数方程，若已知初始条件和激励，利用迭代法可求得其数值解。描述系统的差分方程和系统的初始条件同例 3.5-1，采用

迭代法求方程的解 $y(n)$。先把方程写成递推形式

$$y(n) = -3y(n-1) - 2y(n-2) + f(n)$$

再递推得到

$$y(2) = -3y(1) - 2y(0) + x(2) = -2$$

$$y(3) = -3y(2) - 2y(1) + x(3) = 10$$

$$\vdots$$

迭代法一般不易得到解析形式的（闭合）解。但是，借助于计算机数值分析，可以得到非常精确的系统响应的数值解。

时域法可以计算出系统对任意信号的响应，但是它难于得到一些广泛性的结论，这个缺点可以通过后面的变换域法解决。

3.5.3　零输入响应

系统的激励为零，仅由系统的初始状态引起的响应，称为零输入响应，用 $y_{zi}(n)$ 表示。在零输入条件下，式（3.5-7）等号右端为零，化为齐次方程，即

$$\sum_{k=0}^{N} a_k y(n-k) = 0$$

一般设定激励是在 $n=0$ 时接入系统的，在 $n<0$ 时，激励尚未接入，故初始状态满足

$$\begin{cases} y_{zi}(-1) = y(-1) \\ y_{zi}(-2) = y(-2) \\ \quad\vdots \\ y_{zi}(-n) = y(-n) \end{cases} \tag{3.5-13}$$

式（3.5-13）中的 $y(-1), y(-2), \cdots, y(-n)$ 为系统的初始状态，由初始状态可以求得零输入响应 $y_{zi}(n)$。

【例 3.5-2】 若描述某离散系统的差分方程为 $y(n) + 3y(n-1) + 2y(n-2) = f(n)$，已知 $f(n) = 0$，$n<0$，初始条件 $y(-1) = 0$，$y(-2) = \dfrac{1}{2}$，求该系统的零输入响应。

解： 根据定义，零输入响应满足

$$y_{zi}(n) + 3y_{zi}(n-1) + 2y_{zi}(n-2) = 0 \tag{3.5-14}$$

其初始状态为

$$y_{zi}(-1) = y(-1) = 0\,; \qquad y_{zi}(-2) = y(-2) = \frac{1}{2}$$

首先求出初始值 $y_{zi}(0)$，$y_{zi}(1)$，式（3.5-14）可写为

$$y_{zi}(n) = -3y_{zi}(n-1) - 2y_{zi}(n-2)$$

令 $n=0$、1，并将 $y_{zi}(-1)$，$y_{zi}(-2)$ 代入，得

$$y_{zi}(0) = -3y_{zi}(-1) - 2y_{zi}(-2) = -1$$

$$y_{zi}(1) = -3y_{zi}(0) - 2y_{zi}(-1) = 3$$

式（3.5-14）的特征方程为

$$\lambda^2 + 3\lambda + 2 = 0$$

其特征根 $\lambda_1 = -1$，$\lambda_2 = -2$，其齐次解为

$$y_{zi}(n)=C_{zi1}(-1)^n+C_{zi2}(-2)^n \tag{3.5-15}$$

将初始值代入得

$$y_{zi}(0)=C_{zi1}+C_{zi2}=-1$$
$$y_{zi}(1)=-C_{zi1}-2C_{zi2}=3$$

可解得$C_{zi1}=1$，$C_{zi2}=-2$，于是得系统的零输入响应为

$$y_{zi}(n)=[(-1)^n-2(-2)^n]u(n)$$

实际上，式（3.5-15）满足齐次方程式（3.5-14），而初始值$y_{zi}(0)$，$y_{zi}(1)$也是由该方程递推出的，因而直接用$y_{zi}(-1)$、$y_{zi}(-2)$确定待定常数C_{zi1}、C_{zi2}将更加简便。即在式（3.5-15）中令$n=-1$、-2，有

$$y_{zi}(-1)=-C_{zi1}-0.5C_{zi2}=0$$
$$y_{zi}(-2)=C_{zi1}+0.25C_{zi2}=0.5$$

可解得$C_{zi1}=1$，$C_{zi2}=-2$，与前述结果相同。

3.5.4 零状态响应

当系统的初始状态为零，仅由激励$f(n)$所产生的响应，称为零状态响应，用$y_{zs}(n)$表示。在零状态情况下，式（3.5-7）仍是非齐次方程，其初始状态为零，即零状态响应满足

$$\begin{cases}\sum_{k=0}^{N}a_k y(n-k)=\sum_{k=0}^{M}b_k f(n-k)\\ y_{zs}(-1)=y_{zs}(-2)=\cdots=y_{zs}(-n)=0\end{cases} \tag{3.5-16}$$

的解。若其特征根均为单根，则其零状态响应为

$$y_{zs}(n)=\sum_{k=1}^{N}C_{zsk}\lambda_k^n+y_p(n) \tag{3.5-17}$$

式中C_{zsk}为待定常数，$y_p(n)$为特解。需要指出，零状态响应的初始状态$y_{zs}(-1),y_{zs}(-2),\cdots,y_{zs}(-N)$为零，但其初始值$y_{zs}(0),y_{zs}(1),\cdots,y_{zs}(N-1)$不一定等于零。

【例 3.5-3】 若例 3.5-2 的离散系统

$$y(n)+3y(n-1)+2y(n-2)=f(n) \tag{3.5-18}$$

式中的$f(n)=2^n$，$n\geqslant 0$，求该系统的零状态响应。

解： 根据定义，零状态响应满足

$$\begin{cases}y_{zs}(n)+3y_{zs}(n-1)+2y_{zs}(n-2)=f(n)\\ y_{zs}(-1)=y_{zs}(-2)=0\end{cases} \tag{3.5-19}$$

首先求出初始值$y_{zs}(0)$、$y_{zs}(1)$，将式（3.5-18）改写为

$$y_{zs}(n)=-3y_{zs}(n-1)-2y_{zs}(n-2)+f(n) \tag{3.5-20}$$

令$n=0$、1，并代入$y_{zs}(-1)=y_{zs}(-2)=0$和$f(0),f(1)$，得

$$\begin{cases}y_{zs}(0)=-3y_{zs}(-1)-2y_{zs}(-2)+f(0)=1\\ y_{zs}(1)=-3y_{zs}(0)-2y_{zs}(-1)+f(1)=-1\end{cases} \tag{3.5-21}$$

式（3.5-18）为非齐次差分方程，其特征根$\lambda_1=-1$，$\lambda_2=-2$，不难求得其特解$y_p(n)=\frac{1}{3}\times 2^n$，故零状态响应为

$$y_{zs}(n)=C_{zs1}(-1)^n+C_{zs2}(-2)^n+\frac{1}{3}(2)^n \tag{3.5-22}$$

将式（3.5-21）的初始值代入上式，有

$$y_{zs}(0)=C_{zs1}+C_{zs2}+\frac{1}{3}=1$$

$$y_{zs}(1)=-C_{zs1}-2C_{zs2}+\frac{2}{3}=-1$$

可解得 $C_{zs1}=-\frac{1}{3}$，$C_{zs2}=1$，于是得零状态响应为

$$y_{zs}(n)=\left[\frac{1}{3}(-1)^n+(-2)^n+\frac{1}{3}(2)^n\right]u(n)$$

与连续系统类似，一个初始状态不为零的 LTI 离散系统，在外加激励作用下，其完全响应等于零输入响应与零状态响应之和，即

$$y(n)=y_{zi}(n)+y_{zs}(n) \tag{3.5-23}$$

若特征根均为单根，则全响应为

$$\begin{aligned}y(n)&=\underbrace{\sum_{k=1}^{N}C_{zik}\lambda_k^n}_{\text{零输入响应}}+\underbrace{\sum_{k=1}^{N}C_{zsk}\lambda_k^n+y_p(n)}_{\text{零状态响应}}\\&=\underbrace{\sum_{k=1}^{N}C_k\lambda_k^n}_{\text{自由响应}}+\underbrace{y_p(n)}_{\text{强迫响应}}\end{aligned} \tag{3.5-24}$$

式中

$$\sum_{k=1}^{N}C_k\lambda_k^n=\sum_{k=1}^{N}C_{zik}\lambda_k^n+\sum_{k=1}^{N}C_{zsk}\lambda_k^n \tag{3.5-25}$$

可见，系统的全响应有两种分解方式：既可以分解为自由响应和强迫响应，也可分解为零输入响应和零状态响应。这两种分解方式有明显的区别。虽然自由响应与零输入响应都是齐次解的形式，但它们的系数并不相同，C_{zik} 仅由系统的初始状态所决定，而 C_k 是由初始状态和激励共同决定的。

如果激励 $f(n)$ 是在 $n=0$ 时接入系统的，根据零状态响应的定义，有

$$y_{zs}(n)=0, n<0$$

由式（3.5-23）有

$$y_{zi}(n)=y(n), n<0$$

系统的初始状态是指 $y(-1),y(-2),\cdots,y(-n)$，它给出了该系统以往历史的全部信息。根据系统的初始状态和 $n\geqslant 0$ 时的激励，可以求得系统的全响应。

【例 3.5-4】 已知系统的差分方程为

$$y(n)-2y(n-1)+2y(n-2)=f(n) \tag{3.5-26}$$

其中 $f(n)=n$，$n\geqslant 0$，初始状态 $y(-1)=1$，$y(-2)=0.5$，求系统的零输入响应、零状态响应和全响应。

解：（1）零输入响应。

零输入响应满足

$$\begin{cases} y_{zi}(n)-2y_{zi}(n-1)+2y_{zi}(n-2)=0 \\ y_{zi}(-1)=y(-1)=1, y_{zi}(-2)=y(-2)=0.5 \end{cases} \tag{3.5-27}$$

式（3.5-26）的特征方程为

$$\lambda^2-2\lambda+2=0$$

其特征根 $\lambda_{1,2}=1\pm\mathrm{j}1=\sqrt{2}\,\mathrm{e}^{\pm\mathrm{j}\frac{\pi}{4}}$。由表 3.5-1 可知，零输入响应为

$$y_{zi}(n)=(\sqrt{2})^n\left[C_1\cos\left(\frac{n\pi}{4}\right)+D_1\sin\left(\frac{n\pi}{4}\right)\right]u(n) \tag{3.5-28}$$

下面计算初始值 $y_{zi}(0)$ 和 $y_{zi}(1)$。由式（3.5-27）得

$$y_{zi}(n)=2y_{zi}(n-1)-2y_{zi}(n-2) \tag{3.5-29}$$

令 $n=0$、1，并将 $y_{zi}(-1)$、$y_{zi}(-2)$ 代入，得

$$y_{zi}(0)=2y_{zi}(-1)-2y_{zi}(-2)=1$$
$$y_{zi}(1)=2y_{zi}(0)-2y_{zi}(-1)=0$$

将初始值代入式（3.5-28），得

$$y_{zi}(0)=C_1=1$$
$$y_{zi}(1)=\sqrt{2}\left(C_1\frac{\sqrt{2}}{2}+D_1\frac{\sqrt{2}}{2}=0\right)$$

解得 $C_1=1$，$D_1=-1$，得

$$y_{zi}(n)=(\sqrt{2})^n\left[\cos\left(\frac{n\pi}{4}\right)-\sin\left(\frac{n\pi}{4}\right)\right]u(n) \tag{3.5-30}$$

（2）零状态响应。

零状态响应满足

$$\begin{cases} y_{zs}(n)-2y_{zs}(n-1)+y_{zs}(n-2)=n \\ y_{zs}(-1)=y_{zs}(-2)=0 \end{cases} \tag{3.5-31}$$

先求初始值 $y_{zs}(0)$ 和 $y_{zs}(1)$。由式（3.5-31）得

$$y_{zs}(n)=2y_{zs}(n-1)-2y_{zs}(-2)+n$$

令 $n=0$、1，由上式得

$$y_{zs}(0)=2y_{zs}(-1)-2y_{zs}(-2)=0$$
$$y_{zs}(1)=2y_{zs}(0)-2y_{zs}(-1)+1=1$$

由表 3.5-2 可知，令式（3.5-31）的特解为

$$y_p(n)=P_1n+P_0 \tag{3.5-32}$$

式中 P_1、P_0 为待定常数。将 $y_p(n)$ 代入式（3.5-31）得

$$P_1n+P_0-2\left[P_1(n-1)+P_0\right]+2\left[P_1(n-2)+P_0\right]=n$$

将上式简化，得

$$P_1n+P_0-2P_1=n$$

根据上式等式两端相等，得

$$P_1=1$$
$$P_0-2P_1=0$$

解得 $P_1=1$，$P_0=2$，故

$$y_p(n)=n+2, n\geqslant 0$$

式（3.5-31）的特征根与式（3.5-27）相同，故

$$y_{zs}(n)=(\sqrt{2})^n\left[C_2\cos\left(\frac{n\pi}{4}\right)+D_2\sin\left(\frac{n\pi}{4}\right)\right]+n+2 \qquad (3.5\text{-}33)$$

令 $n=0$、1，并将初始值代入上式，得

$$y_{zs}(0)=C_2+2=0$$

$$y_{zs}(1)=\sqrt{2}\left(C_2\frac{\sqrt{2}}{2}+D_2\frac{\sqrt{2}}{2}\right)+3=1$$

解得 $C_2=-2$，$D_2=0$，故

$$y_{zs}(n)=-2(\sqrt{2})^n\cos\left(\frac{n\pi}{4}\right)+n+2, n\geqslant 0$$

（3）全响应。

$$\begin{aligned}y(n)&=y_{zi}(n)+y_{zs}(n)\\&=(\sqrt{2})^n\left[\cos\left(\frac{n\pi}{4}\right)-\sin\left(\frac{n\pi}{4}\right)\right]-2(\sqrt{2})^n\cos\left(\frac{n\pi}{4}\right)+n+2\\&=-(\sqrt{2})^{n+1}\cos\left(\frac{n\pi}{4}-\frac{\pi}{4}\right)+n+2, n\geqslant 0\end{aligned}$$

以上都是以后向差分方程为例进行讨论的，如果描述系统的是前向差分方程，其求解方法相同，需要注意的是，要根据已知条件细心、正确地确定初始值 $y_{zi}(j)$ 和 $y_{zs}(j)(j=0,1,\cdots,N-1)$。也可将前向差分方程转换为后向差分方程求解。

3.6 单位序列响应和阶跃响应

3.6.1 单位序列响应

当 LTI 离散系统的激励为单位序列 $\delta(n)$ 时，系统的零状态响应称为单位序列响应（或单位样值响应、单位取样响应），用 $h(n)$ 表示，它的作用与连续系统中的冲激响应 $h(t)$ 类似。

求解系统的单位序列响应可用求解差分方程法或 z 变换法。

由于单位序列 $\delta(n)$ 仅在 $n=0$ 处等于 1，而在 $n>0$ 时为零，因而在 $n>0$ 时，系统的单位序列响应与该系统的零输入响应的函数形式相同。这样就把求单位序列响应的问题转化为求差分方程齐次解的问题，而 $n=0$ 处的值 $h(0)$ 可按零状态的条件由差分方程确定。

【例 3.6-1】 求图 3.6-1 所示离散系统的单位序列响应 $h(n)$。

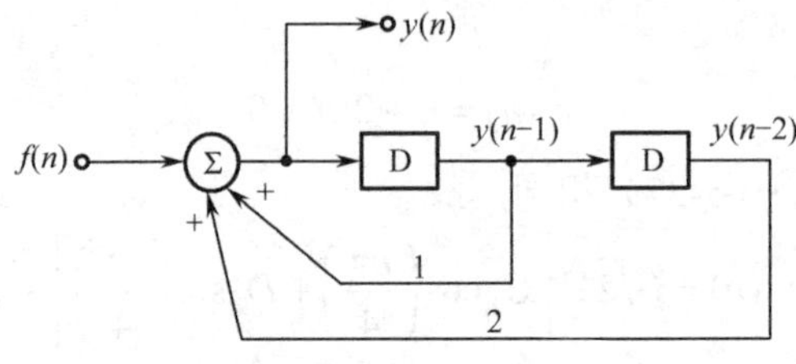

图 3.6-1 例 3.6-1 图

解：（1）列写差分方程，求初始值。

如图 3.6-1 所示，左端加法器的输出为 $y(n)$，相应迟延单元的输出为 $y(n-1)$、$y(n-2)$。由加法器的输出可列出系统的方程为

$$y(n)=y(n-1)+2y(n-2)+f(n) \tag{3.6-1}$$

或写为

$$y(n)-y(n-1)-2y(n-2)=f(n) \tag{3.6-2}$$

根据单位序列响应 $h(n)$ 的定义，它应满足方程

$$h(n)-h(n-1)-2h(n-2)=\delta(n) \tag{3.6-3}$$

且初始状态 $h(-1)=h(-2)=0$。将上式移项有

$$h(n)=h(n-1)+2h(n-2)+\delta(n) \tag{3.6-4}$$

令 $n=0$、1，并考虑 $\delta(0)=1$，$\delta(1)=0$，可求得单位序列响应 $h(n)$ 的初始值为

$$\begin{cases} h(0)=h(-1)+2h(-2)+\delta(0)=1 \\ h(1)=h(0)+2h(-1)+\delta(1)=1 \end{cases} \tag{3.6-5}$$

（2）求 $h(n)$。

对于 $n>0$，由式（3.6-3）知 $h(n)$ 满足齐次方程

$$h(n)-h(n-1)-2h(n-2)=0 \tag{3.6-6}$$

其特征方程为

$$\lambda^2-\lambda-2=0$$

其特征根 $\lambda_1=-1$，$\lambda_2=2$，得方程的齐次解为

$$h(n)=C_1(-1)^n+C_2(2)^n, n>0$$

将初始值 $h(0)$、$h(1)$ 代入，有

$$h(0)=C_1+C_2=1$$
$$h(1)=-C_1+2C_2=1$$

请注意，这时已将 $h(0)$ 代入，因而方程的解也满足 $n=0$。由上式可解得 $C_1=\dfrac{1}{3}$，$C_2=\dfrac{2}{3}$。于是得系统的单位序列响应为

$$h(n)=\left[\frac{1}{3}(-1)^n+\frac{2}{3}(2)^n\right]u(n)$$

3.6.2 阶跃响应

当 LTI 离散系统的激励为单位阶跃序列 $u(n)$ 时，系统的零状态响应称为单位阶跃响应或阶跃响应，用 $g(n)$ 表示。若已知系统的差分方程，那么利用经典法可以求得系统的单位阶跃响应

$g(n)$。由于

$$u(n)=\sum_{i=-\infty}^{n}\delta(i)=\sum_{j=0}^{\infty}\delta(n-j) \tag{3.6-7}$$

若已知系统的单位序列响应$h(n)$，根据 LTI 系统的线性性质和移位不变性，系统的阶跃响应为

$$g(n)=\sum_{i=-\infty}^{n}h(i)=\sum_{j=0}^{\infty}h(n-j) \tag{3.6-8}$$

类似地，由于

$$\delta(n)=\Delta u(n)=u(n)-u(n-1) \tag{3.6-9}$$

若已知系统的阶跃响应$g(n)$，那么系统的单位序列响应为

$$h(n)=\Delta g(n)=g(n)-g(n-1) \tag{3.6-10}$$

【例 3.6-2】 求图 3.6-1 所示系统的单位阶跃响应。

解：（1）经典法。

前已求得图 3.6-1 所示系统的差分方程为

$$y(n)-y(n-1)-2y(n-2)=f(n) \tag{3.6-11}$$

根据阶跃响应的定义，$g(n)$满足方程

$$g(n)-g(n-1)-2g(n-2)=u(n) \tag{3.6-12}$$

和初始状态$g(-1)=g(-2)=0$。上式可写为

$$g(n)=g(n-1)+2g(n-2)+u(n)$$

将$n=0$、1 和$u(0)=u(1)=1$代入上式，得初始值为

$$g(0)=g(-1)+2g(-2)+u(0)=1$$
$$g(1)=g(0)+2g(-1)+u(1)=2$$

式（3.6-11）的特征根$\lambda_1=-1$，$\lambda_2=2$，容易求得它的特解$g_{\rm p}(n)=-\dfrac{1}{2}$，于是得

$$g(n)=C_1(-1)^n+C_2(2)^n-\frac{1}{2},n\geqslant 0$$

将初始值代入上式，可求得$C_1=\dfrac{1}{6}$，$C_2=\dfrac{4}{3}$，最后得该系统的阶跃响应为

$$g(n)=\left[\frac{1}{6}(-1)^n+\frac{4}{3}(2)^n-\frac{1}{2}\right]u(n) \tag{3.6-13}$$

（2）利用单位序列响应。

前已求得，系统的单位序列响应为

$$h(n)=\left[\frac{1}{3}(-1)^n+\frac{2}{3}(2)^n\right]u(n)$$

因此，系统的阶跃响应为

$$g(n)=\sum_{i=-\infty}^{n}h(i)=\left[\frac{1}{3}\sum_{i=0}^{n}(-1)^i+\frac{2}{3}\sum_{i=0}^{n}(2)^i\right]u(n) \tag{3.6-14}$$

由几何级数求和公式得

$$\sum_{i=0}^{n}(-1)^i=\frac{1-(-1)^{n+1}}{1-(-1)}=\frac{1}{2}[1+(-1)^n]$$

$$\sum_{i=0}^{n} 2^i = \frac{1-2^{n+1}}{1-2} = 2^{n+1} - 1$$

将它们代入到式（3.6-14），得

$$g(n) = \left[\frac{1}{3}\times\frac{1}{2}(1+(-1)^n) + \frac{2}{3}(2\times 2^n - 1)\right]u(n) = \left[\frac{1}{6}(-1)^n + \frac{4}{3}(2)^n - \frac{1}{2}\right]u(n)$$

与式（3.6-13）结果相同。

最后将常用的几种数列求和公式列于表 3.6-1。

表 3.6-1 几种数列的求和公式

序号	公式	说明
1	$\sum_{j=0}^{n} a^j = \begin{cases} \frac{1-a^{n+1}}{1-a}, & a \neq 1 \\ n+1, & a=1 \end{cases}$	$n \geqslant 0$
2	$\sum_{j=n_1}^{n_2} a^j = \begin{cases} \frac{a^{n_1} - a^{n_2+1}}{1-a}, & a \neq 1 \\ n_2 - n_1 + 1, & a=1 \end{cases}$	n_1、n_2 可为正或负整数，但 $n_2 \geqslant n_1$
3	$\sum_{j=0}^{\infty} a^j = \frac{1}{1-a}, \lvert a \rvert < 1$	
4	$\sum_{j=n_1}^{\infty} a^j = \frac{a^{n_1}}{1-a}, \lvert a \rvert < 1$	n_1 可为正或负整数
5	$\sum_{j=0}^{n} j = \frac{n(n+1)}{2}$	$n \geqslant 0$
6	$\sum_{j=n_1}^{n_2} j = \frac{(n_2+n_1)(n_2-n_1+1)}{2}$	n_1、n_2 可为正或负整数，但 $n_2 \geqslant n_1$
7	$\sum_{j=0}^{n} j^2 = \frac{n(n+1)(2n+1)}{6}$	$n \geqslant 0$

3.6.3 利用单位序列响应求零状态响应

设离散时间系统的输入信号为 $f(n)$，其相应的零状态响应为 $y_{zs}(n)$。由离散时间信号的时域分解可知，可将任一输入序列 $f(n)$ 分解为一系列移位单位抽样序列的线性组合，即

$$f(n) = \sum_{m=-\infty}^{\infty} f(m)\delta(n-m)$$

根据 LTI 系统的线性性质和移不变性，可以分别求出每个移位单位抽样序列 $f(m)\delta(n-m)$ 作用于系统的零状态响应。然后将它们叠加起来，就可以得到系统对输入的零状态响应 $y_{zs}(n)$。

对于 LT1 离散时间系统，输入输出关系为

$\delta(n) \to h(n)$ （单位序列响应的定义）

$\delta(n-m) \to h(n-m)$ （系统的移不变性）

$f(n)\delta(n-m) \to f(n)h(n-m)$ （系统的齐次性）

$$\sum_{m=-\infty}^{\infty} f(n)\delta(n-m) \rightarrow \sum_{m=-\infty}^{\infty} f(n)h(n-m) \qquad \text{（系统的叠加性）}$$

由信号的分解公式及卷积和运算的定义，有

$$\sum_{m=-\infty}^{\infty} f(n)h(n-m) = f(n) * h(n)$$

因此，离散系统的零状态响应可以利用单位序列响应与激励的卷积和求得，即

$$y_{zs}(n) = h(n) * f(n) \tag{3.6-15}$$

下面举例说明时域分析求解 LTI 离散系统全响应的有关问题。

【例 3.6-3】 如图 3.6-1 所示的离散系统（它与例 3.6-1 的系统相同），已知初始状态 $y(-1)=0$，$y(-2)=\dfrac{1}{6}$，激励 $f(n)=\cos(n\pi)u(n)=(-1)^n u(n)$，求系统的全响应。

解：按图 3.6-1 所示，不难列出描述该系统的差分方程为

$$y(n)-y(n-1)-2y(n-2)=f(n)$$

（1）求零输入响应。

根据零输入响应的定义，它满足方程

$$y_{zi}(n)-y_{zi}(n-1)-2y_{zi}(n-2)=0 \tag{3.6-16}$$

和初始状态 $y_{zi}(-1)=y(-1)=0$，$y_{zi}(-2)=y(-2)=\dfrac{1}{6}$，可推得其初始条件

$$y_{zi}(0)=y_{zi}(-1)+2y_{zi}(-2)=\frac{1}{3}$$

$$y_{zi}(1)=y_{zi}(0)+2y_{zi}(-1)=\frac{1}{3}$$

式（3.6-16）的特征根为 $\lambda_1=-1$，$\lambda_2=2$，故有

$$y_{zi}(n)=C_{zi1}(-1)^n+C_{zi2}(2)^n$$

将初始条件代入，有

$$y_{zi}(0)=C_{zi1}+C_{zi2}=\frac{1}{3}$$

$$y_{zi}(1)=-C_{zi1}+2C_{zi2}=\frac{1}{3}$$

解得 $C_{zi1}=\dfrac{1}{9}$，$C_{zi2}=\dfrac{2}{9}$，得零输入响应为

$$y_{zi}(n)=\left[\frac{1}{9}(-1)^n+\frac{2}{9}(2)^n\right]u(n)$$

（2）求单位序列响应和零状态响应。

根据单位序列响应的定义，系统的单位序列响应 $h(n)$ 满足方程

$$h(n)-h(n-1)-2h(n-2)=\delta(n)$$

和初始状态 $h(-1)=h(-2)=0$。由于在例 3.6-1 中已求得

$$h(n)=\left[\frac{1}{3}(-1)^n+\frac{2}{3}(2)^n\right]u(n)$$

系统的零状态响应等于激励 $f(n)$ 与单位序列响应 $h(n)$ 的卷积和，即

$$y_{zs}(n)=h(n)*f(n)=\left[\frac{1}{3}(-1)^n+\frac{2}{3}(2)^n\right]u(n)*(-1)^n u(n)$$

得

$$y_{zs}(n)=\frac{1}{3}(n+1)(-1)^n u(n)+\frac{2}{3}\left[\frac{2}{3}(2)^n+\frac{1}{3}(-1)^n\right]u(n)$$
$$=\left[\frac{1}{3}n(-1)^n+\frac{5}{9}(-1)^n+\frac{4}{9}(2)^n\right]u(n)$$

最后，得系统的全响应为

$$y(n)=y_{zi}(n)+y_{zs}(n)=\left[\frac{1}{9}(-1)^n+\frac{2}{9}(2)^n+\frac{1}{3}n(-1)^n+\frac{5}{9}(-1)^n+\frac{4}{9}(2)^n\right]u(n)$$
$$=\left[\frac{1}{3}(n+2)(-1)^n+\frac{2}{3}(2)^n\right]u(n)$$

习题 3

1．某二阶 LTI 连续系统的初始状态为 $x_1(0)$ 和 $x_2(0)$，已知 $x_1(0)=1,\ x_2(0)=0$ 时，其零输入响应为 $y_{zi1}(t)=e^{-t}+e^{-2t}$，$t\geqslant 0$；当 $x_1(0)=0,\ x_2(0)=1$ 时，其零输入响应为 $y_{zi2}(t)=e^{-t}-e^{-2t}$，$t\geqslant 0$；当 $x_1(0)=1,\ x_2(0)=-1$，而输入为 $f(t)$ 时，其全响应 $y(t)=2+e^{-t}$，$t\geqslant 0$，求当 $x_1(0)=3$、$x_2(0)=2$、输入为 $2f(t)$ 时的全响应。

2．已知描述系统的微分方程和初始状态如下，试求其零输入响应。

（1）$y''(t)+5y'(t)+6y(t)=f(t)$，$y(0_-)=1$，$y'(0_-)=-1$

（2）$y''(t)+2y'(t)+5y(t)=f(t)$，$y(0_-)=2$，$y'(0_-)=-2$

（3）$y''(t)+2y'(t)+y(t)=f(t)$，$y(0_-)=1$，$y'(0_-)=1$

（4）$y''(t)+y(t)=f(t)$，$y(0_-)=2$，$y'(0_-)=0$

（5）$y'''(t)+4y''(t)+5y'(t)+2y(t)=f(t)$，$y(0_-)=0$，$y'(0_-)=1$，$y''(0_-)=-1$

3．已知描述系统的微分方程和初始状态如下，试求其 0_+ 初始值。

（1）$y''(t)+3y'(t)+2y(t)=f(t)$，$y(0_-)=1$，$y'(0_-)=-1$，$f(t)=u(t)$

（2）$y''(t)+6y'(t)+8y(t)=f''(t)$，$y(0_-)=1$，$y'(0_-)=1$，$f(t)=\delta(t)$

（3）$y''(t)+4y'(t)+3y(t)=f''(t)+f(t)$，$y(0_-)=2$，$y'(0_-)=-2$，$f(t)=\delta(t)$

（4）$y''(t)+4y'(t)+5y(t)=f'(t)$，$y(0_-)=1$，$y'(0_-)=2$，$f(t)=e^{-2t}u(t)$

4．已知描述系统的微分方程和初始状态如下，试求其零输入响应、零状态响应和完全响应。

（1）$y''(t)+4y'(t)+3y(t)=f(t)$，$y(0_-)=y'(0_-)=1$，$f(t)=u(t)$

（2）$y''(t)+4y'(t)+4y(t)=f'(t)+3f(t)$，$y(0_-)=1$，$y'(0_-)=2$，$f(t)=e^{-t}u(t)$

（3）$y''(t)+2y'(t)+2y(t)=f'(t)$，$y(0_-)=0$，$y'(0_-)=1$，$f(t)=u(t)$

5．试求下列微分方程所描述的连续时间 LTI 系统的冲激响应 $h(t)$。

（1）$y'(t)+4y(t)=3f'(t)+2f(t),t\geqslant 0$

（2）$y''(t)+3y'(t)+2y(t)=4f(t),t\geqslant 0$

（3） $y''(t)+4y'(t)+4y(t)=2f'(t)+5f(t)$，$t\geqslant 0$

6. 已知某线性时不变系统的输入 $f(t)=u(t-3)-u(t-4)$，冲激响应 $h(t)=u(t-7)-u(t-9)$，求出系统的零状态响应。

7. 已知某线性时不变系统的输入 $f(t)=u(t)$，冲激响应 $h(t)=(4\mathrm{e}^{-4t}-\mathrm{e}^{-t})u(t)$，求出系统的零状态响应。

8. 如图1所示系统，它由几个子系统组合而成，各子系统的冲激响应分别为 $h_{\mathrm{a}}(t)=\delta(t-1)$，$h_{\mathrm{b}}(t)=u(t)-u(t-3)$，试求总系统的冲激响应 $h(t)$。

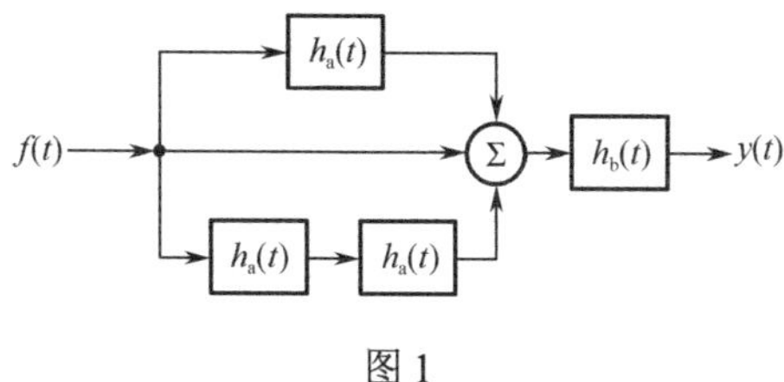

图 1

9. 已知某连续时间 LTI 系统的微分方程为 $y''(t)+5y'(t)+6y(t)=f(t)$，$y(0_-)=1$，$y'(0_-)=0$，$f(t)=10\cos t\cdot u(t)$，求：

（1）系统的单位冲激响应 $h(t)$；

（2）系统的零输入响应 $y_{\mathrm{zi}}(t)$、零状态响应 $y_{\mathrm{zs}}(t)$ 及完全响应 $y(t)$。

10. 某连续时间 LTI 系统的输入 $f(t)$ 和冲激响应 $h(t)$ 如图 2 所示，试求系统的零状态响应，并画出波形。

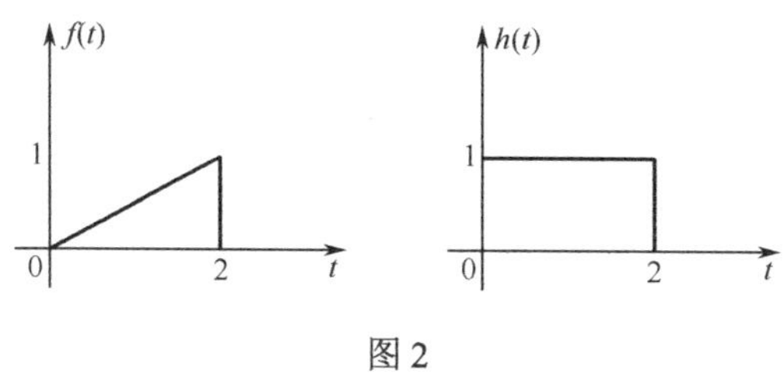

图 2

11. 如图 3 所示的电路，其中 $i_{\mathrm{s}}(t)=u(t)\mathrm{A}$，若以电容电流 $i_{\mathrm{C}}(t)$ 为响应，试列出其微分方程并求出其冲激响应和阶跃响应。

12. 如图 4 所示的电路，已知 $i_{\mathrm{s}}(t)=u(t)\mathrm{A}$，$L=0.2\mathrm{H}$，$C=1\mathrm{F}$，$R=0.5\Omega$，输出为 $i_{\mathrm{L}}(t)$，求其冲激响应和阶跃响应。

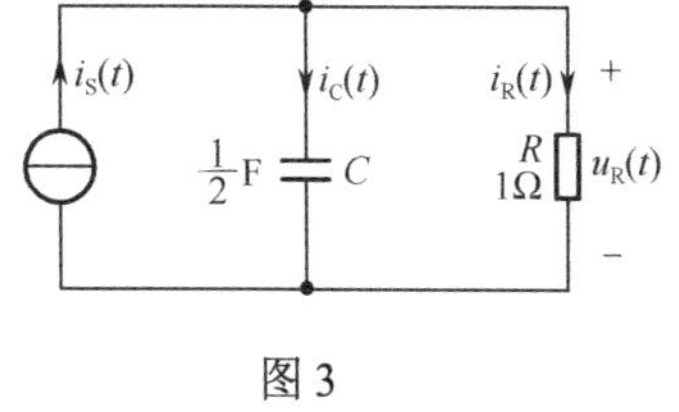

图 3

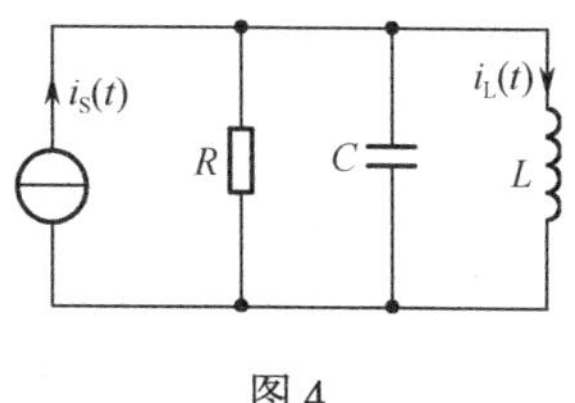

图 4

13. 如图 5 所示的系统，试求当输入 $f(t)=\mathrm{e}^{-t}u(t)$ 时，系统的零状态响应。

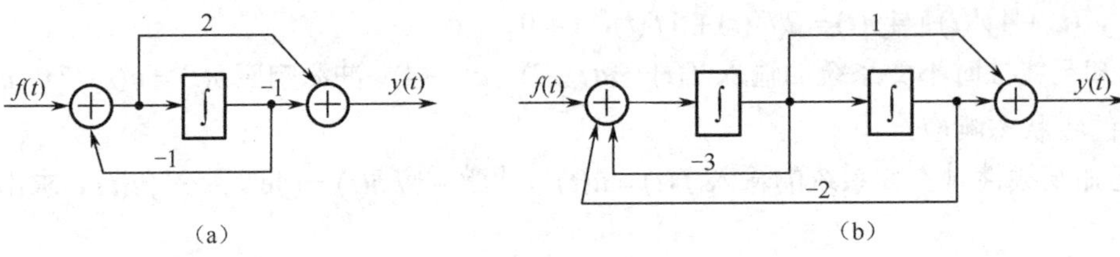

图 5

14．求下列差分方程的解。

（1） $y(n)-\frac{1}{2}y(n-1)=0$，$y(0)=1$

（2） $y(n)-2y(n-1)=0$，$y(0)=2$

（3） $y(n)+3y(n-1)=0$，$y(1)=1$

（4） $y(n)+\frac{1}{3}y(n-1)=0$，$y(-1)=-1$

15．求下列差分方程的解。

（1） $y(n)-7y(n-1)+16y(n-2)-12y(n-3)=0$， $y(0)=0$，$y(1)=-1$，$y(2)=-3$

（2）$y(n)-2y(n-1)+2y(n-2)-2y(n-3)+y(n-4)=0$，$y(0)=0$，$y(1)=1$，$y(2)=2$，$y(3)=5$

（3） $y(n)+6y(n-1)+9y(n-2)=[3^n+(-2)^n]u(n)$， $y(-1)=0$，$y(-2)=1$

16．求下列各差分方程所描述的 LTI 离散系统的零输入响应。

（1） $y(n)+3y(n-1)+2y(n-2)=f(n)$， $y(-1)=0$，$y(-2)=1$

（2） $y(n)+2y(n-1)+y(n-2)=f(n)-f(n-1)$， $y(-1)=1$，$y(-2)=-3$

（3） $y(n)+y(n-2)=f(n-2)$， $y(-1)=-2$，$y(-2)=-1$

17．求下列各差分方程所描述的离散系统的零输入响应、零状态响应和全响应。

（1） $y(n)-2y(n-1)=f(n)$， $f(n)=2u(n)$，$y(-1)=-1$

（2） $y(n)+2y(n-1)=f(n)$， $f(n)=2^n u(n)$，$y(-1)=1$

（3） $y(n)+2y(n-1)=f(n)$， $f(n)=(3n+4)u(n)$，$y(-1)=-1$

（4） $y(n)+3y(n-1)+2y(n-2)=f(n)$， $f(n)=u(n)$，$y(-1)=1$，$y(-2)=0$

（5） $y(n)+2y(n-1)+y(n-2)=f(n)$， $f(n)=3(0.5)^n u(n)$，$y(-1)=3$，$y(-2)=-5$

18．求下列各差分方程所描述的离散系统的单位序列响应。

（1） $y(n)+2y(n-1)=f(n-1)$

（2） $y(n)-y(n-2)=f(n)$

（3） $y(n)+y(n-1)+\frac{1}{4}y(n-2)=f(n)$

（4） $y(n)+4y(n-2)=f(n)$

（5） $y(n)-4y(n-1)+8y(n-2)=f(n)$

19．求图 6 所示各系统的单位序列响应。

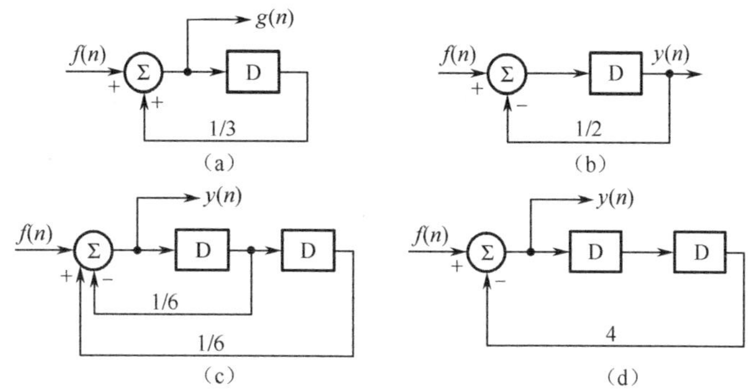

图 6

20．求下列系统的单位序列响应 $h(n)$ 和单位阶跃响应 $g(n)$。

（1）$y(n)=f(n)-2f(n-1)$

（2）$y(n)+2y(n-1)=f(n)+f(n-1)$

（3）$y(n)-\frac{1}{2}y(n-2)=2f(n)f(n-2)$

（4）$y(n)-3y(n-1)+2y(n-2)=f(n)-f(n-1)$

21．某人向银行贷款 10 万元，贷款月利率为 0.5%，从次月起开始向银行每月还款 1000 元，以第 n 个月的欠款 $y(n)$ 建立差分方程并求此人还清贷款的时间。

22．银行向个人开放零存整取业务，每月存入 50 元，月利率 0.5%，连续 5 年，以第 n 个月账上金额 $y(n)$ 建立差分方程，并求到期的金额。

23．图 7 所示的复合系统，各子系统的单位序列响应为 $h_1(n)=u(n), h_2(n)=u(n-5)$。求复合系统的单位序列响应 $h(n)$。

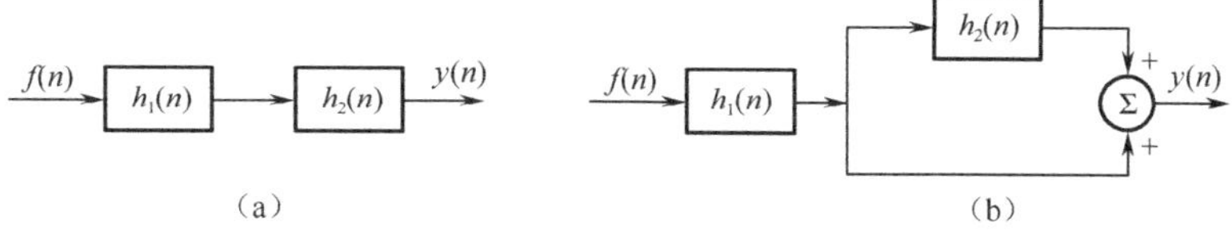

图 7

24．如图 7(a)所示系统，已知复合系统的 $h(n)$ 如图 8 所示。

（1）设 $h_2(n)=u(n)-u(n-2)$，求 $h_1(n)$。

（2）求输入 $f(n)=\delta(n)-\delta(n-1)$ 时的零状态响应。

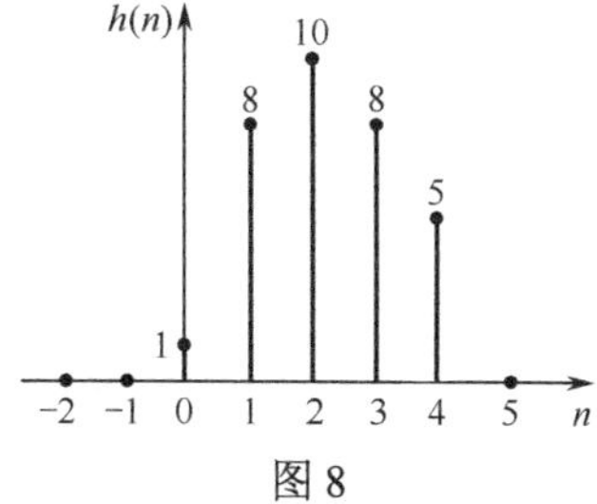

图 8

25．LTI 系统输入 $f(n)=\delta(n)+\frac{1}{2}\delta(n-1)$，零状态响应 $y_{zs}(n)=\left(\frac{1}{2}\right)^n u(n)$，求单位序列响应 $h(n)$。

26．系统的差分方程为 $y(n)+5y(n-1)+4y(n-2)=2^n u(n)$，求下列两种情况时的零输入响应、零状态响应和完全响应：

（1）$y(-1)=0$，$y(-2)=1$　　（2）$y(0)=0$，$y(1)=1$

27．求差分方程 $y(n+2)+3y(n+1)+2y(n)=2^n u(n)$，$y(0)=0$，$y(1)=1$ 的零输入响应、零状态响应和完全响应。

28．证明

（1）已知 LTI 系统的单位阶跃响应为 $g(n)=\left[\frac{3}{2}-\frac{1}{2}\times\left(\frac{1}{3}\right)^n\right]u(n)$，则单位序列响应为 $h(n)=\left(\frac{1}{3}\right)^n u(n)$

（2）LTI 系统单位序列响应 $h(n)=(n+1)\alpha^n u(n)$ $(|\alpha|<1)$，则单位阶跃响应为

$$g(n)=\left[\frac{1}{(\alpha-1)^2}-\frac{\alpha}{(\alpha-1)^2}\alpha^n+\frac{\alpha}{\alpha-1}(n+1)\alpha^n\right]u(n)$$

29．已知 LTI 系统的单位阶跃响应 $g(n)=\left[2^n+3\times(5)^n+10\right]u(n)$，求：

（1）系统的后向差分方程；

（2）单位序列响应 $h(n)$；

（3）$f(n)=u(n)+3^n u(n)$ 时的零状态响应。

30．如图 9 所示的复合系统由三个子系统组成，它们的单位序列响应分别为 $h_1(n)=\delta(n)$，$h_2(n)=\delta(n-N)$，N 为常数，$h_3(n)=u(n)$，求复合系统的单位序列响应。

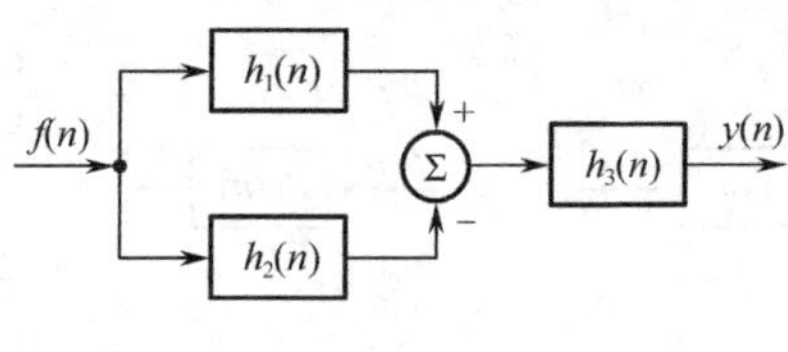

图 9

31．如图 10 所示的复合系统由三个子系统组成，它们单位序列响应分别为 $h_1(n)=u(n)$，$h_2(n)=u(n-5)$，求复合系统的单位序列响应。

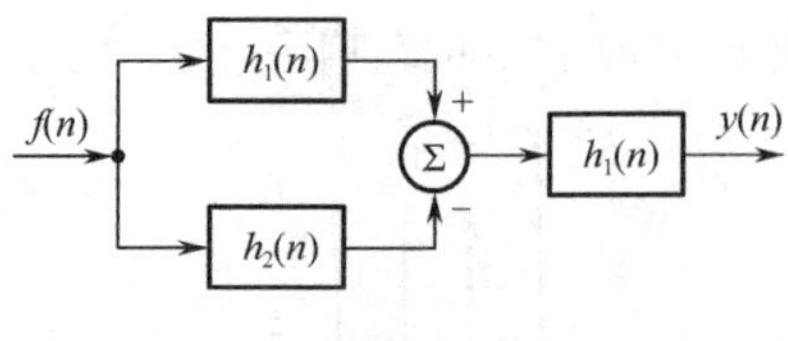

图 10

32．如图 11 所示系统，若激励 $f(n)=(0.5)^n u(n)$，求系统的零状态响应。

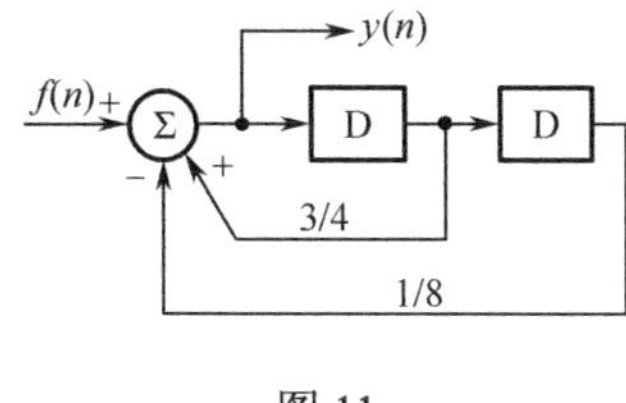

图 11

33．已知某离散系统的单位响应为 $h(n)=\left(\dfrac{1}{3}\right)^n u(n)$，其零状态响应 $y_{zs}(n)=[1-(0.8)^{n+1}]u(n)$，求该系统的激励 $f(n)$。

Chapter 4

第4章 连续时间系统的频域分析

要点

本章介绍周期信号的傅里叶级数分析；周期信号的响应问题；傅里叶变换；计算周期信号的频谱；傅里叶变换的性质与应用。要求掌握系统的频域分析方法，分析简单系统；理解系统的频率特性和滤波器的概念，抽样定理。

4.1 周期信号的正交分解与傅里叶级数

信号的正交分解与矢量的分解非常相似，因而本节从矢量分解入手，用类比的方法说明如何将一个信号分解为正交函数。

4.1.1 矢量的正交分解

1. 正交矢量

两个矢量$\boldsymbol{V}_1$和$\boldsymbol{V}_2$，如果它们之间的点积为零，即

$$\boldsymbol{V}_1 \cdot \boldsymbol{V}_2 = |\boldsymbol{V}_1| \cdot |\boldsymbol{V}_2| \cos(\theta) = 0 \tag{4.1-1}$$

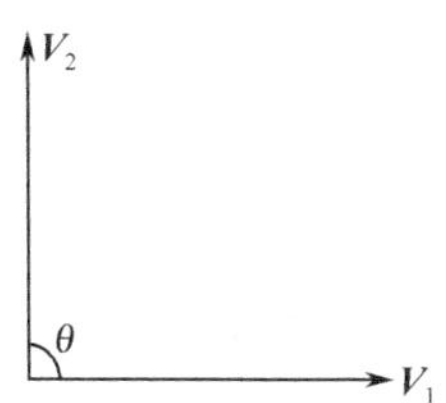

图 4.1-1　两个矢量正交

则称这两个矢量 $\boldsymbol{V}_1$ 和 $\boldsymbol{V}_2$ 相互正交。由式（4.1-1）不难看出，两个矢量正交，在几何意义上是指这两个矢量相互垂直，如图 4.1-1 所示。互相垂直的若干个矢量组成的集合称为正交矢量集。

2．矢量的分解

在平面空间中，相互正交的矢量 $\boldsymbol{V}_x$ 与 $\boldsymbol{V}_y$ 构成一个正交矢量集，在平面空间中的任一矢量 $\boldsymbol{A}$ 都可以精确地表示为 $\boldsymbol{V}_x$ 和 $\boldsymbol{V}_y$ 的线性组合，如图 4.1-2（a）所示，即

$$\boldsymbol{A} = c_1\boldsymbol{V}_x + c_2\boldsymbol{V}_y \tag{4.1-2}$$

$c_1\boldsymbol{V}_x$ 即为矢量 $\boldsymbol{A}$ 在 $\boldsymbol{V}_x$ 方向上的分量，$c_2\boldsymbol{V}_y$ 即为矢量 $\boldsymbol{A}$ 在 $\boldsymbol{V}_y$ 方向上的分量。系数 c_1、c_2 可按式（4.1-3）求得

$$\begin{aligned} c_1 &= \frac{|\boldsymbol{A}|\cos\theta_1}{|\boldsymbol{V}_x|} = \frac{\boldsymbol{A}\cdot\boldsymbol{V}_x}{\boldsymbol{V}_x\cdot\boldsymbol{V}_x} \\ c_2 &= \frac{|\boldsymbol{A}|\cos\theta_2}{|\boldsymbol{V}_y|} = \frac{\boldsymbol{A}\cdot\boldsymbol{V}_y}{\boldsymbol{V}_y\cdot\boldsymbol{V}_y} \end{aligned} \tag{4.1-3}$$

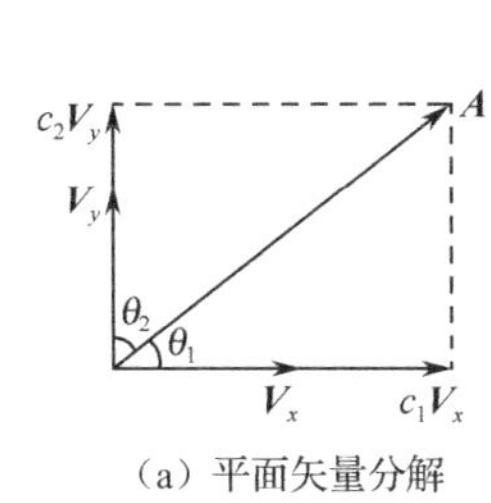

（a）平面矢量分解

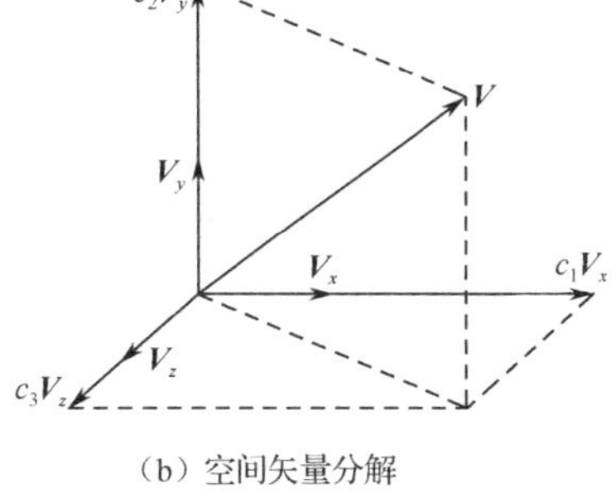

（b）空间矢量分解

图 4.1-2　矢量分解

对于一个三维空间的矢量，可以用三维正交矢量集 $\{\boldsymbol{V}_x, \boldsymbol{V}_y, \boldsymbol{V}_z\}$ 的分量组合表示，它可以写为

$$\boldsymbol{V} = c_1\boldsymbol{V}_x + c_2\boldsymbol{V}_y + c_3\boldsymbol{V}_z \tag{4.1-4}$$

上述矢量分解的概念可以推广到 n 维空间。该空间内 n 个相互正交的矢量构成一个正交矢量集，n 维空间的任一矢量 $\boldsymbol{V}$ 都可以精确地表示为这 n 个正交矢量的线性组合，即

$$\boldsymbol{V} = c_1\boldsymbol{V}_1 + c_2\boldsymbol{V}_2 + \cdots + c_r\boldsymbol{V}_r + \cdots + c_n\boldsymbol{V}_n \tag{4.1-5}$$

第 r 个的系数

$$c_r = \frac{\boldsymbol{V}\cdot\boldsymbol{V}_r}{\boldsymbol{V}_r\cdot\boldsymbol{V}_r} \tag{4.1-6}$$

空间矢量正交分解的概念可以推广到信号空间。在信号空间找到若干相互正交的函数作为基本信号，使得信号空间中的任一信号均可以表示成它们的线性组合。

4.1.2 信号的正交分解

1. 正交函数集

如有几个函数 $g_1(t), g_2(t), \cdots, g_n(t)$ 组成的函数集，在区间 (t_1, t_2) 内满足下列特性

$$\int_{t_1}^{t_2} g_i(t) g_j(t) \mathrm{d}t = \begin{cases} 0, & i \neq j \\ k_i, & i = j \end{cases} \tag{4.1-7}$$

则称此函数集在区间 (t_1, t_2) 上正交，并组成一个正交函数集。若 $k_i = 1$，则称其为归一化正交函数集。

2. 完备正交函数集

如果在正交函数集 $g_1(t), g_2(t), \cdots, g_n(t)$ 之外，不存在函数 $\phi(t)$，$0 < \int_{t_1}^{t_2} \phi^2(t) \mathrm{d}t < \infty$，满足等式 $\int_{t_1}^{t_2} g_i(t) \phi(t) \mathrm{d}t = 0$，$i = 1, 2, \cdots, n$，则称此函数集为完备正交函数集。实际上，完备正交函数集一般包含无数多个相互正交的函数。如三角函数集 $\{1, \cos(\Omega t), \cos(2\Omega t), \cdots, \cos(m\Omega t), \cdots, \sin(\Omega t), \sin(2\Omega t), \cdots, \sin(n\Omega t), \cdots\}$ 在区间 $(t_0, t_0 + T)$（式中 $T = 2\pi/\Omega$）组成的函数集为完备的正交函数集（m、n 均为整数），这是因为

$$\begin{aligned} &\int_{t_0}^{t_0+T} \cos(m\Omega t) \cos(n\Omega t) \mathrm{d}t = \begin{cases} 0, & m \neq n \\ T/2, & m = n \neq 0 \\ T, & m = n = 0 \end{cases} \\ &\int_{t_0}^{t_0+T} \sin(m\Omega t) \sin(n\Omega t) \mathrm{d}t = \begin{cases} 0, & m \neq n \\ T/2, & m = n \neq 0 \end{cases} \\ &\int_{t_0}^{t_0+T} \sin(m\Omega t) \cos(n\Omega t) \mathrm{d}t = 0, \text{对于所有的} m \text{和} n \end{aligned} \tag{4.1-8}$$

3. 复正交函数集

若复函数集 $\{\phi_i(t)\}$，$i = 1, 2, \cdots, n$，在区间 (t_1, t_2) 内满足下列条件：

$$\int_{t_1}^{t_2} \phi_i(t) \phi_j^*(t) \, \mathrm{d}t = \begin{cases} 0, & i \neq j \\ k_i, & i = j \end{cases} \tag{4.1-9}$$

则称此复函数集为正交函数集，同样地也可定义归一化完备复函数集。

如复指数函数集 $\{\mathrm{e}^{\mathrm{j}n\Omega t}\}$，$n = 0, \pm 1, \pm 2, \cdots$ 在区间 $(t_0, t_0 + T)$ 内是完备的正交函数集（$T = 2\pi/\Omega$），因为它满足下列等式

$$\int_{t_0}^{t_0+T} \mathrm{e}^{\mathrm{j}m\Omega t} (\mathrm{e}^{\mathrm{j}n\Omega t})^* \mathrm{d}t = \int_{t_0}^{t_0+T} \mathrm{e}^{\mathrm{j}(m-n)\Omega t} \mathrm{d}t = \begin{cases} 0, & m \neq n \\ T, & m = n \end{cases} \tag{4.1-10}$$

4. 信号的实正交函数分解

设有 n 个实函数 $g_1(t), g_2(t), \cdots, g_n(t)$ 在区间 (t_1, t_2) 内构成一个正交函数集，将区间 (t_1, t_2) 内的任一函数 $f(t)$ 用这 n 个正交函数的线性组合来近似表示，可写为

$$f(t) \approx C_1 g_1(t) + C_2 g_2(t) + \cdots + C_n g_n(t) = \sum_{i=1}^{n} C_i g_i(t) \tag{4.1-11}$$

当然，$f(t)$ 与 $\sum_{i=1}^{n} C_i g_i(t)$ 之间存在着一定的误差 ε

$$\varepsilon = f(t) - \sum_{i=1}^{n} C_i g_i(t) \tag{4.1-12}$$

怎样选取 C_i 才能达到最佳近似？显然，应该选取各系数 C_i 使得 $f(t)$ 与 $\sum_{i=1}^{n} C_i g_i(t)$ 之间的误差在区间 (t_1,t_2) 内最小。这里误差最小，不是指平均误差小，因为在平均误差很小，甚至等于零的情况下，也可以有较大的正误差和负误差在平均过程中相互抵消，以致不能反映两函数的近似程度，通常选择误差的均方值，即均方误差 $\overline{\varepsilon}^2$

$$\overline{\varepsilon}^2 = \frac{1}{t_2 - t_1} \int_{t_1}^{t_2} \left[f(t) - \sum_{i=1}^{n} C_i g_i(t) \right]^2 \mathrm{d}t \tag{4.1-13}$$

$\overline{\varepsilon}^2$ 最小，反映近似程度最好，从 $\overline{\varepsilon}^2$ 最小来选取 C_i。

令 $\dfrac{\partial \overline{\varepsilon}^2}{\partial C_i} = 0$，即

$$\frac{\partial}{\partial C_i} \left\{ \frac{1}{t_2 - t_1} \int_{t_1}^{t_2} \left[f(t) - \sum_{i=1}^{n} C_i g_i(t) \right]^2 \mathrm{d}t \right\} = 0$$

展开上式，注意由正交函数的特性 $\int_{t_1}^{t_2} g_i(t) g_j(t) \mathrm{d}t = 0$，$i \neq j$，另外不含系数 C_i 的函数项对 C_i 求导为零，这样上式整理为

$$\frac{\partial}{\partial C_i} \{ \int_{t_1}^{t_2} [-2C_i f(t) g_i(t) + C_i^2 g_i^2(t)] \mathrm{d}t \} = 0$$

交换微分与积分的次序得

$$-2\int_{t_1}^{t_2} f(t) g_i(t) \mathrm{d}t + 2C_i \int_{t_1}^{t_2} g_i^2(t) \mathrm{d}t = 0$$

于是可求得

$$C_i = \frac{\int_{t_1}^{t_2} f(t) g_i(t) \mathrm{d}t}{\int_{t_1}^{t_2} g_i^2(t) \mathrm{d}t} = \frac{\int_{t_1}^{t_2} f(t) g_i(t) \mathrm{d}t}{k_i} \tag{4.1-14}$$

这里

$$k_i = \int_{t_1}^{t_2} g_i^2(t) \mathrm{d}t$$

这就是满足最小均方误差条件下，计算 C_i 的表达式。此时，最小均方误差为

$$\begin{aligned}
\overline{\varepsilon}^2 &= \frac{1}{t_2 - t_1} \int_{t_1}^{t_2} \left[f(t) - \sum_{i=1}^{n} C_i g_i(t) \right]^2 \mathrm{d}t \\
&= \frac{1}{t_2 - t_1} \left[\int_{t_1}^{t_2} f^2(t) \mathrm{d}t + \sum_{i=1}^{n} C_i^2 \int_{t_1}^{t_2} g_i^2(t) \mathrm{d}t - 2\sum_{i=1}^{n} C_i \int_{t_1}^{t_2} f(t) g_i(t) \mathrm{d}t \right] \\
&= \frac{1}{t_2 - t_1} \left[\int_{t_1}^{t_2} f^2(t) \mathrm{d}t + \sum_{i=1}^{n} C_i^2 k_i - 2\sum_{i=1}^{n} C_i^2 k_i \right]
\end{aligned}$$

$$=\frac{1}{t_2-t_1}\left[\int_{t_1}^{t_2}f^2(t)\mathrm{d}t-\sum_{i=1}^{n}C_i^2k_i\right] \tag{4.1-15}$$

由均方误差的定义可知，$\overline{\varepsilon}^2$ 不可能为负，即恒有 $\overline{\varepsilon}^2\geqslant 0$，另外由式（4.1-15）可知，用正交函数的线性组合近似表示信号 $f(t)$ 时，所取的项数越多，即 n 越大，则均方误差越小。当 $n\to\infty$，即用完备正交函数集表示信号，其均方误差为零，$\overline{\varepsilon}^2=0$，即

$$f(t)=\sum_{i=1}^{\infty}C_i g_i(t) \tag{4.1-16}$$

此时有

$$\int_{t_1}^{t_2}f^2(t)\mathrm{d}t=\sum_{i=1}^{\infty}C_i^2k_i=\sum_{i=1}^{\infty}\int_{t_1}^{t_2}[C_i g_i(t)]^2\mathrm{d}t \tag{4.1-17}$$

式（4.1-17）称为帕斯瓦尔（Parseval）方程。可以看出，等号左边是信号 $f(t)$ 在 (t_1,t_2) 上的能量，等号右边是其各分量在 (t_1,t_2) 上的能量之和。

5．信号的复正交函数分解

在区间 (t_1,t_2) 内的任一复函数 $f(t)$ 都可用区间 (t_1,t_2) 上的复正交函数集 $\{\phi_i(t)\}$ 表示

$$f(t)=\sum_{i=1}^{\infty}C_i\phi_i(t) \tag{4.1-18}$$

类似函数的实正交函数集分解，可以求得

$$C_i=\frac{\int_{t_1}^{t_2}f(t)\phi_i^*(t)\mathrm{d}t}{\int_{t_1}^{t_2}\phi_i(t)\phi_i^*(t)\mathrm{d}t} \tag{4.1-19}$$

4.1.3 傅里叶级数

对周期信号 $f(t)$ 在 $(-\infty,\infty)$ 区间内每隔一定时间 T（周期），按相同规律重复变化的信号，它可表示为

$$f(t)=f(t+mT)$$

式中 m 为任意整数，$f(t)$ 可以在 (t_0,t_0+T) 展开成完备正交的无穷级数，如果完备正交函数集是三角函数集或指数函数集，那么该无穷级数就分别称为“三角形式傅里叶级数”或“指数形式傅里叶级数”，统称为傅里叶级数。

本书对“Ω”和“ω”不作特别的区分，均表示连续信号的角频率。

1．三角形式的傅里叶级数

设有周期信号 $f(t)$，它的周期为 T，角频率为 $\Omega=2\pi/T$，选择三角函数集 $\{1,\cos(\Omega t),\cos(2\Omega t),\cdots,\cos(m\Omega t),\cdots,\sin(\Omega t),\sin(2\Omega t),\cdots,\sin(n\Omega t),\cdots\}$ 对其进行分解，则周期信号 $f(t)$ 可以分解为

$$\begin{aligned}f(t)&=\frac{a_0}{2}+a_1\cos(\Omega t)+a_2\cos(2\Omega t)+\cdots+b_1\sin(\Omega t)+b_2\sin(2\Omega t)+\cdots\\&=\frac{a_0}{2}+\sum_{n=1}^{\infty}[a_n\cos(n\Omega t)+b_n\sin(n\Omega t)]\end{aligned} \tag{4.1-20}$$

式（4.1-20）中的a_n、b_n称为三角形式傅里叶系数，可由式（4.1-14）求得。为简便，式（4.1-14）中的积分区间(t_0,t_0+T)取为$(-T/2,T/2)$或$(0,T)$，考虑到正、余弦函数的正交条件式（4.1-8），可得三角形式傅里叶系数

$$a_n=\frac{\int_{-T/2}^{T/2}f(t)\cos(n\Omega t)\mathrm{d}t}{\int_{-T/2}^{T/2}\cos^2(n\Omega t)\mathrm{d}t}=\frac{2}{T}\int_{-T/2}^{T/2}f(t)\cos(n\Omega t)\mathrm{d}t,\quad n=0,1,2,\cdots \tag{4.1-21}$$

$$b_n=\frac{\int_{-T/2}^{T/2}f(t)\sin(n\Omega t)\mathrm{d}t}{\int_{-T/2}^{T/2}\sin^2(n\Omega t)\mathrm{d}t}=\frac{2}{T}\int_{-T/2}^{T/2}f(t)\sin(n\Omega t)\mathrm{d}t,\quad n=1,2,\cdots \tag{4.1-22}$$

由式（4.1-21）和式（4.1-22）可知，三角形式傅里叶系数a_n和b_n都是n（或$n\Omega$）的函数，其中a_n是n（或$n\Omega$）的偶函数，即$a_{-n}=a_n$；b_n是n（或$n\Omega$）的奇函数，即$b_{-n}=-b_n$。

需要指出的是，周期信号$f(t)$展开为式（4.1-20）的傅里叶级数需要满足一定的条件，即周期信号$f(t)$应满足狄里赫利（Dirichlet）条件：

（1）在一个周期内，信号绝对可积，即$\int_{t_0}^{t_0+T}|f(t)|\mathrm{d}t$为有限值；

（2）在一个周期内，函数连续或只有有限个第一类间断点（函数有有限的左右极限）；

（3）在一个周期内，函数有有限个极值。

通常遇到的周期信号都满足狄里赫利条件，以后不再特别说明。

将式（4.1-20）中同频率项进行合并，可得

$$f(t)=\frac{A_0}{2}+\sum_{n=1}^{\infty}A_n\cos(n\Omega t+\varphi_n) \tag{4.1-23}$$

式中

$$\begin{cases}A_0=a_0\\ A_n=\sqrt{{a_n}^2+{b_n}^2}\\ \varphi_n=-\arctan(b_n/a_n)\end{cases} \tag{4.1-24}$$

或

$$\begin{cases}a_0=A_0\\ a_n=A_n\cos\varphi_n\\ b_n=-A_n\sin\varphi_n\end{cases} \tag{4.1-25}$$

由式（4.1-24）可以得出，A_n为n（或$n\Omega$）的偶函数，即$A_{-n}=A_n$；φ_n为n（或$n\Omega$）的奇函数，即$\varphi_{-n}=-\varphi_{-n}$。

式（4.1-23）表明，任何满足狄里赫利条件的周期函数都可以分解为直流和许多余弦（正弦）分量。$A_0/2$是常数项，是周期信号的直流分量；$A_1\cos(\Omega t+\varphi_1)$称为基波或一次谐波，$A_1$是基波振幅，$\varphi_1$为基波初相角；$A_2\cos(2\Omega t+\varphi_2)$称为二次谐波，它的频率是基波频率的二倍，$A_2$是二次谐波振幅，$\varphi_2$为二次谐波初相角；$A_n\cos(n\Omega t+\varphi_n)$称为$n$次谐波，$A_n$和$\varphi_n$分别为$n$次谐波的振幅和初相角。式（4.1-23）表明，周期信号可以分解为各次谐波分量之和。

【例 4.1-1】 $f(t)$如图 4.1-3 所示，试将$f(t)$展开为三角形式傅里叶级数。

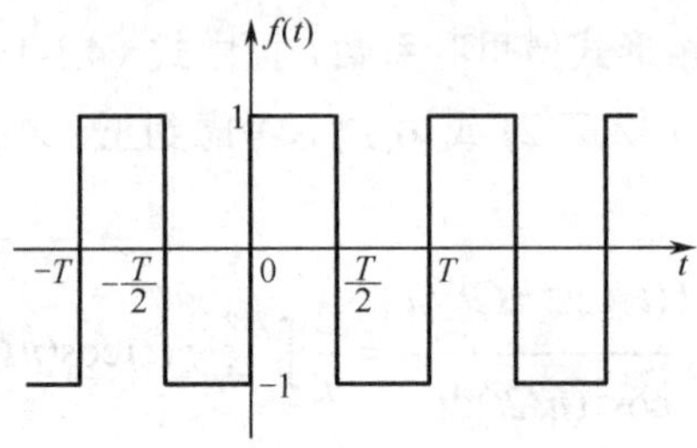

图 4.1-3 例 4.1-1 图

解：由式（4.1-21）和式（4.1-22）可得

$$a_n=\frac{2}{T}\int_{-T/2}^{T/2}f(t)\cos(n\Omega t)\mathrm{d}t=\frac{2}{T}\int_{-T/2}^{0}-\cos(n\Omega t)\mathrm{d}t+\frac{2}{T}\int_{0}^{T/2}\cos(n\Omega t)\mathrm{d}t$$

$$=\frac{2}{T}\cdot\frac{-\sin(n\Omega t)}{n\Omega}\bigg|_{-T/2}^{0}+\frac{2}{T}\cdot\frac{\sin(n\Omega t)}{n\Omega}\bigg|_{0}^{T/2}$$

$$=0$$

$$b_n=\frac{2}{T}\int_{-T/2}^{T/2}f(t)\sin(n\Omega t)\mathrm{d}t=\frac{2}{T}\int_{-T/2}^{0}-\sin(n\Omega t)\mathrm{d}t+\frac{2}{T}\int_{0}^{T/2}\sin(n\Omega t)\mathrm{d}t$$

$$=\frac{2}{T}\cdot\frac{\cos(n\Omega t)}{n\Omega}\bigg|_{-T/2}^{0}+\frac{2}{T}\cdot\frac{-\cos(n\Omega t)}{n\Omega}\bigg|_{0}^{T/2}=\frac{2}{n\pi}[1-\cos(n\pi)]$$

$$=\begin{cases}0, & n=2,4,6,\cdots\\ \dfrac{4}{n\pi}, & n=1,3,5,\cdots\end{cases}=\frac{2}{n\pi}[1-\cos(n\pi)]$$

将它们代入式（4.1-20），可得 $f(t)$ 的三角形式傅里叶级数展开式

$$f(t)=\frac{4}{\pi}\left[\sin(\Omega t)+\frac{1}{3}\sin(3\Omega t)+\frac{1}{5}\sin(5\Omega t)+\cdots+\frac{1}{n}\sin(n\Omega t)+\cdots\right]$$

这里顺便计算用有限项级数逼近 $f(t)$ 引起的均方误差。

当只取基波时

$$f(t)\approx\frac{4}{\pi}\sin(\Omega t)$$

根据式（4.1-15），均方误差为

$$\overline{\varepsilon}^2=\frac{1}{T}\left[\int_{-T/2}^{T/2}f^2(t)\,\mathrm{d}t-\sum_{i=1}^{1}b_i^{\,2}k_i\right]=\frac{1}{T}\left[T-\left(\frac{4}{\pi}\right)^2\frac{T}{2}\right]\approx 0.189$$

当只取基波和三次谐波时

$$f(t)\approx\frac{4}{\pi}\sin(\Omega t)+\frac{4}{3\pi}\sin(3\Omega t)$$

根据式（4.1-15），均方误差为

$$\overline{\varepsilon_3}^{\,2}=\frac{1}{T}\left[T-\left(\frac{4}{\pi}\right)^2\frac{T}{2}-\left(\frac{4}{3\pi}\right)^2\frac{T}{2}\right]\approx 0.0994$$

当只取一、三、五次谐波时

$$f(t)\approx\frac{4}{\pi}\sin(\Omega t)+\frac{4}{3\pi}\sin(3\Omega t)+\frac{4}{5\pi}\sin(5\Omega t)$$

根据式（4.1-15），均方误差为

$$\overline{\varepsilon_5}^2 = \frac{1}{T}\left[T - \left(\frac{4}{\pi}\right)^2 \frac{T}{2} - \left(\frac{4}{3\pi}\right)^2 \frac{T}{2} - \left(\frac{4}{5\pi}\right)^2 \frac{T}{2}\right] \approx 0.0669$$

当只取一、三、五、七次谐波时

$$f(t) \approx \frac{4}{\pi}\sin(\Omega t) + \frac{4}{3\pi}\sin(3\Omega t) + \frac{4}{5\pi}\sin(5\Omega t) + \frac{4}{7\pi}\sin(7\Omega t)$$

根据式（4.1-15），均方误差为

$$\overline{\varepsilon_2}^2 = \frac{1}{T}\left[T - \left(\frac{4}{\pi}\right)^2 \frac{T}{2} - \left(\frac{4}{3\pi}\right)^2 \frac{T}{2} - \left(\frac{4}{5\pi}\right)^2 \frac{T}{2} - \left(\frac{4}{7\pi}\right)^2 \frac{T}{2}\right] \approx 0.0504$$

图 4.1-4 画出了一个周期方波的分解情况。观察图 4.1-4 可知，当它所包含的谐波分量越多时，波形越接近于原来的方波，其均方误差越小；频率较低的谐波，其振幅较大，它们组成方波的主体，而频率较高的高次谐波振幅较小，它们主要影响波形的细节，波形中所包含的高次谐波越多，波形的边缘越陡峭。

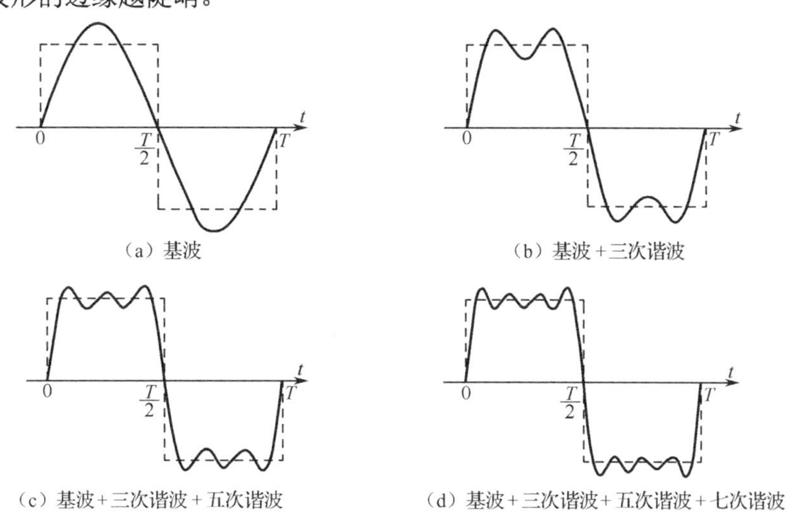

图 4.1-4　方波的分解

由图 4.1-4 还可以看出，合成波形所包含的谐波分量越多，除间断点附近外，它越接近于原方波信号。在断点附近，随着谐波分量次数的增多，合成波形的尖峰越靠近间断点，但尖峰幅值并未明显减小。即使合成波形所含的谐波次数 $n \to \infty$，在间断点处仍然有约 9%的偏差，这种现象称为吉布斯（Gibbs）现象。当 $n \to \infty$，间断点处尖峰下的面积趋近于零，因而在均方意义下合成波形同原方波之间没有区别。

2．指数形式的傅里叶级数

对周期为 T 的周期信号 $f(t)$，选择复指数函数集 $\{\mathrm{e}^{\mathrm{j}n\Omega t}\}$，$n = 0, \pm1, \pm2, \cdots$ 对其进行分解，则周期信号 $f(t)$ 可以分解为

$$\begin{aligned} f(t) &= \cdots + F_{-2}\mathrm{e}^{-\mathrm{j}2\Omega t} + F_{-1}\mathrm{e}^{-\mathrm{j}\Omega t} + F_0 + F_1\mathrm{e}^{\mathrm{j}\Omega t} + F_2\mathrm{e}^{\mathrm{j}2\Omega t} + \cdots \\ &= \sum_{n=-\infty}^{\infty} F_n \mathrm{e}^{\mathrm{j}n\Omega t} \end{aligned} \qquad (4.1\text{-}26)$$

式（4.1-26）中$\Omega=2\pi/T$，称为基波角频率；F_n称为复傅里叶系数，简称傅里叶系数，其模为$|F_n|$，相角为φ_n，即$F_n=|F_n|\mathrm{e}^{\mathrm{j}\varphi_n}$，$F_n$可由式（4.1-19）求得。为简便，式（4.1-19）中的积分区间取为$(-T/2,T/2)$，考虑到复指数函数的正交条件式（4.1-10），可得复傅里叶系数

$$F_n=\frac{\int_{-T/2}^{T/2}f(t)(\mathrm{e}^{\mathrm{j}n\Omega t})^*\mathrm{d}t}{\int_{-T/2}^{T/2}\mathrm{e}^{\mathrm{j}n\Omega t}(\mathrm{e}^{\mathrm{j}n\Omega t})^*\mathrm{d}t}=\frac{1}{T}\int_{-T/2}^{T/2}f(t)\mathrm{e}^{-\mathrm{j}n\Omega t}\mathrm{d}t \tag{4.1-27}$$

3．两种形式傅里叶级数的关系

指数形式的傅里叶级数也可直接从三角形式的傅里叶级数中得到，由欧拉公式可知

$$\cos x=\frac{\mathrm{e}^{\mathrm{j}x}+\mathrm{e}^{-\mathrm{j}x}}{2} \tag{4.1-28}$$

将式（4.1-28）代入式（4.1-23），整理得

$$\begin{aligned}f(t)&=\frac{A_0}{2}+\sum_{n=1}^{\infty}\frac{A_n}{2}[\mathrm{e}^{\mathrm{j}(n\Omega t+\varphi_n)}+\mathrm{e}^{-\mathrm{j}(n\Omega t+\varphi_n)}]\\&=\frac{A_0}{2}+\sum_{n=1}^{\infty}\frac{A_n}{2}\mathrm{e}^{\mathrm{j}(n\Omega t+\varphi_n)}+\sum_{n=1}^{\infty}\frac{A_n}{2}\mathrm{e}^{-\mathrm{j}(n\Omega t+\varphi_n)}\\&=\frac{A_0}{2}+\sum_{n=1}^{\infty}\frac{A_n}{2}\mathrm{e}^{\mathrm{j}(n\Omega t+\varphi_n)}+\sum_{n=-1}^{-\infty}\frac{A_{-n}}{2}\mathrm{e}^{-\mathrm{j}(-n\Omega t+\varphi_{-n})}\end{aligned} \tag{4.1-29}$$

考虑到A_n为n的偶函数，即$A_{-n}=A_n$；φ_n为n的奇函数，即$\varphi_{-n}=-\varphi_{-n}$；并将$A_0$写为$A_0\mathrm{e}^{\mathrm{j}(0\Omega t+\varphi_0)}$（其中$\varphi_0=0$），上式可改写为

$$f(t)=\frac{A_0}{2}\mathrm{e}^{\mathrm{j}\varphi_0}\mathrm{e}^{\mathrm{j}0\Omega t}+\sum_{n=1}^{\infty}\frac{A_n}{2}\mathrm{e}^{\mathrm{j}\varphi_n}\mathrm{e}^{\mathrm{j}n\Omega t}+\sum_{n=-\infty}^{-1}\frac{A_n}{2}\mathrm{e}^{\mathrm{j}\varphi_n}\mathrm{e}^{\mathrm{j}n\Omega t}$$

即

$$f(t)=\sum_{n=-\infty}^{\infty}\frac{A_n}{2}\mathrm{e}^{\mathrm{j}\varphi_n}\mathrm{e}^{\mathrm{j}n\Omega t} \tag{4.1-30}$$

对比式（4.1-30）与式（4.1-26），可知

$$F_n=\frac{A_n}{2}\mathrm{e}^{\mathrm{j}\varphi_n}=\frac{A_n}{2}\cos\varphi_n+\mathrm{j}\frac{A_n}{2}\sin\varphi_n=\frac{1}{2}a_n-\mathrm{j}\frac{1}{2}b_n \tag{4.1-31}$$

即

$|F_n|=\dfrac{1}{2}A_n=\dfrac{1}{2}\sqrt{a_n^{\ 2}+b_n^{\ 2}}$，是$n$的偶函数，即$|F_{-n}|=|F_n|$；$\varphi_n=-\arctan\dfrac{b_n}{a_n}$，是$n$的奇函数，即$\varphi_{-n}=-\varphi_n$。

由式（4.1-31）可知

$$F_{-n}=\frac{A_{-n}}{2}\mathrm{e}^{\mathrm{j}\varphi_{-n}}=\frac{1}{2}a_{-n}-\mathrm{j}\frac{1}{2}b_{-n}=\frac{1}{2}a_n+\mathrm{j}\frac{1}{2}b_n$$

将上式同式（4.1-31）合并整理可得

$$\begin{cases}a_n=F_n+F_{-n}\\b_n=\mathrm{j}(F_n-F_{-n})\\A_n=2|F_n|\end{cases} \tag{4.1-32}$$

需要注意的是，在复指数正交函数集里，$e^{jn\Omega t}$ 和 $e^{-jn\Omega t}$ 符合正交条件，因此就产生了角频率为 $-n\Omega$ 的项，实际上根本不存在负频率，出现负频率是数学上引起的，是一种数学形式，$e^{jn\Omega t}$ 和 $e^{-jn\Omega t}$ 才构成 $\cos(n\Omega t)$ 项，而 $\cos(n\Omega t)$ 和 $\cos(-n\Omega t)$ 或 $\sin(n\Omega t)$ 和 $\sin(-n\Omega t)$ 不构成正交函数，所以在三角函数集中，不存在 $\cos(-n\Omega t)$ 和 $\sin(-n\Omega t)$ 项。

4．奇偶函数的傅里叶级数

若给定信号 $f(t)$ 具有某些特点，则傅里叶级数系数某些为零，从而使傅里叶系数的计算较为方便。

（1）偶函数。

若 $f(t)$ 为时间 t 的偶函数，即 $f(-t)=f(t)$，则其波形相对于纵坐标轴对称，如图 4.1-5 所示。

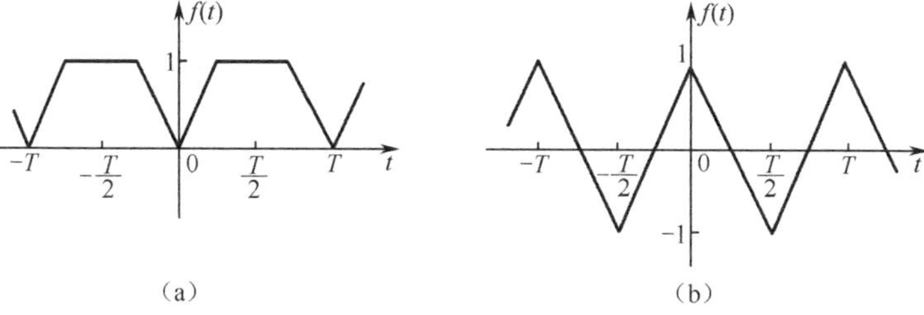

图 4.1-5　偶函数

当 $f(t)$ 为时间 t 的偶函数时，式（4.1-21）和式（4.1-22）中的被积函数 $f(t)\cos(n\Omega t)$ 是时间 t 的偶函数，而 $f(t)\sin(n\Omega t)$ 是时间 t 的奇函数。因此，$f(t)\cos(n\Omega t)$ 在对称区间 $(-T/2,T/2)$ 的积分等于在区间 $(0,T/2)$ 积分的两倍；$f(t)\sin(n\Omega t)$ 在对称区间 $(-T/2,T/2)$ 的积分等于零，即

$$\begin{cases} a_n = \dfrac{4}{T}\displaystyle\int_0^{T/2} f(t)\cos(n\Omega t)\mathrm{d}t \\ b_n = 0 \end{cases} \qquad n=0,1,2,\cdots \tag{4.1-33}$$

进而由式（4.1-24）和式（4.1-31）可得

$$\begin{cases} A_n = |a_n| \\ \varphi_n = \begin{cases} 0, a_n \geqslant 0 \\ \pi, a_n < 0 \end{cases} \end{cases} \qquad n=0,1,2,\cdots \tag{4.1-34}$$

$$F_n = F_{-n} = \frac{1}{2}a_n \qquad n=0,1,2,\cdots \tag{4.1-35}$$

（2）奇函数。

若 $f(t)$ 为时间 t 的奇函数，即 $f(-t)=-f(t)$，则其波形相对于原点对称，如图 4.1-6 所示。

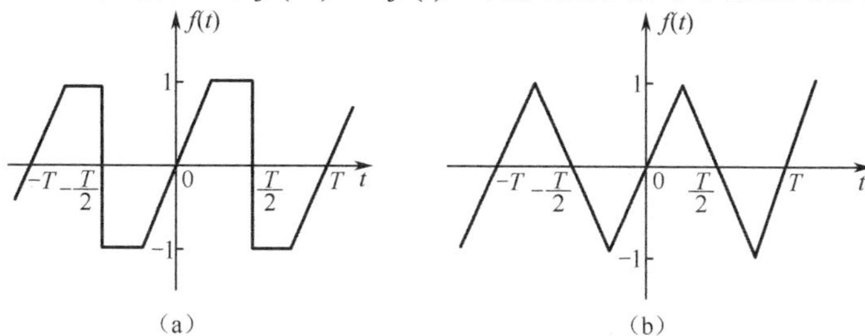

图 4.1-6　奇函数

当 $f(t)$ 为时间 t 的奇函数时，式（4.1-21）和式（4.1-22）中的被积函数 $f(t)\cos(n\Omega t)$ 是时间 t 的奇函数，而 $f(t)\sin(n\Omega t)$ 是时间 t 的偶函数。因此，$f(t)\cos(n\Omega t)$ 在对称区间 $(-T/2,T/2)$ 的积分等于零；$f(t)\sin(n\Omega t)$ 在对称区间 $(-T/2,T/2)$ 的积分等于在区间 $(0,T/2)$ 积分的两倍，即

$$\begin{cases} a_n = 0 \\ b_n = \dfrac{4}{T}\displaystyle\int_0^{T/2} f(t)\sin(n\Omega t)\mathrm{d}t \end{cases} \quad n = 0,1,2,\cdots \tag{4.1-36}$$

进而由式（4.1-24）和式（4.1-31）可得

$$\begin{cases} A_n = |b_n| \\ \varphi_n = \begin{cases} -\pi/2, b_n \geqslant 0 \\ \pi/2, b_n < 0 \end{cases} \end{cases} \quad n = 0,1,2,\cdots \tag{4.1-37}$$

$$F_n = -F_{-n} = -\frac{\mathrm{j}}{2}b_n \quad n = 0,1,2,\cdots \tag{4.1-38}$$

实际上，任意函数都可分解为奇函数 $f_{\mathrm{od}}(t)$ 和偶函数 $f_{\mathrm{ev}}(t)$ 两部分，即

$$f(t) = f_{\mathrm{od}}(t) + f_{\mathrm{ev}}(t) \tag{4.1-39}$$

式中

$$\begin{cases} f_{\mathrm{od}}(t) = \dfrac{f(t) - f(-t)}{2} \\ f_{\mathrm{ev}}(t) = \dfrac{f(t) + f(-t)}{2} \end{cases} \tag{4.1-40}$$

需要注意的是，某函数是否为奇（偶）函数不仅与函数 $f(t)$ 的波形有关，还与时间坐标原点的选择有关。例如图 4.1-5（b）中的三角波是一个偶函数。但如果将坐标原点左移 $T/4$，它就变成了一个奇函数，如图 4.1-6（b）所示；如果坐标原点移动某一常数 t_0，而 t_0 不等于 $T/4$ 的整数倍，则该函数既不是奇函数也不是偶函数。

（3）奇谐函数。

如果函数 $f(t)$ 的前半周期波形移动 $T/2$ 后，与后半周期波形相对于横轴对称，即 $f(t \pm T/2) = -f(t)$，如图 4.1-7 所示，则该类函数称为半波对称函数或奇谐函数。

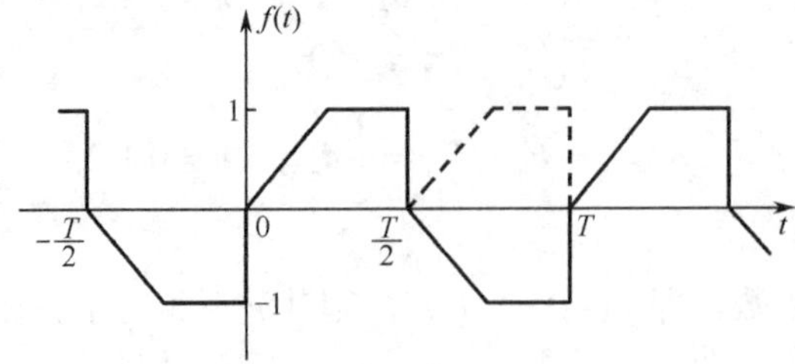

图 4.1-7 奇谐函数

对于奇谐函数，式（4.1-21）进行整理得

$$a_n = \frac{2}{T}\int_{-T/2}^{T/2} f(t)\cos(n\Omega t)\mathrm{d}t = \frac{2}{T}\int_{-T/2}^{0} f(t)\cos(n\Omega t)\mathrm{d}t + \frac{2}{T}\int_0^{T/2} f(t)\cos(n\Omega t)\mathrm{d}t$$

令 $t = \tau - T/2$，对上式的第一个积分式进行变量代换，得

$$a_n = \frac{2}{T}\int_0^{T/2} f(\tau - T/2)\cos[n\Omega(\tau - T/2)]\mathrm{d}\tau + \frac{2}{T}\int_0^{T/2} f(t)\cos(n\Omega t)\mathrm{d}t$$

$$
\begin{aligned}
&= -\frac{2}{T}\int_0^{T/2} f(t)\cos[n\Omega t - n\Omega T/2)]\mathrm{d}t + \frac{2}{T}\int_0^{T/2} f(t)\cos(n\Omega t)\mathrm{d}t \\
&= -\frac{2}{T}\int_0^{T/2} f(t)\cos[n\Omega t - n\pi)]\mathrm{d}t + \frac{2}{T}\int_0^{T/2} f(t)\cos(n\Omega t)\mathrm{d}t \\
&= -\frac{2}{T}\int_0^{T/2} f(t)\cos(n\Omega t)(-1)^n\mathrm{d}t + \frac{2}{T}\int_0^{T/2} f(t)\cos(n\Omega t)\mathrm{d}t \\
&= \frac{2}{T}[1-(-1)^n]\int_0^{T/2} f(t)\cos(n\Omega t)\mathrm{d}t \\
&= \begin{cases} 0, & n\text{为偶数} \\ \dfrac{4}{T}\displaystyle\int_0^{T/2} f(t)\cos(n\Omega t)\mathrm{d}t, & n\text{为奇数} \end{cases}
\end{aligned}
$$

即

$$a_0 = a_2 = a_4 = \cdots = 0 \tag{4.1-41}$$

同理，对式（4.1-22）进行整理可得

$$b_n = \begin{cases} 0, & n\text{为偶数} \\ \dfrac{4}{T}\displaystyle\int_0^{T/2} f(t)\sin(n\Omega t)\mathrm{d}t, & n\text{为奇数} \end{cases}$$

即

$$b_2 = b_4 = b_6 = \cdots = 0 \tag{4.1-42}$$

进而由式（4.1-24）和式（4.1-31）可得

$$A_0 = A_2 = A_4 = \cdots = 0 \tag{4.1-43}$$

$$\cdots = F_{-2} = F_0 = F_2 = F_4 = \cdots = 0 \tag{4.1-44}$$

由式（4.1-41）～式（4.1-44）可知，当 $f(t)$ 为奇谐函数时，其傅里叶展开式中将只含有奇次谐波分量而不含有偶次谐波分量。

【例 4.1-2】 正弦信号 $E\sin(\omega_0 t)$（$\omega_0 = 2\pi/T$）经半波整流后的波形如图 4.1-8 所示，求其傅里叶级数展开式。

解： 半波整流信号的傅里叶系数可由式（4.1-21）和式（4.1-22）求得，也可将它分解为奇函数 $f_{\text{od}}(t)$ 和偶函数 $f_{\text{ev}}(t)$ 两部分，如图 4.1-9 所示。

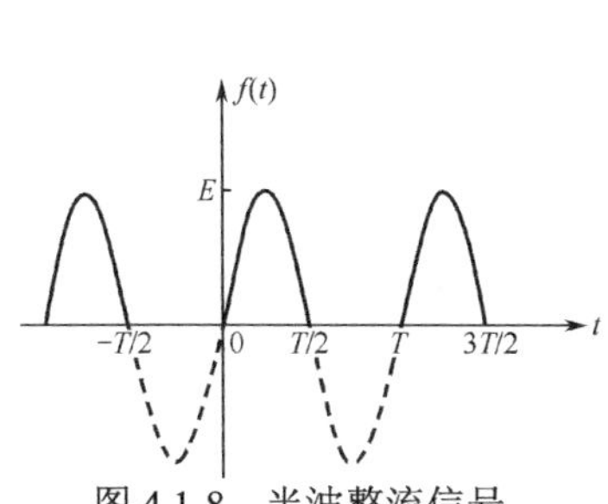

图 4.1-8　半波整流信号

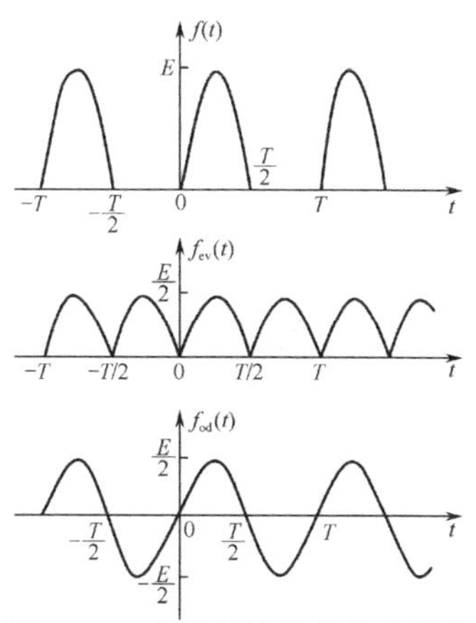

图 4.1-9　半波整流信号的奇偶分解

由图可见，$f_{\mathrm{od}}(t)$是幅度为$E/2$、角频率为ω_0（$\omega_0=2\pi/T$）的正弦信号，即

$$f_{\mathrm{od}}(t)=\frac{E}{2}\sin(\omega_0 t)$$

$f_{\mathrm{ev}}(t)$是周期为$T/2$的偶函数，对$f_{\mathrm{ev}}(t)$求其傅里叶系数，由式（4.1-33）可知

$$\begin{cases} b_n=0 \\ a_n=\dfrac{4}{T/2}\displaystyle\int_0^{T/4}\frac{E}{2}\sin(\omega_0 t)\cos(n\Omega t)\mathrm{d}t \end{cases}$$

由于$\Omega=\dfrac{2\pi}{T/2}=\dfrac{4\pi}{T}=2\omega_0$，将其代入上式整理可得

$$a_n=\frac{8}{T}\int_0^{T/4}\frac{E}{2}\sin(\omega_0 t)\cos(2n\omega_0 t)\mathrm{d}t$$

令$x=\omega_0 t$，对上式进行变量替换，得

$$\begin{aligned} a_n&=\frac{8}{T\omega_0}\int_0^{\pi/2}\frac{E}{2}\sin(x)\cos(2nx)\mathrm{d}x=\frac{2E}{\pi}\int_0^{\pi/2}\sin(x)\cos(2nx)\mathrm{d}x \\ &=\frac{E}{\pi}\left[-\frac{\cos[(2n+1)x]}{(2n+1)}+\frac{\cos[(2n-1)x]}{(2n-1)}\right]_0^{\pi/2} \\ &=-\frac{2E}{\pi}\cdot\frac{1}{4n^2-1},\qquad n=0,1,2,\cdots \end{aligned}$$

即

$$a_0=\frac{2E}{\pi},a_1=-\frac{2E}{3\pi},a_2=-\frac{2E}{15\pi},\cdots$$

按式（4.1-20）得$f_{\mathrm{ev}}(t)$的傅里叶级数

$$f_{\mathrm{ev}}(t)=\frac{E}{\pi}-\frac{2E}{3\pi}\cos(2\omega_0 t)-\frac{2E}{15\pi}\cos(4\omega_0 t)-\cdots$$

由式（4.1-39）得

$$\begin{aligned} f(t)&=f_{\mathrm{od}}(t)+f_{\mathrm{ev}}(t) \\ &=\frac{E}{\pi}+\frac{E}{2}\sin(\omega_0 t)-\frac{2E}{3\pi}\cos(2\omega_0 t)-\frac{2E}{15\pi}\cos(4\omega_0 t)-\cdots \end{aligned}$$

4.2 周期信号的频谱

4.2.1 频谱的基本概念

如 4.1 节所述，周期信号可分解成一系列正弦信号或复指数信号之和，即

$$f(t)=\frac{A_0}{2}+\sum_{n=1}^{\infty}A_n\cos(n\Omega t+\varphi_n)$$

或

$$f(t)=\sum_{n=-\infty}^{\infty}F_n\mathrm{e}^{\mathrm{j}n\Omega t}$$

式中
$$F_n = \frac{1}{2}A_n e^{j\varphi_n} = |F_n| e^{j\varphi_n}$$

从时域表达式中不能直观地看出各次谐波振幅和相角的变化规律，为了解决这个问题，我们引入频谱的概念。以频率（或角频率）为横坐标，以各次谐波的振幅 A_n 或 $|F_n|$ 为纵坐标，可画出如图 4.2-1（a）、（b）所示的线图，称为幅度频谱或振幅频谱，简称为幅度谱。图中每条竖线代表该频率分量的幅度，称为谱线。连接各谱线顶点的曲线称为包络线，如图中虚线所示，它反映了各频率分量幅度随频率变化的情况。图 4.2-1（a）以振幅 A_n 为纵坐标，对应谱线的角频率为 $0,\Omega,2\Omega,3\Omega,\cdots$，即谱线仅出现在右半平面，称为单边幅度谱；图 4.2-1（b）以振幅 $|F_n|$ 为纵坐标，对应谱线的角频率为 $\cdots,-\Omega,0,\Omega,2\Omega,3\Omega,\cdots$，即左右半平面都有谱线，称为双边幅度谱。由于 A_n 为 $n\Omega$ 的偶函数，双边幅度谱关于纵坐标轴对称。

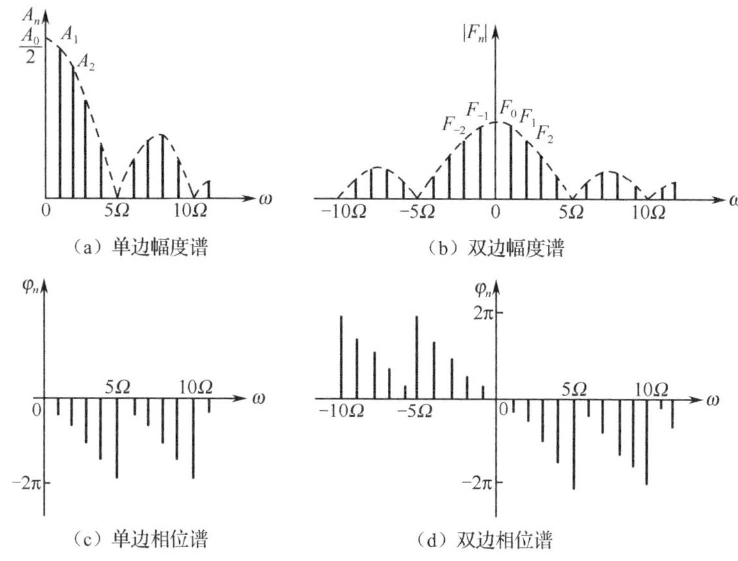

图 4.2-1　周期信号的频谱

类似地，也可画出各次谐波初相角 φ_n 与频率（或角频率）的线图，如图 4.2-1（c），（d）所示，称为相位频谱，简称相位谱。图 4.2-1（c）为单边相位谱，图 4.2-1（d）为双边相位谱。由于 φ_n 为 $n\Omega$ 的奇函数，双边相位谱关于原点对称。

在一般情况下，信号的幅度谱与相位谱合起来称为信号的频谱。如果 F_n 为实数，那么可用 F_n 的正负来表示相位 φ_n 为 0 或 π，这时常把幅度谱和相位谱画在一张图上（参见图 4.2-4）。

由图可见，周期信号的谱线只出现在基波频率的整数倍上，即周期信号的频谱是离散谱。下面以周期矩形脉冲为例讨论周期信号频谱的特点。

4.2.2　周期矩形信号的频谱

设有一个幅度为 1、脉冲宽度为 τ 的周期矩形脉冲，其周期为 T，如图 4.2-2 所示。根据式（4.1-27），可以求得其复傅里叶系数
$$F_n = \frac{1}{T}\int_{-T/2}^{T/2} f(t)e^{-jn\Omega t}dt = \frac{1}{T}\int_{-\tau/2}^{\tau/2} e^{-jn\Omega t}dt = \frac{1}{T}\frac{e^{-jn\Omega t}}{-jn\Omega t}\Big|_{-\tau/2}^{\tau/2}$$

$$=\frac{2}{T}\frac{\sin\frac{n\Omega\tau}{2}}{n\Omega}=\frac{\tau}{T}\frac{\sin\frac{n\Omega\tau}{2}}{\frac{n\Omega\tau}{2}},\quad n=0,\pm1,\pm2,\cdots \tag{4.2-1}$$

令

$$\mathrm{Sa}(x)=\frac{\sin(x)}{x}$$

称其为取样函数，其图形如图 4.2-3 所示。显然，取样函数是偶函数，当 $x\to\infty$ 时，$\mathrm{Sa}(x)=0$。考虑到 $\Omega=2\pi/T$，式（4.2-1）也可以写为

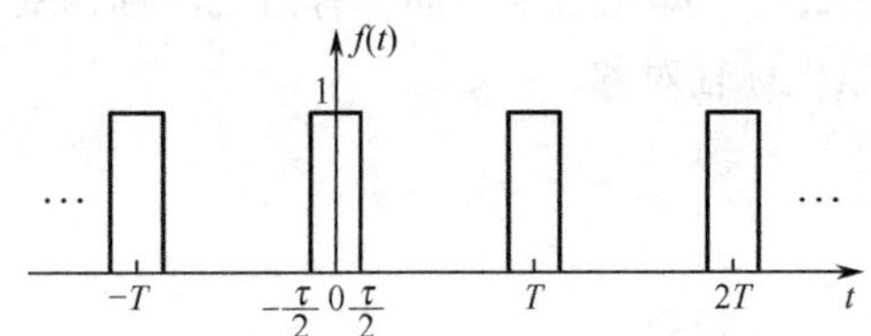

图 4.2-2 周期矩形脉冲

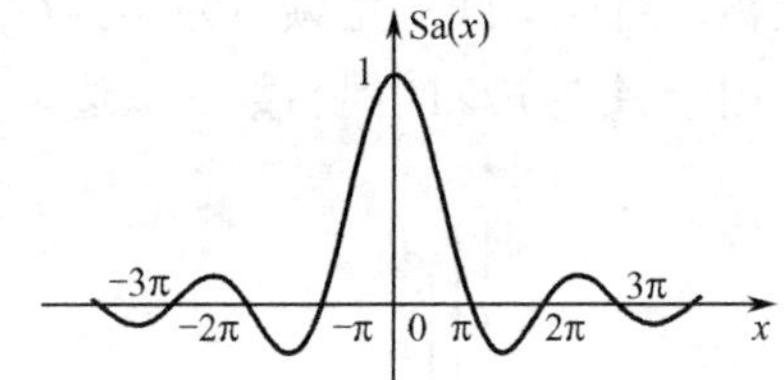

图 4.2-3 取样函数

$$F_n=\frac{\tau}{T}\mathrm{Sa}\left(\frac{n\Omega\tau}{2}\right)=\frac{\tau}{T}\mathrm{Sa}\left(\frac{n\pi\tau}{T}\right),\quad n=0,\pm1,\pm2,\cdots \tag{4.2-2}$$

根据式（4.1-26），该周期矩形脉冲的指数形式傅里叶级数展开式为

$$f(t)=\frac{\tau}{T}\sum_{n=-\infty}^{\infty}\mathrm{Sa}\left(\frac{n\pi\tau}{T}\right)\mathrm{e}^{\mathrm{j}n\Omega t}=\frac{\tau}{T}\sum_{n=-\infty}^{\infty}\mathrm{Sa}\left(\frac{n\Omega\tau}{2}\right)\mathrm{e}^{\mathrm{j}n\Omega t} \tag{4.2-3}$$

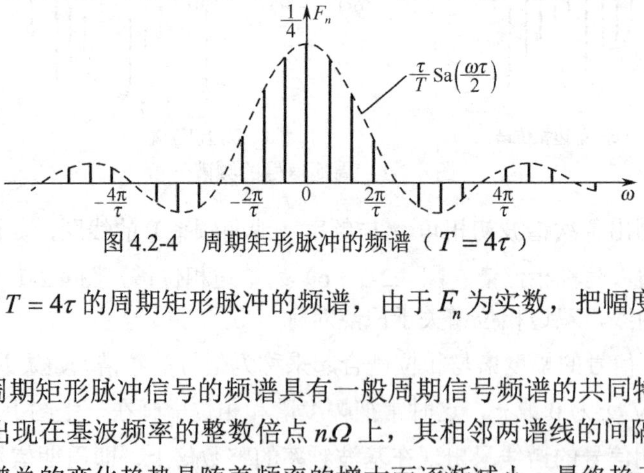

图 4.2-4 周期矩形脉冲的频谱（$T=4\tau$）

图 4.2-4 画出了 $T=4\tau$ 的周期矩形脉冲的频谱，由于 F_n 为实数，把幅度谱和相位谱画在一张图上。

由以上可见，周期矩形脉冲信号的频谱具有一般周期信号频谱的共同特点：它们的频谱都是离散的；谱线只出现在基波频率的整数倍点 $n\Omega$ 上，其相邻两谱线的间隔为 $\Omega(\Omega=2\pi/T)$；在一般情况下，频谱总的变化趋势是随着频率的增大而逐渐减小，最终趋于零。

对于周期矩形脉冲信号而言，其频谱的幅度按包络线 $\mathrm{Sa}(\omega\tau/2)$ 的规律变化，当 $\omega\tau/2=m\pi$（$m=\pm1,\pm2,\cdots$）各处，即 $\omega=2m\pi/\tau$ 时，包络线为零，其对应的谱线，亦即响应的频率分量也等于零。第一个零点处的角频率为 $\omega=2\pi/\tau$，由于相邻谱线的间隔为 $\Omega(\Omega=2\pi/T)$，在频带 0～ $2\pi/\tau$ 内有 T/τ 条谱线。

周期矩形脉冲信号包含无穷多条谱线，也就是说，它可以分解成无穷多个频率分量。由于各分量的幅度一般随频率增大而减小，其信号的能量主要集中在前几项，一般取第一个零点（$\omega=2\pi/\tau$ 或 $f=1/\tau$）以内。在实际通信中，在允许一定失真的条件下，只需把 $\omega\leqslant2\pi/\tau$ 频率

范围内的各个频谱分量传送过去，而舍弃 $\omega > 2\pi/\tau$ 的分量。通常把 $0 \leqslant f \leqslant 1/\tau\,(0 \leqslant \omega \leqslant 2\pi/\tau)$ 这段频率范围称为周期矩形脉冲信号的频带宽度或信号的带宽，用符号 ΔF 表示，即周期矩形脉冲信号的频带宽度（带宽）为

$$\Delta F = \frac{1}{\tau} \tag{4.2-4}$$

图 4.2-5 画出了周期不变、脉冲宽度不同时的信号波形及其频谱。当周期不变，脉冲宽度 τ 减小时，相邻频线的间隔不变，频谱包络线第一个零点的频率增大，即信号带宽增大，频带内所含的频率分量增多。由此可见，信号的频带宽度与脉冲宽度成反比。另外，由式（4.2-2）可知，信号周期不变而脉冲宽度 τ 减小时，频谱的幅度也相应减小。

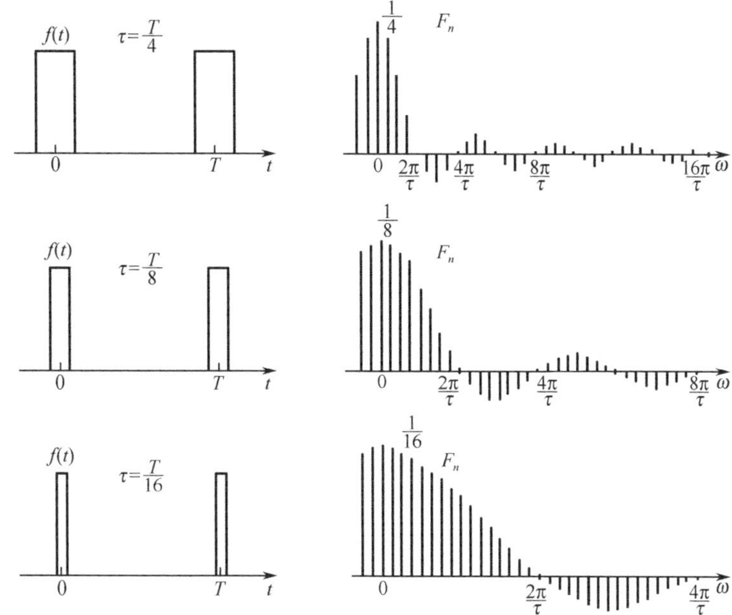

图 4.2-5　脉冲宽度与频谱的关系

图 4.2-6 画出了脉冲宽度不变、周期改变时的信号波形及其频谱。当脉冲宽度不变，而增大信号的周期时，相邻谱线间隔减小，谱线变密，频谱包络线第一个零点的频率不变，即信号带宽不变，频带内所含的频率分量增多，同时频谱的幅度也相应减小。

当周期无限增长，即 $T \to \infty$ 时，信号由周期信号变为非周期信号，此时包络线形状不变，各频率分量的幅值变为无穷小，两相邻谱线间隔趋于零，周期信号的离散频谱就过渡到非周期信号的连续谱。如图 4.2-6 所示。

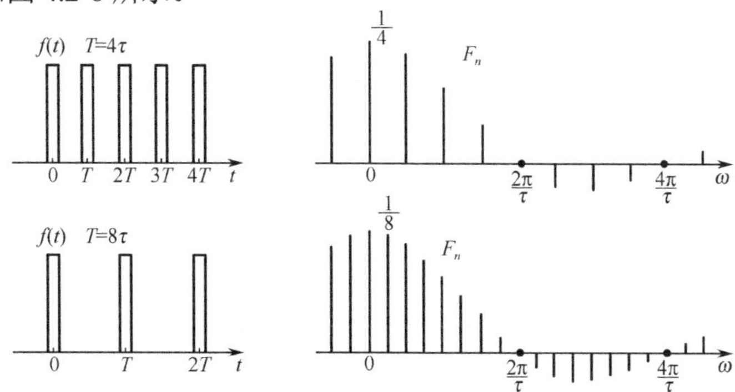

图 4.2-6　周期与频谱的关系

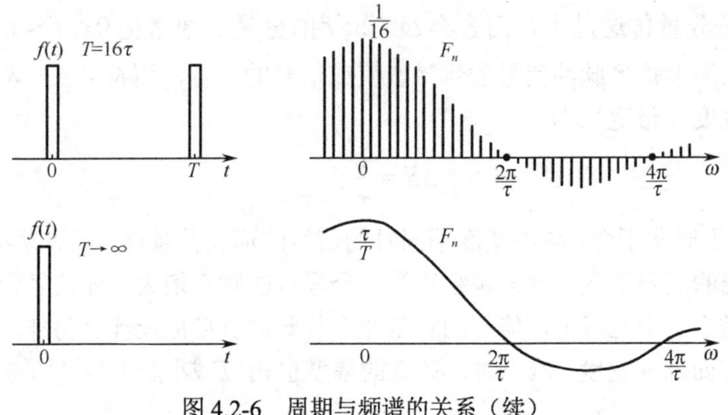

图 4.2-6　周期与频谱的关系（续）

4.2.3　周期信号的功率与有效值

周期信号的能量是无限的，而其功率是有界的，因而周期信号是功率信号。为了方便，往往将周期信号在1Ω电阻上消耗的平均功率定义为周期信号的功率，用符号 P 表示。如果周期信号 $f(t)$ 是实函数，无论它是电压信号还是电流信号，其平均功率均为

$$P=\frac{1}{T}\int_{-T/2}^{T/2}f^2(t)\mathrm{d}t \tag{4.2-5}$$

将周期信号 $f(t)$ 的傅里叶级数展开式代入上式，得

$$P=\frac{1}{T}\int_{-T/2}^{T/2}\left[\frac{A_0}{2}+\sum_{n=1}^{\infty}A_n\cos(n\Omega t+\varphi_n)\right]^2\mathrm{d}t \tag{4.2-6}$$

将上式被积函数展开，注意三角函数集的正交性：具有 $\cos(n\Omega t+\varphi_n)$ 形式的项，在一个周期内的积分值为零；具有 $\cos(n\Omega t+\varphi_n)\cos(m\Omega t+\varphi_m)$ 形式的项，当 $m\neq n$ 时，其在一个周期内的积分值为零，当 $m=n$ 时，其在一个周期内的积分值为 $T/2$。因此，式（4.2-6）可化简为

$$P=\left(\frac{A_0}{2}\right)^2+\sum_{n=1}^{\infty}\frac{1}{2}A_n^{\ 2} \tag{4.2-7}$$

上式等号右端的第一项为直流分量的功率，第二项为各次谐波的功率之和。式（4.2-7）表明，周期信号的功率等于直流分量与各次谐波分量的功率之和。由于 $A_n/2=|F_n|$，且 $|F_n|=|F_{-n}|$，式（4.2-7）可以改写为

$$P=\left(\frac{A_0}{2}\right)^2+\sum_{n=1}^{\infty}\frac{1}{2}A_n^{\ 2}=\sum_{n=-\infty}^{-1}\left(\frac{A_n}{2}\right)^2+\left(\frac{A_0}{2}\right)^2+\sum_{n=1}^{\infty}\left(\frac{A_n}{2}\right)^2=\sum_{n=-\infty}^{\infty}|F_n|^2 \tag{4.2-8}$$

式（4.2-7）和式（4.2-8）称为帕斯瓦尔恒等式。它表明，对于周期信号，在时域中求的信号功率与在频域中求的功率相等。

与周期信号有着相同功率的直流信号的大小称为周期信号的有效值。由于直流信号的功率等于其幅值的平方，因此周期信号的有效值为其功率的平方根值。即周期信号的有效值为各次谐波有效值平方和的平方根值，即

$$U=\sqrt{P} \tag{4.2-9}$$

【例 4.2-1】 试求图 4.2-7（a）所示信号频谱第一个零点以内各分量的功率占总功率的百分比。

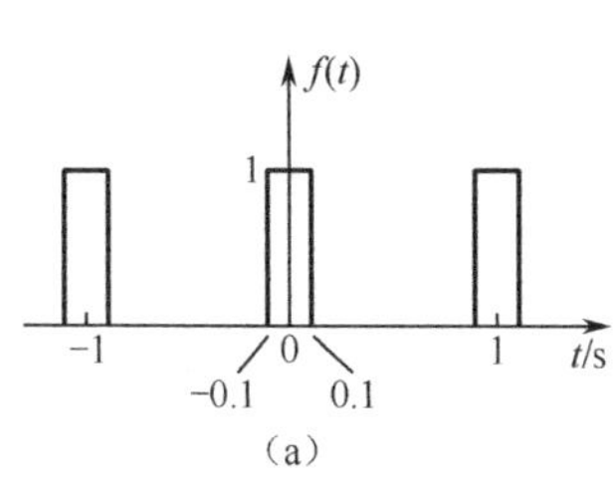

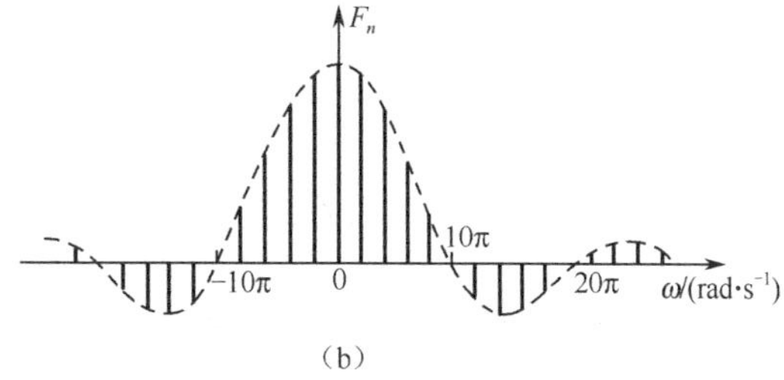

图 4.2-7　例 4.2-1 图

解：由式（4.2-5）可求得周期信号的总功率

$$P=\frac{1}{T}\int_{-T/2}^{T/2}f^2(t)\mathrm{d}t=\int_{-0.1}^{0.1}1^2\mathrm{d}t=0.2$$

将 $f(t)$ 展开为指数形式的傅里叶级数

$$f(t)=\sum_{n=-\infty}^{\infty}F_n\mathrm{e}^{\mathrm{j}n\Omega t}$$

由式（4.2-2）可知，其复傅里叶系数为

$$F_n=\frac{\tau}{T}\mathrm{Sa}\left(\frac{n\pi\tau}{2}\right)=0.2\mathrm{Sa}(0.2n\pi)$$

$f(t)$ 频谱的第一个零点在 $n=5$ 处，所以频谱在第一个零点内各分量的功率和为

$$P_{5\sim0}=\left(\frac{A_0}{2}\right)^2+\sum_{n=1}^{5}\frac{1}{2}A_n^2=|F_0|^2+2\sum_{n=1}^{5}|F_n|^2$$

将 F_n 代入得

$$\begin{aligned}P_{5\sim0}&=(0.2)^2+2(0.2)^2[\mathrm{Sa}^2(0.2\pi)+\mathrm{Sa}^2(0.4\pi)+\mathrm{Sa}^2(0.6\pi)+\mathrm{Sa}^2(0.8\pi)+\mathrm{Sa}^2(\pi)]\\&=0.04+0.08[0.8751+0.5728+0.2546+0.05470+0]\\&=0.1806\end{aligned}$$

$$\frac{P_{5\sim0}}{P}=\frac{0.1806}{0.2}=90.3\%$$

即频谱第一个零点以内各分量的功率占总功率的 90.3%，验证了信号的能量主要集中在频带宽度以内。

4.3　非周期信号的频谱

4.3.1　从傅里叶级数到傅里叶变换

4.1 节已指出，当周期信号的周期 T 趋于无穷大时，相邻谱线间隔 Ω 趋于无穷小，从而信号的频谱转变为连续谱，同时各频率的分量也趋于无穷小，不过这些无穷小量之间仍然保持一定的比例关系。为了描述非周期信号的频谱特性，令

$$F(\mathrm{j}\omega)=\lim_{T\to\infty}\frac{F_n}{1/T}=\lim_{T\to\infty}F_nT \tag{4.3-1}$$

称 $F(\mathrm{j}\omega)$ 为频谱密度函数。由式（4.1-26）和式（4.1-27）得周期信号 $f(t)$ 的傅里叶级数展开为

$$F_n T = \int_{-T/2}^{T/2} f(t)\mathrm{e}^{-\mathrm{j}n\Omega t}\mathrm{d}t \tag{4.3-2}$$

$$f(t) = \sum_{n=-\infty}^{\infty} F_n T \mathrm{e}^{\mathrm{j}n\Omega t}\frac{1}{T} \tag{4.3-3}$$

在上式中，当 T 趋于 ∞，Ω 趋于无穷小，取其为 $\mathrm{d}\omega$，$n\Omega$ 趋于 ω，$1/T = \Omega/2\pi$ 趋于 $\mathrm{d}\omega/2\pi$，式（4.3-2）和式（4.3-3）变为

$$F(\mathrm{j}\omega) = \int_{-\infty}^{\infty} f(t)\mathrm{e}^{-\mathrm{j}\omega t}\mathrm{d}t \tag{4.3-4}$$

$$f(t) = \frac{1}{2\pi}\int_{-\infty}^{\infty} F(\mathrm{j}\omega)\mathrm{e}^{\mathrm{j}\omega t}\mathrm{d}\omega \tag{4.3-5}$$

上面两式分别称为傅里叶正变换和傅里叶逆变换（或反变换）。$F(\mathrm{j}\omega)$ 称为 $f(t)$ 的频谱密度函数或频谱函数。而 $f(t)$ 称为 $F(\mathrm{j}\omega)$ 的原函数。两式可用符号简记为

$$F(\mathrm{j}\omega) = \mathcal{F}[f(t)] \tag{4.3-6}$$

$$f(t) = \mathcal{F}^{-1}[F(\mathrm{j}\omega)] \tag{4.3-7}$$

$f(t)$ 和 $F(\mathrm{j}\omega)$ 的关系还可记为

$$f(t) \leftrightarrow F(j\omega) \tag{4.3-8}$$

需要指出的是，在上面推导傅里叶变换时并未遵循数学上的严格步骤。从理论上讲，$f(t)$ 应满足一定的条件才可存在傅里叶变换。一般来说，傅里叶变换存在的充分条件为 $f(t)$ 满足绝对可积，即

$$\int_{-\infty}^{\infty}|f(t)|\mathrm{d}t < \infty$$

这并不是必要条件，后面将会看到在引入广义函数的概念之后，许多并不满足绝对可积的信号也存在傅里叶变换。

由式（4.3-4）可知，频谱密度函数 $F(\mathrm{j}\omega)$ 是一个复函数，它可以写为

$$F(\mathrm{j}\omega) = |F(\mathrm{j}\omega)|\mathrm{e}^{\mathrm{j}\varphi(\omega)} = R(\omega) + \mathrm{j}X(\omega) \tag{4.3-9}$$

式中 $|F(\mathrm{j}\omega)|$ 和 $\varphi(\omega)$ 分别是频谱函数 $F(\mathrm{j}\omega)$ 的模和相位；$R(\omega)$ 和 $X(\omega)$ 分别是它的实部和虚部。

式（4.3-5）也可以写成三角形式：

$$\begin{aligned} f(t) &= \frac{1}{2\pi}\int_{-\infty}^{\infty} F(\mathrm{j}\omega)\mathrm{e}^{\mathrm{j}\omega t}\mathrm{d}\omega = \frac{1}{2\pi}\int_{-\infty}^{\infty}|F(\mathrm{j}\omega)|\mathrm{e}^{\mathrm{j}[\omega t+\varphi(\omega)]}\mathrm{d}\omega \\ &= \frac{1}{2\pi}\int_{-\infty}^{\infty}|F(\mathrm{j}\omega)|\cos[\omega t+\varphi(\omega)]\mathrm{d}\omega + \mathrm{j}\frac{1}{2\pi}\int_{-\infty}^{\infty}|F(\mathrm{j}\omega)|\sin[\omega t+\varphi(\omega)]\mathrm{d}\omega \end{aligned}$$

当 $f(t)$ 为实函数时，为使等式两边相等，上式第二个积分式的积分结果必然为零，故有

$$f(t) = \frac{1}{2\pi}\int_{-\infty}^{\infty}|F(\mathrm{j}\omega)|\cos[\omega t+\varphi(\omega)]\mathrm{d}\omega \tag{4.3-10}$$

式（4.3-10）表明，非周期信号可以看作是由不同频率的余弦“分量”所组成的。这里 ω 的负值只是一种数学形式，两个相对应的“分量” $|F(\mathrm{j}\omega)|\cos[\omega t+\varphi(\omega)]$ 和 $|F(-\mathrm{j}\omega)|\cos[-\omega t+\varphi(-\omega)]$ 才合成一个余弦“分量”。非周期信号包含从零到无穷大的所有频率“分量”。而 $|F(\mathrm{j}\omega)|\mathrm{d}\omega/2\pi$ 相当于各“分量”的振幅，它是无穷小量。所以周期信号的频谱不能用幅度表示，而改用密度函数 $F(\mathrm{j}\omega)$ 来表示各“分量”的相对大小。类似物质的密度是单位体积的质量，函数 $|F(\mathrm{j}\omega)|$ 可以看作是单位频率的振幅，所以称 $F(\mathrm{j}\omega)$ 为频谱密度函数。

【例 4.3-1】 求图 4.3-1（a）所示信号的频谱。

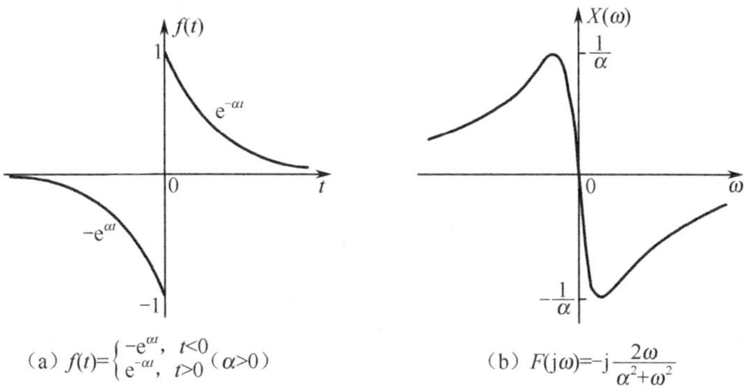

（a）$f(t)=\begin{cases}-\mathrm{e}^{\alpha t}, & t<0\\ \mathrm{e}^{-\alpha t}, & t>0\end{cases}$（$\alpha>0$）　（b）$F(\mathrm{j}\omega)=-\mathrm{j}\dfrac{2\omega}{\alpha^2+\omega^2}$

图 4.3-1　例 4.3-1 图

解：图 4.3-1（a）所示信号可写为

$$f(t)=\begin{cases}-\mathrm{e}^{\alpha t}, & t<0\\ \mathrm{e}^{-\alpha t}, & t>0\end{cases}\qquad(\alpha>0)$$

由式（4.3-4）可求得其频谱函数

$$F(\mathrm{j}\omega)=\int_{-\infty}^{\infty}f(t)\mathrm{e}^{-\mathrm{j}\omega t}\mathrm{d}t=-\int_{-\infty}^{0}\mathrm{e}^{\alpha t}\mathrm{e}^{-\mathrm{j}\omega t}\mathrm{d}t+\int_{0}^{\infty}\mathrm{e}^{-\alpha t}\mathrm{e}^{-\mathrm{j}\omega t}\mathrm{d}t$$

$$=-\frac{1}{\alpha-\mathrm{j}\omega}+\frac{1}{\alpha+\mathrm{j}\omega}=-\mathrm{j}\frac{2\omega}{\alpha^2+\omega^2}$$

$F(\mathrm{j}\omega)$ 的实部 $R(\omega)$ 和虚部 $X(\omega)$ 分别为

$$R(\omega)=0$$

$$X(\omega)=-\frac{2\omega}{\alpha^2+\omega^2}$$

$X(\omega)$ 如图 4.3-1（b）所示。

4.3.2　常用信号的频谱

1．门函数

门函数的波形如图 4.3-2（a）所示，用符号 $g_\tau(t)$ 表示，其高度为 1、宽度为 τ 。

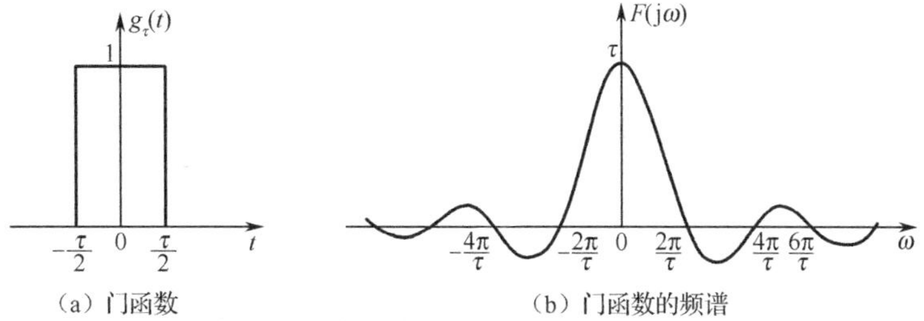

（a）门函数　（b）门函数的频谱

图 4.3-2　门函数及其频谱

根据式（4.3-4）可直接求得门函数的频谱函数

$$F(\mathrm{j}\omega)=\int_{-\infty}^{\infty}f(t)\mathrm{e}^{-\mathrm{j}\omega t}\mathrm{d}t=\int_{-\frac{\tau}{2}}^{\frac{\tau}{2}}\mathrm{e}^{-\mathrm{j}\omega t}\mathrm{d}t=\frac{\mathrm{e}^{-\mathrm{j}\omega\frac{\tau}{2}}-\mathrm{e}^{\mathrm{j}\omega\frac{\tau}{2}}}{-\mathrm{j}\omega}$$

$$=\frac{2}{\omega}\sin\left(\frac{\omega\tau}{2}\right)=\tau\mathrm{Sa}\left(\frac{\omega\tau}{2}\right)$$

即

$$g_\tau(t)\leftrightarrow\tau\mathrm{Sa}(\frac{\omega\tau}{2}) \tag{4.3-11}$$

一般而言，$F(\mathrm{j}\omega)$ 为复函数，信号的频谱需要用振幅谱和相位谱两幅图才能完全表示出来。而当 $F(\mathrm{j}\omega)$ 为实函数时，可以将幅度与相位画在一幅图上，频谱如图 4.3-2（b）所示。

2．单边指数信号

单边指数信号的波形如图 4.3-3 所示，其时域表达式为

$$f(t)=\begin{cases}\mathrm{e}^{-\alpha t}, & t>0\\ 0, & t<0\end{cases}=\mathrm{e}^{-\alpha t}u(t),\alpha>0$$

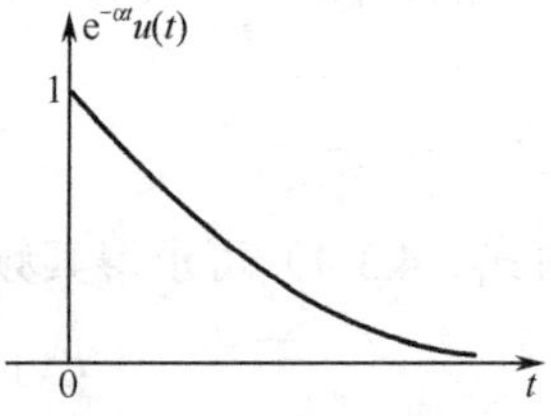

将单边指数信号的时域表达式代入式（4.3-4）得

$$F(\mathrm{j}\omega)=\int_{-\infty}^{\infty}f(t)\mathrm{e}^{-\mathrm{j}\omega t}\mathrm{d}t=\int_{0}^{\infty}\mathrm{e}^{-\alpha t}\mathrm{e}^{-\mathrm{j}\omega t}\mathrm{d}t=\frac{1}{\alpha+\mathrm{j}\omega}$$

图 4.3-3　单边指数信号

即

$$\mathrm{e}^{-\alpha t}u(t)\leftrightarrow\frac{1}{\alpha+\mathrm{j}\omega} \tag{4.3-12}$$

单边指数信号的频谱函数为复函数，其幅度谱和相位谱分别为

$$|F(\mathrm{j}\omega)|=\frac{1}{\sqrt{\alpha^2+\omega^2}}$$

$$\varphi(\omega)=-\arctan\left(\frac{\omega}{\alpha}\right)$$

频谱如图 4.3-4 所示。

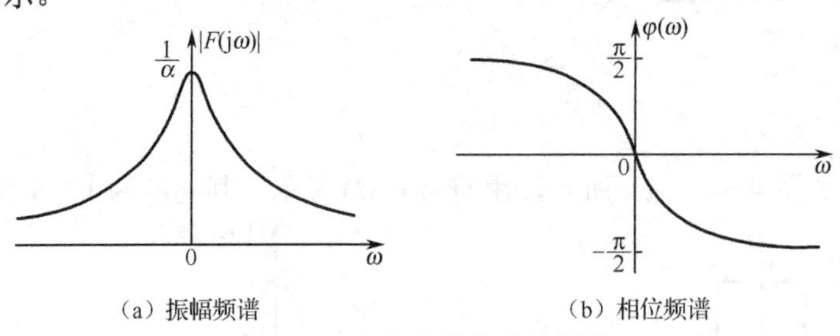

（a）振幅频谱　（b）相位频谱

图 4.3-4　单边指数信号的频谱

3．双边指数信号

双边指数信号的波形如图 4.3-5（a）所示，其时域表达式为

$$f(t)=\begin{cases}\mathrm{e}^{-\alpha t}, & t>0\\ \mathrm{e}^{\alpha t}, & t<0\end{cases}=\mathrm{e}^{-\alpha|t|},\alpha>0$$

将双边指数信号的时域表达式代入式（4.3-4）得

$$F(\mathrm{j}\omega)=\int_{-\infty}^{\infty}f(t)\mathrm{e}^{-\mathrm{j}\omega t}\mathrm{d}t=\infty\int_{-\infty}^{0}\mathrm{e}^{\alpha t}\mathrm{e}^{-\mathrm{j}\omega t}\mathrm{d}t+\int_{0}^{\infty}\mathrm{e}^{-\alpha t}\mathrm{e}^{-\mathrm{j}\omega t}\mathrm{d}t$$

$$=\frac{1}{\alpha-\mathrm{j}\omega}+\frac{1}{\alpha+\mathrm{j}\omega}=\frac{2\alpha}{\alpha^2+\omega^2}$$

即

$$\mathrm{e}^{-\alpha|t|}\leftrightarrow\frac{2\alpha}{\alpha^2+\omega^2} \qquad (4.3\text{-}13)$$

双边指数信号的频谱如图 4.3-5（b）所示。

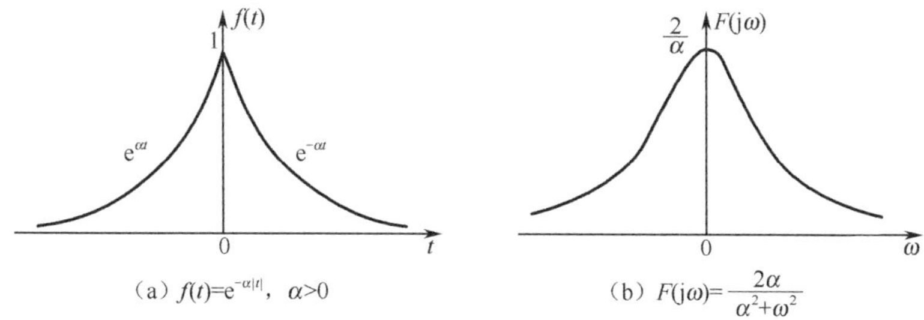

（a）$f(t)=\mathrm{e}^{-\alpha|t|}$，$\alpha>0$　　（b）$F(\mathrm{j}\omega)=\dfrac{2\alpha}{\alpha^2+\omega^2}$

图 4.3-5　双边指数信号及其频谱

4．单位冲激函数

$$f(t)=\delta(t)$$

根据傅里叶变换的定义式（4.3-4），并且考虑到冲激函数的取样性质，得

$$F(\mathrm{j}\omega)=\int_{-\infty}^{\infty}\delta(t)\mathrm{e}^{-\mathrm{j}\omega t}\mathrm{d}t=1$$

即

$$\delta(t)\leftrightarrow 1 \qquad (4.3\text{-}14)$$

单位冲激函数及其频谱如图 4.3-6 所示。

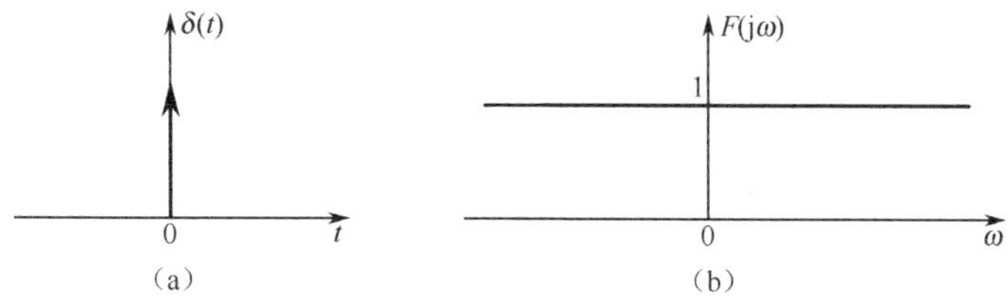

（a）　　（b）

图 4.3-6　单位冲激函数及其频谱

5．单位直流信号

$$f(t)=1,-\infty<t<\infty$$

显然，该信号不满足绝对可积的条件，不能通过傅里叶变换的定义式（4.3-4）求得其频谱函数，但是在引入广义函数的概念之后，其傅里叶变换却存在。它可以看作是双边指数函数 $\mathrm{e}^{-\alpha|t|}$ 当 $\alpha\to 0$ 时的极限。如图 4.3-7（a）所示，图中 $\alpha_1>\alpha_2>\alpha_3>\alpha_4=0$。因此，单位直流信号的

频谱也应是双边指数函数$e^{-\alpha|t|}$的频谱函数当$\alpha \to 0$时的极限。在前面已经求得双边指数函数$e^{-\alpha|t|}$的频谱函数为

$$F(\mathrm{j}\omega)=\frac{2\alpha}{\alpha^2+\omega^2}$$

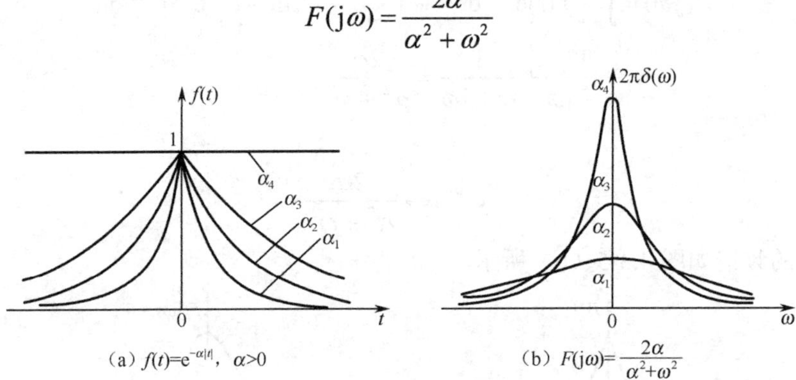

图 4.3-7　求$\mathscr{F}[1]$的极限过程

当$\alpha \to 0$时，有

$$\lim_{\alpha\to 0}\frac{2\alpha}{\alpha^2+\omega^2}=\begin{cases}0 & \omega\neq 0\\ \infty & \omega=0\end{cases}$$

由上式可见，它是一个以ω为自变量的冲激函数，根据冲激函数的定义，其冲激函数的强度为

$$\int_{-\infty}^{\infty}\lim_{\alpha\to 0}\frac{2\alpha}{\alpha^2+\omega^2}\mathrm{d}\omega=\lim_{\alpha\to 0}\int_{-\infty}^{\infty}\frac{2}{1+\left(\dfrac{\omega}{\alpha}\right)^2}\mathrm{d}\left(\frac{\omega}{\alpha}\right)=\lim_{\alpha\to 0}\left[2\arctan\left(\frac{\omega}{\alpha}\right)\right]\Bigg|_{-\infty}^{\infty}=2\pi$$

所以有

$$\lim_{\alpha\to 0}\frac{2\alpha}{\alpha^2+\omega^2}=2\pi\delta(\omega)$$

即

$$1\leftrightarrow 2\pi\delta(\omega) \tag{4.3-15}$$

直流信号及其频谱如图 4.3-8 所示。

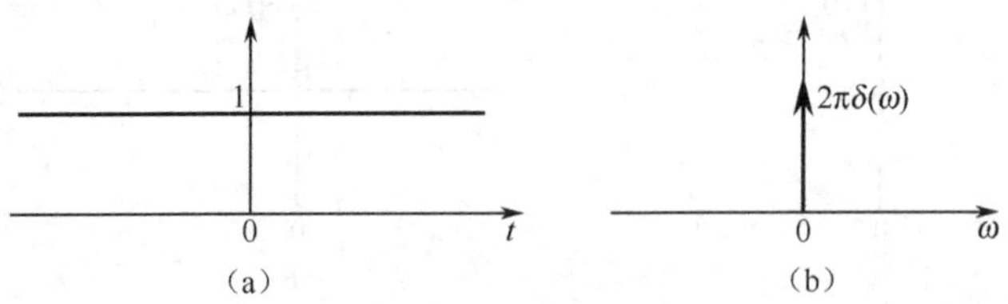

图 4.3-8　直流信号及其频谱

6．符号函数

符号函数的符号表示为$\mathrm{sgn}(t)$，它的定义为

$$\mathrm{sgn}(t)=\begin{cases}1, & t>0\\ -1, & t<0\end{cases}$$

它的波形如图 4.3-9（a）所示。显然，符号函数也不满足绝对可积的条件，不能通过傅里叶变

换的定义式（4.3-4）求得其频谱函数。

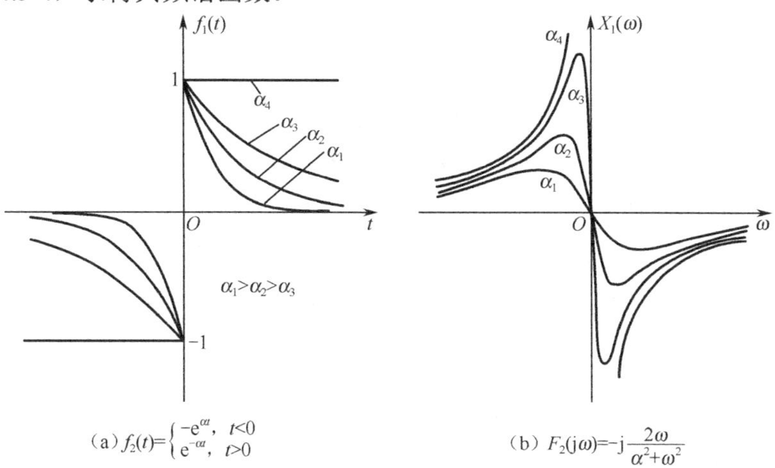

（a）$f_2(t)=\begin{cases}-e^{\alpha t}, & t<0\\ e^{-\alpha t}, & t>0\end{cases}$　（b）$F_2(j\omega)=-j\dfrac{2\omega}{\alpha^2+\omega^2}$

图 4.3-9　sgn(t) 及其频谱

符号函数可以看作是例 4.3-1 中的函数

$$f(t)=\begin{cases}-e^{\alpha t}, & t<0\\ e^{-\alpha t}, & t>0\end{cases}\quad(\alpha>0)$$

当 $\alpha\to 0$ 时的极限，如图 4.3-9（a）所示。因此，符号函数的频谱也是 $f(t)$ 的频谱 $F(j\omega)$ 当 $\alpha\to 0$ 时的极限。在例 4.3-1 中已经求得的 $f(t)$ 的频谱 $F(j\omega)$ 为

$$F(j\omega)=-j\frac{2\omega}{\alpha^2+\omega^2}$$

当 $\alpha\to 0$ 时，有

$$\lim_{\alpha\to 0}F(j\omega)=\lim_{\alpha\to 0}\left[-j\frac{2\omega}{\alpha^2+\omega^2}\right]=\frac{2}{j\omega}$$

即

$$\mathrm{sgn}(t)\leftrightarrow\frac{2}{j\omega}\tag{4.3-16}$$

符号函数频谱的实部为零，虚部 $X(\omega)$ 如图 4.3-9（b）所示。需要指出的是，符号函数的频谱 $2/(j\omega)$ 是 ω 的奇函数，它在 $\omega=0$ 处的值等于零。

4.4 傅里叶变换的性质

式（4.3-4）和式（4.3-5）表示的傅里叶变换建立了时间函数 $f(t)$ 和频谱函数 $F(j\omega)$ 之间的对应关系。一个函数确定后，另一个函数也随之被唯一地确定。在信号分析的理论研究与实际应用中，经常需要了解当信号在时域进行某种运算后在频域会发生何种变化，或者反过来，从频域的运算推测时域的变动。这时，可以利用式（4.3-4）和式（4.3-5）求积分运算，也可以利用傅里叶变换的基本性质给出结果。后一种方法的计算过程比较简便，而且物理概念清楚。因此，熟悉傅里叶变换的一些基本性质成为信号分析研究工作中非常重要的内容之一。本节将讨论傅里叶变换常用的基本性质。

4.4.1 线性性质

若

$$f_1(t) \leftrightarrow F_1(\mathrm{j}\omega)$$
$$f_2(t) \leftrightarrow F_2(\mathrm{j}\omega)$$

对于任意常数 a_1、a_2，则有

$$a_1 f_1(t) + a_2 f_2(t) \leftrightarrow a_1 F_1(\mathrm{j}\omega) + a_2 F_2(\mathrm{j}\omega) \tag{4.4-1}$$

以上关系可以很容易用式（4.3-4）证明，这里从略。傅里叶变换的线性性质不难推广到多个信号的情况。

线性性质有两个含义。

（1）齐次性：若信号 $f(t)$ 乘以常数 a（即信号增大 a 倍），则其频谱函数也乘以相应的常数 a（即信号的频谱函数也增大 a 倍）。

（2）可加性：几个信号之和的频谱函数等于各个信号的频谱函数之和。

【例 4.4-1】 求单位阶跃函数 $u(t)$ 的频谱函数。

解： 单位阶跃函数 $u(t)$ 不满足绝对可积的条件，不能通过傅里叶变换的定义式（4.3-4）求得其频谱函数。它可以看作幅度为 $1/2$ 的直流信号与幅度为 $1/2$ 的符号函数之和，如图 4.4-1 所示，即

$$u(t) = \frac{1}{2} + \frac{1}{2}\mathrm{sgn}(t)$$

运用傅里叶变换的线性性质，可得

$$\mathcal{F}[u(t)] = \mathcal{F}\left[\frac{1}{2}\right] + \mathcal{F}\left[\frac{1}{2}\mathrm{sgn}(t)\right] = \pi\delta(\omega) + \frac{1}{\mathrm{j}\omega} = \pi\delta(\omega) + \mathrm{j}\left(-\frac{1}{\omega}\right)$$

即

$$u(t) \leftrightarrow \pi\delta(\omega) + \mathrm{j}\left(-\frac{1}{\omega}\right) \tag{4.4-2}$$

其频谱的实部和虚部分别为

$$R(\omega) = \pi\delta(\omega)$$
$$X(\omega) = -\frac{1}{\omega}$$

单位阶跃函数 $u(t)$ 的频谱如图 4.4-1（b）所示。需要注意，其频谱的虚部 $-1/\omega$ 是 ω 的奇函数，它在 $\omega = 0$ 处的值等于零。

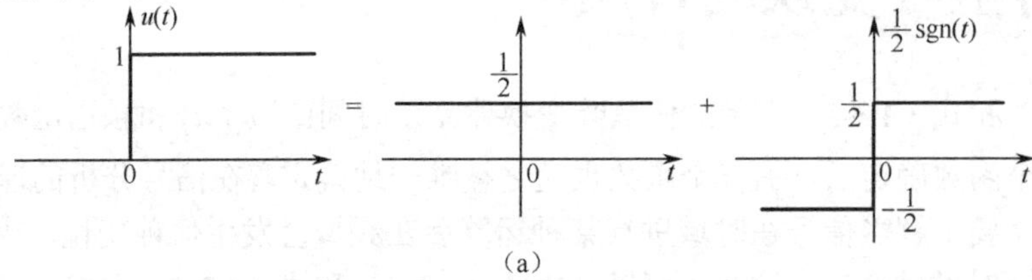

（a）

图 4.4-1 单位阶跃函数及其频谱

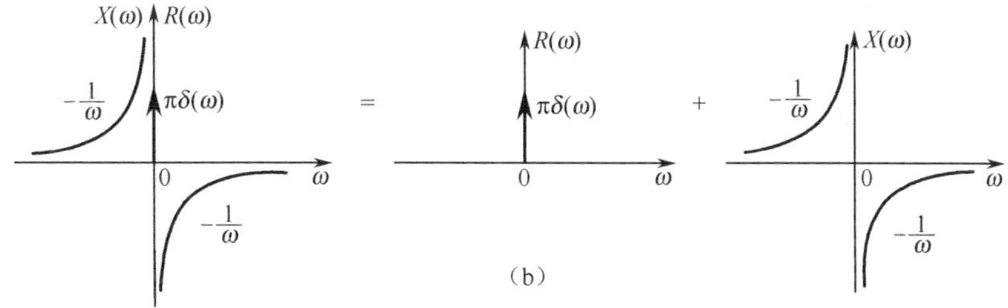

图 4.4-1　单位阶跃函数及其频谱（续）

4.4.2　奇偶性

通常遇到的实际信号都是实信号，奇偶性就是以实信号 $f(t)$ 为研究对象，讨论其频谱的特点。

如果 $f(t)$ 是时间 t 的实函数，根据欧拉公式，式（4.3-4）可以写为

$$\begin{aligned}F(\mathrm{j}\omega)&=\int_{-\infty}^{\infty}f(t)\mathrm{e}^{-\mathrm{j}\omega t}\mathrm{d}t=\int_{-\infty}^{\infty}f(t)\cos(\omega t)\mathrm{d}t-\mathrm{j}\int_{-\infty}^{\infty}f(t)\sin(\omega t)\mathrm{d}t\\&=|F(\mathrm{j}\omega)|\,\mathrm{e}^{j\varphi(\omega)}=R(\omega)+\mathrm{j}X(\omega)\end{aligned}\tag{4.4-3}$$

频谱函数 $F(\mathrm{j}\omega)$ 的实部和虚部分别为

$$\begin{aligned}R(\omega)&=\int_{-\infty}^{\infty}f(t)\cos(\omega t)\mathrm{d}t\\X(\omega)&=-\int_{-\infty}^{\infty}f(t)\sin(\omega t)\mathrm{d}t\end{aligned}\tag{4.4-4}$$

由式（4.4-4）可知，当 $f(t)$ 是时间 t 的实函数时，其频谱函数的实部 $R(\omega)$ 是角频率 ω 的偶函数，即 $R(-\omega)=R(\omega)$；其频谱函数的虚部 $X(\omega)$ 是角频率 ω 的奇函数，即 $X(-\omega)=-X(\omega)$。由 $R(\omega)$ 和 $X(\omega)$ 的奇偶性，还可以进一步得出

$$F(-\mathrm{j}\omega)=R(-\omega)+\mathrm{j}X(-\omega)=R(\omega)-\mathrm{j}X(\omega)=F^{*}(\mathrm{j}\omega)\tag{4.4-5}$$

频谱函数 $F(\mathrm{j}\omega)$ 的模和相角为

$$\begin{aligned}|F(\mathrm{j}\omega)|&=\sqrt{R^{2}(\omega)+X^{2}(\omega)}\\\varphi(\omega)&=-\arctan\left[\frac{R(\omega)}{X(\omega)}\right]\end{aligned}\tag{4.4-6}$$

结合 $R(\omega)$ 和 $X(\omega)$ 的奇偶性，由式（4.4-6）可知，当 $f(t)$ 是时间 t 的实函数时，其频谱函数的模 $|F(\mathrm{j}\omega)|$ 是角频率 ω 的偶函数，即 $|F(-\mathrm{j}\omega)|=|F(\mathrm{j}\omega)|$；其频谱函数的相角 $\varphi(\omega)$ 是角频率 ω 的奇函数，即 $\varphi(-\omega)=-\varphi(\omega)$。

如果 $f(t)$ 是时间 t 的实函数并且是偶函数，则 $f(t)\sin(\omega t)$ 是时间 t 的奇函数，因此式(4.4-3) 中第二个积分为零，即 $X(\omega)=0$；而 $f(t)\cos(\omega t)$ 是时间 t 的偶函数，于是有

$$R(\omega)=2\int_{0}^{\infty}f(t)\cos(\omega t)\mathrm{d}t\tag{4.4-7}$$

此时频谱函数 $F(\mathrm{j}\omega)$ 就等于 $R(\omega)$，它是 ω 的实、偶函数。

如果 $f(t)$ 是时间 t 的实函数并且是奇函数，则 $f(t)\cos(\omega t)$ 是时间 t 的奇函数，因此式（4.4-3）中第一个积分为零，即 $R(\omega)=0$；而 $f(t)\sin(\omega t)$ 是时间 t 的偶函数，于是有

$$X(\omega)=-2\int_{0}^{\infty}f(t)\sin(\omega t)\mathrm{d}t\tag{4.4-8}$$

此时频谱函数 $F(\mathrm{j}\omega)$ 就等于 $\mathrm{j}X(\omega)$，它是 ω 的虚、奇函数。

4.4.3 尺度变换特性

若 $f(t) \leftrightarrow F(\mathrm{j}\omega)$，则对于实常数 $a(a \neq 0)$，有

$$f(at) \leftrightarrow \frac{1}{|a|} F\left(\mathrm{j}\frac{\omega}{a}\right) \tag{4.4-9}$$

式（4.4-9）表明，若信号 $f(t)$ 在时间坐标上压缩到原来的 $\frac{1}{a}$，则其频谱函数在频率坐标上将展宽为原来的 a 倍，同时幅值减小到原来的 $\frac{1}{|a|}$。也就是说，在时域中信号占据时间的压缩对应其频谱在频域中占有带宽的扩展，或者反之，信号在时域中扩展对应频域中的压缩，如图 4.4-2 所示。这一规律称为尺度变换特性或时频展缩特性。

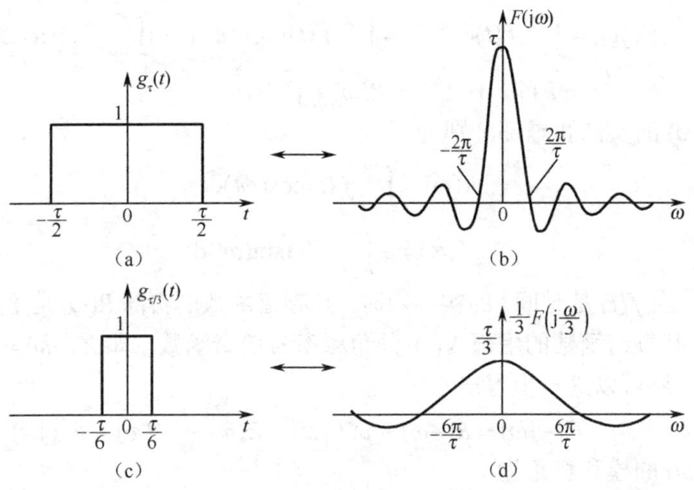

图 4.4-2 尺度变换

式（4.4-9）证明如下：

设 $f(t) \leftrightarrow F(\mathrm{j}\omega)$，则时域尺度变换后信号 $f(at)$ 的傅里叶变换为

$$\mathcal{F}[f(at)] = \int_{-\infty}^{\infty} f(at)\mathrm{e}^{-\mathrm{j}\omega t}\mathrm{d}t$$

令 $at = x$，则 $t = x/a$，$\mathrm{d}t = \mathrm{d}x/a$。

当 $a > 0$ 时

$$\mathcal{F}[f(at)] = \frac{1}{a}\int_{-\infty}^{\infty} f(x)\mathrm{e}^{-\mathrm{j}\omega\frac{x}{a}}\mathrm{d}x = \frac{1}{a}\int_{-\infty}^{\infty} f(t)\mathrm{e}^{-\mathrm{j}\frac{\omega}{a}t}\mathrm{d}t = \frac{1}{a}F\left(\mathrm{j}\frac{\omega}{a}\right)$$

当 $a < 0$ 时

$$\mathcal{F}\left[f(at)\right] = \frac{1}{a}\int_{\infty}^{-\infty} f(x)\mathrm{e}^{-\mathrm{j}\omega\frac{x}{a}}\mathrm{d}x = -\frac{1}{a}\int_{-\infty}^{\infty} f(t)\mathrm{e}^{-\mathrm{j}\frac{\omega}{a}t}\mathrm{d}t = -\frac{1}{a}F\left(\mathrm{j}\frac{\omega}{a}\right)$$

综合以上两种情况，式（4.4-9）得证。

由该性质可知，信号的持续时间与信号的占有带宽成反比，例如，图 4.4-2 所示的门函数 $g_\tau(t)$，其频带宽度 $\Delta f = 1/\tau$，在时域上将信号占据时间压缩到原来的 1/3，得 $g_\tau(3t) = g_{\tau/3}(t)$，其频谱带宽将扩大 3 倍为 $3/\tau$。在电子技术中，有时需要将信号持续时间缩短，以加快信息传输速度，这就不得不在频域内展宽频带。

式（4.4-9）中令 $a = -1$，则得

$$f(-t) \leftrightarrow F(-\mathrm{j}\omega) \tag{4.4-10}$$

式（4.4-10）结合式（4.4-5），进一步推导，当 $f(t)$ 是时间 t 的实函数时，有

$$f(-t) \leftrightarrow F^*(\mathrm{j}\omega) \tag{4.4-11}$$

即当 $f(t)$ 是时间 t 的实函数时，在时域上取反转时，其频谱取共轭。

【例 4.4-2】 已知实函数 $f(t)$ 的频谱函数为 $F(\mathrm{j}\omega) = R(\omega) + \mathrm{j}X(\omega)$，且 $f(t)$ 可分解为奇函数 $f_{\mathrm{od}}(t)$ 和偶函数 $f_{\mathrm{ev}}(t)$ 两部分，即 $f(t) = f_{\mathrm{od}}(t) + f_{\mathrm{ev}}(t)$，式中 $f_{\mathrm{od}}(t) = [f(t) - f(-t)]/2$，$f_{\mathrm{ev}}(t) = [f(t) + f(-t)]/2$，试求 $f_{\mathrm{od}}(t)$ 和 $f_{\mathrm{ev}}(t)$ 的频谱函数。

解： 由题意可知

$$f(t) \leftrightarrow F(\mathrm{j}\omega) = R(\omega) + \mathrm{j}X(\omega)$$

又由式（4.4-11）可知

$$f(-t) \leftrightarrow F(-\mathrm{j}\omega) = F^*(\mathrm{j}\omega) = R(\omega) - \mathrm{j}X(\omega)$$

由于

$$f_{\mathrm{od}} = \frac{f(t) - f(-t)}{2},\ f_{\mathrm{ev}}(t) = \frac{f(t) + f(-t)}{2}$$

则根据傅里叶变换的线性性质，可得

$$f_{\mathrm{od}}(t) \leftrightarrow \mathrm{j}X(\omega),\ f_{\mathrm{ev}}(t) \leftrightarrow R(\omega)$$

即实函数 $f(t)$ 的奇函数部分 $f_{\mathrm{od}}(t)$ 的频谱函数为 $f(t)$ 频谱函数的虚部乘以 j；实函数 $f(t)$ 的偶函数部分 $f_{\mathrm{ev}}(t)$ 的频谱函数为 $f(t)$ 频谱函数的实部。

4.4.4 对称特性

若

$$f(t) \leftrightarrow F(\mathrm{j}\omega)$$

则

$$F(\mathrm{j}t) \leftrightarrow 2\pi f(-\omega) \tag{4.4-12}$$

它可证明如下：

由傅里叶逆变换的定义式可知

$$f(t) = \frac{1}{2\pi}\int_{-\infty}^{\infty} F(\mathrm{j}\omega)\mathrm{e}^{\mathrm{j}\omega t}\mathrm{d}\omega$$

对上式中的变量 t 用 $-t$ 替换，得

$$f(-t) = \frac{1}{2\pi}\int_{-\infty}^{\infty} F(\mathrm{j}\omega)\mathrm{e}^{-\mathrm{j}\omega t}\mathrm{d}\omega$$

将上式中 $t \to \omega$，$\omega \to \tau$，并对等式两边乘以 2π，则得

$$2\pi f(-\omega) = \int_{-\infty}^{\infty} F(\mathrm{j}\tau)\mathrm{e}^{-\mathrm{j}\tau\omega}\mathrm{d}\tau = \mathcal{F}[F(\mathrm{j}t)]$$

即

$$F(\mathrm{j}t) \leftrightarrow 2\pi f(-\omega)$$

上式表明，如果信号 $f(t)$ 的频谱函数为 $F(\mathrm{j}\omega)$，则时间函数 $F(\mathrm{j}t)$ 的频谱函数是 $2\pi f(-\omega)$，这称为傅里叶变换的对称性。

特殊地，若 $f(t)$ 为 t 的偶函数，则

$$F(\mathrm{j}t) \leftrightarrow 2\pi f(\omega)$$

【例 4.4-3】 求取样函数 $\mathrm{Sa}(t)=\dfrac{\sin t}{t}$ 的频谱函数。

解：直接利用式（4.3-4）不易求得取样函数 $\mathrm{Sa}(t)$ 的频谱函数，可利用对称性比较简便地求出其频谱函数。

由式（4.3-11）可知，宽度为 τ、高度为 1 的门函数 $g_\tau(t)$ 的频谱函数为 $\tau\mathrm{Sa}\left(\dfrac{\omega\tau}{2}\right)$，即

$$g_\tau(t) \leftrightarrow \tau\mathrm{Sa}\left(\frac{\omega\tau}{2}\right)$$

运用傅里叶变换的对称性，可得

$$\tau\mathrm{Sa}\left(\frac{t\tau}{2}\right) \leftrightarrow 2\pi g_\tau(-\omega) = 2\pi g_\tau(\omega)$$

令 $\tau=2$，得

$$2\mathrm{Sa}(t) \leftrightarrow 2\pi g_2(\omega)$$

运用傅里叶变换的线性性质，可得

$$\mathrm{Sa}(t) \longleftrightarrow \pi g_2(\omega)$$

利用对称性质时，有两种方法：一是先运用性质后配系数；二是先配系数后运用性质，刚才解的就是属于前者。

4.4.5 时移特性

若

$$f(t) \leftrightarrow F(\mathrm{j}\omega)$$

对于实常数 t_0，则有

$$f(t \pm t_0) \leftrightarrow F(\mathrm{j}\omega)\mathrm{e}^{\pm \mathrm{j}\omega t_0} \tag{4.4-13}$$

此性质说明，信号在时域延时 t_0 秒，则其幅度谱不变，而相位谱将变化 $-t_0\omega$。时移特性也称为延时特性。其证明如下：

根据傅里叶变换的定义式（4.3-4），可得延迟信号的傅里叶变换为

$$\mathcal{F}[f(t-t_0)] = \int_{-\infty}^{\infty} f(t-t_0)\mathrm{e}^{-\mathrm{j}\omega t}\mathrm{d}t$$

令 $t-t_0=x$，$\mathrm{d}t=\mathrm{d}x$，对上式进行变量替换，得

$$\mathcal{F}\left[f(t-t_0)\right] = \int_{-\infty}^{\infty} f(x)\mathrm{e}^{-\mathrm{j}\omega(x+t_0)}\mathrm{d}x = \mathrm{e}^{-\mathrm{j}\omega t_0}\int_{-\infty}^{\infty} f(x)\mathrm{e}^{-\mathrm{j}\omega x}\mathrm{d}x = \mathrm{e}^{-\mathrm{j}\omega t_0}F(\mathrm{j}\omega)$$

同理可得

$$\mathcal{F}[f(t+t_0)] = \mathrm{e}^{\mathrm{j}\omega t_0}F(\mathrm{j}\omega)$$

将傅里叶变换的时移特性和尺度变换特性相结合，则有

若

$$f(t) \leftrightarrow F(\mathrm{j}\omega)$$

a、b 为实常数，且 $a \neq 0$，则

$$f(at-b) \leftrightarrow \frac{1}{|a|}F\left(\mathrm{j}\frac{\omega}{a}\right)\mathrm{e}^{-\mathrm{j}\frac{b}{a}\omega} \tag{4.4-14}$$

【例 4.4-4】 求图 4.4-3 所示信号的频谱函数。

解：对比图 4.3-2（a）所示信号与门函数可知，此信号 $f(t)$ 显然可以由门函数右移 $\tau/2$ 而得到，即

$$f(t) = g_{\tau}\left(t - \frac{\tau}{2}\right)$$

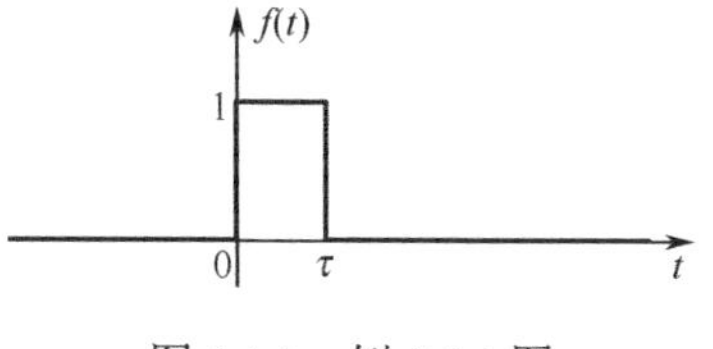

图 4.4-3　例 4.4-4 图

4.3 节已计算得出门函数的频谱函数

$$g_{\tau}(t) \leftrightarrow \tau \mathrm{Sa}\left(\frac{\omega\tau}{2}\right)$$

根据时移特性，得

$$f(t) \leftrightarrow \tau \mathrm{Sa}\left(\frac{\omega\tau}{2}\right)\mathrm{e}^{-\mathrm{j}\omega\frac{\tau}{2}}$$

4.4.6　频移特性

频移特性也称移频特性或调制定理，它表示如下：

若

$$f(t) \leftrightarrow F(\mathrm{j}\omega)$$

且 ω_0 为实数，则

$$f(t)\mathrm{e}^{\pm \mathrm{j}\omega_0 t} \leftrightarrow F[\mathrm{j}(\omega \mp \omega_0)] \tag{4.4-15}$$

其证明如下：

根据傅里叶变换的定义式（4.3-4），可得信号 $f(t)\mathrm{e}^{-\mathrm{j}\omega_0 t}$ 的频谱函数

$$\mathcal{F}[f(t)\mathrm{e}^{-\mathrm{j}\omega_0 t}] = \int_{-\infty}^{\infty} f(t)\mathrm{e}^{-\mathrm{j}\omega_0 t}\mathrm{e}^{-\mathrm{j}\omega t}\mathrm{d}t = \int_{-\infty}^{\infty} f(\tau)\mathrm{e}^{-\mathrm{j}(\omega+\omega_0)t}\mathrm{d}\tau = F[\mathrm{j}(\omega+\omega_0)]$$

即

$$f(t)\mathrm{e}^{-\mathrm{j}\omega_0 t} \leftrightarrow F[\mathrm{j}(\omega+\omega_0)]$$

同理可得

$$f(t)\mathrm{e}^{\mathrm{j}\omega_0 t} \leftrightarrow F[\mathrm{j}(\omega-\omega_0)]$$

式（4.4-15）表明，在频域中将频谱沿频率轴右移 ω_0，则在时域中将信号乘以因子 $\mathrm{e}^{\mathrm{j}\omega_0 t}$；在频域中将频谱沿频率轴左移 ω_0，则在时域中将信号乘以因子 $\mathrm{e}^{-\mathrm{j}\omega_0 t}$。

频移特性在电子系统中有广泛的应用，如调幅、同步解调都是在频谱搬移基础上实现的。实现频谱搬移的原理如图 4.4-4 所示，它就是将信号 $f(t)$（常称为调制信号）乘以载频信号 $\cos(\omega_0 t)$ 或 $\sin(\omega_0 t)$ 得到高频已调信号 $y(t)$，此过程称为信号的调制，即

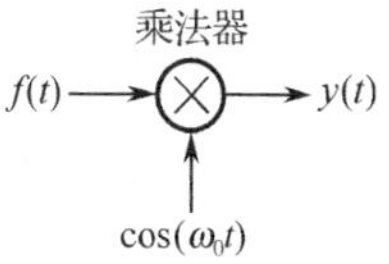

$$y(t) = f(t)\cos\omega_0 t$$

图 4.4-4　频谱搬移的原理图

例如，若 $f(t)=g_\tau(t)$，则调制后的高频脉冲信号为

$$y(t)=g_\tau(t)\cos\omega_0 t=\frac{1}{2}g_\tau(t)\mathrm{e}^{\mathrm{j}\omega_0 t}+\frac{1}{2}g_\tau(t)\mathrm{e}^{-\mathrm{j}\omega_0 t}$$

因为 $g_\tau(t)\leftrightarrow\tau\mathrm{Sa}\left(\frac{\omega\tau}{2}\right)$，所以高频脉冲信号 $y(t)$ 的频谱函数为

$$Y(\mathrm{j}\omega)=\frac{\tau}{2}\mathrm{Sa}\left[\frac{(\omega-\omega_0)}{2}\tau\right]+\frac{\tau}{2}\mathrm{Sa}\left[\frac{(\omega+\omega_0)}{2}\tau\right]$$

图 4.4-5 画出了门函数调制前后，信号时域波形和频谱的变化过程。

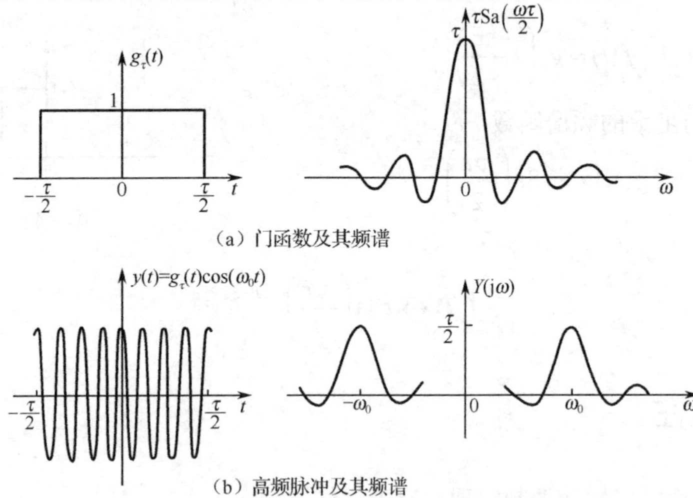

（a）门函数及其频谱

（b）高频脉冲及其频谱

图 4.4-5　高频脉冲信号的频谱

显然，若信号 $f(t)$ 的频谱为 $F(\mathrm{j}\omega)$，则高频已调信号 $f(t)\cos\omega_0 t$ 、$f(t)\sin\omega_0 t$ 的频谱函数为

$$\begin{aligned}f(t)\cos\omega_0 t&\leftrightarrow\frac{1}{2}F[\mathrm{j}(\omega+\omega_0)]+\frac{1}{2}F[\mathrm{j}(\omega-\omega_0)]\\ f(t)\sin\omega_0 t&\leftrightarrow\frac{\mathrm{j}}{2}F[\mathrm{j}(\omega+\omega_0)]-\frac{\mathrm{j}}{2}F[\mathrm{j}(\omega-\omega_0)]\end{aligned}\tag{4.4-16}$$

由式（4.4-16）可知，当用某低频信号 $f(t)$ 去调制角频率为 ω_0 的余弦信号时，已调信号的频谱可以看成是将 $f(t)$ 的频谱一分为二，分别向左和向右搬移 ω_0，在搬移过程中幅度谱的形式并不改变。

4.4.7 卷积定理

卷积定理在信号和系统分析中占有重要地位，它表明，函数在时域（或频域）中的卷积积分，对应于频域（或时域）中两者的傅里叶变换（或逆变换）的乘积。

1. 时域卷积定理

若

$$f_1(t)\leftrightarrow F_1(\mathrm{j}\omega)$$

$$f_2(t) \leftrightarrow F_2(\mathrm{j}\omega)$$

则

$$f_1(t) * f_2(t) \leftrightarrow F_1(\mathrm{j}\omega)F_2(\mathrm{j}\omega) \tag{4.4-17}$$

式（4.4-17）表明，在时域中两个信号的卷积积分对应于在频域中两个频谱函数的乘积。时域卷积定理的证明如下：

根据卷积积分的定义

$$f_1(t) * f_2(t) = \int_{-\infty}^{\infty} f_1(\tau) f_2(t-\tau)\mathrm{d}\tau$$

对上式两边同时取傅里叶变换，得

$$\mathcal{F}[f_1(t) * f_2(t)] = \mathcal{F}\left[\int_{-\infty}^{\infty} f_1(\tau) f_2(t-\tau)\mathrm{d}\tau\right] = \int_{-\infty}^{\infty}\left[\int_{-\infty}^{\infty} f_1(\tau) f_2(t-\tau)\mathrm{d}\tau\right]\mathrm{e}^{-\mathrm{j}\omega t}\mathrm{d}t$$

$$= \int_{-\infty}^{\infty} f_1(\tau)\left[\int_{-\infty}^{\infty} f_2(t-\tau)\mathrm{e}^{-\mathrm{j}\omega t}\mathrm{d}t\right]\mathrm{d}\tau \tag{4.4-18}$$

由时移特性可知

$$\int_{-\infty}^{\infty} f_2(t-\tau)\mathrm{e}^{-\mathrm{j}\omega t}\mathrm{d}t = F_2(\mathrm{j}\omega)\mathrm{e}^{-\mathrm{j}\omega\tau} \tag{4.4-19}$$

将式（4.4-19）代入式（4.4-18）得

$$\mathcal{F}[f_1(t) * f_2(t)] = \int_{-\infty}^{\infty} f_1(\tau)F_2(\mathrm{j}\omega)\mathrm{e}^{-\mathrm{j}\omega\tau}\mathrm{d}\tau = F_2(\mathrm{j}\omega)\int_{-\infty}^{\infty} f_1(\tau)\mathrm{e}^{-\mathrm{j}\omega\tau}\mathrm{d}\tau = F_1(\mathrm{j}\omega)F_2(\mathrm{j}\omega)$$

2．频域卷积定理

若

$$f_1(t) \leftrightarrow F_1(\mathrm{j}\omega)$$
$$f_2(t) \leftrightarrow F_2(\mathrm{j}\omega)$$

则

$$f_1(t)f_2(t) \leftrightarrow \frac{1}{2\pi}F_1(\mathrm{j}\omega) * F_2(\mathrm{j}\omega) \tag{4.4-20}$$

式中

$$F_1(\mathrm{j}\omega) * F_2(\mathrm{j}\omega) = \int_{-\infty}^{\infty} F_1(\mathrm{j}\eta)F_2(\mathrm{j}\omega-\mathrm{j}\eta)\mathrm{d}\eta \tag{4.4-21}$$

式（4.4-18）表明，在时域中两个信号的乘积对应于在频域中两个频谱函数之卷积积分的$1/(2\pi)$倍。频域卷积定理的证明如下：

对式（4.4-19）两边同时取傅里叶反变换，得

$$\mathcal{F}^{-1}[F_1(\mathrm{j}\omega) * F_2(\mathrm{j}\omega)] = \frac{1}{2\pi}\int_{-\infty}^{\infty}\left[\int_{-\infty}^{\infty} F_1(\mathrm{j}\eta)F_2(\mathrm{j}\omega-\mathrm{j}\eta)\mathrm{d}\eta\right]\mathrm{e}^{\mathrm{j}\omega t}\mathrm{d}\omega$$

$$= \frac{1}{2\pi}\int_{-\infty}^{\infty}\left[\int_{-\infty}^{\infty} F_1(\mathrm{j}\eta)F_2(\mathrm{j}\omega-\mathrm{j}\eta)\mathrm{e}^{\mathrm{j}\omega t}\mathrm{d}\omega\right]\mathrm{d}\eta$$

$$= \frac{1}{2\pi}\int_{-\infty}^{\infty} F_1(\mathrm{j}\eta)\left[\int_{-\infty}^{\infty} F_2(\mathrm{j}\omega-\mathrm{j}\eta)\mathrm{e}^{\mathrm{j}\omega t}\mathrm{d}\omega\right]\mathrm{d}\eta$$

由频移特性可知

$$f_2(t)\mathrm{e}^{\mathrm{j}\eta t} = \frac{1}{2\pi}\int_{-\infty}^{\infty} F_2(\mathrm{j}\omega-\mathrm{j}\eta)\mathrm{e}^{\mathrm{j}\omega t}\mathrm{d}\omega \tag{4.4-22}$$

即

$$\int_{-\infty}^{\infty} F_2(\mathrm{j}\omega-\mathrm{j}\eta)\mathrm{e}^{\mathrm{j}\omega t}\mathrm{d}\omega = 2\pi f_2(t)\mathrm{e}^{\mathrm{j}\eta t} \tag{4.4-23}$$

将式（4.4-23）代入式（4.4-22）得

$$\begin{aligned}\mathcal{F}^{-1}[F_1(\mathrm{j}\omega)*F_2(\mathrm{j}\omega)] &= \frac{1}{2\pi}\int_{-\infty}^{\infty} F_1(\mathrm{j}\eta)2\pi f_2(t)\mathrm{e}^{\mathrm{j}\eta t}\mathrm{d}\eta \\ &= f_2(t)\int_{-\infty}^{\infty} F_1(\mathrm{j}\eta)\mathrm{e}^{\mathrm{j}\eta t}\mathrm{d}\eta = 2\pi f_1(t)f_2(t)\end{aligned} \tag{4.4-24}$$

将式（4.4-24）两边同时乘以系数$1/2\pi$，式（4.4-20）得证。

【例 4.4-5】 求三角形脉冲的频谱函数：

$$f_{\Delta}(t)=\begin{cases}1-\dfrac{2}{\tau}|t|, & |t|<\dfrac{\tau}{2}\\ 0\ , & |t|>\dfrac{\tau}{2}\end{cases}$$

解：等边三角形脉冲函数 $f_{\Delta}(t)$ 可以由两个完全相同的门函数卷积得到，如图 4.4-6（a）所示。

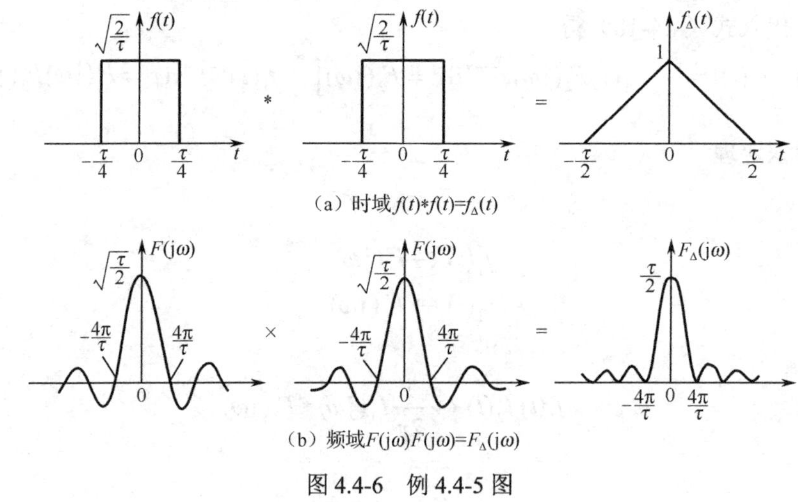

（a）时域$f(t)*f(t)=f_{\Delta}(t)$

（b）频域$F(\mathrm{j}\omega)F(\mathrm{j}\omega)=F_{\Delta}(\mathrm{j}\omega)$

图 4.4-6　例 4.4-5 图

即

$$f_{\Delta}(t)=f(t)*f(t)$$

而

$$f(t)=\sqrt{\frac{2}{\tau}}g_{\frac{\tau}{2}}(t)$$

由于门函数与其频谱的对应关系为

$$g_{\tau}(t)\leftrightarrow \tau\mathrm{Sa}\left(\frac{\omega\tau}{2}\right)$$

运用线性性质和尺度展缩特性，得

$$f(t)=\sqrt{\frac{2}{\tau}}g_{\frac{\tau}{2}}(t)\leftrightarrow\sqrt{\frac{2}{\tau}}\cdot\frac{\tau}{2}\mathrm{Sa}\left(\frac{\omega\tau}{4}\right)=\sqrt{\frac{\tau}{2}}\mathrm{Sa}\left(\frac{\omega\tau}{4}\right)$$

由时域卷积定理，得

$$\mathcal{F}[f_{\Delta}(t)]=\sqrt{\frac{\tau}{2}}\mathrm{Sa}\left(\frac{\omega\tau}{4}\right)\cdot\sqrt{\frac{\tau}{2}}\mathrm{Sa}\left(\frac{\omega\tau}{4}\right)=\frac{\tau}{2}\mathrm{Sa}^2\left(\frac{\omega\tau}{4}\right)$$

三角形脉冲的频谱如图 4.4-6（b）所示。

4.4.8　时域微分和积分特性

1．时域微分特性

若

$$f(t)\leftrightarrow F(\mathrm{j}\omega)$$

则

$$f'(t)\leftrightarrow \mathrm{j}\omega F(\mathrm{j}\omega) \tag{4.4-25}$$

式（4.4-25）表明，信号在时域进行一次微分运算对应于在频域乘以因子 $\mathrm{j}\omega$。其证明过程如下：

根据卷积积分的性质有

$$f'(t)=f(t)*\delta'(t)$$

根据傅里叶变换的时域卷积定理，容易得出

$$\mathcal{F}[f'(t)]=\mathcal{F}[f(t)]\mathcal{F}[\delta'(t)]=F(\mathrm{j}\omega)\mathrm{j}\omega=\mathrm{j}\omega F(\mathrm{j}\omega)$$

重复运用时域微分特性，可得

$$f^{(k)}(t)\leftrightarrow(\mathrm{j}\omega)^k F(\mathrm{j}\omega) \tag{4.4-26}$$

2．时域积分特性

若

$$f(t)\leftrightarrow F(\mathrm{j}\omega)$$

则

$$\int_{-\infty}^{t} f(\tau)\mathrm{d}\tau\leftrightarrow\frac{1}{\mathrm{j}\omega}F(\mathrm{j}\omega)+\pi F(\mathrm{j}0)\delta(\omega) \tag{4.4-27}$$

式中

$$F(\mathrm{j}0)=F(\mathrm{j}\omega)\big|_{\omega=0}=\int_{-\infty}^{\infty} f(t)\mathrm{d}t \tag{4.4-28}$$

时域积分特性的证明过程如下：

根据卷积积分的性质有

$$\int_{-\infty}^{t} f(\tau)\mathrm{d}\tau=f(t)*u(t)$$

根据傅里叶变换的时域卷积定理，容易得出

$$\mathcal{F}\left[\int_{-\infty}^{t} f(\tau)\mathrm{d}\tau\right]=\mathcal{F}[f(t)]\mathcal{F}[u(t)]=F(\mathrm{j}\omega)\left[\pi\delta(\omega)+\frac{1}{\mathrm{j}\omega}\right]=\pi F(\mathrm{j}\omega)\delta(\omega)+\frac{1}{\mathrm{j}\omega}F(\mathrm{j}\omega)$$

令 $F(\mathrm{j}0)=F(\mathrm{j}\omega)\big|_{\omega=0}=\int_{-\infty}^{\infty} f(t)\mathrm{d}t$，根据冲激函数的乘积性质，上式整理得

$$\mathcal{F}\left[\int_{-\infty}^{t} f(\tau)\mathrm{d}\tau\right]=\frac{1}{\mathrm{j}\omega}F(\mathrm{j}\omega)+\pi F(\mathrm{j}0)\delta(\omega)$$

特别地，若 $F(0)=\int_{-\infty}^{\infty} f(t)\mathrm{d}t=0$，则上式可以改写为

$$\int_{-\infty}^{t} f(\tau)\mathrm{d}\tau \leftrightarrow \frac{1}{\mathrm{j}\omega}F(\mathrm{j}\omega) \tag{4.4-29}$$

【例 4.4-6】 求图 4.4-7（a）所示的三角脉冲函数 $f_\Delta(t)$ 的频谱函数。

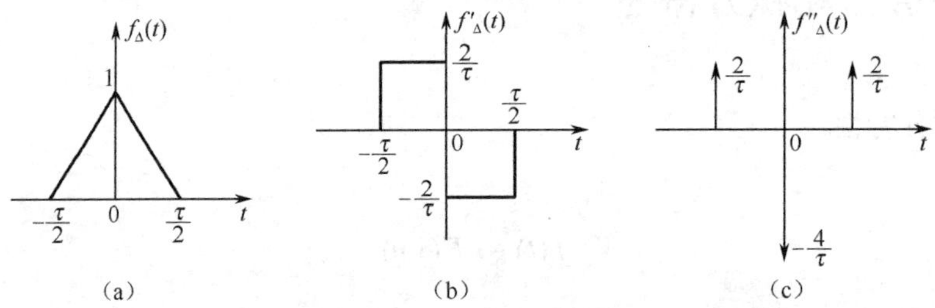

图 4.4-7 例 4.4-6 图

解：在例 4.4-5 中，我们已经运用傅里叶变换的时域卷积定理求得三角脉冲函数 $f_\Delta(t)$ 的频谱函数 $F_\Delta(\mathrm{j}\omega)$。这里我们将利用傅里叶变换的时域微积分特性求得三角脉冲函数的频谱。三角脉冲函数 $f_\Delta(t)$ 及其一阶、二阶导数如图 4.4-7（b）、（c）所示。令 $f(t)=f''_\Delta(t)$，则三角脉冲函数 $f_\Delta(t)$ 为函数 $f(t)$ 的二重积分，即

$$f_\Delta(t)=\int_{-\infty}^{t}\int_{-\infty}^{x} f(\tau)\mathrm{d}\tau\mathrm{d}x$$

图 4.4-7（c）所示的 $f(t)$ 由三个冲激函数组成，即

$$f(t)=\frac{2}{\tau}\delta\left(t+\frac{\tau}{2}\right)-\frac{4}{\tau}\delta(t)+\frac{2}{\tau}\delta\left(t-\frac{\tau}{2}\right)$$

由于 $\mathcal{F}[\delta(t)]=1$，根据傅里叶变换的时移特性和线性性质，可得

$$F(\mathrm{j}\omega)=\frac{2}{\tau}\mathrm{e}^{\mathrm{j}\omega\frac{\tau}{2}}-\frac{4}{\tau}+\frac{2}{\tau}\mathrm{e}^{-\mathrm{j}\omega\frac{\tau}{2}}=\frac{4}{\tau}\left[\cos\left(\frac{\omega\tau}{2}\right)-1\right]=-\frac{8\sin^2\left(\frac{\omega\tau}{4}\right)}{\tau}$$

由于 $\int_{-\infty}^{\infty} f(t)\mathrm{d}t=0$，$\int_{-\infty}^{\infty} f'_\Delta(t)\mathrm{d}t=0$，利用式（4.4-24），得 $f_\Delta(t)$ 的频谱函数

$$F_\Delta(\mathrm{j}\omega)=\left(\frac{1}{\mathrm{j}\omega}\right)^2 F(\mathrm{j}\omega)=\frac{8\sin^2\left(\frac{\omega\tau}{4}\right)}{\omega^2\tau}=\frac{\tau}{2}\frac{\sin^2\left(\frac{\omega\tau}{4}\right)}{\left(\frac{\omega\tau}{4}\right)^2}=\frac{\tau}{2}\mathrm{Sa}^2\left(\frac{\omega\tau}{4}\right)$$

计算结果与例 4.4-5 相同。

傅里叶变换的微积分特性可以方便一些信号频谱函数的求解。但是使用这个特性时必须注意到微积分运算有时候是不可逆的，即 $f(t)\neq\int_{-\infty}^{t} f'(\tau)\mathrm{d}\tau$。此时，可以运用以下推论，简单计算出信号的频谱函数。

推论：若 $f(t)$ 已知，且 $f(\infty)$、$f(-\infty)$ 为有界常数，已知 $f'(t)$ 的频谱函数为 $F_1(\mathrm{j}\omega)$，则

$$F(\mathrm{j}\omega)=\frac{1}{\mathrm{j}\omega}F_1(\mathrm{j}\omega)+\pi[f(\infty)+f(-\infty)]\delta(\omega) \tag{4.4-30}$$

证明：由于 $f(t)$ 的一阶导函数 $f'(t)$ 的频谱函数为 $F_1(\mathrm{j}\omega)$，即

$$f'(t)\leftrightarrow F_1(\mathrm{j}\omega)$$

由式（4.4-27）得

$$\int_{-\infty}^{t} f'(\tau)\mathrm{d}\tau \leftrightarrow \frac{1}{\mathrm{j}\omega}F_1(\mathrm{j}\omega)+\pi F_1(0)\delta(\omega)$$

因为

$$\int_{-\infty}^{t} f'(\tau)\mathrm{d}\tau = f(t)-f(-\infty)$$

而且

$$F_1(0)=F_1(\mathrm{j}\omega)\big|_{\omega=0}=\int_{-\infty}^{\infty} f'(\tau)\mathrm{d}\tau = f(\infty)-f(-\infty)$$

整理得

$$f(t)-f(-\infty)\leftrightarrow \frac{1}{\mathrm{j}\omega}F_1(\mathrm{j}\omega)+\pi\left[f(\infty)-f(-\infty)\right]\delta(\omega)$$

由于 $f(-\infty)$ 为有界常数，则有

$$f(-\infty)\leftrightarrow 2\pi f(-\infty)\delta(\omega)$$

将其代入上式，整理得

$$f(t)\leftrightarrow \frac{1}{\mathrm{j}\omega}F_1(\mathrm{j}\omega)+\pi\left[f(\infty)+f(-\infty)\right]\delta(\omega)$$

式（4.4-30）得证。

在运用时域积分特性时应注意式（4.4-27）和式（4.4-30）的应用场合，一般来说，式（4.4-27）适用的场合是已知 $f(t)$ 的频谱函数 $F(\mathrm{j}\omega)$，求 $\int_{-\infty}^{t} f(\tau)\mathrm{d}\tau$ 的频谱函数；而式（4.4-30）适用场合是直接求 $f(t)$ 比较困难或容易出错，则先求 $f'(t)$ 的频谱函数，然后再求 $f(t)$ 的频谱函数。

【例 4.4-7】 $f(t)$ 的波形如图 4.4-8（a）所示，求其频谱函数。

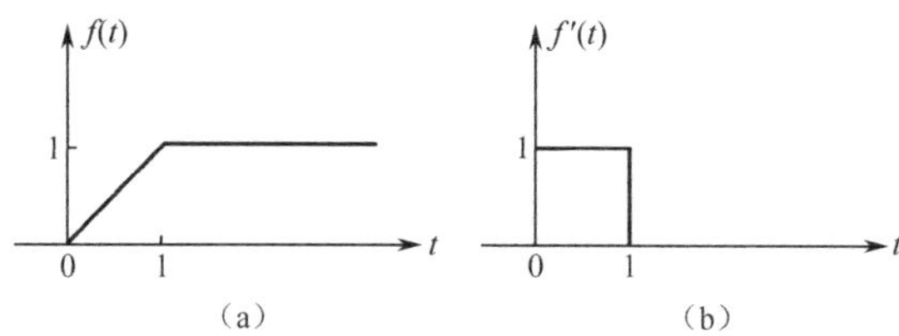

图 4.4-8　例 4.4-7 图

解： $f(t)$ 的一阶导函数的波形如图 4.4-8（b）所示，显然它是一个延时的门函数，即

$$f'(t)=g_1\left(t-\frac{1}{2}\right)$$

根据式（4.3-11）

$$g_\tau(t)\leftrightarrow \tau\mathrm{Sa}\left(\frac{\omega\tau}{2}\right)$$

令 $\tau=1$，结合傅里叶变换的时移特性，有

$$f'(t)\leftrightarrow \mathrm{Sa}\left(\frac{\omega}{2}\right)\mathrm{e}^{-\mathrm{j}\frac{\omega}{2}}$$

根据式（4.4-30）得

$$f(t) \leftrightarrow \frac{1}{\mathrm{j}\omega}\mathrm{Sa}\left(\frac{\omega}{2}\right)\mathrm{e}^{-\mathrm{j}\frac{\omega}{2}} + \pi[f(\infty)+f(-\infty)]\delta(\omega)$$

将 $f(\infty)=1$、$f(-\infty)=0$ 代入上式整理得

$$F(\mathrm{j}\omega) = \frac{1}{\mathrm{j}\omega}\mathrm{Sa}\left(\frac{\omega}{2}\right)\mathrm{e}^{-\mathrm{j}\frac{\omega}{2}} + \pi\delta(\omega)$$

4.4.9 频域微分和积分特性

1．频域微分特性

若

$$f(t) \leftrightarrow F(\mathrm{j}\omega)$$

则

$$(-\mathrm{j}t)^n f(t) \leftrightarrow F^{(n)}(\mathrm{j}\omega) = \frac{\mathrm{d}^n F(\mathrm{j}\omega)}{\mathrm{d}\omega^n} \tag{4.4-31}$$

式（4.4-31）证明如下：

由傅里叶变换的定义式可知

$$F(\mathrm{j}\omega) = \int_{-\infty}^{\infty} f(t)\mathrm{e}^{-\mathrm{j}\omega t}\mathrm{d}t$$

上式两边同时求 n 阶导函数，得

$$\frac{\mathrm{d}^n F(\mathrm{j}\omega)}{\mathrm{d}\omega^n} = F^{(n)}(\mathrm{j}\omega) = \frac{\mathrm{d}^n}{\mathrm{d}\omega^n}\left[\int_{-\infty}^{\infty} f(t)\mathrm{e}^{-\mathrm{j}\omega t}\mathrm{d}t\right] = \int_{-\infty}^{\infty}\frac{\mathrm{d}^n}{\mathrm{d}\omega^n}[f(t)\mathrm{e}^{-\mathrm{j}\omega t}]\mathrm{d}t$$
$$= \int_{-\infty}^{\infty}(-\mathrm{j}t)^n f(t)\mathrm{e}^{-\mathrm{j}\omega t}\mathrm{d}t = \mathcal{F}[(-\mathrm{j}t)^n f(t)]$$

2．频域积分特性

若

$$f(t) \leftrightarrow F(\mathrm{j}\omega)$$

则

$$\frac{f(t)}{-\mathrm{j}t} + \pi f(0)\delta(t) \leftrightarrow \int_{-\infty}^{\omega} F(\mathrm{j}\eta)\mathrm{d}\eta \tag{4.4-32}$$

特殊地，当 $f(0)=\frac{1}{2\pi}\int_{-\infty}^{\infty}F(\mathrm{j}\eta)\mathrm{d}\eta = 0$，则有

$$\frac{f(t)}{-\mathrm{j}t} \leftrightarrow \int_{-\infty}^{\omega} F(\mathrm{j}\eta)\mathrm{d}\eta \tag{4.4-33}$$

式（4.4-33）证明如下：

由卷积积分的性质可知

$$\int_{-\infty}^{\omega} F(\mathrm{j}\eta)\mathrm{d}\eta = F(\mathrm{j}\omega) * U(\omega)$$

又因为

$$u(t) \leftrightarrow \pi\delta(\omega) + \frac{1}{\mathrm{j}\omega}$$

由式（4.4-10）可得

$$u(-t) \leftrightarrow \pi\delta(-\omega) + \frac{1}{-\mathrm{j}\omega}$$

整理得

$$u(-t) \leftrightarrow \pi\delta(\omega) - \frac{1}{\mathrm{j}\omega}$$

由傅里叶变换的对称性可得

$$\pi\delta(t) - \frac{1}{\mathrm{j}t} \leftrightarrow 2\pi U(\omega)$$

整理得

$$\frac{1}{2}\delta(t) - \frac{1}{\mathrm{j}2\pi t} \leftrightarrow U(\omega)$$

由傅里叶变换的频域卷积定理，可知

$$2\pi f(t)\left[\frac{1}{2}\delta(t) - \frac{1}{\mathrm{j}2\pi t}\right] \leftrightarrow \int_{-\infty}^{\omega} F(\mathrm{j}\eta)\mathrm{d}\eta$$

整理可得

$$\frac{f(t)}{-\mathrm{j}t} + \pi f(0)\delta(t) \leftrightarrow \int_{-\infty}^{\omega} F(\mathrm{j}\eta)\mathrm{d}\eta$$

【例 4.4-8】 求 $t \cdot u(t)$ 的频谱函数。

解： 单位阶跃信号及其频谱函数为

$$u(t) \leftrightarrow \pi\delta(\omega) + \frac{1}{\mathrm{j}\omega}$$

由式（4.4-31）可得

$$-\mathrm{j}t \cdot u(t) \leftrightarrow \frac{\mathrm{d}}{\mathrm{d}\omega}\left[\pi\delta(\omega) + \frac{1}{\mathrm{j}\omega}\right] = \pi\delta'(\omega) - \frac{1}{\mathrm{j}\omega^2}$$

再根据傅里叶变换的线性性质，上式整理得

$$t \cdot u(t) \leftrightarrow \mathrm{j}\pi\delta'(\omega) - \frac{1}{\omega^2}$$

4.4.10　能量定理

若 $f(t)$ 为 t 的实函数，且 $f(t) \leftrightarrow F(\mathrm{j}\omega)$

则

$$E = \int_{-\infty}^{\infty} f^2(t)\mathrm{d}t = \frac{1}{2\pi}\int_{-\infty}^{\infty} |F(\mathrm{j}\omega)|^2\mathrm{d}\omega \tag{4.4-34}$$

上式表明，非周期信号的能量不但可以从信号的时域描述 $f(t)$ 进行计算，也可以从信号的频域描述 $F(\mathrm{j}\omega)$ 进行计算，这体现了非周期能量信号的能量在时域与频域中保持守恒，因此称之为 Parseval 能量守恒定理。式（4.4-34）的证明过程如下：

由傅里叶变换的频域卷积定理可知

$$f^2(t)=f(t)f(t)\leftrightarrow\frac{1}{2\pi}F(\mathrm{j}\omega)*F(\mathrm{j}\omega)=\frac{1}{2\pi}\int_{-\infty}^{\infty}F(\mathrm{j}\eta)F(\mathrm{j}\omega-\mathrm{j}\eta)\mathrm{d}\eta$$

即

$$\int_{-\infty}^{\infty}f^2(t)\mathrm{e}^{-\mathrm{j}\omega t}\mathrm{d}t=\frac{1}{2\pi}\int_{-\infty}^{\infty}F(\mathrm{j}\eta)F(\mathrm{j}\omega-\mathrm{j}\eta)\mathrm{d}\eta$$

令$\omega=0$，得

$$\int_{-\infty}^{\infty}f^2(t)\mathrm{d}t=\frac{1}{2\pi}\int_{-\infty}^{\infty}F(\mathrm{j}\eta)F(-\mathrm{j}\eta)\mathrm{d}\eta$$

由式（4.4-5）可知

$$F(-\mathrm{j}\eta)=F^*(\mathrm{j}\eta)$$

上式整理得

$$E=\int_{-\infty}^{\infty}f^2(t)\mathrm{d}t=\frac{1}{2\pi}\int_{-\infty}^{\infty}F(\mathrm{j}\eta)F^*(\mathrm{j}\eta)\mathrm{d}\eta=\frac{1}{2\pi}\int_{-\infty}^{\infty}|F(\mathrm{j}\omega)|^2\mathrm{d}\omega$$

式（4.4-34）得证。

由于$|F(\mathrm{j}\omega)|$是ω的偶函数，因而式（4.4-29）还可写为

$$E=\int_{-\infty}^{\infty}f^2(t)\mathrm{d}t=\frac{1}{\pi}\int_{0}^{\infty}|F(\mathrm{j}\omega)|^2\mathrm{d}\omega \tag{4.4-35}$$

在4.3节已经指出，非周期信号是由无限多个振幅为无穷小的频率分量组成的，各频率分量的能量也为无穷小。为了表示信号能量在频率上的分布情况，引入能量密度函数，简称为能量频谱或能量谱，用符号$\xi(\omega)$表示。能量谱$\xi(\omega)$为各频率点上单位频带中的信号能量，所以在整个频率范围的全部能量为

$$E=\int_{0}^{\infty}\xi(\omega)\,\mathrm{d}\omega \tag{4.4-36}$$

与式（4.4-35）对比，显然有

$$\xi(\omega)=\frac{1}{\pi}|F(\mathrm{j}\omega)|^2 \tag{4.4-37}$$

由上式可知，信号的能量谱$\xi(\omega)$是ω的偶函数，它只取决于频谱函数的模，而与相位无关。能量谱$\xi(\omega)$是单位频率的信号能量，它的单位是焦耳/赫兹（J/Hz）。

【例4.4-9】 利用傅里叶变换的性质求定积分$\int_{-\infty}^{\infty}\left(\frac{\sin t}{t}\right)^2\mathrm{d}x$。

解：积分式可以看作是计算信号$f(t)=\frac{\sin t}{t}$的能量，直接在时域计算比较困难，可以在频域中计算。

门函数及其频谱函数为

$$g_\tau(t)\leftrightarrow\tau\mathrm{Sa}\left(\frac{\omega\tau}{2}\right)$$

令$\tau=2$，得

$$g_2(t)\leftrightarrow2\mathrm{Sa}(\omega)$$

由傅里叶变换的对称性得

$$2\mathrm{Sa}(t)\leftrightarrow2\pi g_2(-\omega)=2\pi g_2(\omega)$$

整理得

$$\mathrm{Sa}(t)=\frac{\sin t}{t}\leftrightarrow \pi g_2(\omega)$$

由式（4.4-29）得

$$\int_{-\infty}^{\infty}\left(\frac{\sin t}{t}\right)^2\mathrm{d}t=\frac{1}{2\pi}\int_{-\infty}^{\infty}|\pi g_2(\omega)|^2\mathrm{d}\omega=\frac{1}{2\pi}\int_{-1}^{1}\pi^2\mathrm{d}\omega=\pi$$

4.5 周期信号的傅里叶变换

前面讨论了周期信号的傅里叶级数和非周期信号的傅里叶变换。实际上，周期信号不仅有傅里叶级数，还有傅里叶变换，本节将讨论周期信号的傅里叶变换。这样，就可以把周期信号与非周期信号的分析方法统一起来，使得傅里叶变换的应用范围更加广泛。

4.5.1 正、余弦信号的傅里叶变换

由于常数 1 的频谱函数为$2\pi\delta(\omega)$，即

$$1\leftrightarrow 2\pi\delta(\omega) \tag{4.5-1}$$

根据频移性质，可得

$$\mathrm{e}^{\mathrm{j}\omega_0 t}\leftrightarrow 2\pi\delta(\omega-\omega_0) \tag{4.5-2}$$

$$\mathrm{e}^{-\mathrm{j}\omega_0 t}\leftrightarrow 2\pi\delta(\omega+\omega_0) \tag{4.5-3}$$

运用傅里叶变换的线性性质，可得正、余弦信号的傅里叶变换

$$\mathcal{F}[\cos\omega_0 t]=\mathcal{F}\left[\frac{1}{2}(\mathrm{e}^{\mathrm{j}\omega_0 t}+\mathrm{e}^{-\mathrm{j}\omega_0 t})\right]=\pi[\delta(\omega+\omega_0)+\delta(\omega-\omega_0)] \tag{4.5-4}$$

$$\mathcal{F}[\sin\omega_0 t]=\mathcal{F}\left[\frac{1}{2\mathrm{j}}(\mathrm{e}^{\mathrm{j}\omega_0 t}-\mathrm{e}^{-\mathrm{j}\omega_0 t})\right]=\mathrm{j}\pi[\delta(\omega+\omega_0)-\delta(\omega-\omega_0)] \tag{4.5-5}$$

正、余弦信号的波形及其频谱如图 4.5-1 所示。

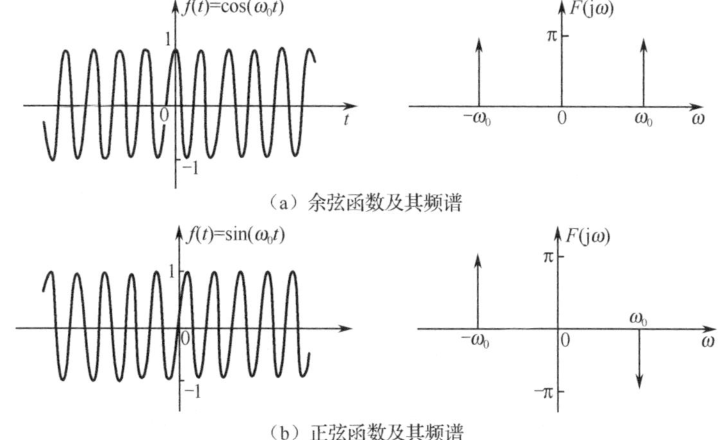

（a）余弦函数及其频谱

（b）正弦函数及其频谱

图 4.5-1　正、余弦信号的波形及其频谱

4.5.2 一般周期信号的傅里叶变换

现考虑一个周期为T的一般周期信号$f_{\mathrm{T}}(t)$。该周期信号可以展开为指数形式的傅里叶 级数

$$f_{\mathrm{T}}(t)=\sum_{n=-\infty}^{\infty}F_n\mathrm{e}^{\mathrm{j}n\Omega t} \tag{4.5-6}$$

式中，$\Omega=2\pi/T$是基波角频率。复傅里叶系数F_n可由下式计算得出

$$F_n=\frac{1}{T}\int_{-T/2}^{T/2}f(t)\mathrm{e}^{-\mathrm{j}n\Omega t}\mathrm{d}t \tag{4.5-7}$$

对式（4.5-6）两端同时取傅里叶变换，得

$$\mathcal{F}[f_{\mathrm{T}}(t)]=\mathcal{F}\left[\sum_{n=-\infty}^{\infty}F_n\mathrm{e}^{\mathrm{j}n\Omega t}\right]=\sum_{n=-\infty}^{\infty}F_n\mathcal{F}[\mathrm{e}^{\mathrm{j}n\Omega t}]=2\pi\sum_{n=-\infty}^{\infty}F_n\delta(\omega-n\Omega) \tag{4.5-8}$$

上式表明，周期信号的频谱函数由无穷多个冲激函数组成，这些冲激函数位于信号的各谐波角频率$n\Omega(n=0,\pm1,\pm2,\cdots)$处，其强度为各相应复傅里叶系数$F_n$的$2\pi$倍。

【例 4.5-1】 求图 4.5-2（a）所示的周期为T的周期性单位冲激函数序列（单位冲激串函数）$\delta_T(t)$的频谱函数。

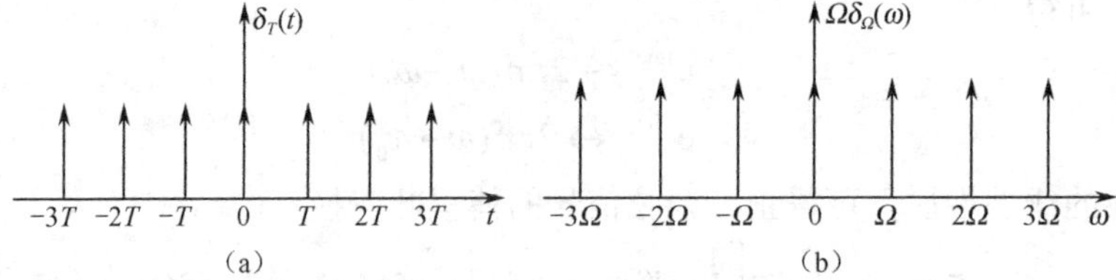

图 4.5-2 冲激串及其频谱

解： 首先求出单位冲激函数序列的傅里叶系数。由式（4.5-7）知

$$F_n=\frac{1}{T}\int_{-T/2}^{T/2}f(t)\mathrm{e}^{-\mathrm{j}n\Omega t}\mathrm{d}t=\frac{1}{T}\int_{-T/2}^{T/2}\delta_T(t)\mathrm{e}^{-\mathrm{j}n\Omega t}\mathrm{d}t$$

由于$\delta_T(t)$在积分区间$(-T/2,T/2)$只有一个冲激函数$\delta(t)$，并结合冲激函数的取样性质，上式可写为

$$F_n=\frac{1}{T}\int_{-T/2}^{T/2}\delta(t)\mathrm{e}^{-\mathrm{j}n\Omega t}\mathrm{d}t=\frac{1}{T}$$

将上式代入式（4.5-8），得$\delta_T(t)$的频谱函数为

$$\mathcal{F}[\delta_T(t)]=2\pi\sum_{n=-\infty}^{\infty}\frac{1}{T}\delta(\omega-n\Omega)=\Omega\sum_{n=-\infty}^{\infty}\delta(\omega-n\Omega)$$

令

$$\delta_\Omega(\omega)=\sum_{n=-\infty}^{\infty}\delta(\omega-n\Omega)$$

它是在频域内、周期为Ω的周期性冲激函数序列。这样，单位冲激串函数及其频谱函数的关系为

$$\delta_T(t)\leftrightarrow\Omega\delta_\Omega(\omega) \tag{4.5-9}$$

式 4.5-9 表明，周期为T的单位冲激函数序列的频谱函数是一个在频域中周期为Ω、强度为Ω的冲激序列。单位冲激函数序列及其频谱如图 4.5-2 所示。

4.5.3　傅里叶系数与傅里叶变换的关系

周期信号$f_{\mathrm{T}}(t)$复傅里叶系数F_n与其第一个周期单脉冲信号$f_0(t)$的频谱函数$F_0(\mathrm{j}\omega)$有着十分密切的关系。

由复傅里叶系数的定义式（4.5-7）有

$$F_n=\frac{1}{T}\int_{-T/2}^{T/2}f(t)\mathrm{e}^{-\mathrm{j}n\Omega t}\mathrm{d}t=\frac{1}{T}\int_{-T/2}^{T/2}f_0(t)\mathrm{e}^{-\mathrm{j}n\Omega t}\mathrm{d}t$$

由傅里叶变换的定义式（4.3-4）得

$$F_0(\mathrm{j}\omega)=\int_{-\infty}^{\infty}f_0(t)\mathrm{e}^{-\mathrm{j}\omega t}\mathrm{d}t=\int_{-T/2}^{T/2}f_0(t)\mathrm{e}^{-\mathrm{j}\omega t}\mathrm{d}t$$

对比以上两式可得

$$F_n=\frac{1}{T}F_0(\mathrm{j}\omega)\Big|_{\omega=n\Omega}\tag{4.5-10}$$

上式提供了一种求周期信号傅里叶变换的方法：首先，求周期信号的第一个周期单脉冲信号$f_0(t)$的频谱函数$F_0(\mathrm{j}\omega)$；其次，利用式（4.5-10），求得周期信号的复傅里叶系数；最后，利用式（4.5-8），求得周期信号$f_{\mathrm{T}}(t)$的傅里叶变换。

【例 4.5-2】 求图 4.5-3（a）所示周期矩形脉冲信号$P_{\mathrm{T}}(t)$的频谱。

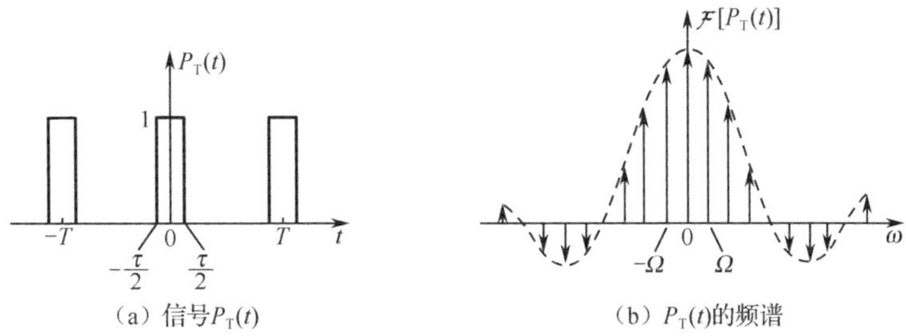

（a）信号$P_{\mathrm{T}}(t)$　　（b）$P_{\mathrm{T}}(t)$的频谱

图 4.5-3　周期矩形脉冲信号及其频谱

解：观察图 4.5-3（a），容易得

$$f_0(t)=g_\tau(t)$$

由于门函数及其频谱函数的关系式为

$$g_\tau(t)\leftrightarrow\tau\mathrm{Sa}\left(\frac{\omega\tau}{2}\right)$$

容易得出

$$F_0(\mathrm{j}\omega)=\tau\mathrm{Sa}\left(\frac{\omega\tau}{2}\right)$$

由式（4.5-10）可得

$$F_n=\frac{1}{T}F_0(\mathrm{j}\omega)\Big|_{\omega=n\Omega}=\frac{\tau}{T}\mathrm{Sa}\left(\frac{n\Omega\tau}{2}\right)$$

再由（4.5-8）可得

$$\mathcal{F}[P_T(t)]=2\pi\sum_{n=-\infty}^{\infty}\frac{\tau}{T}\mathrm{Sa}\left(\frac{n\Omega\tau}{2}\right)\delta(\omega-n\Omega)=\frac{2\pi\tau}{T}\sum_{n=-\infty}^{\infty}\mathrm{Sa}\left(\frac{n\Omega\tau}{2}\right)\delta(\omega-n\Omega)$$

周期矩形脉冲信号及其频谱如图 4.5-3 所示。

4.6 线性时不变系统的频域分析

前面讨论了信号的傅里叶变换，本节将研究系统的激励与响应在频域中的关系，并在此基础上求解系统的零状态响应。

由信号 $f(t)$ 的傅里叶变换可知，任意信号 $f(t)$ 可以表示为无穷多个虚指数信号 $\mathrm{e}^{\mathrm{j}\omega t}$ 的线性组合，即

$$f(t)=\frac{1}{2\pi}\int_{-\infty}^{\infty}F(\mathrm{j}\omega)\mathrm{e}^{\mathrm{j}\omega t}\mathrm{d}\omega$$

式中，各个虚指数信号 $\mathrm{e}^{\mathrm{j}\omega t}$ 的系数大小可以看作 $F(\mathrm{j}\omega)\mathrm{d}\omega/2\pi$，$F(\mathrm{j}\omega)$ 是 $f(t)$ 的傅里叶变换。

既然任意信号 $f(t)$ 是由无穷多个虚指数信号 $\mathrm{e}^{\mathrm{j}\omega t}$ 组合而成的，那么欲求信号 $f(t)$ 激励下系统的零状态响应，我们首先分析 $\mathrm{e}^{\mathrm{j}\omega t}$ 激励下系统的零状态响应。

4.6.1 $\mathrm{e}^{\mathrm{j}\omega t}$ 激励下的零状态响应

设 LTI 系统的单位冲激响应为 $h(t)$，则当激励是角频率 ω 的虚指数函数 $\mathrm{e}^{\mathrm{j}\omega t}$（$\omega$ 为参变量），即 $f(t)=\mathrm{e}^{\mathrm{j}\omega t}$ 时，系统的零状态响应为

$$y_{\mathrm{zs}}(t)=f(t)*h(t) \tag{4.6-1}$$

根据卷积的定义得

$$y_{\mathrm{zs}}(t)=\int_{-\infty}^{\infty}h(\tau)f(t-\tau)\mathrm{d}\tau=\int_{-\infty}^{\infty}h(\tau)\mathrm{e}^{\mathrm{j}\omega(t-\tau)}\mathrm{d}\tau=\mathrm{e}^{\mathrm{j}\omega t}\int_{-\infty}^{\infty}h(\tau)\mathrm{e}^{-\mathrm{j}\omega\tau}\mathrm{d}\tau$$

上式中的积分 $\int_{-\infty}^{\infty}h(t)\mathrm{e}^{-\mathrm{j}\omega t}\mathrm{d}t$ 正好是 $h(t)$ 的傅里叶变换，记为 $H(\mathrm{j}\omega)$，即

$$H(\mathrm{j}\omega)=\int_{-\infty}^{\infty}h(t)\mathrm{e}^{-\mathrm{j}\omega t}\mathrm{d}t \tag{4.6-2}$$

通常，$H(\mathrm{j}\omega)$ 称为系统的频率响应函数。于是

$$y_{\mathrm{zs}}(t)=H(\mathrm{j}\omega)\mathrm{e}^{\mathrm{j}\omega t} \tag{4.6-3}$$

上式表明，对于一个线性时不变系统，当激励是幅度为 1 的虚指数函数 $\mathrm{e}^{\mathrm{j}\omega t}$ 时，系统的零状态响应是系数为 $H(\mathrm{j}\omega)$ 的同频率的虚指数函数，$H(\mathrm{j}\omega)$ 反映了响应的幅度和相位。式（4.6-3）正是系统频域分析的基础。

4.6.2 任意激励下的零状态响应

由于任意信号 $f(t)$ 可以表示为无穷多个虚指数信号 $\mathrm{e}^{\mathrm{j}\omega t}$ 的线性组合，因此，应用 LTI 系统的线性性质，可以得到当激励为任意信号 $f(t)$ 时系统的零状态响应。其推导过程如下：

$$\mathrm{e}^{\mathrm{j}\omega t}\to H(\mathrm{j}\omega)\mathrm{e}^{\mathrm{j}\omega t}$$

$$\frac{1}{2\pi}F(\mathrm{j}\omega)\mathrm{e}^{\mathrm{j}\omega t}\mathrm{d}\omega \to \frac{1}{2\pi}F(\mathrm{j}\omega)H(\mathrm{j}\omega)\mathrm{e}^{\mathrm{j}\omega t}\mathrm{d}\omega$$

$$\int_{-\infty}^{\infty}\frac{1}{2\pi}F(\mathrm{j}\omega)\mathrm{e}^{\mathrm{j}\omega t}\mathrm{d}\omega \to \int_{-\infty}^{\infty}\frac{1}{2\pi}F(\mathrm{j}\omega)H(\mathrm{j}\omega)\mathrm{e}^{\mathrm{j}\omega t}\mathrm{d}\omega$$

即对任意信号 $f(t)$，系统的零状态响应为

$$y_{\mathrm{zs}}(t)=\int_{-\infty}^{\infty}\frac{1}{2\pi}F(\mathrm{j}\omega)H(\mathrm{j}\omega)\mathrm{e}^{\mathrm{j}\omega t}\mathrm{d}\omega \tag{4.6-4}$$

若令零状态响应的频谱函数为 $Y_{\mathrm{zs}}(\mathrm{j}\omega)$，则由上式得

$$Y_{\mathrm{zs}}(\mathrm{j}\omega)=H(\mathrm{j}\omega)F(\mathrm{j}\omega) \tag{4.6-5}$$

对照式（4.6-1）和式（4.6-5）可见，两者正好是傅里叶变换时域卷积定理的内容。冲激响应 $h(t)$ 反映了系统的时域特性，而频率响应函数 $H(\mathrm{j}\omega)$ 反映了系统的频域特性，二者的关系为

$$h(t)\leftrightarrow H(\mathrm{j}\omega) \tag{4.6-6}$$

由式（4.6-5）可知，频率响应函数 $H(\mathrm{j}\omega)$ 为系统零状态响应的傅里叶变换 $Y_{\mathrm{zs}}(\mathrm{j}\omega)$ 与激励的傅里叶变换 $F(\mathrm{j}\omega)$ 之比，即

$$H(\mathrm{j}\omega)=\frac{Y_{\mathrm{zs}}(\mathrm{j}\omega)}{F(\mathrm{j}\omega)} \tag{4.6-7}$$

它通常是角频率的复函数，可以写为

$$H(\mathrm{j}\omega)=R(\omega)+\mathrm{j}X(\omega)=|H(\mathrm{j}\omega)|\mathrm{e}^{\mathrm{j}\varphi(\omega)}$$

如令

$$Y_{\mathrm{zs}}(\mathrm{j}\omega)=|Y_{\mathrm{zs}}(\mathrm{j}\omega)|\mathrm{e}^{\mathrm{j}\varphi_{\mathrm{y}}(\omega)}$$
$$F(\mathrm{j}\omega)=|F(\mathrm{j}\omega)|\mathrm{e}^{\mathrm{j}\varphi_{\mathrm{f}}(\omega)}$$

则有

$$|H(\mathrm{j}\omega)|=\frac{|Y_{\mathrm{zs}}(\mathrm{j}\omega)|}{|F(\mathrm{j}\omega)|}$$
$$\varphi(\omega)=\varphi_{\mathrm{y}}(\omega)-\varphi_{\mathrm{f}}(\omega)$$

可见 $|H(\mathrm{j}\omega)|$ 是输出与输入信号频谱函数幅度之比，称为系统的幅频特性或幅频响应；$\varphi(\omega)$ 为输出与输入信号频谱函数相位之差，称为系统的相频特性或相频响应。

对于实系统［$h(t)$ 为实函数］，根据傅里叶变换的奇偶性可知，$|H(\mathrm{j}\omega)|$ 是 ω 的偶函数，即 $|H(-\mathrm{j}\omega)|=|H(\mathrm{j}\omega)|$，$\varphi(\omega)$ 是 ω 的奇函数，即 $\varphi(-\omega)=-\varphi(\omega)$。

利用频域函数分析系统问题的方法称为系统频域分析法。系统时域分析法与频域分析法的关系如图 4.6-1 所示。

时域分析和频域分析是从不同的侧面对 LTI 系统进行分析的两种方法。时域分析是在时间域内进行的，它可以比较直观地得出系统响应的波形，而且便于进行数值计算；频域分析是在频率域内进行的，它是信号分析和处理的有效工具。

【例 4.6-1】 某 LTI 系统的幅频响应 $|H(\mathrm{j}\omega)|$ 和相频特性 $\varphi(\omega)$ 如图 4.6-2 所示，若系统的激励为 $f(t)=2+4\cos(5t)+4\cos(10t)$，求系统的响应。

解： 输入信号 $f(t)$ 显然是周期信号，其基波角频率 $\Omega=5\ \mathrm{rad/s}$。

（1）利用傅里叶级数。

利用欧拉公式，输入信号可以表示为

$$f(t)=2+4\cos(5t)+4\cos(10t)=2\mathrm{e}^{-\mathrm{j}2\Omega t}+2\mathrm{e}^{-\mathrm{j}\Omega t}+2+2\mathrm{e}^{\mathrm{j}\Omega t}+2\mathrm{e}^{\mathrm{j}2\Omega t}$$

即傅里叶级数系数：

$$F_n=\begin{cases}2, & n=0,\pm1,\pm2\\ 0, & 其他\end{cases}$$

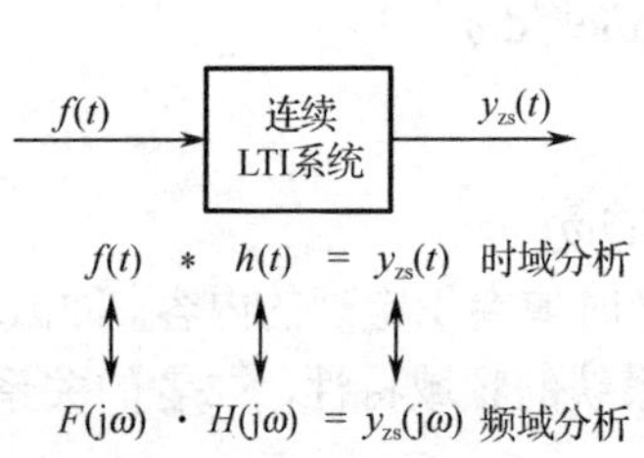

图 4.6-1 系统的时域分析法与频域分析法对比

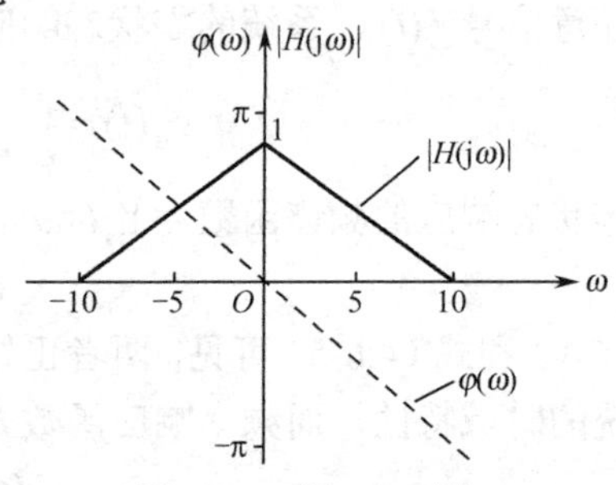

图 4.6-2 例 4.6-1 图

由式（4.6-3）可得输出信号的傅里叶级数：

$$Y_n=H(\mathrm{j}\omega)\big|_{\omega=n\Omega}F_n=\begin{cases}\mathrm{e}^{\mathrm{j}90^\circ}, & n=-1\\ 2, & n=0\\ \mathrm{e}^{-\mathrm{j}90^\circ}, & n=1\\ 0, & 其余\end{cases}$$

由傅里叶级数展开式得

$$y(t)=\sum_{n=-\infty}^{\infty}Y_n\mathrm{e}^{\mathrm{j}n\Omega t}=\mathrm{e}^{\mathrm{j}90^\circ}\mathrm{e}^{-\mathrm{j}5t}+2\mathrm{e}^{-\mathrm{j}0t}+\mathrm{e}^{-\mathrm{j}90^\circ}\mathrm{e}^{\mathrm{j}5t}$$

整理得

$$y(t)=2+2\cos(5t-90^\circ)$$

（2）利用傅里叶变换。

取输入信号 $f(t)$ 的傅里叶变换，得（$\Omega=5$）

$$\begin{aligned}F(\mathrm{j}\omega)&=4\pi\delta(\omega)+4\pi[\delta(\omega+\Omega)+\delta(\omega-\Omega)]+4\pi[\delta(\omega+2\Omega)+\delta(\omega-2\Omega)]\\&=4\pi\sum_{n=-2}^{2}\delta(\omega-n\Omega)\end{aligned}$$

由式（4.6-5）得响应 $y(t)$ 的频谱函数为

$$\begin{aligned}Y(\mathrm{j}\omega)&=H(\mathrm{j}\omega)F(\mathrm{j}\omega)=H(\mathrm{j}\omega)4\pi\sum_{n=-2}^{2}\delta(\omega-n\Omega)\\&=4\pi\sum_{n=-2}^{2}H(\mathrm{j}\omega)\delta(\omega-n\Omega)=4\pi\sum_{n=-2}^{2}H(\mathrm{j}n\Omega)\delta(\omega-n\Omega)\\&=4\pi[0.5\mathrm{e}^{\mathrm{j}90^\circ}\delta(\omega+\Omega)+\delta(\omega)+0.5\mathrm{e}^{-\mathrm{j}90^\circ}\delta(\omega-\Omega)]\end{aligned}$$

取 $Y(\mathrm{j}\omega)$ 的反变换得

$$y(t)=\mathrm{e}^{-\mathrm{j}(\Omega t-90^\circ)}+2+\mathrm{e}^{\mathrm{j}(\Omega t-90^\circ)}=2+2\cos(\Omega t-90^\circ)$$

可见输出信号的直流分量和输入信号相等；基波分量幅度衰减为原来的二分之一，且相移90°；二次谐波分量完全滤除。

【例 4.6-2】 描述某系统的微分方程为

$$y'(t)+2y(t)=f(t)$$

求输入 $f(t)=\mathrm{e}^{-t}u(t)$ 时系统的响应。

解： 令 $f(t)\leftrightarrow F(\mathrm{j}\omega)$，$y_{zs}(t)\leftrightarrow Y_{zs}(\mathrm{j}\omega)$，对方程等式两边同时取傅里叶变换，得

$$\mathrm{j}\omega Y_{zs}(\mathrm{j}\omega)+2Y_{zs}(\mathrm{j}\omega)=F(\mathrm{j}\omega)$$

由式（4.6-7）得

$$H(\mathrm{j}\omega)=\frac{Y_{zs}(\mathrm{j}\omega)}{F(\mathrm{j}\omega)}=\frac{1}{\mathrm{j}\omega+2}$$

由于 $f(t)=\mathrm{e}^{-t}u(t)$，$F(\mathrm{j}\omega)=\dfrac{1}{\mathrm{j}\omega+1}$，则由式（4.6-5）得

$$Y(\mathrm{j}\omega)=H(\mathrm{j}\omega)F(\mathrm{j}\omega)=\frac{1}{(\mathrm{j}\omega+2)(\mathrm{j}\omega+1)}=\frac{1}{\mathrm{j}\omega+1}-\frac{1}{\mathrm{j}\omega+2}$$

对上式取傅里叶反变换得

$$y(t)=(\mathrm{e}^{-t}-\mathrm{e}^{-2t})u(t)$$

【例 4.6-3】 如图 4.6-3 所示系统，输入 $f(t)=\dfrac{\sin(2t)}{t}$，$s(t)=\cos(3t)$，系统的频率响应 $H(\mathrm{j}\omega)$ 如图 4.6-3（b）所示，求输出 $y(t)$，并作 $x(t)$、$y(t)$ 的频谱。

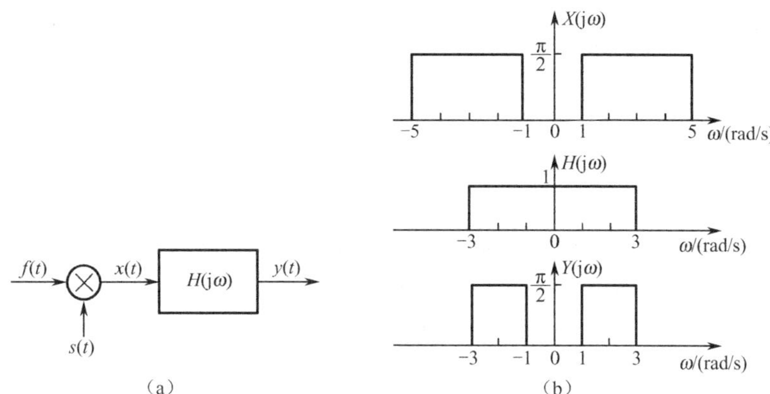

图 4.6-3　例 4.6-3 图

解： 由于门函数与其频谱的关系为

$$g_\tau(t)\leftrightarrow\tau\mathrm{Sa}(\frac{\omega\tau}{2})$$

令 $\tau=4$，由傅里叶变换的对称性得

$$4\mathrm{Sa}(2t)=\frac{2\sin 2t}{t}\leftrightarrow 2\pi g_4(-\omega)=2\pi g_4(\omega)$$

故由傅里叶变换的线性性质得

$$F(\mathrm{j}\omega)=\pi g_4(\omega)$$

$s(t)=\cos(3t)$，其频谱函数为

$$S(\mathrm{j}\omega)=\mathcal{F}[s(t)]=\pi[\delta(\omega+3)+\delta(\omega-3)]$$

由图 4.6-3（a）可知，乘法器的输出 $x(t)=f(t)s(t)$，根据傅里叶变换的频域卷积定理得其频谱函数为

$$X(\mathrm{j}\omega)=\frac{1}{2\pi}F(\mathrm{j}\omega)*S(\mathrm{j}\omega)$$

$$=\frac{1}{2\pi}\pi g_4(\omega)*\pi[\delta(\omega+3)+\delta(\omega-3)]$$

$$=\frac{\pi}{2}[g_4(\omega+3)+g_4(\omega-3)]$$

乘法器输出信号的频谱如图 4.6-3（b）所示。

从图 4.6-3（b）可知，系统的频率响应 $H(\mathrm{j}\omega)$ 是宽度为 6 的门函数，即

$$H(\mathrm{j}\omega)=g_6(\omega)$$

则

$$Y(\mathrm{j}\omega)=H(\mathrm{j}\omega)X(\mathrm{j}\omega)=g_6(\omega)\frac{\pi}{2}[g_4(\omega+3)+g_4(\omega-3)]$$

$$=\frac{\pi}{2}[g_2(\omega+2)+g_2(\omega-2)]$$

输出信号 $y(t)$ 的频谱如图 4.6-3（b）所示。对上式求傅里叶反变换，得

$$y(t)=\frac{1}{2}\mathrm{Sa}(t)\mathrm{e}^{-\mathrm{j}2t}+\frac{1}{2}\mathrm{Sa}(t)\mathrm{e}^{\mathrm{j}2t}=\mathrm{Sa}(t)\cdot\cos(2t)$$

4.6.3 无失真传输系统

一个系统如果输出和输入波形一致，只是幅度的大小和出现的时间先后不同，这样的系统称为无失真传输系统。设输入信号为 $f(t)$，那么经过无失真传输后，输出信号为

$$y(t)=kf(t-t_{\mathrm{d}}) \tag{4.6-8}$$

即输出信号的幅度为输入信号幅度的 k 倍，而且比输入信号 $f(t)$ 延迟了 t_{d} 秒。设输入信号 $f(t)$ 的频谱函数为 $F(\mathrm{j}\omega)$，输出信号 $y(t)$ 的频谱函数为 $Y(\mathrm{j}\omega)$，根据傅里叶变换的时移特性和线性性质可知，输出与输入信号频谱之间的关系为

$$Y(\mathrm{j}\omega)=k\mathrm{e}^{-\mathrm{j}\omega t_{\mathrm{d}}}F(\mathrm{j}\omega)$$

所以，无失真传输系统的频率响应为

$$H(\mathrm{j}\omega)=k\mathrm{e}^{-\mathrm{j}\omega t_{\mathrm{d}}} \tag{4.6-9}$$

其幅频特性和相频特性分别为

$$|H(\mathrm{j}\omega)|=k$$

$$\varphi(\omega)=-\omega t_{\mathrm{d}}$$

上式就是为使信号无失真传输，对系统频率响应提出的要求，即在全部频带内，系统的幅频特性应为一常数，而相频特性应为通过原点的直线。无失真传输系统的幅频特性和相频特性如图 4.6-4 所示。

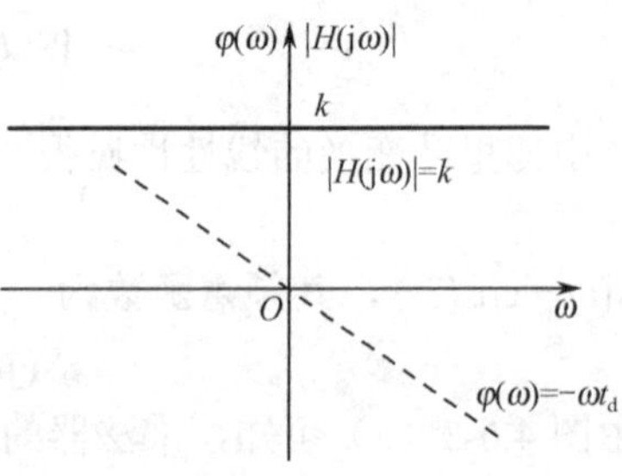

图 4.6-4　无失真传输系统的幅频特性与相频特性

在实际应用中，根据信号的具体情况和要求，以上条件可以适当放宽。例如，在传输有限带宽的信号时，只要在信号占有较大的频带范围内，系统的幅频、相频特性满足以上条件即可。

由于系统的单位冲激响应 $h(t)$ 是频率响应函数 $H(\mathrm{j}\omega)$ 的傅里叶反变换。对式（4.6-9）求傅里叶反变换，得

$$h(t)=k\delta(t-t_{\mathrm{d}}) \tag{4.6-10}$$

上式表明，无失真传输系统的单位冲激响应应是一个强度为k并延时t_{d}的冲激函数。

4.6.4 理想滤波器

一个系统，如果它对输入信号的不同频率成分，有的让其通过，有的予以抑制，则该系统称为滤波器。即滤波器可以使信号中的一部分频率分量通过，而使另一部分频率分量很少通过。所谓理想滤波器，是指它对不允许通过的频率成分，百分之百地被抑制掉；而对允许通过的频率成分，百分之百地让其通过。在实际应用中，按照允许通过的频率成分划分，滤波器分为低通、高通、带通和带阻等几种，它们在理想情况下的幅频特性如图 4.6-5 所示。

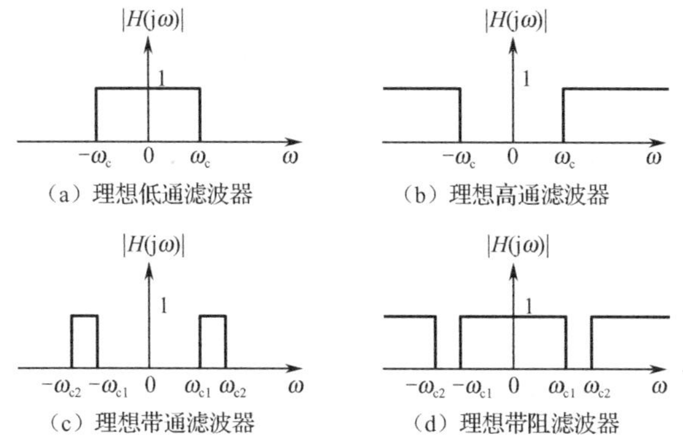

图 4.6-5 理想滤波器的幅频特性

低通滤波器在滤波器中占有十分重要的地位，其他类型的滤波器参数都可由低通滤波器导出。下面，重点讨论理想低通滤波器，其他三种滤波器的分析与之类似。具有图 4.6-6 所示的幅频、相频特性的系统称为理想低通滤波器，它将角频率低于ω_{c}的信号无失真地传输，而阻止角频率高于ω_{c}的信号通过。ω_{c}称为截止角频率；能使信号通过的频率范围称为通带；阻止信号通过的频率范围称为阻带。

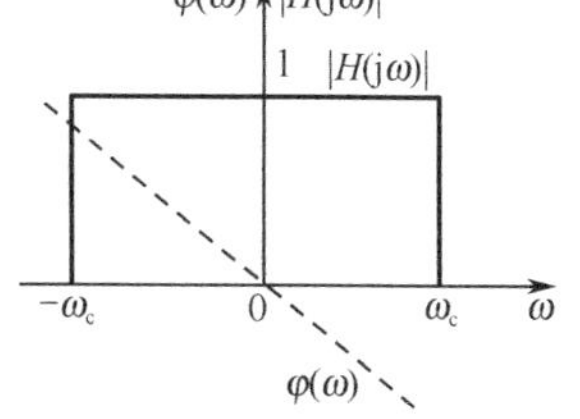

图 4.6-6 理想低通滤波器的频率特性

由图 4.6-6 可知，理想低通滤波器的频率响应函数为

$$H(\mathrm{j}\omega)=\begin{cases}\mathrm{e}^{-\mathrm{j}\omega t_{\mathrm{d}}}, & |\omega|<\omega_{\mathrm{c}}\\ 0, & |\omega|>\omega_{\mathrm{c}}\end{cases}=\mathrm{e}^{-\mathrm{j}\omega t_{\mathrm{d}}}g_{2\omega_{\mathrm{c}}}(\omega) \tag{4.6-11}$$

根据式（4.6-6），系统的单位冲激响应$h(t)$是频率响应函数$H(\mathrm{j}\omega)$的傅里叶反变换。因此，理想低通滤波器的单位冲激响应为

$$h(t)=\mathcal{F}^{-1}[\mathrm{e}^{-\mathrm{j}\omega t_{\mathrm{d}}}g_{2\omega_{\mathrm{c}}}(\omega)]=\frac{\omega_{\mathrm{c}}}{\pi}\mathrm{Sa}[\omega_{\mathrm{c}}(t-t_{\mathrm{d}})] \tag{4.6-12}$$

其波形如图 4.6-7（a）所示。理想低通滤波器的单位冲激响应是一个延时的取样函数，其峰值出现在t_{d}时刻。

设理想低通滤波器的单位阶跃响应为$g(t)$，它等于理想低通滤波器的单位冲激响应$h(t)$与单位阶跃信号$u(t)$的卷积积分，即

$$g(t)=h(t)*u(t)=\int_{-\infty}^{t}h(\tau)\mathrm{d}\tau$$

将 $h(t)$ 的表达式代入上式，得

$$g(t)=\int_{-\infty}^{t}\frac{\omega_c}{\pi}\frac{\sin[\omega_c(\tau-t_d)]}{\omega_c(\tau-t_d)}d\tau$$

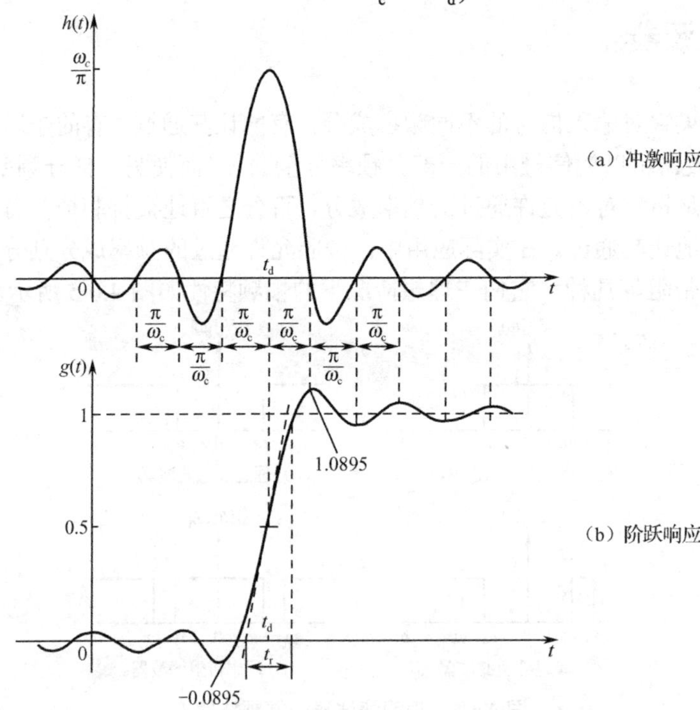

图 4.6-7 理想低通滤波器的冲激响应与阶跃响应

令 $\omega_c(\tau-t_d)=x$，则 $\omega_c d\tau=dx$，令积分上限为 x_c，$x_c=\omega_c(t-t_d)$，得

$$g(t)=\frac{1}{\pi}\int_{-\infty}^{x_c}\frac{\sin x}{x}dx=\frac{1}{\pi}\int_{-\infty}^{0}\frac{\sin x}{x}dx+\frac{1}{\pi}\int_{0}^{x_c}\frac{\sin x}{x}dx$$

因为 $\frac{\sin x}{x}$ 是 x 的偶函数，且 $\int_{-\infty}^{\infty}\frac{\sin x}{x}dt=\pi$，所以

$$\frac{1}{\pi}\int_{-\infty}^{0}\frac{\sin x}{x}dx=\frac{1}{\pi}\int_{0}^{\infty}\frac{\sin x}{x}dx=\frac{1}{2}$$

于是有

$$g(t)=\frac{1}{2}+\frac{1}{\pi}\int_{0}^{x_c}\frac{\sin x}{x}dx$$

函数 $\frac{\sin\eta}{\eta}$ 的定积分称为正弦积分，用符号 $\mathrm{Si}(x)$ 表示，即

$$\mathrm{Si}(x)=\int_{0}^{x}\frac{\sin\eta}{\eta}d\eta$$

其函数值可以从正弦积分表中查得。理想低通滤波器的单位阶跃响应为

$$g(t)=\frac{1}{2}+\frac{1}{\pi}\mathrm{Si}(x_c)=\frac{1}{2}+\frac{1}{\pi}\mathrm{Si}[\omega_c(t-t_d)] \tag{4.6-13}$$

其波形如图 4.6-7（b）所示。由图可见，理想低通滤波器的单位阶跃响应并不像阶跃信号那样陡直上升，而是逐渐平滑地上升。在 t_d 时刻，其值上升为终值的1/2。

观察 $h(t)$ 和 $g(t)$ 的图形，可以得出以下几点结论。

（1）响应滞后于激励。

以 $h(t)$ 最大值出现的时间 t_d 为准（或以 $g(t)$ 的1/2出现的时间为准），理想低通滤波器的响应出现的时间滞后于激励 t_d 秒，即响应延迟的时间为相频特性的斜率 t_d，完全由相频特性决定。

（2）响应的建立需要时间。

阶跃响应 $g(t)$ 不像阶跃信号那样陡直上升，而是逐渐平滑地上升，这说明响应的建立需要时间。响应建立的时间也称为信号上升时间，用符号 t_r 表示，它有多种定义方法：如 $g(t)$ 从最小值上升为最大值所需的时间；由 t_d 左边第一个零点上升到右边第一个 1 所需的时间；从稳态值 1 的 10%上升到 90%所需的时间。这里我们以 $t=t_d$ 处 $g(t)$ 斜率的倒数作为响应建立时间 t_r，即

$$t_r=\frac{\pi}{\omega_c}=\frac{0.5}{f_c}=\frac{0.5}{B} \tag{4.6-14}$$

式中，f_c 为理想低通滤器的截止频率：B 为其通带带宽，$B=f_c-0=f_c$。由上式可见，响应建立时间 t_r 与截止频率（角频率）成反比，或与滤波器的带宽 B 成反比，即滤波器通带越宽（截止频率越高），响应建立的时间越短，上升时间 t_r 由幅频特性决定。以其他定义得出的建立时间 t_r 的结论和此结论一致，只不过分子常数不同而已。

（3）有吉布斯现象和过冲现象。

$g(t)$ 上升前后有起伏现象，起伏的幅度与 ω_c 大小无关，$g(t)$ 的最大值 g_{max} 出现在 $t=t_d+\dfrac{\pi}{\omega_c}$ 处，$g(t)$ 的最小值 g_{min} 出现在 $t=t_d-\dfrac{\pi}{\omega_c}$ 处，其大小分别为

$$g_{max}=\frac{1}{2}+\frac{1}{\pi}\mathrm{Si}[\omega_c(t-t_d)]=\frac{1}{2}+\frac{1}{\pi}\mathrm{Si}(\pi)=1.09$$

$$g_{min}=\frac{1}{2}+\frac{1}{\pi}\mathrm{Si}[\omega_c(t-t_d)]=\frac{1}{2}+\frac{1}{\pi}\mathrm{Si}(-\pi)=-0.09$$

最大值 g_{max} 比 1 大，最小值 g_{min} 比 0 小，这种现象称为过冲现象。过冲的幅度大约为跃变值的 9%，并且过冲不会因为通带宽度 B 的增大而减小，B 越宽，过冲的时间越靠近 t_d，这种现象称为吉布斯现象。

（4）违反因果性。

在 $\delta(t)$ 加入系统之前，滤波器的冲激响应 $h(t)$ 就有非零值，同样滤波器的阶跃响应在输入 $u(t)$ 加入系统之前 $g(t)$ 就有非零值。系统的响应出现在所加激励之前，所以理想低通滤波器是非因果系统。非因果系统是物理不可实现的，产生上述结果的原因是理想化的缘故：通带为常数，阻带也为常数，截止频率处太陡，这些都是不可实现的原因。

虽然理想低通滤波器是物理不可实现的，但传输特性接近理想低通滤波器的电路倒不难构成，如图 4.6-8 所示的二阶低通滤波器。图中 $R=\sqrt{\dfrac{L}{2C}}$，电路的频率响应函数为

$$H(\mathrm{j}\omega)=\frac{U_{\mathrm{R}}(\mathrm{j}\omega)}{U_{\mathrm{c}}(\mathrm{j}\omega)}=\frac{\dfrac{1}{\dfrac{1}{R}+\mathrm{j}\omega C}}{\mathrm{j}\omega L+\dfrac{1}{\dfrac{1}{R}+\mathrm{j}\omega C}}=\frac{1}{1-\omega^2 LC+\mathrm{j}\omega\dfrac{L}{R}}$$

考虑到 $R=\sqrt{\dfrac{L}{2C}}$，并令截止角频率 $\omega_{\mathrm{c}}=\dfrac{1}{\sqrt{LC}}$，上式可以写为

$$H(\mathrm{j}\omega)=\frac{1}{1-\left(\dfrac{\omega}{\omega_{\mathrm{c}}}\right)+\mathrm{j}\sqrt{2}\dfrac{\omega}{\omega_{\mathrm{c}}}}=|H(\mathrm{j}\omega)|\,\mathrm{e}^{\mathrm{j}\varphi(\omega)}$$

其幅频特性和相频特性分别为

$$|H(\mathrm{j}\omega)|=\frac{1}{\sqrt{1+\left(\dfrac{\omega}{\omega_{\mathrm{c}}}\right)^4}}$$

$$\varphi(\omega)=-\arctan\left[\frac{\sqrt{2}\dfrac{\omega}{\omega_{\mathrm{c}}}}{1-\left(\dfrac{\omega}{\omega_{\mathrm{c}}}\right)^2}\right]$$

电路的幅频特性 $|H(\mathrm{j}\omega)|$ 和相频特性 $\varphi(\omega)$ 如图 4.6-9 所示。

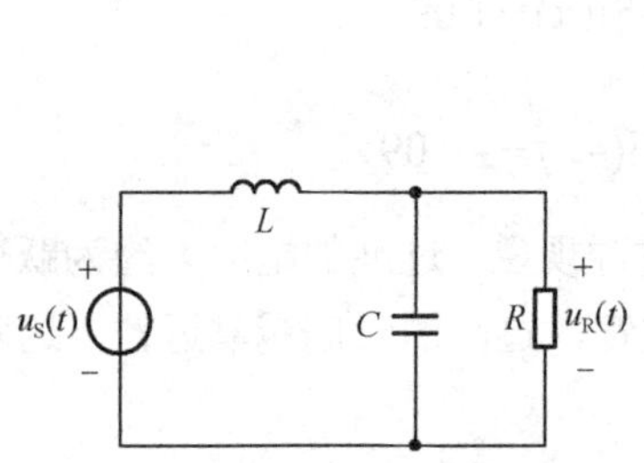

图 4.6-8 实际二阶低通滤波器

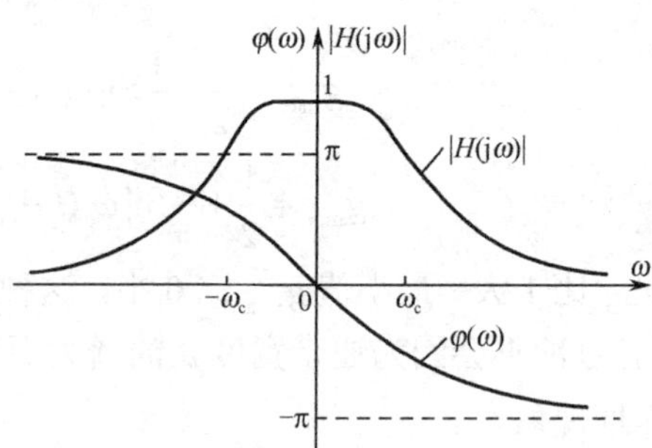

图 4.6-9 二阶低通滤波器的频率响应

在 $\omega=\omega_{\mathrm{c}}$ 处，$|H(\pm\mathrm{j}\omega_{\mathrm{c}})|=\dfrac{1}{\sqrt{2}}$，$\varphi(\pm\omega_{\mathrm{c}})=\mp\dfrac{\pi}{2}$。这个电路的幅频特性和相频特性与理想低通滤波器相似，实际上，电路的阶数越高，其幅频特性和相频特性就越逼近理想低通滤波器。

以上求得了电路的频率响应，可进一步求出该电路的冲激响应和阶跃响应分别为

$$h(t)=\sqrt{2}\omega_{\mathrm{c}}\mathrm{e}^{-\frac{\omega_{\mathrm{c}}}{\sqrt{2}}t}\sin\left(\frac{\omega_{\mathrm{c}}}{\sqrt{2}}t\right)u(t)$$

$$g(t)=\left[1-\sqrt{2}\mathrm{e}^{-\frac{\omega_{\mathrm{c}}}{\sqrt{2}}t}\sin\left(\frac{\omega_{\mathrm{c}}}{\sqrt{2}}t+\frac{\pi}{4}\right)\right]u(t)$$

电路的冲激响应和阶跃响应如图 4.6-10 所示，它们与理想低通滤波器特性相似，不

过这里的响应是从 $t=0$ 开始的，当 $t<0$ 时，$h(t)=g(t)=0$，这是由于该电路是物理可实现的。

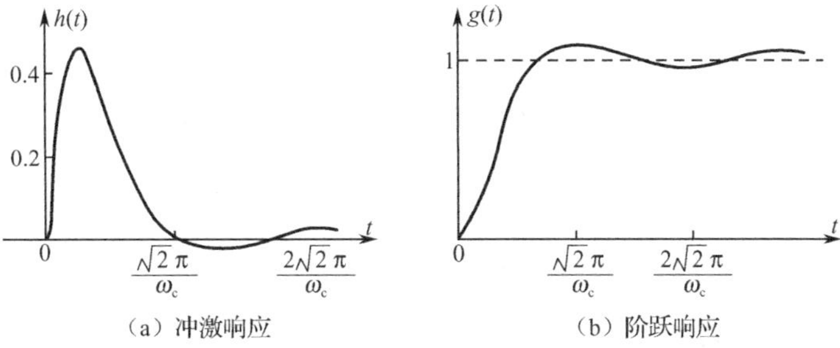

（a）冲激响应　　（b）阶跃响应

图 4.6-10　二阶低通滤波器的冲激响应与阶跃响应

4.7 取样定理

实际工作中，由于离散时间信号（或数字信号）的处理更为灵活、方便，在许多应用中，首先将连续信号进行取样转化为相应的离散时间信号，并进行加工处理，然后再将处理后的离散信号转化为连续信号。连续信号被取样后，相应的离散信号是否保留了原信号 $f(t)$ 的全部信息？即在什么条件下，可以从取样信号 $f_s(t)$ 中无失真地恢复原信号 $f(t)$？取样定理回答了这些问题。

下面首先讨论信号的取样，即从连续信号得到取样信号，然后讨论取样信号恢复原信号的过程，并引出取样定理。

4.7.1　信号的取样

信号的取样是由取样器来完成的，取样器就是一个开关，其电路模型如图 4.7-1（d）所示，$f(t)$ 是连续时间信号，$s(t)$ 为取样脉冲信号，取样信号 $f_s(t)$ 可写为

$$f_s(t)=f(t)s(t) \tag{4.7-1}$$

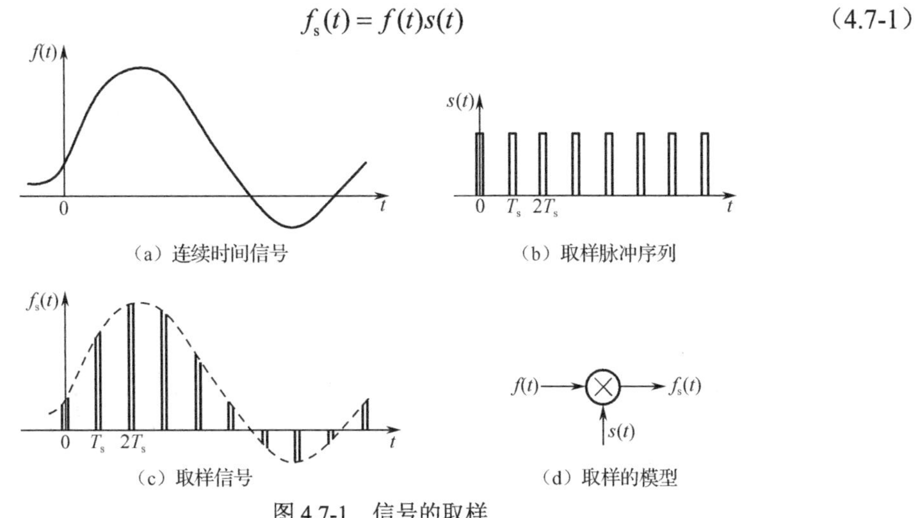

（a）连续时间信号　　（b）取样脉冲序列

（c）取样信号　　（d）取样的模型

图 4.7-1　信号的取样

$s(t)$ 也称为开关函数，若 $s(t)$ 的各脉冲间隔相同（均为 T_s）就称为均匀取样，T_s 称为取样周期，$f_s = \dfrac{1}{T_s}$ 称为取样频率，$\omega_s = 2\pi f_s = \dfrac{2\pi}{T_s}$ 称为取样角频率。若 $s(t)$ 的各脉冲间隔不相同，就称为非均匀取样。这里只讨论均匀取样。

令 $f(t) \leftrightarrow F(\mathrm{j}\omega)$，$s(t) \leftrightarrow S(\mathrm{j}\omega)$，由频域卷积定理可知，取样信号 $f_s(t)$ 的频谱函数为

$$F_s(\mathrm{j}\omega) = \frac{1}{2\pi}F(\mathrm{j}\omega) * S(\mathrm{j}\omega) \tag{4.7-2}$$

根据 $s(t)$ 是矩形脉冲信号还是冲激串信号，取样可分为两种。

1．冲激取样（理想取样）

如果取样脉冲信号 $s(t)$ 是周期为 T_s 的冲激脉冲序列 $\delta_{T_s}(t)$，如图 4.7-2（b）所示，则称为冲激取样或理想取样。即

$$s(t) = \delta_{T_s}(t) = \sum_{n=-\infty}^{\infty} \delta(t - nT_s) \tag{4.7-3}$$

$\omega_s = 2\pi/T_s$ 为取样角频率，也是 $\delta_{T_s}(t)$ 的基波角频率。由例 4.5-1 可知，冲激脉冲序列的频谱函数为

$$\mathcal{F}[\delta_{T_s}(t)] = \mathcal{F}[\sum_{n=-\infty}^{\infty} \delta(t - nT_s)] = \omega_s \delta_{\omega_s}(\omega) = \sum_{n=-\infty}^{\infty} \omega_s \delta(\omega - n\omega_s)$$

冲激脉冲序列的频谱如图 4.7-2（e）所示。如果信号 $f(t)$ 的频带是有限的，即信号的频谱只在区间 $(-\omega_m, \omega_m)$ 为有限值，而在此区间之外为零，这样的信号称为频带有限信号，简称带限信号。$f(t)$ 及其频谱如图 4.7-2（a）和（d）所示。将上式代入式（4.7-2），得取样信号 $f_s(t)$ 的频谱函数为

$$\begin{aligned}F_s(\mathrm{j}\omega) &= \frac{1}{2\pi}F(\mathrm{j}\omega) * \omega_s \sum_{n=-\infty}^{\infty} \delta(\omega - n\omega_s) \\ &= \frac{1}{T_s}\sum_{n=-\infty}^{\infty} F(\mathrm{j}\omega) * \delta(\omega - n\omega_s) \\ &= \frac{1}{T_s}\sum_{n=-\infty}^{\infty} F[\mathrm{j}(\omega - n\omega_s)]\end{aligned} \tag{4.7-4}$$

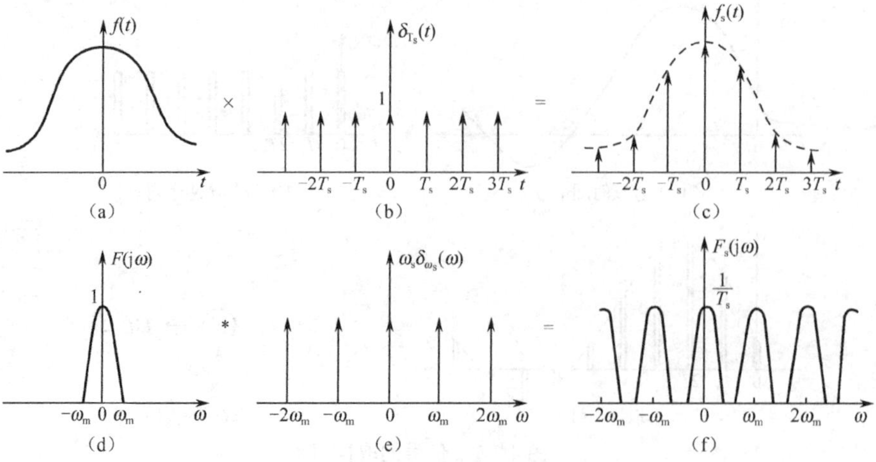

图 4.7-2　冲激取样

冲激取样后取样信号的频谱如图 4.7-2（f）所示。

2．矩形脉冲取样（自然取样）

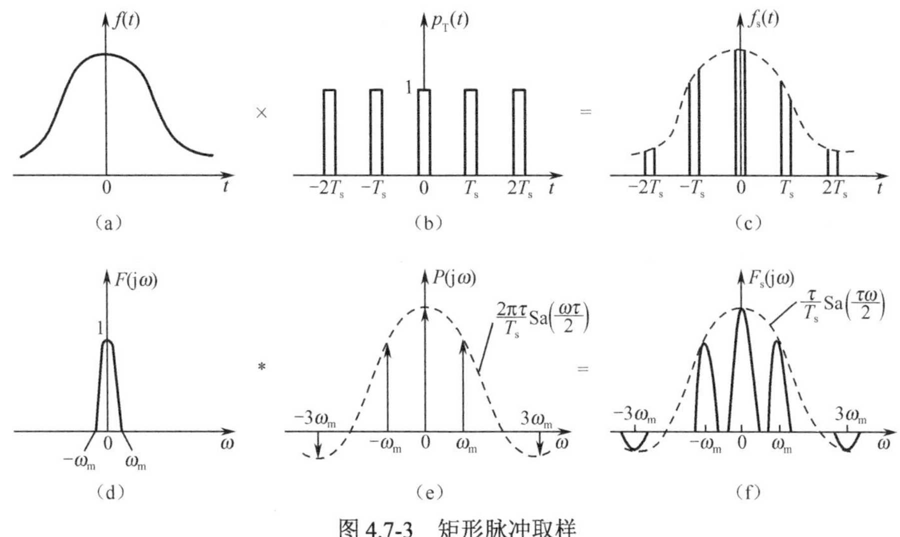

图 4.7-3　矩形脉冲取样

如果 $s(t)$ 是矩形脉冲序列，即 $s(t)$ 是宽度为 τ 、周期为 T_s 、高度为 1 的脉冲串，如图 4.7-3（b）所示，则称为矩形脉冲取样或自然取样。即

$$s(t)=\sum_{n=-\infty}^{\infty} g_{\tau}(t-nT_s) \tag{4.7-5}$$

它的基波频率 $\Omega=2\pi/T_s=\omega_s$ ，由例 4.5-2 可知，矩形脉冲序列的频谱函数为

$$S(\mathrm{j}\omega)=\mathcal{F}[s(t)]=\frac{2\pi\tau}{T_s}\sum_{n=-\infty}^{\infty}\mathrm{Sa}\left(\frac{n\omega_s\tau}{2}\right)\delta(\omega-n\omega_s)$$

将上式代入式（4.7-2），得取样信号 $f_s(t)$ 的频谱函数为

$$\begin{aligned}F_s(\mathrm{j}\omega)&=\frac{1}{2\pi}F(\mathrm{j}\omega)*\frac{2\pi\tau}{T_s}\sum_{n=-\infty}^{\infty}\mathrm{Sa}\left(\frac{n\omega_s\tau}{2}\right)\delta(\omega-n\omega_s)\\&=\frac{\tau}{T_s}\sum_{n=-\infty}^{\infty}\mathrm{Sa}\left(\frac{n\omega_s\tau}{2}\right)F[\mathrm{j}(\omega-n\omega_s)]\end{aligned} \tag{4.7-6}$$

矩形脉冲取样后取样信号的频谱如图 4.7-3（f）所示。

观察图 4.7-2 和图 4.7-3 可见，取样信号 $f_s(t)$ 的频谱函数 $F_s(\mathrm{j}\omega)$ 为原信号频谱 $F(\mathrm{j}\omega)$ 的周期性重复，连续信号 $f(t)$ 为带限信号，且 $\omega_s\geqslant 2\omega_m$ 时，各相邻的频谱不出现混迭，因而能从取样信号 $f_s(t)$ 中恢复原信号 $f(t)$ ，即取样信号 $f_s(t)$ 包含原信号 $f(t)$ 的全部信息。但当 $\omega_s<2\omega_m$ 时，相邻频谱将重叠，因而不能恢复原信号，此时取样信号 $f_s(t)$ 不包含原信号 $f(t)$ 的所有信息。

4.7.2　信号的恢复

现在以冲激取样为例，研究如何从取样信号 $f_s(t)$ 中恢复原信号 $f(t)$ 。

设有冲激取样信号 $f_s(t)$，其取样角频率 $\omega_s \geqslant 2\omega_m$（$\omega_m$ 为原信号最高角频率），$f_s(t)$ 及其频谱 $F_s(j\omega)$ 如图 4.7-4（a）和（d）所示。为了从 $F_s(j\omega)$ 中无失真地恢复 $F(j\omega)$，选择一个频率响应幅度为 T_s、截止角频率为 ω_c 的理想低通滤波器（$\omega_m < \omega_c \leqslant \omega_s - \omega_m$），即

$$H(j\omega) = \begin{cases} T_s, & |\omega| < \omega_c \\ 0, & |\omega| > \omega_c \end{cases} \tag{4.7-7}$$

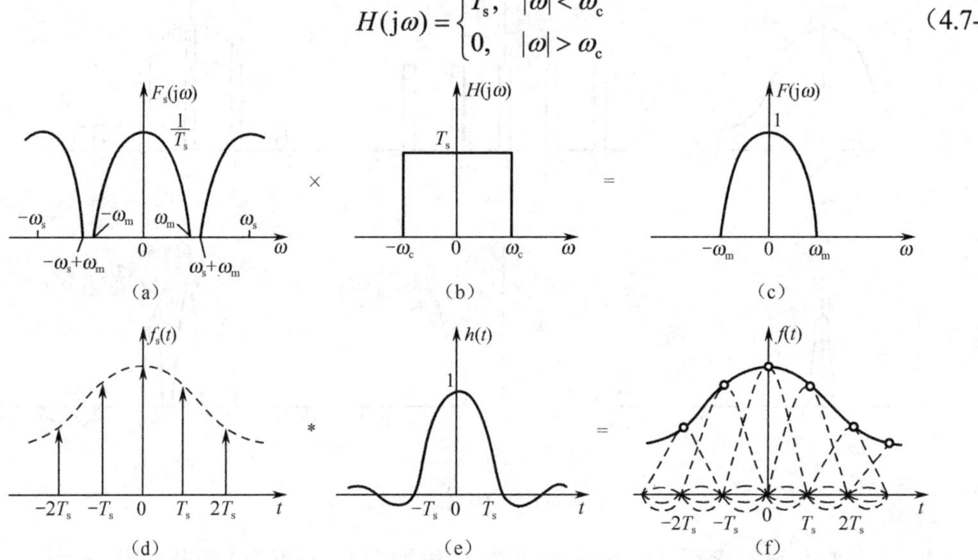

图 4.7-4 取样信号的恢复

理想低通滤波器频率响应如图 4.7-4（b）所示。利用对称性，不难得出低通滤波器的冲激响应为

$$h(t) = \mathcal{F}^{-1}[H(j\omega)] = T_s \frac{\omega_c}{\pi} \text{Sa}(\omega_c t) \tag{4.7-8}$$

为简便，令 $\omega_c = \dfrac{\omega_s}{2}$，即 $T_s = \dfrac{2\pi}{\omega_s} = \dfrac{\pi}{\omega_c}$，得

$$h(t) = \text{Sa}\left(\frac{\omega_s t}{2}\right) \tag{4.7-9}$$

设取样信号 $f_s(t)$ 通过低通滤波器输出为 $y(t)$，其频谱为 $Y(j\omega)$。由图 4.7-4（a）、（b）、（c）可见

$$Y(j\omega) = F_s(j\omega)H(j\omega) = F(j\omega) \tag{4.7-10}$$

即恢复了原信号 $f(t)$。

下面从时域方面研究 $f(t)$ 与 $f_s(t)$ 的关系。根据时域卷积定理，式（4.7-10）对应于时域为

$$f(t) = f_s(t) * h(t) \tag{4.7-11}$$

由式（4.7-1）和式（4.7-3），得冲激取样信号为

$$f_s(t) = f(t)\sum_{n=-\infty}^{\infty}\delta(t-nT_s) = \sum_{n=-\infty}^{\infty} f(nT_s)\delta(t-nT_s) \tag{4.7-12}$$

将式（4.7-9）和式（4.7-12）代入式（4.7-11）得

$$\begin{aligned} f(t) &= \sum_{n=-\infty}^{\infty} f(nT_s)\delta(t-nT_s) * \mathrm{Sa}\left(\frac{\omega_s t}{2}\right) \\ &= \sum_{n=-\infty}^{\infty} f(nT_s)\mathrm{Sa}\left[\frac{\omega_s}{2}(t-nT_s)\right] \\ &= \sum_{n=-\infty}^{\infty} f(nT_s)\mathrm{Sa}\left(\frac{\omega_s}{2}t-n\pi\right) \end{aligned} \tag{4.7-13}$$

上式表明连续信号 $f(t)$ 可以展开成正交取样函数（Sa 函数）的无穷级数。该级数的系数为取样值 $f(nT_s)$，也就是说，若在取样信号 $f_s(t)$ 的每一个样点处画一个峰值为 $f(nT_s)$ 的 Sa 函数波形，那么其合成的波形就是原信号 $f(t)$，如图 4.7-4(f)所示。因此，只要知道各取样值 $f(nT_s)$ 就可以唯一地确定原信号 $f(t)$，上式称为内插公式，而 $\mathrm{Sa}\left(\frac{\omega_s t}{2}-n\pi\right)$ 就称为内插函数。

4.7.3　时域取样定理

综上所述，可以归纳如下的时域取样定理：

一个频谱在区间 $(-\omega_m,\omega_m)$ 以外为零的带限信号 $f(t)$，可唯一地由其均匀间隔 T_s（$T_s<\frac{1}{2f_m}$）上的样点值 $f(nT_s)$ 确定。

这里需要注意两点：

（1） $f(t)$ 必须是带限的，频谱在 $|\omega|>\omega_m$ 各处为零。

（2）取样频率 $f_s>2f_m$，即 $T_s<\frac{1}{2f_m}$。通常把最低允许取样频率 $f_s=2f_m$ 称为奈奎斯特频率；把最大允许取样间隔 $T_s=\frac{1}{2f_m}$ 称为奈奎斯特间隔。

【例 4.7-1】 若信号 $\mathrm{Sa}^2(100t)$ 被取样，试确定其奈奎斯特频率。

解： 奈奎斯特频率为最低允许取样频率，即 $f_s=2f_m$，所以首先要计算信号 $\mathrm{Sa}^2(100t)$ 的最高频率 f_m。

由于门函数与其频谱的关系为

$$g_\tau(t)\leftrightarrow \tau\mathrm{Sa}\left(\frac{\omega\tau}{2}\right)$$

令 $\tau=200$，由傅里叶变换的对称性得

$$200\mathrm{Sa}(100t)\leftrightarrow 2\pi g_{200}(-\omega)=2\pi g_{200}(\omega)$$

整理得

$$\mathrm{Sa}(100t)\leftrightarrow \frac{\pi}{100}g_{200}(\omega)$$

由此可知，$\mathrm{Sa}(100t)$ 是一个带限信号，其频谱非零值最高角频率为 $\omega_m=100\mathrm{rad/s}$，而由频域卷积定理可知 $\mathrm{Sa}^2(100t)$ 的非零值最高角频率 ω_m 为 $200\mathrm{rad/s}$。

根据时域取样定理得奈奎斯特频率为

$$f_s=2f_m=2\frac{\omega_m}{2\pi}=2\frac{200}{2\pi}=63.66\,\mathrm{Hz}$$

习题 4

1．求图 1 所示周期信号的三角形式的傅里叶级数展开式和指数形式的傅里叶级数展开式。

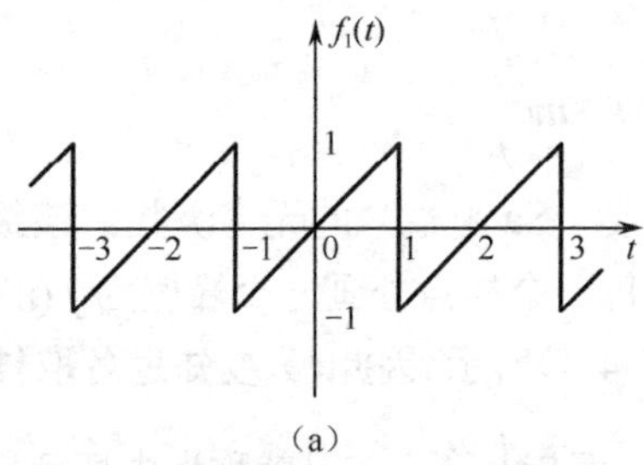

（a）

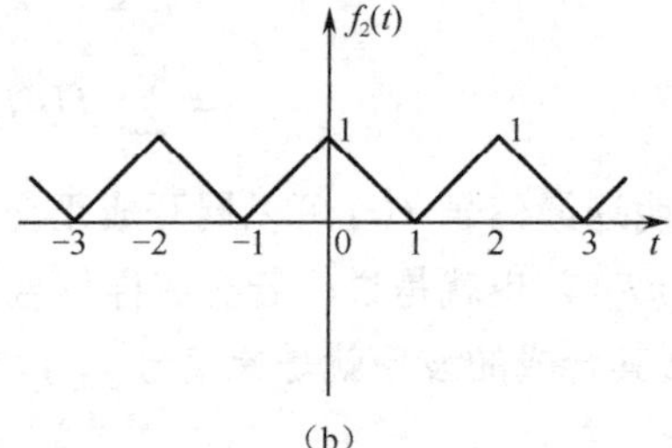

（b）

图 1

2．试判断图 2 所示周期信号的傅里叶级数展开式中是否含有直流项、正弦项、余弦项、奇次项及偶次项。

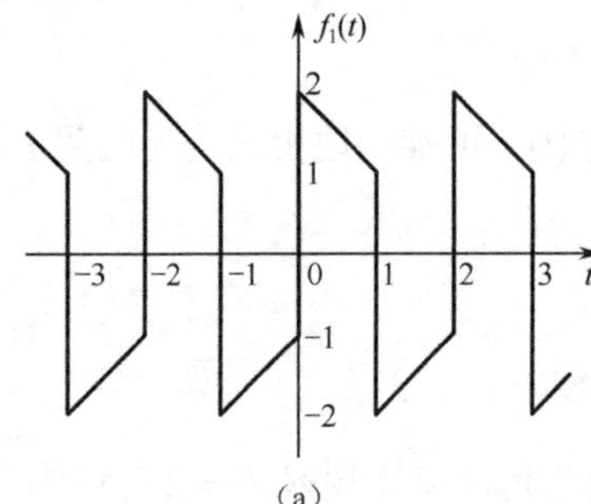

（a）

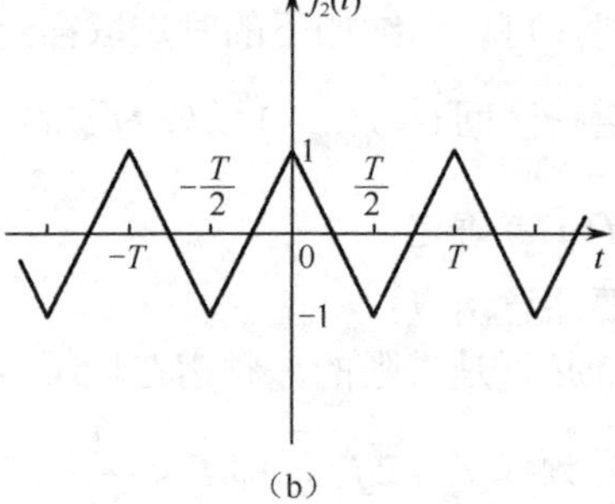

（b）

图 2

3．若 $f_1(t)$ 和 $f_2(t)$ 都是周期为 T 的周期信号，它们的指数形式傅里叶级数展开式为

$$f_1(t)=\sum_{n=-\infty}^{\infty}d_n\mathrm{e}^{\mathrm{j}n\omega_0 t},\ f_2(t)=\sum_{n=-\infty}^{\infty}g_n\mathrm{e}^{\mathrm{j}n\omega_0 t},\ \omega_0=\frac{2\pi}{T}$$

证明：$f(t)=f_1(t)f_2(t)$ 也是周期为 T 的周期信号，且其指数形式傅里叶级数展开式为

$$f(t)=\sum_{n=-\infty}^{\infty}c_n\mathrm{e}^{\mathrm{j}n\omega_0 t},\ \omega_0=\frac{2\pi}{T}$$

其中

$$c_n=\sum_{m=-\infty}^{\infty}d_m g_{n-m}$$

4．求下列信号的指数形式傅里叶级数展开式。

（1）$f_1(t)=\cos(\omega_0 t)$　　（2）$f_2(t)=\sin(\omega_0 t)$

（3）$f_3(t)=\cos(4t)+\cos(6t)$　　（4）$f_4(t)=\sin^2(4t)$

（5）$f_5(t)=\cos\left(2t+\frac{\pi}{4}\right)$　　（6）$f_6(t)=\sin\left(2t+\frac{\pi}{6}\right)$

5．信号 $f(t)$ 的图形如图 3 所示。

（1）求 $f(t)$ 的三角形式的傅里叶级数；

（2）利用（1）的结果，求下列无穷级数之和：

$$S=1-\frac{1}{3}+\frac{1}{5}-\frac{1}{7}+\cdots$$

（3）求 $f(t)$ 的功率和有效值；

（4）利用（3）的结果，求下列无穷级数之和：

$$S=1+\frac{1}{3^2}+\frac{1}{5^2}+\frac{1}{7^2}+\cdots$$

6. 已知一个周期函数 $f(t)$ 的前四分之一周期的波形如图 4 所示，就下列各种情况画出 $f(t)$ 在一个周期（$0<t<T$）内的整个波形。

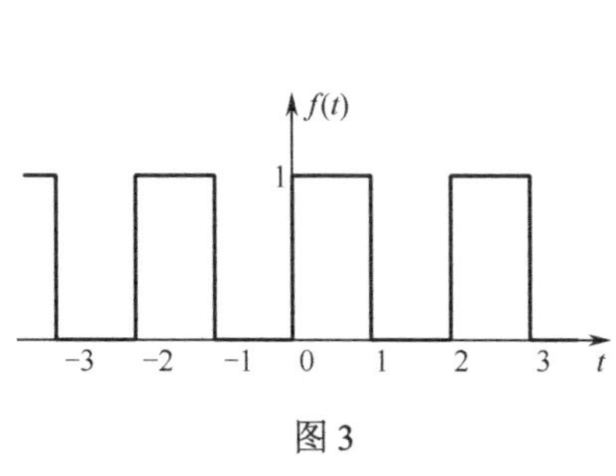

图 3

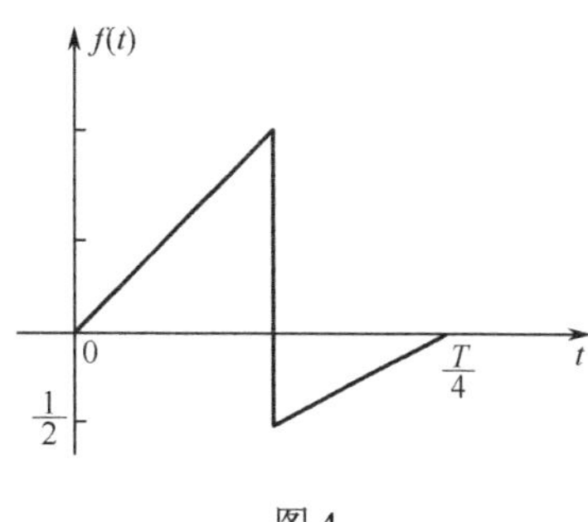

图 4

（1）$f(t)$ 展开式只含有 cos 的偶次谐波；

（2）$f(t)$ 展开式只含有 sin 的奇次谐波。

7. 求图 5 所示信号的傅里叶变换。

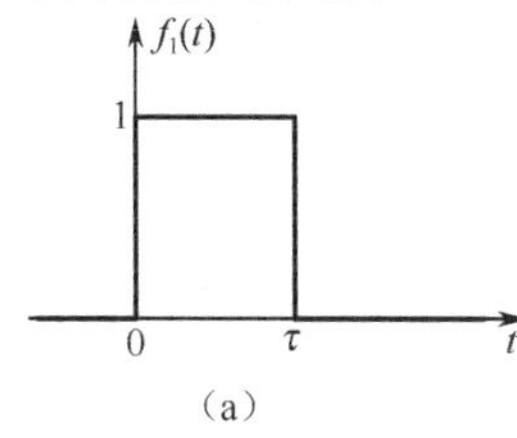

（a）

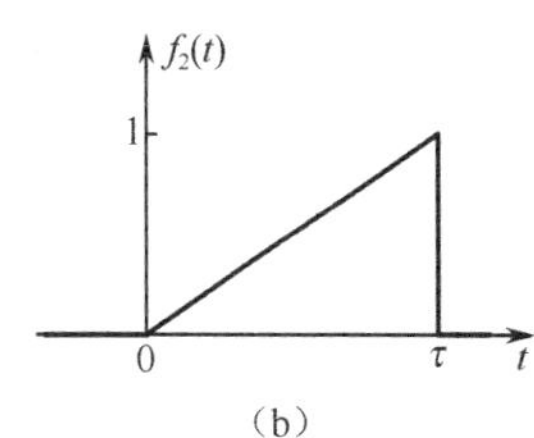

（b）

图 5

8. 若 $f(t)$ 为纯虚函数，且 $\mathcal{F}[f(t)]=F(\mathrm{j}\omega)=R(\omega)+\mathrm{j}X(\omega)$，试证明：

（1）$R(-\omega)=-R(\omega)$，$X(-\omega)=X(\omega)$

（2）$F(-\mathrm{j}\omega)=-F^*(\mathrm{j}\omega)$

9. 若信号 $f(t)$ 为实奇信号，其傅里叶变换为 $F(\mathrm{j}\omega)=|F(\mathrm{j}\omega)|\mathrm{e}^{\mathrm{j}\varphi(\omega)}$，并有 $\ln|F(\mathrm{j}\omega)|=-|\omega|$，求 $f(t)$。

10. 若 $f(t)$ 为复函数，可表示为 $f(t)=f_{\mathrm{R}}(t)+\mathrm{j}f_{\mathrm{I}}(t)$，且 $\mathcal{F}[f(t)]=F(\mathrm{j}\omega)$，式中 $f_{\mathrm{R}}(t)$、$f_{\mathrm{I}}(t)$ 均为实函数，试证明：

（1）$\mathcal{F}[f_{\mathrm{R}}(t)]=\dfrac{1}{2}[F(\mathrm{j}\omega)+F^*(-\mathrm{j}\omega)]$

（2）$\mathcal{F}[f_{\mathrm{I}}(t)]=\dfrac{1}{2\mathrm{j}}[F(\mathrm{j}\omega)-F^*(-\mathrm{j}\omega)]$

11. 利用对称性求下列函数的傅里叶变换。

（1）$f_1(t)=\dfrac{\sin[2\pi(t-2)]}{\pi(t-2)}$　　（2）$f_2(t)=\dfrac{2\alpha}{\alpha^2+t^2}$　　（3）$f_3(t)=\left[\dfrac{\sin(2\pi t)}{2\pi t}\right]^2$

12．求下列函数的傅里叶变换。

（1）$f_1(t)=\mathrm{e}^{-\mathrm{j}3t}\delta(t-2)$　（2）$f_2(t)=\mathrm{e}^{-2(t-1)}u(t+3)$

（3）$f_3(t)=u\left(\dfrac{1}{2}t-1\right)$　（4）$f_4(t)=\mathrm{sgn}(t^2-1)$

13．已知 $f(t)\leftrightarrow F(\mathrm{j}\omega)$，求下列函数的傅里叶变换。

（1）$f(1-t)$　（2）$f(2t+3)$　（3）$\mathrm{e}^{\mathrm{j}t}f(3-2t)$

（4）$tf(2t)$　（5）$(t-2)f(t)$　（6）$(1-t)f(1-t)$

（7）$t\dfrac{\mathrm{d}f(t)}{\mathrm{d}t}$　（8）$\dfrac{\mathrm{d}f(t)}{\mathrm{d}t}*\dfrac{1}{\pi t}$　（9）$\int_{-\infty}^{1-\frac{1}{2}t}f(\tau)\mathrm{d}\tau$

14．已知信号 $f(t)$ 满足等式

$$f(t)*f'(t)=(1-t)\mathrm{e}^{-t}u(t)$$

求信号 $f(t)$。

15．利用傅里叶变换的性质证明下列等式。

（1）$\int_0^{\infty}\dfrac{\sin(t)}{t}\mathrm{d}t=\dfrac{\pi}{2}$　（2）$\int_{-\infty}^{\infty}\left(\dfrac{\sin t}{t}\right)^2\mathrm{d}t=\pi$　（3）$\int_0^{\infty}\dfrac{\sin^4(at)}{t^4}\mathrm{d}t=\dfrac{\pi a^3}{3}$，$a$为大于 0 的实常数。

16．求下列函数的傅里叶反变换。

（1）$F(\mathrm{j}\omega)=\omega^2$　（2）$F(\mathrm{j}\omega)=\dfrac{1}{\omega^2}$

（3）$F(\mathrm{j}\omega)=\delta(\omega-2)$　（4）$F(\mathrm{j}\omega)=2\cos(3\omega)$

（5）$F(\mathrm{j}\omega)=\dfrac{5}{(\mathrm{j}\omega-2)(\mathrm{j}\omega+3)}$　（6）$F(\mathrm{j}\omega)=\mathrm{e}^{2\omega}U(-\omega)$

（7）$F(\mathrm{j}\omega)=\delta(\omega+3)-\delta(\omega-3)$　（8）$F(\mathrm{j}\omega)=\sum_{n=0}^{\infty}\dfrac{2\sin\omega}{\omega}\mathrm{e}^{-\mathrm{j}(2n+1)\omega}$

（9）$F(\mathrm{j}\omega)=[U(\omega)-U(\omega-2)]\mathrm{e}^{-\mathrm{j}\omega}$

17．升余弦脉冲可以表示为

$$f(t)=\begin{cases}1+\cos(\pi t), & |t|<1\\ 0, & |t|>1\end{cases}$$

试用以下方法求其频谱函数。

（1）利用傅里叶变换的定义；

（2）利用微分、积分特性；

（3）将它看作门函数 $g_2(t)$ 与函数 $1+\cos(\pi t)$ 的乘积。

18．求图 6 所示周期信号的频谱函数。

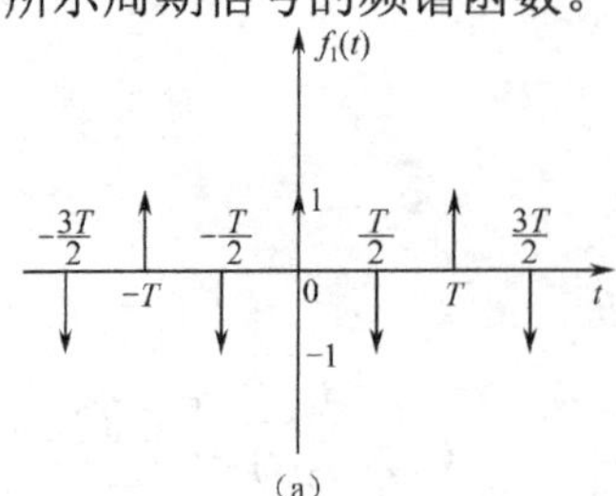

(a)

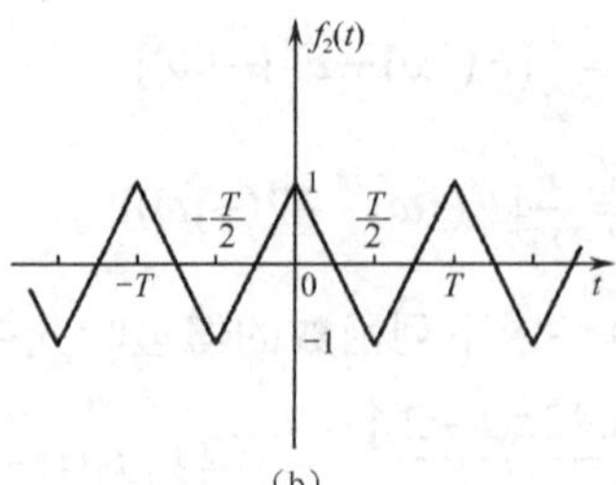

(b)

图 6

19．信号 $f(t)$ 如图 7 所示，设其频谱函数为 $F(\mathrm{j}\omega)$，不必计算 $F(\mathrm{j}\omega)$ 求下列值。

（1）$F(0)=F(\mathrm{j}\omega)\big|_{\omega=0}$　（2）$\int_{-\infty}^{\infty}F(\mathrm{j}\omega)\mathrm{d}\omega$　（3）$\int_{0}^{\infty}\left|F(\mathrm{j}\omega)\right|^{2}\mathrm{d}\omega$

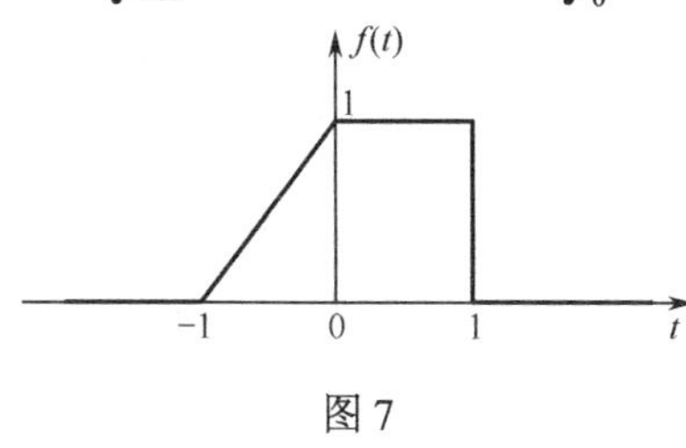

图 7

20．若一个滤波器的频率响应如图 8（a）所示，其相频特性 $\varphi(\omega)=0$，若输入信号为图 8（b）所示的锯齿波，求输出信号 $y(t)$。

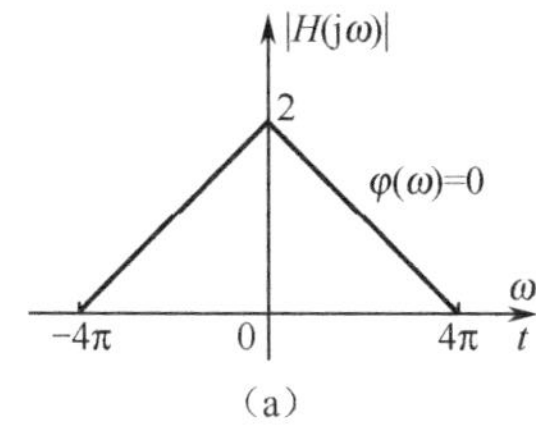

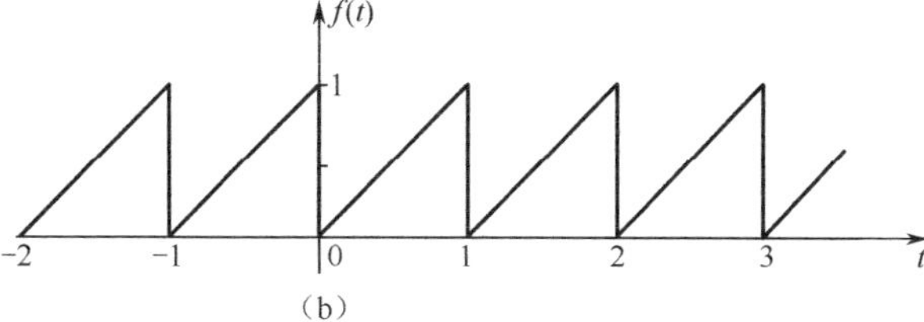

图 8

21．若一个系统的频率响应

$$H(\mathrm{j}\omega)=\begin{cases}1-\dfrac{|\omega|}{3}, & |\omega|<3\ \mathrm{rad/s}\\ 0, & |\omega|>3\ \mathrm{rad/s}\end{cases}$$

输入信号 $f(t)=\sum\limits_{n=-\infty}^{\infty}3\mathrm{e}^{\mathrm{j}n\left(\Omega t-\frac{\pi}{2}\right)}$，其中 $\Omega=1\ \mathrm{rad/s}$，求输出信号 $y(t)$。

22．已知一个连续因果 LTI 系统的频率响应函数为 $H(\mathrm{j}\omega)=R(\omega)+\mathrm{j}X(\omega)$，该系统的冲激响应在原点无冲激，试证明：

$$R(\omega)=\frac{1}{\pi}\int_{-\infty}^{\infty}\frac{X(\lambda)}{\omega-\lambda}\mathrm{d}\lambda,\quad X(\omega)=-\frac{1}{\pi}\int_{-\infty}^{\infty}\frac{R(\lambda)}{\omega-\lambda}\mathrm{d}\lambda$$

23．已知一个理想高通滤波器的频率响应函数为

$$H(\mathrm{j}\omega)=\begin{cases}\mathrm{e}^{-\mathrm{j}\omega t_0}, & |\omega|>\omega_{\mathrm{c}}\\ 0, & |\omega|<\omega_{\mathrm{c}}\end{cases}$$

其中 ω_{c} 为截止角频率，t_0 为延迟时间。

（1）求该系统的冲激响应 $h(t)$；

（2）当输入信号 $f(t)=2\mathrm{e}^{-t}u(t)$ 时，若要求输出信号 $y(t)$ 的能量为输入信号 $f(t)$ 能量的 50%，试确定 ω_{c} 应具有的值。

24．图 9 所示电路为由电阻 R_1、R_2 组成的分压器，分布电容并联于 R_1和R_2 两端。

（1）求电路的频率响应函数 $H(\mathrm{j}\omega)=\dfrac{Y(\mathrm{j}\omega)}{F(\mathrm{j}\omega)}$；

（2）为了能无失真地传输，R 和 C 应满足何种关系？

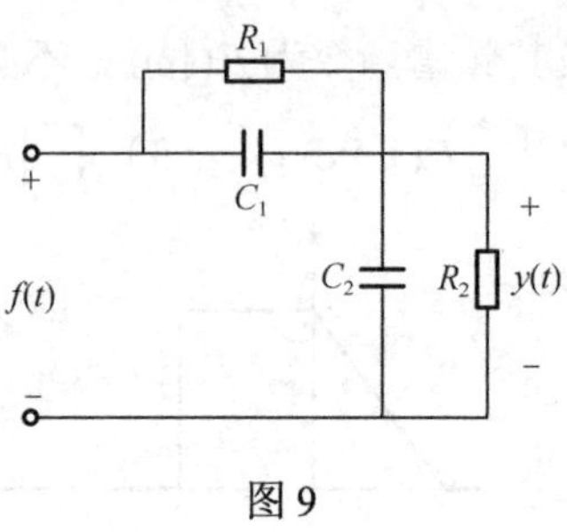

图 9

25．若一个 LTI 系统的频率响应函数为

$$H(\mathrm{j}\omega)=\begin{cases}\mathrm{e}^{\mathrm{j}\frac{\pi}{2}}, & -6\mathrm{rad/s}<\omega<0\\ \mathrm{e}^{-\mathrm{j}\frac{\pi}{2}}, & 0<\omega<6\mathrm{rad/s}\\ 0, & 其他\end{cases}$$

输入信号 $f(t)=\dfrac{\sin(3t)}{t}\cos(5t)$，求该系统的输出信号 $y(t)$ 。

26．在图 10 所示的系统中，已知 $h(t)=\dfrac{1}{\pi t}$，试用激励 $f(t)$ 表示系统的零状态响应 $y_{\mathrm{zs}}(t)$ 。

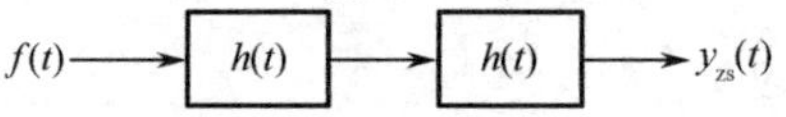

$f(t)\rightarrow$ [$h(t)$] $\rightarrow$ [$h(t)$] $\rightarrow y_{\mathrm{zs}}(t)$

图 10

27．图 11 所示的是抑制载波振幅调制的接收系统，若输入信号 $f(t)=\dfrac{\sin t}{\pi t}\cos 1000t$，$s(t)=\cos 1000t$，低通滤波器的频率响应函数如图（b）所示，求系统的输出信号 $y(t)$ 。

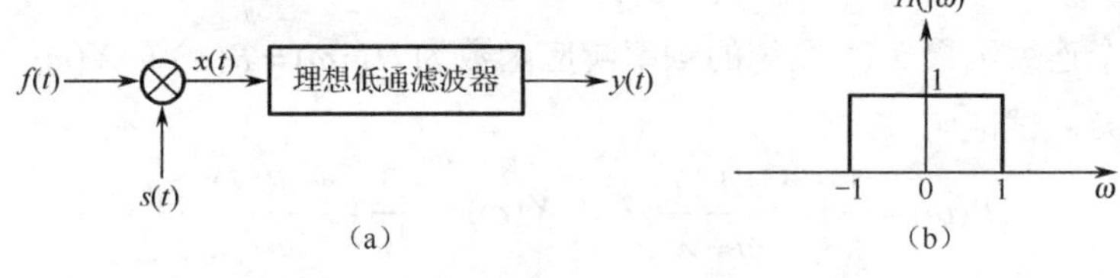

图 11

28．图 12（a）所示系统的输入信号 $f(t)$ 的频谱函数 $F(\mathrm{j}\omega)$ 如图 12（b）所示，理想带通滤波器的频率特性 $H_1(\mathrm{j}\omega)$ 如图 12（c）所示，理想低通滤波器的频率特性 $H_2(\mathrm{j}\omega)$ 如图 12（d）所示，求系统的输出信号 $y(t)$ 。

29．图 13 所示系统，已知输入信号 $f(t)=\dfrac{2}{\pi}\mathrm{Sa}(2t)$，$H(\mathrm{j}\omega)=\mathrm{j}\,\mathrm{sgn}(\omega)$，求系统的输出信号 $y(t)$ 。

30．有限频带信号 $f(t)=5+2\cos(2000\pi t)+\cos(4000\pi t)$，用 $f_{\mathrm{s}}=800$ Hz 的冲激函数序列 $\delta_{T_{\mathrm{s}}}(t)$ 对 $f(t)$ 进行取样。

（1）画出 $f(t)$ 和取样信号 $f_s(t)$ 在频率区间 $(-2000\ \mathrm{Hz}, 2000\ \mathrm{Hz})$ 内的频谱图；

（2）若将取样信号 $f_{\mathrm{s}}(t)$ 输入到截止频率 $f_{\mathrm{c}}=500\mathrm{Hz}$ 、幅度为 T_{s} 的理想低通滤波器，即其频

率响应

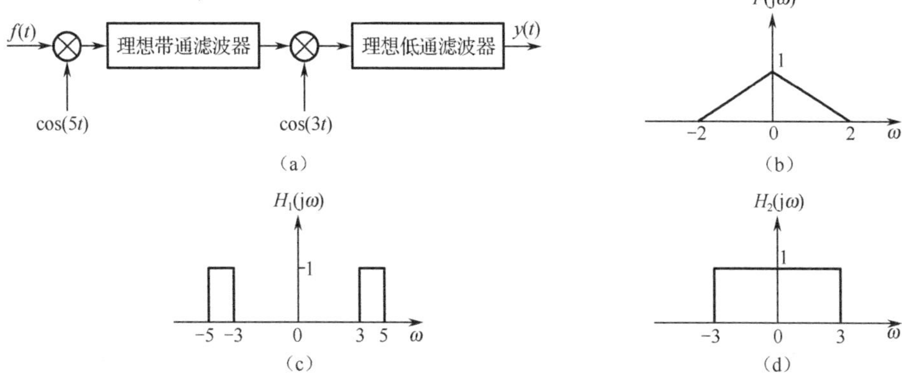

图 12

$$H(\mathrm{j}\omega)=\begin{cases}T_s, |f|<500\text{Hz}\\0, \ |f|>500\text{Hz}\end{cases}$$

画出滤波器输出信号的频谱，并求出输出信号。

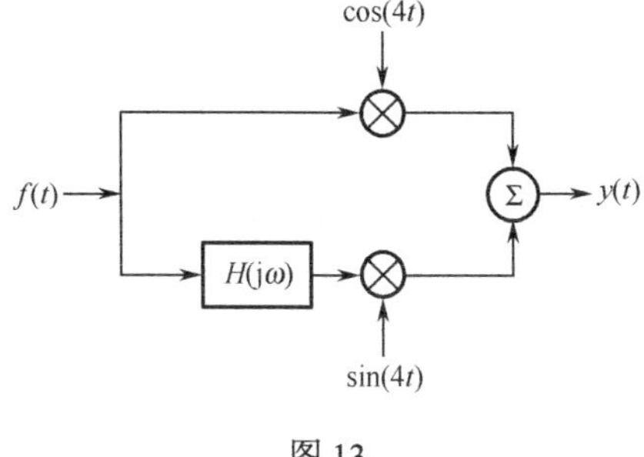

图 13

31. 有限频带信号 $f(t)$ 的最高频率为100Hz，若对下列信号进行时域取样，求最小取样频率 f_s。

(1) $f(3t)$　　(2) $f^2(t)$　　(3) $f(t)*f(2t)$　　(4) $f(t)+f^2(t)$

32. 若已知 $F(\mathrm{j}\omega)=\mathcal{F}[f(t)]$，令 $Y(\mathrm{j}\omega)=2F(\mathrm{j}\omega)U(\omega)$，试证明：

$$y(t)=\mathcal{F}^{-1}[Y(\mathrm{j}\omega)]=f(t)+\mathrm{j}\frac{1}{\pi}\int_{-\infty}^{\infty}\frac{f(\tau)}{t-\tau}\mathrm{d}\tau$$

33. 有限带宽信号 $f(t)$ 的最高频率为100Hz，若对下面信号进行时域取样，求最小取样频率，$y(t)=[f(t)*f(2t)][f(t)+f^2(t)]$。

Chapter 5

第5章 拉普拉斯变换及连续系统的 s 域分析

要点

本章主要介绍拉普拉斯变换及其性质；拉普拉斯正、反变换的求法；连续系统的复频域分析方法；电路的 s 域模型解法；利用几何求值法描述系统的频域特性等内容。拉普拉斯变换与傅里叶变换之间的关系也在本章进行了简要介绍。

5.1 拉普拉斯变换

考虑到拉普拉斯变换的一般性和傅里叶变换的联系，首先定义信号的双边拉普拉斯变换和相应的拉普拉斯变换反变换，然后考虑单边拉普拉斯变换，这是一个非常有用的双边拉普拉斯变换特例。因为单边拉普拉斯变换在连续时间系统分析中是非常有用的，所以后面章节的讨论将只限于单边拉普拉斯变换。在这些章节中，把单边拉普拉斯变换简单地称为拉普拉斯变换。

5.1.1 从傅里叶变换到双边拉普拉斯变换

用频域法分析各种问题时，需要求得信号 $f(t)$ 的傅里叶变换，即频谱函数

$$F(\mathrm{j}\omega)=\int_{-\infty}^{\infty} f(t)\mathrm{e}^{-\mathrm{j}\omega t}\,\mathrm{d}t \tag{5.1-1}$$

但是，从狄里赫利条件考虑，绝对可积的要求限制了某些增长信号如指数增长信号 $e^{\sigma t}$ $(\sigma>0)$ 傅里叶变换的存在，而对于阶跃信号、周期信号虽未受此约束，但很难用式（5.1-1）直接求得。一些信号不存在用傅里叶变换的原因是当 $t\to\infty$ 时信号的幅度不衰减甚至增长。为了克服上述困难，人为地引入衰减因子 $e^{-\sigma t}$（σ为实常数）乘以 $f(t)$，根据不同信号的特性，适当选取 σ 的值，使乘积信号 $f(t)e^{-\sigma t}$ 当 $t\to\pm\infty$ 时信号幅度趋于 0，从而使信号的傅里叶变换存在。

$$\mathcal{F}[f(t)e^{-\sigma t}]=\int_{-\infty}^{\infty}f(t)e^{-\sigma t}e^{-j\omega t}dt=\int_{-\infty}^{\infty}f(t)e^{-(\sigma+j\omega)t}dt$$

上式积分是 $\sigma+j\omega$ 的函数，令其为 $F_b(\sigma+j\omega)$，即

$$F_b(\sigma+j\omega)=\int_{-\infty}^{\infty}f(t)e^{-(\sigma+j\omega)t}dt \tag{5.1-2}$$

相应的傅里叶反变换为

$$f(t)e^{-\sigma t}=\frac{1}{2\pi}\int_{-\infty}^{\infty}F_b(\sigma+j\omega)e^{j\omega t}d\omega$$

上式两端同乘以 $e^{\sigma t}$，得

$$f(t)=\frac{1}{2\pi}\int_{-\infty}^{\infty}F_b(\sigma+j\omega)e^{(\sigma+j\omega)t}d\omega \tag{5.1-3}$$

令 $s=\sigma+j\omega$，其中 σ 为常数，则 $d\omega=\dfrac{ds}{j}$，代入式（5.1-2）和式（5.1-3），得

$$F_b(s)=\int_{-\infty}^{\infty}f(t)e^{-st}dt \tag{5.1-4}$$

$$f(t)=\frac{1}{2\pi j}\int_{\sigma-j\infty}^{\sigma+j\infty}F_b(s)e^{st}ds \tag{5.1-5}$$

以上两式分别称为双边拉普拉斯正变换、反变换。式中复变函数 $F_b(s)$ 称为 $f(t)$ 的双边拉普拉斯变换（或象函数），时间函数 $f(t)$ 称为 $F_b(s)$ 的双边拉普拉斯反变换（或原函数）。

5.1.2　收敛域

如前所述，选择适当的 σ 值才可能使式（5.1-4）的积分收敛，信号 $f(t)$ 的双边拉普拉斯变换 $F_b(s)$ 存在。为方便起见，分别研究因果信号［在 $t<0$ 区间 $f(t)=0$］和反因果信号［在 $t>0$ 区间 $f(t)=0$］两种情况。

【例 5.1-1】 设因果信号

$$f_1(t)=e^{\alpha t}u(t)=\begin{cases}0, & t<0\\ e^{\alpha t}, & t>0\quad(\alpha\text{为实数})\end{cases}$$

求其拉普拉斯变换。

解：将 $f_1(t)$ 代入到式（5.1-4），有

$$F_{b1}(s)=\int_{-\infty}^{\infty}e^{\alpha t}e^{-st}dt=\left.\frac{e^{-(s-\alpha)t}}{-(s-\alpha)}\right|_0^{\infty}=\frac{1}{s-\alpha}\left[1-\lim_{t\to\infty}e^{-(\sigma-\alpha)t}e^{-j\omega t}\right]$$

$$=\begin{cases}\dfrac{1}{s-\alpha}, & \mathrm{Re}[s]=\sigma>\alpha\\ \text{不定}, & \mathrm{Re}[s]=\sigma=\alpha\\ \text{无界}, & \mathrm{Re}[s]=\sigma<\alpha\end{cases}$$

可见，对于因果信号，仅当$\mathrm{Re}[s]=\sigma>\alpha$时，其拉普拉斯变换存在。

在以σ为横轴、$\mathrm{j}\omega$为纵轴的 s 平面（复平面），$\mathrm{Re}[s]>\alpha$是一个区域，式（5.1-4）的收敛域或象函数的收敛域，如图 5.1-1（a）所示。

【例 5.1-2】 设反因果信号

$$f_2(t)=\mathrm{e}^{\beta t}u(-t)=\begin{cases}\mathrm{e}^{\beta t}, & t<0 \quad (\beta\text{为实数})\\ 0, & t>0\end{cases}$$

求其拉普拉斯变换。

解：将 $f_2(t)$ 代入式（5.1-4），有

$$F_{\mathrm{b2}}'(s)=\int_{-\infty}^{0}\mathrm{e}^{\beta t}\mathrm{e}^{-st}\mathrm{d}t=\left.\frac{\mathrm{e}^{-(s-\beta)t}}{-(s-\beta)}\right|_{-\infty}^{0}=\begin{cases}\text{无界}, & \mathrm{Re}[s]=\sigma>\beta\\ \text{不定}, & \mathrm{Re}[s]=\sigma=\beta\\ \dfrac{1}{-(s-\beta)}, & \mathrm{Re}[s]=\sigma<\beta\end{cases} \tag{5.1-6}$$

可见，对反因果信号，仅当$\mathrm{Re}[s]=\sigma<\beta$时积分收敛，其收敛域如图 5.1-1（b）所示。

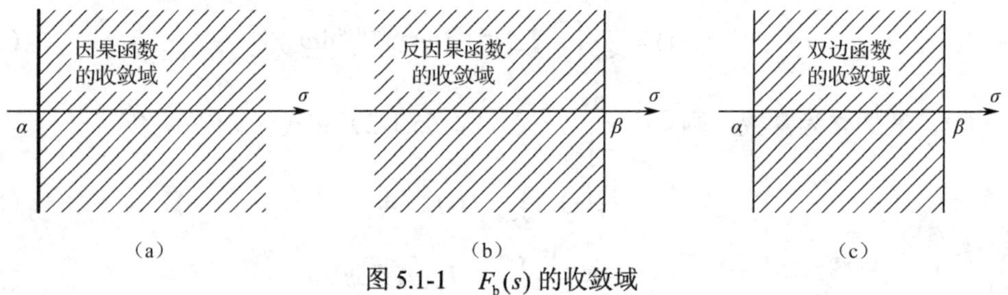

图 5.1-1　$F_{\mathrm{b}}(s)$ 的收敛域

如果有双边函数

$$f(t)=f_1(t)+f_2(t)=\begin{cases}\mathrm{e}^{\beta t}, & t<0\\ \mathrm{e}^{\alpha t}, & t>0\end{cases}$$

其双边拉普拉斯变换

$$F_{\mathrm{b}}(s)=F_{\mathrm{b1}}(s)+F_{\mathrm{b2}}(s)$$

其收敛域为$\alpha<\mathrm{Re}[s]<\beta$的一个带状区域，如图 5.1-1（c）所示，就是说，当$\beta>\alpha$时，$f(t)$的象函数在该区域内存在，如果$\beta\leqslant\alpha$，$F_{\mathrm{b1}}(s)$和$F_{\mathrm{b2}}(s)$没有共同的收敛域，因而$F_{\mathrm{b}}(s)$不存在。双边拉普拉斯变换便于分析双边信号，但其收敛条件较为苛刻，这也限制了它的应用。

通常遇到的信号都有初始时刻，不妨设其初始时刻为坐标原点。这样，在$t<0$时有$f(t)=0$，从而式（5.1-4）可写成

$$F(s)=\int_{0}^{\infty}f(t)\mathrm{e}^{-st}\mathrm{d}t \tag{5.1-7}$$

称为单边拉普拉斯变换。单边拉普拉斯变换运算简便，用途广泛，它也是研究双边拉普拉斯变换的基础。单边拉普拉斯变换简称拉普拉斯变换，本书主要讨论单边拉普拉斯变换。

5.1.3 单边拉普拉斯变换

当选定参考时间使得信号$f(t)$在$t\geqslant 0$开始，即信号$f(t)$是因果信号，或者更为明确地写为$f(t)u(t)$，其拉普拉斯变换简记为$\mathscr{L}[f(t)]$，象函数用$F(s)$表示，其反变换简记为$\mathscr{L}^{-1}[F(s)]$，单边拉普拉斯变换对可写为

$$F(s)=\mathscr{L}[f(t)]\triangleq\int_{0_-}^{\infty}f(t)\mathrm{e}^{-st}\mathrm{d}t \tag{5.1-8}$$

$$f(t)=\mathscr{L}^{-1}[F(s)]\triangleq\begin{cases}0, & t<0\\ \dfrac{1}{2\pi\mathrm{j}}\displaystyle\int_{\sigma-\mathrm{j}\infty}^{\sigma+\mathrm{j}\infty}F(s)\mathrm{e}^{st}\mathrm{d}s, & t>0\end{cases} \tag{5.1-9}$$

其变换与反变换的关系也简记为

$$f(t)\leftrightarrow F(s) \tag{5.1-10}$$

式（5.1-8）中积分下限取为 0_- 是考虑到 $f(t)$ 中可能包含 $\delta(t)$，$\delta'(t)$ 等奇异函数，今后未注明的 $t=0$，均指 0_-。

为使象函数 $F(s)$ 存在，积分式（5.1-8）必须收敛，对此有如下定理。

定理　单边拉普拉斯变换存在定理。如因果函数 $f(t)$ 满足：(1) 在有限区间 $a<t<b$ 内（其中 $0\leqslant a<b<\infty$）可积；(2) 对于某个 σ_0 有

$$\lim_{t\to\infty}|f(t)|\mathrm{e}^{-\sigma t}=0,\quad \sigma>\sigma_0 \tag{5.1-11}$$

则对于 $\mathrm{Re}[s]=\sigma>\sigma_0$，拉普拉斯积分式（5.1-8）绝对且一致收敛。

对于单边拉普拉斯变换的收敛域根据存在定理可以进行严格的证明，但它的证明超出了本书的范围。在这里只对定理做一些说明。

条件（1）表明，$f(t)$ 可以包含有限个间断点，只要求它在有限区间可积［即 $f(t)$ 曲线下的面积为有限值］。比如，$\dfrac{1}{\sqrt{t}}u(t)$，显然它满足条件（1），积分 $\displaystyle\int_0^b\frac{1}{\sqrt{t}}\mathrm{d}t=2\sqrt{b}$ 有界，其拉普拉斯变换存在（实际上 $\dfrac{1}{\sqrt{t}}\leftrightarrow\sqrt{\dfrac{\pi}{s}}$）。

条件（2）表明，$f(t)$ 可以随 t 的增大而增大，只要它比某些指数函数增长得慢即可。比如 $tu(t)$，若选 $\sigma>\sigma_0=0$，显然有 $\lim\limits_{t\to\infty}tu(t)\mathrm{e}^{-\sigma t}=0$，其拉普拉斯变换存在；而 e^{t^2} 不满足条件（2），不存在拉普拉斯变换。如果函数 $f(t)$ 满足式（5.1-11），就称其为 σ_0 指数阶的。意思是指可借助指数函数的衰减抑制 $f(t)$ 的发散性，使之成为收敛函数。

存在定理表明，满足条件（1）和（2）的因果函数 $f(t)$ 存在拉普拉斯变换，其收敛域为 σ_0（σ_0 称为收敛坐标）以右，即 $\mathrm{Re}[s]>\sigma_0$ 的半平面，而且积分是一致收敛的。

$\sigma>\sigma_0$ 为拉普拉斯变换收敛条件。根据 σ_0 把 s 平面划分为两个区域，如图 5.1-2 中 $\sigma=\sigma_0$ 的点称为收敛坐标。$\sigma=\sigma_0$ 的直线称为收敛边界（收敛轴），$\sigma>\sigma_0$ 的区域称为 $f(t)\mathrm{e}^{-\sigma t}$ 收敛区。

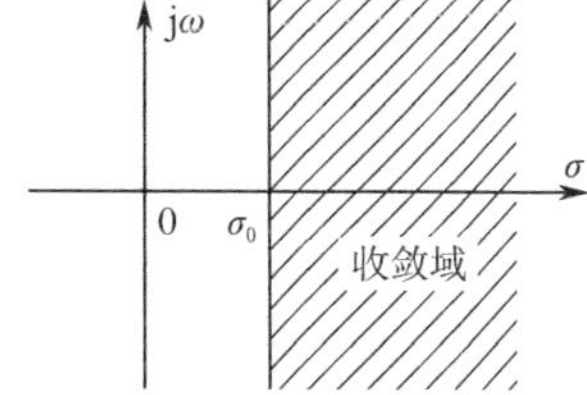

图 5.1-2　拉普拉斯变换收敛域

对于时限信号，对任何的 σ，极限式均满足，收敛坐标位于 $-\infty$，整个 s 平面都是收敛区。

对于指数信号 $\mathrm{e}^{\alpha t}$，极限式只有为 $\sigma>\alpha$ 时方能满足，即

$$\lim_{t\to\infty}[\mathrm{e}^{\alpha t}\mathrm{e}^{-\sigma t}]=\lim_{t\to\infty}[\mathrm{e}^{(\alpha-\sigma)t}]=0,\quad \sigma>\alpha$$

其收域区为 $\sigma>\alpha$。

电子技术中所遇到的有始信号都是指数阶的，因而 σ 只要取得大，极限式总能满足，其单边拉普拉斯变换就都存在，即收敛区必存在。收敛区在今后就不作为主要问题说明，最后顺便指出，信号 $\mathrm{e}^{t^2}u(t)$、$t^tu(t)$ 不管 σ 为何值，极限都不存在，所以单边拉普拉斯变换不存在，然而

这类信号在实际中不会遇到，因此这里不再讨论。

5.1.4 常用信号的拉普拉斯变换

1．冲激 $\delta(t)$

$$\mathscr{L}[\delta(t)]=\int_{0_-}^{\infty}\delta(t)\mathrm{e}^{-st}\mathrm{d}t=1,\qquad \mathrm{Re}[s]>-\infty\text{或}\sigma>-\infty$$

$$\mathscr{L}[\delta'(t)]=\int_{0_-}^{\infty}\delta'(t)\mathrm{e}^{-st}\mathrm{d}t=s,\qquad \mathrm{Re}[s]>-\infty$$

即

$$\delta(t)\leftrightarrow 1,\quad \mathrm{Re}[s]>-\infty$$
$$\delta'(t)\leftrightarrow s,\quad \mathrm{Re}[s]>-\infty$$

2．门函数 $g_\tau\left(t-\frac{\tau}{2}\right)$

$$\mathscr{L}\left[g_\tau\left(t-\frac{\tau}{2}\right)\right]=\int_{0_-}^{\infty}g_\tau\left(t-\frac{\tau}{2}\right)\mathrm{e}^{-st}\mathrm{d}t=\int_{0_-}^{\tau}\mathrm{e}^{-st}\mathrm{d}t=\frac{1-\mathrm{e}^{-s\tau}}{s},\quad \mathrm{Re}[s]>-\infty \tag{5.1-12}$$

3．复指数函数 $\mathrm{e}^{s_a t}u(t)$，s_a 为复常数，$s_a=\sigma_a+\mathrm{j}\omega_a$

$$\mathscr{L}[\mathrm{e}^{s_a t}u(t)]=\int_{0_-}^{\infty}\mathrm{e}^{s_a t}\mathrm{e}^{-st}\mathrm{d}t=\frac{1}{s-s_a},\qquad \mathrm{Re}[s]>\mathrm{Re}[s_a] \tag{5.1-13}$$

由 $\mathrm{e}^{s_a t}u(t)$ 可得出一些常用信号的拉普拉斯变换。

$$\mathrm{e}^{\alpha t}u(t)\leftrightarrow\frac{1}{s-\alpha},\qquad \mathrm{Re}[s]>\alpha\,,\qquad \alpha\text{为实常数}$$

当 $\alpha=0$ 可得

$$u(t)\leftrightarrow\frac{1}{s},\qquad \mathrm{Re}[s]>0 \tag{5.1-14}$$

4．t 的正幂函数 $t^n u(t)$

$$\mathscr{L}[tu(t)]=\int_{0_-}^{\infty}t\mathrm{e}^{-st}\mathrm{d}t=-\frac{1}{s}\int_{0_-}^{\infty}t\mathrm{d}\mathrm{e}^{-st}=-\frac{1}{s}\left[t\mathrm{e}^{-st}\Big|_{0_-}^{\infty}-\int_{0_-}^{\infty}\mathrm{e}^{-st}\mathrm{d}t\right]$$
$$=\frac{1}{s}\int_{0_-}^{\infty}\mathrm{e}^{-st}\mathrm{d}t=\frac{1}{s^2},\qquad \mathrm{Re}[s]>0$$

即

$$tu(t)\leftrightarrow\frac{1}{s^2},\qquad \mathrm{Re}[s]>0$$

同理

$$t^n u(t)\leftrightarrow\frac{n!}{s^{n+1}},\qquad \mathrm{Re}[s]>0$$

由于单边拉普拉斯变换的积分区间是 0 到∞，$f(t)u(t)$ 与 $f(t)$ 的拉普拉斯变换相同，为简便，时间函数中的 $u(t)$ 也常常略去不写。

由以上讨论可知，与傅里叶变换相比，拉普拉斯变换对时间函数 $f(t)$ 的限制要宽松得多，象函数 $F(s)$ 是复变函数，它存在于收敛域的半平面内，而傅里叶变换 $F(\mathrm{j}\omega)$ 仅是 $F(s)$ 收敛域中虚轴（$s=\mathrm{j}\omega$）上的函数。因此，就能用复变函数的理论研究线性系统的各种问题，从而扩大了人们的“视野”，使过去不易解决或不能解决的问题得到较满意的结果。但是，拉普拉斯变换也有不足之处，单边拉普拉斯变换只适用于研究因果信号，而双边变换常需要将双边信号分解为因果与反因果信号，并分别进行计算，而且它们的物理意义常常很不明显，比如角频率 ω 有明确的物理意义，而复频率 s 就没有明显的意义。

5.2 拉普拉斯变换的性质

拉普拉斯变换的性质反映了信号的时域特性与 s 域特性的关系，熟悉它们对于掌握复频域分析方法是十分重要的。拉普拉斯变换的许多性质有着广泛的应用，比如从已知的变换对导出新的变换对。在这一节中，介绍拉普拉斯变换的一些基本性质，这些性质中的大多数直接对应于 4.4 节中研究的傅里叶变换的性质，因此，只需要在傅里叶变换性质的证明中用 s 代替 $\mathrm{j}\omega$，即可得到对应的拉普拉斯变换性质的证明。

傅里叶变换也有一些拉普拉斯变换理论没有的性质。其中的两个例子是对偶性质和 Parseval 定理，所以，读者在下面拉普拉斯变换的性质中看不到它们。

5.2.1 线性性质

若

$$f_1(t) \leftrightarrow F_1(s),\quad \mathrm{Re}[s] > \sigma_1$$
$$f_2(t) \leftrightarrow F_2(s),\quad \mathrm{Re}[s] > \sigma_2$$

且有常数 a_1、a_2，则

$$a_1 f_1(t) + a_2 f_2(t) \leftrightarrow a_1 F_1(s) + a_2 F_2(s),\quad \mathrm{Re}[s] > \max(\sigma_1, \sigma_2) \tag{5.2-1}$$

其收敛域至少是 $f_1(t)$、$f_2(t)$ 的公共收敛区。实际上，如果是两函数之差，其收敛区可能扩大（参见例 5.2-1）。

【例 5.2-1】 $f(t)=u(t)-u(t-\tau)$，求 $\mathscr{L}[f(t)]$。

解： $u(t)\leftrightarrow \dfrac{1}{s}$，$\mathrm{Re}[s]>0$；$u(t-\tau)\leftrightarrow \dfrac{1}{s}\mathrm{e}^{-s\tau}$，$\mathrm{Re}[s]>0$

而 $$f(t)=u(t)-u(t-\tau)\leftrightarrow \frac{1}{s}(1-\mathrm{e}^{-s\tau}),\qquad \mathrm{Re}[s]>-\infty$$

实际上，收敛坐标为 $F(s)$ 中的极点，本题中 s=0 不是 $F(s)$ 的极点，$F(s)$ 无有限值极点。

【例 5.2-2】 求单边正弦函数 $\sin\beta t\cdot u(t)$ 和单边余弦函数 $\cos\beta t\cdot u(t)$ 的象函数。

解： 由于

$$\sin\beta t=\frac{1}{2\mathrm{j}}(\mathrm{e}^{\mathrm{j}\beta t}-\mathrm{e}^{-\mathrm{j}\beta t})$$

根据线性性质并利用式（5.1-13），得

$$\sin\beta t\cdot u(t)=\frac{1}{2\mathrm{j}}(\mathrm{e}^{\mathrm{j}\beta t}-\mathrm{e}^{-\mathrm{j}\beta t})\cdot u(t)\leftrightarrow\frac{1}{2\mathrm{j}}\left(\frac{1}{s-\mathrm{j}\beta}-\frac{1}{s+\mathrm{j}\beta}\right)=\frac{\beta}{s^2+\beta^2},\quad \mathrm{Re}[s]>0 \tag{5.2-2}$$

$$\cos\beta t\cdot u(t)=\frac{1}{2}(\mathrm{e}^{\mathrm{j}\beta t}+\mathrm{e}^{-\mathrm{j}\beta t})\cdot u(t)\leftrightarrow\frac{1}{2}\left(\frac{1}{s-\mathrm{j}\beta}+\frac{1}{s+\mathrm{j}\beta}\right)=\frac{s}{s^2+\beta^2},\quad \mathrm{Re}[s]>0 \tag{5.2-3}$$

5.2.2 尺度变换

若

$$f(t)\leftrightarrow F(s),\quad \mathrm{Re}[s]>\sigma_0$$

对于实常数 $a>0$，有

$$\mathscr{L}[f(at)]=\frac{1}{a}F\left(\frac{s}{a}\right),\qquad \mathrm{Re}[s]>a\sigma_0 \tag{5.2-4}$$

证明： $\mathscr{L}[f(at)]=\int_{0_-}^{\infty}f(at)\mathrm{e}^{-st}\mathrm{d}t\overset{x=at}{=}\int_{0_-}^{\infty}f(x)\mathrm{e}^{-\left(\frac{s}{a}\right)x}\frac{\mathrm{d}x}{a}=\frac{1}{a}F\left(\frac{s}{a}\right)$

$F(s)$收敛域为 $\mathrm{Re}[s]>\sigma_0$，则 $F\left(\frac{s}{a}\right)$ 的收敛域为 $\mathrm{Re}\left[\frac{s}{a}\right]>\sigma_0$，即 $\mathrm{Re}[s]>a\sigma_0$。

5.2.3 时移（延时）特性

若

$$f(t)\leftrightarrow F(s),\quad \mathrm{Re}[s]>\sigma_0$$

对正实常数 t_0，则

$$f(t-t_0)u(t-t_0)\leftrightarrow \mathrm{e}^{-st_0}F(s),\qquad \mathrm{Re}[s]>\sigma_0 \tag{5.2-5}$$

证明： $\mathscr{L}[f(t-t_0)u(t-t_0)]=\int_{0_-}^{\infty}f(t-t_0)u(t-t_0)\mathrm{e}^{-st}\mathrm{d}t$

$$=\int_{t_0}^{\infty}f(t-t_0)\mathrm{e}^{-st}\mathrm{d}t\overset{x=t-t_0}{=}\int_{0}^{\infty}f(x)\mathrm{e}^{-sx}\mathrm{e}^{-st_0}\mathrm{d}x$$

$$=\mathrm{e}^{-st_0}\int_{0}^{\infty}f(x)\mathrm{e}^{-sx}\mathrm{d}x=\mathrm{e}^{-st_0}F[s]$$

这里注意 $f(t-t_0)u(t-t_0)$ 是由 $f(t)u(t)$ 时移的，它和 $f(t)u(t-t_0)$ 及 $f(t-t_0)u(t)$ 要区分开。

如果函数 $f(t)u(t)$ 既延时又变换时间的尺度，若

$$f(t)u(t)\leftrightarrow F(s),\quad \mathrm{Re}[s]>\sigma_0$$

且有实常数 $a>0$，$b\geqslant 0$，则

$$f(at-b)u(at-b)\leftrightarrow\frac{1}{a}\mathrm{e}^{-\frac{b}{a}s}F\left(\frac{s}{a}\right),\quad \mathrm{Re}[s]>a\sigma_0 \tag{5.2-6}$$

【例 5.2-3】 已知 $f(t)=\sum_{n=0}^{\infty}\delta(t-nT)$，求 $\mathscr{L}[f(t)]$。

解： $\sum_{n=0}^{\infty}\delta(t-nT)=\delta(t)+\delta(t-T)+\cdots+\delta(t-nT)+\cdots$

由时移特性可得

$$\delta(t)\leftrightarrow 1,\delta(t-T)\leftrightarrow \mathrm{e}^{-Ts},\cdots,\delta(t-nT)\leftrightarrow \mathrm{e}^{-nTs},\cdots$$

根据线性性质可得

$$\mathscr{L}\left[\sum_{n=0}^{\infty}\delta(t-nT)\right]=1+\mathrm{e}^{-Ts}+\cdots+\mathrm{e}^{-nTs}+\cdots$$

这是等比级数，当 $\mathrm{Re}[s]>0$、$|\mathrm{e}^{-sT}|<1$ 时，该级数收敛，由等比级数求和公式可得

$$\sum_{n=0}^{\infty}\delta(t-nT)\leftrightarrow\frac{1}{1-\mathrm{e}^{-sT}},\qquad \mathrm{Re}[s]>0 \tag{5.2-7}$$

【例 5.2-4】 求矩形脉冲

$$f(t)=g_{\tau}\left(t-\frac{\tau}{2}\right)=\begin{cases}1, & 0<t<\tau\\ 0, & 其余\end{cases}$$

的象函数。

解： 由于

$$f(t)=g_{\tau}\left(t-\frac{\tau}{2}\right)=u(t)-u(t-\tau)$$

根据拉普拉斯变换的线性和时移特性，并利用式（5.1-14）的结果，得

$$\mathscr{L}\left[g_{\tau}\left(t-\frac{\tau}{2}\right)\right]=\mathscr{L}[u(t)]-\mathscr{L}[u(t-\tau)]=\frac{1-\mathrm{e}^{-sT}}{s}$$

结果与式（5.1-12）相同，其收敛域为 $\mathrm{Re}[s]>-\infty$。

由上例可知，两个阶跃函数的收敛域均为 $\mathrm{Re}[s]>0$，而两者之差的收敛域比其中任意一个都大。就是说，在应用拉普拉斯变换的线性性质后，其收敛域可能扩大。

5.2.4 复频移（s域平移）特性

若

$$f(t)\leftrightarrow F(s),\quad \mathrm{Re}[s]>\sigma_0$$

且有复常数 $s_a=\sigma_a+\mathrm{j}\omega_a$，则

$$f(t)\mathrm{e}^{s_a t}\leftrightarrow F(s-s_a),\qquad \mathrm{Re}[s]>\sigma_0+\sigma_a \tag{5.2-8}$$

证明从略。

【例 5.2-5】 求衰减正弦函数 $\mathrm{e}^{-\alpha t}\sin\beta t\cdot u(t)$ 和衰减余弦函数 $\mathrm{e}^{-\alpha t}\cos\beta t\cdot u(t)$ 的象函数。

解： 设 $f(t)=\sin\beta t\cdot u(t)$，由式（5.2-2）知

$$\sin\beta t\cdot u(t)\leftrightarrow F(s)=\frac{\beta}{s^2+\beta^2},\quad \mathrm{Re}[s]>0$$

由复频移特性可得

$$\mathrm{e}^{-\alpha t}\sin\beta t\cdot u(t)\leftrightarrow F(s+\alpha)=\frac{\beta}{(s+\alpha)^2+\beta^2},\quad \mathrm{Re}[s]>-\alpha \tag{5.2-9}$$

其收敛域为 $\mathrm{Re}[s]>\sigma_0+\sigma_\alpha=0-\alpha=-\alpha$，即 $\mathrm{Re}[s]>-\alpha$。

同理可得

$$\mathrm{e}^{-\alpha t}\cos\beta t\cdot u(t)\leftrightarrow\frac{s+\alpha}{(s+\alpha)^2+\beta^2},\quad \mathrm{Re}[s]>-\alpha \tag{5.2-10}$$

【例 5.2-6】 已知因果函数 $f(t)$ 的象函数

$$F(s)=\frac{s}{s^2+1}$$

求 $\mathrm{e}^{-t}f(3t-2)$ 的象函数。

解：因为

$$f(t)\leftrightarrow\frac{s}{s^2+1}$$

所以由尺度变换有

$$f(3t-2)\leftrightarrow\frac{1}{3}\cdot\frac{\frac{s}{3}}{\left(\frac{s}{3}\right)^2+1}\mathrm{e}^{-\frac{2}{3}s}=\frac{s}{s^2+9}\mathrm{e}^{-\frac{2}{3}s}$$

再由复频移特性，得

$$\mathrm{e}^{-t}f(3t-2)\leftrightarrow\frac{s+1}{(s+1)^2+9}\mathrm{e}^{-\frac{2}{3}(s+1)}$$

5.2.5 时域微分特性（定理）

时域微分和时域积分特性主要用于研究初始条件的微分、积分方程，即用于求系统的输出，这里将考虑函数的初始值 $f(0_-)\neq 0$ 的情况。

微分定理

若

$$f(t)\leftrightarrow F(s),\quad \mathrm{Re}[s]>\sigma_0$$

则

$$\begin{cases} f^{(1)}(t)\leftrightarrow sF(s)-f(0_-) \\ f^{(2)}(t)\leftrightarrow s^2F(s)-sf(0_-)-f^{(1)}(0_-) \\ \qquad\vdots \\ f^{(n)}(t)\leftrightarrow s^nF(s)-\sum\limits_{m=0}^{n-1}s^{n-1-m}f^{(m)}(0_-) \end{cases} \tag{5.2-11}$$

收敛域至少是 $\mathrm{Re}(s)>\sigma_0$。

证明：

根据拉普拉斯变换的定义

$$\mathscr{L}[f^{(1)}(t)]=\int_{0_-}^{\infty}\frac{\mathrm{d}f(t)}{\mathrm{d}t}\mathrm{e}^{-st}\mathrm{d}t=\int_{0_-}^{\infty}\mathrm{e}^{-st}\mathrm{d}f(t)$$

令 $u=\mathrm{e}^{-st}$，则 $\mathrm{d}u=-s\mathrm{e}^{-st}\mathrm{d}t$，设 $v=f(t)$，则 $\mathrm{d}v=\mathrm{d}f(t)$，对上式进行分部积分，得

$$\mathscr{L}[f^{(1)}(t)]=\mathrm{e}^{-st}f(t)\Big|_{0_-}^{\infty}+s\int_{0_-}^{\infty}f(t)\mathrm{e}^{-st}\mathrm{d}t=\lim_{t\to\infty}\mathrm{e}^{-st}f(t)-f(0_-)+sF(s)$$

因为 $f(t)$ 是指数阶函数，在收敛域内，$\lim\limits_{t\to\infty}\mathrm{e}^{-st}f(t)=0$，所以

$$\mathscr{L}[f^{(1)}(t)]=sF(s)-f(0_-) \tag{5.2-12}$$

式中 $f(0_-)$ 是函数 $f(t)$ 在 $t=0_-$ 时的值。由式（5.2-12）可知，在 $F(s)$ 的收敛域内 $\mathscr{L}[f^{(1)}(t)]$ 必

定收敛。由于式（5.2-12）第一项为$sF(s)$，因而其收敛域可能扩大。例如，若$F(s)=\frac{1}{s}$，其收敛域为$\mathrm{Re}[s]>0$，而$sF(s)=1$，其收敛域为$\mathrm{Re}[s]>-\infty$。所以式（5.2-12）的收敛域至少是$\mathrm{Re}[s]>\sigma_0$，即至少与$F(s)$收敛域相同。

反复应用式（5.2-12）可推广到高阶导数。例如二阶导数$f^{(2)}(t)=\frac{\mathrm{d}}{\mathrm{d}t}[f^{(1)}(t)]$，应用式（5.2-12），得

$$\begin{aligned}\mathscr{L}[f^{(2)}(t)]&=s\mathscr{L}[f^{(1)}(t)]-f^{(1)}(0_-)=s[sF(s)-f(0_-)]-f^{(1)}(0_-)\\&=s^2F(s)-sf(0_-)-f^{(1)}(0_-)\end{aligned}\tag{5.2-13}$$

其n阶导数的拉普拉斯变换同式（5.2-11）。

求因果信号$f(t)$的拉普拉斯变换时，由于$f^{(n)}(0_-)=0(n=1,2,3,\cdots)$，这时微分特性具有更简洁的形式：

$$f^{(n)}(t)\leftrightarrow s^nF(s),\quad \mathrm{Re}[s]>\sigma_0\tag{5.2-14}$$

【例 5.2-7】 已知$\cos\omega t\cdot u(t)\leftrightarrow\frac{s}{s^2+\omega^2}$，$\mathrm{Re}[s]>0$，利用时域的微分特性，求$\sin\omega t\cdot u(t)$的象函数。

解： 根据导数的运算规则，有

$$\frac{\mathrm{d}}{\mathrm{d}t}[\cos\omega t\cdot u(t)]=-\omega\sin\omega t\cdot u(t)+\delta(t)$$

$$\mathscr{L}\left\{\frac{\mathrm{d}}{\mathrm{d}t}[\cos\omega t\cdot u(t)]\right\}=\mathscr{L}[-\omega\sin\omega t\cdot u(t)]+\mathscr{L}[\delta(t)]$$

由于$\cos\omega t\cdot u(t)\leftrightarrow\frac{s}{s^2+\omega^2}$，$f(0_-)=\cos\omega t\cdot u(t)\big|_{t=0_-}=0$，利用时域微分特性，可得

$$s\cdot\frac{s}{s^2+\omega^2}-0=-\omega\mathscr{L}[\sin\omega t\cdot u(t)]+1$$

所以

$$\mathscr{L}[\sin\omega t\cdot u(t)]=\frac{1}{\omega}\left(1-\frac{s^2}{s^2+\omega^2}\right)=\frac{\omega}{s^2+\omega^2},\quad \mathrm{Re}[s]>0$$

需要注意的是，对于（单边）拉普拉斯变换，$\cos\omega t$与$\cos\omega t\cdot u(t)$的象函数相同，如果利用$\sin\omega t=-\frac{1}{\omega}\cdot\frac{\mathrm{d}\cos\omega t}{\mathrm{d}t}$的关系求$\sin\omega t$的象函数，就应该考虑到$f(0_-)=\cos\omega t\big|_{t=0_-}=1$。即

$$\mathscr{L}[\sin\omega t]=-\frac{1}{\omega}\mathscr{L}\left[\frac{\mathrm{d}\cos\omega t}{\mathrm{d}t}\right]=-\frac{1}{\omega}[sF(s)-f(0_-)]=-\frac{1}{\omega}\left[s\frac{s}{s^2+\omega^2}-1\right]=\frac{\omega}{s^2+\omega^2}$$

5.2.6　时域积分特性（定理）

这里用符号$f^{(-n)}(t)$表示对函数$f(x)$从$-\infty$到t的n重积分，它也可表示为$\left(\int_{-\infty}^{t}\right)^n f(x)\mathrm{d}x$，如果该积分的下限是$0_-$，就表示为$\left(\int_{0_-}^{t}\right)^n f(x)\mathrm{d}x$。

积分定理

若

$$f(t)\leftrightarrow F(s),\quad \mathrm{Re}[s]>\sigma_0$$

则

$$\left(\int_{0_-}^{t}\right)^n f(x)\mathrm{d}x\leftrightarrow\frac{1}{s^n}F(s) \tag{5.2-15}$$

$$\begin{cases} f^{(-1)}(t)=\int_{-\infty}^{t} f(x)\mathrm{d}x\leftrightarrow\dfrac{1}{s}F(s)+\dfrac{1}{s}f^{(-1)}(0_-) \\ \quad\vdots \\ f^{(-n)}(t)=\left(\int_{-\infty}^{t}\right)^n f(x)\mathrm{d}x\leftrightarrow\dfrac{1}{s^n}F(s)+\displaystyle\sum_{m=1}^{n}\dfrac{1}{s^{n-m+1}}f^{(-m)}(0_-) \end{cases} \tag{5.2-16}$$

其收敛区至少是 $\mathrm{Re}[s]>\sigma_0$ 和 $\mathrm{Re}[s]>0$ 的共同部分。

证明：

首先研究式（5.2-15），当 $n=1$，则 $f(x)$ 积分的拉普拉斯变换为

$$\mathscr{L}\left[\int_{0_-}^{t} f(x)\mathrm{d}x\right]=\int_{0_-}^{\infty}\left[\int_{0_-}^{t} f(x)\mathrm{d}x\right]\mathrm{e}^{-st}\mathrm{d}t$$

令 $u=\int_{0_-}^{t} f(x)\mathrm{d}x$ ，$\mathrm{d}v=\mathrm{e}^{-st}\mathrm{d}t$，则 $\mathrm{d}u=f(t)\mathrm{d}t$，$v=-\frac{1}{s}\mathrm{e}^{-st}$，上式为

$$\begin{aligned}\mathscr{L}\left[\int_{0_-}^{t} f(x)\mathrm{d}x\right]&=-\frac{\mathrm{e}^{-st}}{s}\int_{0_-}^{t} f(x)\mathrm{d}x\Big|_{0_-}^{\infty}+\frac{1}{s}\int_{0_-}^{\infty} f(t)\mathrm{e}^{-st}\mathrm{d}t \\ &=-\frac{1}{s}\lim_{t\to\infty}\mathrm{e}^{-st}\int_{0_-}^{t} f(x)\mathrm{d}x+\frac{1}{s}\int_{0_-}^{0_-} f(x)\mathrm{d}x+\frac{1}{s}F(s)\end{aligned}$$

如果 $f(t)$ 为指数阶的，它的积分也是指数阶的，因而上式中第一项为 0，第二项是从 0_- 到 0_- 的积分，显然为 0，故

$$\mathscr{L}\left[\int_{0_-}^{t} f(x)\mathrm{d}x\right]=\frac{1}{s}F(s) \tag{5.2-17}$$

反复应用上式就可以得到式（5.2-15）。

如果积分下限是 $-\infty$ ，则有

$$f^{(-1)}(t)=\int_{-\infty}^{t} f(x)\mathrm{d}x=\int_{-\infty}^{0_-} f(x)\mathrm{d}x+\int_{0_-}^{t} f(x)\mathrm{d}x=f^{(-1)}(0_-)+\int_{0_-}^{t} f(x)\mathrm{d}x \tag{5.2-18}$$

式中 $f^{(-1)}(0_-)=\int_{-\infty}^{0_-} f(x)\mathrm{d}x$ 是函数 $f(x)$ 积分在 $t=0_-$ 时的值[请注意，这里隐含 $f(-\infty)=0$]。由于它是常数，故

$$\mathscr{L}[f^{(-1)}(0_-)]=\frac{1}{s}f^{(-1)}(0_-) \tag{5.2-19}$$

对式（5.2-18）取拉普拉斯变换并将式（5.2-18）、式（5.2-19）代入，得

$$\mathscr{L}\left[\int_{-\infty}^{t} f(x)\mathrm{d}x\right]=\frac{1}{s}\int_{-\infty}^{0_-} f(x)\mathrm{d}x+\frac{1}{s}F(s)=\frac{1}{s}f^{(-1)}(0_-)+\frac{1}{s}F(s) \tag{5.2-20}$$

反复利用上式就可证明一般情况。由式（5.2-20）可见，其收敛域至少为 $\mathrm{Re}[s]>\sigma_0$ 和 $\mathrm{Re}[s]>0$ 相重叠的部分。

需要指出的是，如果 $f(t)$ 为因果信号，显然 $f(t)$ 及其积分在 t=0 时为 0，即 $f^{(-n)}(0_-)=0$（n=0,1,2,⋯），这时其积分的象函数为式（5.2-15）。

【例 5.2-8】 求图 5.2-1（a）中三角形脉冲

$$f_{\Delta}\left(t-\frac{\tau}{2}\right)=\begin{cases}\dfrac{2}{\tau}t, & 0<t<\dfrac{\tau}{2}\\ 2-\dfrac{2}{\tau}t, & \dfrac{\tau}{2}<t<\tau\\ 0, & t<0\text{和}t>\tau\end{cases} \tag{5.2-21}$$

的象函数。

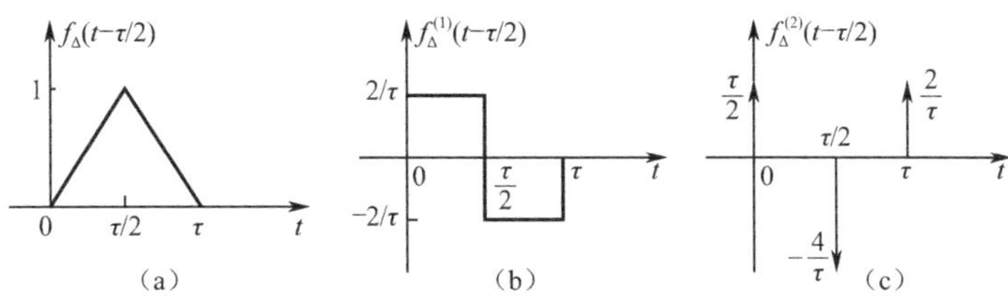

图 5.2-1　例 5.2-8 图

解： 如果信号的波形仅由直线段组成，信号导数的象函数很容易求得，这时利用积分特性比较简便。

图 5.2-1（a）的三角形脉冲，其一阶、二阶导数如图（b）和（c）所示。

令 $f(t)=f_{\Delta}^{(2)}\left(t-\dfrac{\tau}{2}\right)$，则

$$f^{(-1)}(t)=f_{\Delta}^{(1)}\left(t-\frac{\tau}{2}\right)$$

$$f^{(-2)}(t)=f_{\Delta}\left(t-\frac{\tau}{2}\right)$$

由于 $\delta(t)\leftrightarrow 1$，应用时移特性可得 $f(t)$ 的象函数

$$F(s)=\frac{2}{\tau}\left[1-2\mathrm{e}^{-\frac{\tau}{2}s}+\mathrm{e}^{-\tau s}\right]=\frac{2}{\tau}(1-\mathrm{e}^{-\frac{\tau}{2}s})^2$$

应用积分特性，考虑到 $f^{(-1)}(0_-)=f^{(-2)}(0_-)=0$，得

$$\mathscr{L}\left[f_{\Delta}\left(t-\frac{\tau}{2}\right)\right]=\mathscr{L}[f^{(-2)}(t)]=\frac{1}{s^2}F(s)=\frac{2}{\tau}\cdot\frac{(1-\mathrm{e}^{-\frac{\tau}{2}s})^2}{s^2} \tag{5.2-22}$$

【例 5.2-9】 已知 $\mathscr{L}[u(t)]=\dfrac{1}{s}$，利用阶跃函数的积分求 $t^n u(t)$ 的象函数。

解： 由于

$$\int_0^t u(x)\mathrm{d}x=tu(t)$$

$$\left(\int_0^t\right)^2 u(x)\mathrm{d}x=\int_0^t xu(x)\mathrm{d}x=\frac{1}{2}t^2u(t)$$

$$\left(\int_0^t\right)^3 u(x)\mathrm{d}x=\int_0^t\frac{1}{2}x^2u(x)\mathrm{d}x=\frac{1}{3\times 2}t^3u(t)$$

$$\vdots$$

可以推得

$$\left(\int_0^t\right)^n u(x)\mathrm{d}x=\frac{1}{n!}t^n u(t)$$

利用积分特性［式（5.2-15）］，考虑到$\mathscr{L}[u(t)]=\dfrac{1}{s}$，得

$$\mathscr{L}\left[\frac{1}{n!}t^n u(t)\right]=\mathscr{L}\left[\left(\int_0^t\right)^n u(x)\mathrm{d}x\right]=\frac{1}{s^{n+1}}$$

即

$$t^n u(t)\leftrightarrow\frac{n!}{s^{n+1}} \tag{5.2-23}$$

5.2.7 卷积定理

类似于傅里叶变换中的卷积定理，在拉普拉斯变换中也有时域和频域卷积定理，时域卷积定理在系统分析中更为重要。

1．时域卷积定理

若因果函数

$$f_1(t)\leftrightarrow F_1(s),\quad \mathrm{Re}[s]>\sigma_1$$
$$f_2(t)\leftrightarrow F_2(s),\quad \mathrm{Re}[s]>\sigma_2$$

则

$$f_1(t)*f_2(t)\leftrightarrow F_1(s)F_2(s) \tag{5.2-24}$$

其收敛域至少是$F_1(s)$、$F_2(s)$收敛域的公共部分。

证明：两因果信号的卷积写为

$$f_1(t)*f_2(t)=\int_0^{\infty}f_1(\tau)f_2(t-\tau)\mathrm{d}\tau=\int_{0_-}^{\infty}f_1(\tau)f_2(t-\tau)\mathrm{d}\tau$$

取上式的拉普拉斯变换，并交换积分次序，得

$$\begin{aligned}\mathscr{L}[f_1(t)*f_2(t)]&=\int_0^{\infty}\left[\int_0^{\infty}f_1(\tau)f_2(t-\tau)\mathrm{d}\tau\right]\mathrm{e}^{-st}\mathrm{d}t\\&=\int_0^{\infty}f_1(\tau)\left[\int_0^{\infty}f_2(t-\tau)\mathrm{e}^{-s(t-\tau)}\mathrm{e}^{-s\tau}\mathrm{d}t\right]\mathrm{d}\tau\\&=\int_0^{\infty}f_1(\tau)F_2(s)\mathrm{e}^{-s\tau}\mathrm{d}\tau\\&=F_1(s)F_2(s)\end{aligned}$$

2．复频域卷积定理

用类似的方法可证得

$$f_1(t)*f_2(t)\leftrightarrow\frac{1}{2\pi\mathrm{j}}\int_{c-\mathrm{j}\infty}^{c+\mathrm{j}\infty}F_1(\eta)F_2(s-\eta)\mathrm{d}\eta,\ \mathrm{Re}[s]>\sigma_1+\sigma_2,\ \sigma_1<c<\mathrm{Re}[s]-\sigma_2 \tag{5.2-25}$$

式中积分路线$\sigma=c$是$F_1(\eta)$与$F_2(s-\eta)$收敛重叠部分与虚轴平行的直线，这里对积分路线的限制较多，而该积分的计算也比较复杂，因而复频域卷积定理较少应用。

【例 5.2-10】 如图 5.2-2（a）所示为 t=0 接入的（也称有始的）周期矩形脉冲序列 $f(t)$，求其象函数 $F(s)$。

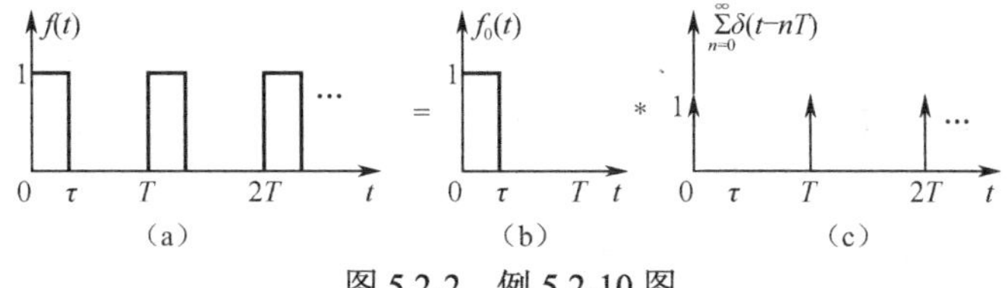

图 5.2-2　例 5.2-10 图

解：取有始周期函数 $f(t)$ 在第一个周期内 $(0 \leqslant t < T)$ 的函数为 $f_0(t)$，即

$$f_0(t) = f(t)[u(t) - u(t-T)]$$

其象函数为 $F_0(s)$，则由卷积积分的原理，有始周期信号可写为

$$f(t) = f_0(t) * \sum_{n=0}^{\infty} \delta(t - nT)$$

如图 5.2-2（b）和（c）所示。由式（5.2-7）并应用卷积定理，得

$$\mathscr{L}[f(t)] = F_0(s)\mathscr{L}\left[\sum_{n=0}^{\infty} \delta(t - nT)\right] = \frac{F_0(s)}{1 - \mathrm{e}^{-sT}} \tag{5.2-26}$$

对于本例，宽度为 τ 的矩形脉冲的象函数为

$$F_0(s) = \frac{1 - \mathrm{e}^{-s\tau}}{s}$$

故有始周期脉冲 $f(t)$ 的象函数

$$f(t) \leftrightarrow F(s) = \frac{1 - \mathrm{e}^{-s\tau}}{s(1 - \mathrm{e}^{-sT})} \tag{5.2-27}$$

图 5.2-2（a）中，若脉冲宽度 $\tau = \frac{T}{2}$，就得到方波信号 $f_{\mathrm{sq1}}(t)$，如图 5.2-3（a）所示，将 $\tau = \frac{T}{2}$ 代入到式（5.2-27），得其象函数

$$F_{\mathrm{sq1}}(s) = \frac{1 - \mathrm{e}^{-\frac{T}{2}s}}{s(1 - \mathrm{e}^{-sT})} = \frac{1}{s\left(1 + \mathrm{e}^{-\frac{T}{2}s}\right)} \tag{5.2-28}$$

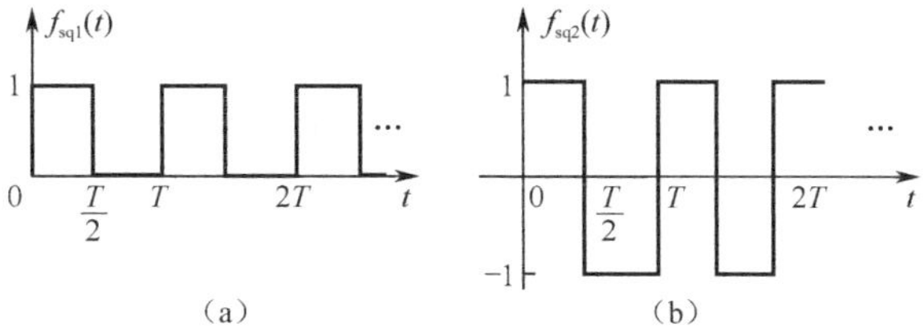

图 5.2-3　方波信号

图 5.2-3（b）的对称方波信号

$$f_{\mathrm{sq2}}(t) = f_{\mathrm{sq1}}(t) - f_{\mathrm{sq1}}\left(t - \frac{T}{2}\right)$$

由时移特性，其象函数

$$F_{sq2}(s)=\frac{1-e^{-\frac{T}{2}s}}{s\left(1+e^{-\frac{T}{2}s}\right)} \tag{5.2-29}$$

【例 5.2-11】 已知某 LTI 系统的冲激响应 $h(t)=e^{-t}u(t)$，求输入 $f(t)=u(t)$ 时的零状态响应 $y_{zs}(t)$。

解： 由 3.2 节可知，LTI 连续系统的零状态响应为

$$y_{zs}(t)=f(t)*h(t)$$

根据卷积定理有

$$Y_{zs}(s)=F(s)H(s)$$

式中 $H(s)=\mathscr{L}[h(t)]$ 称为系统函数。由于

$$f(t)=u(t)\leftrightarrow F(s)=\frac{1}{s}$$

$$h(t)=e^{-t}u(t)\leftrightarrow H(s)=\frac{1}{s+1}$$

故

$$Y_{zs}(s)=F(s)H(s)=\frac{1}{s}\cdot\frac{1}{s+1}=\frac{1}{s}-\frac{1}{s+1}$$

对上式取拉普拉斯反变换，得

$$y_{zs}(t)=u(t)-e^{-t}u(t)=(1-e^{-t})u(t)$$

5.2.8 复频域（s 域）微分和积分

若

$$f(t)\leftrightarrow F(s)，\quad \mathrm{Re}[s]>\sigma_0$$

则

$$\begin{cases}(-t)f(t)\leftrightarrow\dfrac{dF(s)}{ds}\\[2ex](-t)^n f(t)\leftrightarrow\dfrac{d^nF(s)}{ds^n}\end{cases},\quad \mathrm{Re}[s]>\sigma_0 \tag{5.2-30}$$

$$\frac{f(t)}{t}\leftrightarrow\int_s^{\infty}F(\eta)d\eta,\qquad \mathrm{Re}[s]>\sigma_0 \tag{5.2-31}$$

微分特性证明如下：

由于

$$F(s)=\int_{0_-}^{\infty}f(t)e^{-st}dt$$

上式两边对 s 求导，并交换微分、积分顺序，得

$$\frac{dF(s)}{ds}=\frac{d}{ds}\int_{0_-}^{\infty}f(t)e^{-st}dt=\int_{0_-}^{\infty}(-t)f(t)e^{-st}dt=\mathscr{L}[(-t)f(t)]$$

重复运用上述结果可得式（5.2-30）。通常，若 $f(t)$ 是 σ_0 指数阶的，那么乘以 t 仍是 σ_0 指数阶的，故式（5.2-30）的收敛域仍为 $\mathrm{Re}[s]>\sigma_0$。

积分特性可证明如下：

将 $F(s)$ 的定义式代入到式（5.2-31）的右端，并交换积分顺序，得

$$\int_s^{\infty} F(\eta)\mathrm{d}\eta = \int_s^{\infty}\int_{0_-}^{\infty} f(t)\mathrm{e}^{-\eta t}\mathrm{d}t\mathrm{d}\eta = \int_{0_-}^{\infty} f(t)\left[\int_s^{\infty}\mathrm{e}^{-\eta t}\mathrm{d}\eta\right]\mathrm{d}t$$

$$= \int_{0_-}^{\infty} f(t)\frac{1}{t}\mathrm{e}^{-st}\mathrm{d}t = \mathscr{L}\left[\frac{f(t)}{t}\right]$$

显然，这里 $\frac{f(t)}{t}$ 的拉普拉斯变换应该存在，即 $\frac{f(t)}{t}$ 应在有限区内可积，并且是指数阶的。

【例 5.2-12】 证明 $\mathrm{si}(t) \leftrightarrow \frac{1}{s}\arctan\left(\frac{1}{s}\right)$，式中 $\mathrm{si}(t) = \int_{0_-}^{t}\frac{\sin\tau}{\tau}\mathrm{d}\tau$。

解：

$$\sin t\cdot u(t) \leftrightarrow \frac{1}{s^2+1}$$

$$\frac{\sin t}{t}u(t) \leftrightarrow \int_s^{\infty}\frac{1}{\eta^2+1}\mathrm{d}\eta = \frac{\pi}{2} - \arctan s = \arctan\frac{1}{s}$$

故由积分特征，得

$$\mathrm{si}(t) \leftrightarrow \frac{1}{s}\arctan\frac{1}{s} \tag{5.2-32}$$

【例 5.2-13】 求函数 $t^2\mathrm{e}^{-\alpha t}u(t)$ 的象函数。

解： 令 $f_1(t) = \mathrm{e}^{-\alpha t}u(t)$，则 $F_1(s) = \frac{1}{s+\alpha}$。由 s 域微分性质，得

$$t^2\mathrm{e}^{-\alpha t}u(t) = (-t)^2 f_1(t) \leftrightarrow \frac{\mathrm{d}^2 F_1(s)}{\mathrm{d}s^2} = \frac{2}{(s+\alpha)^3}$$

即

$$t^2\mathrm{e}^{-\alpha t}u(t) \leftrightarrow \frac{2}{(s+\alpha)^3} \tag{5.2-33}$$

【例 5.2-14】 求函数 $\frac{\sin t}{t}u(t)$ 的象函数。

解： 由于

$$\sin t\cdot u(t) \leftrightarrow \frac{1}{s^2+1}$$

由 s 域积分性质可得

$$\mathscr{L}\left[\frac{\sin t}{t}u(t)\right] = \int_s^{\infty}\frac{1}{\eta^2+1}\mathrm{d}\eta = \arctan\eta\Big|_s^{\infty} = \frac{\pi}{2} - \arctan s = \arctan\frac{1}{s} \tag{5.2-34}$$

5.2.9　初值定理和终值定理

初值和终值定理用于直接由 $F(s)$ 求 $f(0_+)$ 和 $f(\infty)$ 的值，而不必求出原函数 $f(t)$。

1．初值定理

设 $f(t)$ 不包含冲激及其各阶导数，$f(t)$、$f'(t)$ 存在拉普拉斯变换，且

$$f(t) \leftrightarrow F(s)，\quad \mathrm{Re}[s] > \sigma_0$$

则有

$$\begin{cases} f(0_+) = \lim\limits_{t \to 0_+} f(t) = \lim\limits_{s \to \infty} sF(s) \\ f'(0_+) = \lim\limits_{s \to \infty} s[sF(s) - f(0_+)] \\ f^{(n)}(0_+) = \lim\limits_{s \to \infty} s\left[s^n F(s) - \sum\limits_{m=0}^{n-1} s^{n-1-m} f^{(m)}(0_+)\right] \end{cases} \tag{5.2-35}$$

上式可证明如下：

由时域微分特性知

$$f'(t) \leftrightarrow sF(s) - f(0_-) \tag{5.2-36}$$

而

$$\int_{0_-}^{\infty} f'(t)\mathrm{e}^{-st}\mathrm{d}t = \int_{0_-}^{0_+} f'(t)\mathrm{e}^{-st}\mathrm{d}t + \int_{0_+}^{\infty} f'(t)\mathrm{e}^{-st}\mathrm{d}t \tag{5.2-37}$$

考虑到在 $(0_-, 0_+)$ 区间 $\mathrm{e}^{-st} = 1$，故

$$\int_{0_-}^{0_+} f'(t)\mathrm{e}^{-st}\mathrm{d}t = \int_{0_-}^{0_+} f'(t)\mathrm{d}t = f(0_+) - f(0_-)$$

将上式代入到式（5.2-37），得

$$\int_{0_-}^{\infty} f'(t)\mathrm{e}^{-st}\mathrm{d}t = f(0_+) - f(0_-) + \int_{0_+}^{\infty} f'(t)\mathrm{e}^{-st}\mathrm{d}t \tag{5.2-38}$$

显然，式（5.2-36）与式（5.2-38）应相等，于是有

$$sF(s) = f(0_+) + \int_{0_+}^{\infty} f'(t)\mathrm{e}^{-st}\mathrm{d}t \tag{5.2-39}$$

对上式取 $s \to \infty$ 的极限，考虑到 $\lim\limits_{s \to \infty} \mathrm{e}^{-st} = 0$，得

$$f(0_+) = \lim_{t \to 0_+} f(t) = \lim_{s \to \infty} sF(s)$$

即式（5.2-35）的第一式，类似地，可推出其他两式。

初值定理的应用条件是 $f(t)$ 不含有冲激及其各阶导数，这就要求在求 $F(s)$ 反变换前，需要首先检查 $F(s)$ 是否为真分式。如果是真分式，则 $f(t)$ 中不含冲激函数 $\delta(t)$ 项；否则，$f(t)$ 就会含冲激函数 $\delta(t)$ 项或其各阶导数，有的著作在叙述初值定理时，应用条件是针对 $F(s)$ 中的真分式部分。

2．终值定理

若函数 $f(t)$ 及其各阶导数存在并有拉普拉斯变换，$f(\infty)$ 存在，且

$$f(t) \leftrightarrow F(s)，\ \mathrm{Re}[s] > \sigma_0，\ \sigma_0 < 0$$

则有

$$f(\infty) = \lim_{t \to \infty} f(t) = \lim_{s \to 0} sF(s) \tag{5.2-40}$$

上式可证明如下：

在证明初值定理时，我们得到式（5.2-39），对其取 $s \to 0$ 的极限，由于

$$\lim_{s \to 0} \int_{0_+}^{\infty} f'(t)\mathrm{e}^{-st}\mathrm{d}t = \int_{0_+}^{\infty} f'(t)\left[\lim_{s \to 0} \mathrm{e}^{-st}\right]\mathrm{d}t = \int_{0_+}^{\infty} f'(t)\mathrm{d}t = f(\infty) - f(0_+)$$

故

$$\lim_{s\to 0} sF(s) = f(0_+) + \int_{0_+}^{\infty} f'(t) \lim_{s\to 0} \mathrm{e}^{-st}\mathrm{d}t = f(0_+) + f(\infty) - f(0_+) = f(\infty)$$

即式（5.2-40）。

求终值时，需要要特别注意的是收敛域至少为 $\mathrm{Re}[s] > \sigma_0, \sigma_0 < 0$，这是由于保证 $f(t)$ 的 $f(\infty)$ 存在，即 $sF(s)$ 收敛域包括虚轴，也可这样理解：终值定理是由 $s \to 0$ 的极限求得的，因而 $s = 0$ 应在 $sF(s)$ 的收敛域内。

【例 5.2-15】 已知函数 $f(t)$ 的象函数为

$$F(s) = \frac{1}{s+\alpha}, \mathrm{Re}[s] > -\alpha$$

求原函数 $f(t)$ 的初值 $f(0_+)$ 及终值 $f(\infty)$。

解： $F(s)$ 为真分式，$f(t)$ 不含冲激及其各阶导数，所以

$$f(0_+) = \lim_{s\to\infty} sF(s) = \lim_{s\to\infty} \frac{s}{s+\alpha} = 1$$

由 $F(s)$ 的原函数 $f(t) = \mathrm{e}^{-\alpha t}u(t)$，显然以上结果对 $\alpha > 0, \alpha < 0, \alpha = 0$ 都是正确的。

由终值定理，得

$$f(\infty) = \lim_{s\to 0} sF(s) = \lim_{s\to 0} \frac{s}{s+\alpha} = \begin{cases} 0, & \alpha > 0 \quad ① \\ 1, & \alpha = 0 \quad ② \\ 0, & \alpha < 0 \quad ③ \end{cases}$$

对于 $\alpha \geqslant 0$，$sF(s)$ 的收敛域为 $\mathrm{Re}[s] > -\alpha$，显然 s=0 在收敛域内，因而①、②结果正确；而 $\alpha < 0$ 时，$sF(s)$的收敛域为 $\mathrm{Re}[s] > -\alpha = |\alpha|$，$s$=0 不在收敛域内，因而结果不正确。由 $F(s)$ 的原函数容易验证以上结论。一般终值定理应用时，收敛坐标放宽到原点上的一阶极点。

最后，将拉普拉斯变换的性质归纳为表 5.2-1 作为小结，以便查阅。

表 5.2-1　单边拉普拉斯变换的性质

名称	时域　　$f(t) \leftrightarrow F(s)$	s 域
定义	$f(t) = \frac{1}{2\pi \mathrm{j}}\int_{\sigma-\mathrm{j}\infty}^{\sigma+\mathrm{j}\infty} F(s)\mathrm{e}^{st}\mathrm{d}s$	$F(s) = \int_{0-}^{\infty} f(t)\mathrm{e}^{-st}\,\mathrm{d}t$
线性	$a_1 f_1(t) + a_2 f_2(t)$	$a_1 F_1(s) + a_2 F_2(s)$，$\sigma > \max(\sigma_1, \sigma_2)$
尺度变换	$f(at)$	$\frac{1}{a}F\left(\frac{s}{a}\right)$，$\sigma > a\sigma_0$
时移	$f(t-t_0)u(t-t_0)$	$\mathrm{e}^{-st_0}F(s)$，$\sigma > \sigma_0$
	$f(at-b)u(at-b)$，$a>0$，$b \geqslant 0$	$\frac{1}{a}\mathrm{e}^{-\frac{b}{a}s}F\left(\frac{s}{a}\right)$，$\sigma > a\sigma_0$
复频移	$f(t)\mathrm{e}^{s_a t}$	$F(s-s_a)$，$\sigma > \sigma_0 + \sigma_a$
时域微分	$f^{(1)}(t)$	$sF(s) - f(0_-)$，$\sigma > \sigma_0$
	$f^{(n)}(t)$	$s^n F(s) - \sum_{m=0}^{n-1} s^{n-1-m} f^{(m)}(0_-)$
时域积分	$\left(\int_{0_-}^{t}\right)^n f(x)\mathrm{d}x$	$\frac{1}{s^n}F(s)$，$\sigma > \max(\sigma_0, 0)$
	$f^{(-1)}(t)$	$\frac{1}{s}F(s) + \frac{1}{s}f^{(-1)}(0_-)$
	$f^{(-n)}(t)$	$\frac{1}{s^n}F(s) + \sum_{m=0}^{n}\frac{1}{s^{n-m+1}}f^{(-m)}(0_-)$
时域卷积	$f_1(t) * f_2(t)$	$F_1(s)F_2(s)$，$\sigma > \max(\sigma_1, \sigma_2)$

续表

名称	时域 $f(t)\leftrightarrow F(s)$	s 域
时域相乘	$f_1(t)f_2(t)$	$\frac{1}{2\pi\mathrm{j}}\int_{c-\mathrm{j}\infty}^{c+\mathrm{j}\infty}F_1(\eta)F_2(s-\eta)\mathrm{d}\eta$ $\sigma>\sigma_1+\sigma_2$，$\sigma_1<c<\sigma-\sigma_2$
s 域微分	$(-t)^n f(t)$	$\frac{\mathrm{d}^n F(s)}{\mathrm{d}s^n}$，$\sigma>\sigma_0$
s 域积分	$\frac{f(t)}{t}$	$\int_s^{\infty}F(\eta)\mathrm{d}\eta$，$\sigma>\sigma_0$
初值定理	$f(0_+)=\lim\limits_{s\to\infty}sF(s)$，$F(s)$ 为真分式	
终值定理	$f(\infty)=\lim\limits_{s\to 0}sF(s)$，$s=0$ 在 $sF(s)$ 的收敛域内	

表注：①表中 σ_0 为收敛域坐标；② $f^{(n)}(t)$ 表示对 $f(t)$ 的 n 重微分，$f^{(-n)}(t)$ 表示 $f(x)$ 从 $-\infty$ 到 t 的 n 重积分，即 $\left(\int_{0_-}^{t}\right)^n f(x)\mathrm{d}x$ 。

5.3 拉普拉斯反变换

对于单边拉普拉斯变换，由式（5.1-9）知，象函数 $F(s)$ 的拉普拉斯反变换为

$$f(t)=\begin{cases}0, & t<0\\ \dfrac{1}{2\pi\mathrm{j}}\displaystyle\int_{\sigma-\mathrm{j}\infty}^{\sigma+\mathrm{j}\infty}F(s)\mathrm{e}^{st}\mathrm{d}s, & t>0\end{cases} \tag{5.3-1}$$

上述积分应在收敛域内进行，若选常数 $\sigma>\sigma_0$［σ_0 为 $F(s)$ 收敛域坐标］，则积分路线是横坐标为 σ、平行于纵坐标轴的直线。实际应用中，常设法将积分路线变为适当的闭合路径，应用复变函数中的留数定理来求原函数，这将在 5.3.3 节中讨论。若 $F(s)$ 为有理分式，可将 $F(s)$ 展开为部分分式，然后求得原函数，可直接利用拉普拉斯反变换表（见附录四），将更为简便。

如果象函数 $F(s)$ 是 s 的有理分式，它可写为

$$F(s)=\frac{b_m s^m+b_{m-1}s^{m-1}+\cdots+b_1 s+b_0}{s^n+a_{n-1}s^{n-1}+\cdots+a_1 s+a_0} \tag{5.3-2}$$

式中各系数 $a_i\ (i=0,1,2,\cdots,n)$，$b_j\ (j=0,1,2,\cdots,m)$ 均为实数，为简便且不失一般性，设 $a_n=1$。若 $m\geqslant n$，$F(s)$ 为 s 的假分式，可用多项式除法将象函数 $F(s)$ 化为有理多项式 $P(s)$ 与有理真分式之和，即

$$F(s)=P(s)+\frac{B(s)}{A(s)} \tag{5.3-3}$$

式中，$B(s)$ 的幂次小于 $A(s)$ 的幂次。例如

$$F(s)=\frac{s^2+2s+2}{s+1}=s+1+\frac{1}{s+1}$$

由于 $\mathscr{L}^{-1}[1]=\delta(t)$，$\mathscr{L}^{-1}[s]=\delta'(t)$，…，故上面多项式 $P(s)$ 的拉普拉斯变换由冲激函数及其各阶导数组成。下面主要讨论象函数为有理真分式的情况。

5.3.1 查表法

附录四给出了常用拉普拉斯反变换表，下面举例说明它的用法。

【例 5.3-1】 求 $F(s)=\dfrac{2s+5}{s^2+3s+2}$ 的原函数 $f(t)$。

解：$F(s)$ 分母多项式 $A(s)=0$ 的根为 $s_1=-1$，$s_2=-2$，故 $F(s)$ 可写为

$$F(s)=\frac{2s+5}{s^2+3s+2}=\frac{2s+5}{(s+1)(s+2)}$$

由附录四查得，编号为 2-5 的象函数与本例 $F(s)$ 相同，其中 $b_1=2$，$b_0=5$，$\alpha=1$，$\beta=2$。将以上数据代入到相应的原函数表达式，得

$$f(t)=3\mathrm{e}^{-t}-\mathrm{e}^{-2t}\text{，}\quad t\geqslant 0$$

或写为

$$f(t)=(3\mathrm{e}^{-t}-\mathrm{e}^{-2t})u(t)$$

【例 5.3-2】 求 $F(s)=\dfrac{3s+3}{s^2+2s+10}$ 的原函数 $f(t)$。

解：$F(s)$ 分母多项式 $A(s)=0$ 的根为 $s_{1,2}=-1\pm \mathrm{j}3$，故 $A(s)$ 可写为

$$A(s)=s^2+2s+10=(s+1)^2+3^2$$

于是 $F(s)$ 可写为

$$F(s)=\frac{3s+3}{s^2+2s+10}=\frac{3(s+1)}{(s+1)^2+3^2}$$

查附录四可得，编号为 2-4 的象函数形式与本例相同，只是本例的系数为 3，故得

$$f(t)=3\mathrm{e}^{-t}\cos(3t)u(t)$$

5.3.2　部分分式展开法

设 $F(s)$ 为 s 的实系数有理真分式（式中 $m<n$），可以写为

$$F(s)=\frac{b_m s^m+b_{m-1}s^{m-1}+\cdots+b_1 s+b_0}{s^n+a_{n-1}s^{n-1}+\cdots+a_1 s+a_0}=\frac{B(s)}{A(s)} \tag{5.3-4}$$

式中，分母多项式 $A(s)$ 称为系统的特征多项式，方程 $A(s)=0$ 称为特征方程，它的根称为特征根，也称为 $F(s)$ 的极点，反映系统的固有频率（自然频率），$B(s)=0$ 方程的根称为 $F(s)$ 的零点。

为将 $F(s)$ 展开为部分分式，首先求出特征方程的 n 个特征根 $s_i(i=1,2,\cdots,n)$。特征根可能是实根（含实根）或复根（含复根）；可能是单根，也可能是重根。下面分几种情况讨论。

1．*F*(*s*)均为单极点

如果特征方程 $A(s)=0$ 的根都是单根，其 n 个根 $s_1,s_2,\cdots,s_n$ 都互不相等，那么根据代数理论，$F(s)$ 可展开为如下的部分分式：

$$F(s)=\frac{B(s)}{A(s)}=\frac{k_1}{s-s_1}+\frac{k_2}{s-s_2}+\cdots+\frac{k_i}{s-s_i}+\cdots+\frac{k_n}{s-s_n}=\sum_{i=1}^{n}\frac{k_i}{s-s_i} \tag{5.3-5}$$

待定系数 k_i，i=1,2,⋯,n 可以这样确定，在等式两边乘以 $(s-s_i)$，再令 $s=s_i$。即

$$k_i=(s-s_i)F(s)\Big|_{s=s_i}=\lim_{s\to s_i}\left[(s-s_i)\frac{B(s)}{A(s)}\right] \tag{5.3-6}$$

k_i 还可以由另一方法确定。由于 s_i 是 $A(s)=0$ 的根，故有 $A(s_i)=0$，这样，上式可改写为

$$k_i\Big|_{s=s_i}=\lim_{s\to s_i}\frac{B(s)}{\dfrac{A(s)-A(s_i)}{s-s_i}}$$

根据导数的定义，当$s\to s_i$时，上式的分母

$$\lim_{s\to s_i}\frac{A(s)-A(s_i)}{s-s_i}=\frac{\mathrm{d}}{\mathrm{d}s}A(s)\Big|_{s=s_i}=A'(s_i)$$

所以

$$k_i=\frac{B(s_i)}{A'(s_i)} \tag{5.3-7}$$

最后由$\mathscr{L}^{-1}\left[\dfrac{1}{s-s_i}\right]=\mathrm{e}^{s_it}u(t)$，并利用线性性质，可得式（5.3-5）的原函数

$$f(t)=\mathscr{L}^{-1}[F(s)]=\sum_{i=1}^{n}k_i\mathrm{e}^{s_it}u(t) \tag{5.3-8}$$

式中系数k_i由式（5.3-6）或式（5.3-7）求得。

【例 5.3-3】 求$F(s)=\dfrac{4s^2+11s+10}{2s^2+5s+3}$的原函数$f(t)$。

解： $F(s)$不是有理真分式，应用多项式除法将其分解为有理多项式和有理真分式之和的形式

$$F(s)=\frac{4s^2+11s+10}{2s^2+5s+3}=2+\frac{s+4}{2s^2+5s+3}$$

对有理真分式$\dfrac{B(s)}{A(s)}=\dfrac{s+4}{2s^2+5s+3}$，应用部分分式展开法求其拉普拉斯反变换。

$$\frac{s+4}{2(s+1)\left(s+\dfrac{3}{2}\right)}=\frac{k_1}{s+1}+\frac{k_2}{s+\dfrac{3}{2}}$$

式中，系数k_i有三种计算方法。

第一种方法，可由式（5.3-6）求得

$$k_1=(s+1)\frac{B(s)}{A(s)}\Big|_{s=-1}=3,\quad k_2=\left(s+\frac{3}{2}\right)\frac{B(s)}{A(s)}\Big|_{s=-\frac{3}{2}}=\frac{-5}{2}$$

第二种方法，系数k_i也可由式（5.3-7）求得

$$k_1=\frac{s+4}{A'(s)}\Big|_{s=-1}=3,\quad k_2=\frac{s+4}{A'(s)}\Big|_{s=-\frac{3}{2}}=\frac{-5}{2}$$

第三种方法，系数k_i还可以用待定系数法求取

$$\begin{cases}k_1+k_2=\dfrac{1}{2}\\[2mm]\dfrac{3}{2}k_1+k_2=2\end{cases}\Rightarrow\begin{cases}k_1=3\\[2mm]k_2=\dfrac{-5}{2}\end{cases}$$

所以，$F(s)$可写为有理多项式与部分分式之和的形式

$$F(s)=2+\frac{1}{2}\left[\frac{6}{s+1}+\frac{-5}{s+\frac{3}{2}}\right]$$

取其反变换，得

$$f(t)=2\delta(t)+\left[3\mathrm{e}^{-t}-\frac{5}{2}\mathrm{e}^{-\frac{3}{2}t}\right]u(t)$$

【例 5.3-4】 求 $F(s)=\dfrac{s^2+3}{(s^2+2s+5)(s+2)}$ 的原函数 $f(t)$。

解： 象函数 $F(s)$ 的分母多项式

$$A(s)=(s^2+2s+5)(s+2)$$

方程 $A(s)=0$ 有一对共轭复根 $s_{1,2}=-1\pm \mathrm{j}2$ 和一个单实根 $s_3=-2$。因此，象函数 $F(s)$ 写为部分分式的形式为

$$F(s)=\frac{s^2+3}{(s+1+\mathrm{j}2)(s+1-\mathrm{j}2)(s+2)}=\frac{k_1}{s+2}+\frac{k_2}{s+1+\mathrm{j}2}+\frac{k_3}{s+1-\mathrm{j}2}$$

系数 k_i 由式（5.3-6）求得

$$k_1=(s+1-\mathrm{j}2)F(s)\big|_{s=-1+\mathrm{j}2}=\frac{-1+\mathrm{j}2}{5}$$

$$k_2=(s+1+\mathrm{j}2)F(s)\big|_{s=-1-\mathrm{j}2}=\frac{-1-\mathrm{j}2}{5}$$

$$k_3=(s+2)F(s)\big|_{s=-2}=\frac{7}{5}$$

系数 k_1、k_2 也互为共轭复数。$F(s)$ 可展开为

$$F(s)=\frac{\frac{-1+\mathrm{j}2}{5}}{s+1-\mathrm{j}2}+\frac{\frac{-1-\mathrm{j}2}{5}}{s+1+\mathrm{j}2}+\frac{\frac{7}{5}}{s+2}$$

取其反变换，得

$$\begin{aligned}f(t)&=\left[\frac{-1+\mathrm{j}2}{5}\mathrm{e}^{(-1+\mathrm{j}2)t}+\frac{-1-\mathrm{j}2}{5}\mathrm{e}^{(-1-\mathrm{j}2)t}+\frac{7}{5}\mathrm{e}^{-2t}\right]u(t)\\&=\left[\frac{7}{5}\mathrm{e}^{-2t}-2\mathrm{e}^{-t}\left(\frac{1}{5}\cos 2t+\frac{2}{5}\sin 2t\right)\right]u(t)\end{aligned}$$

当 $F(s)$ 中含有共轭极点时，用上面的方法计算较为复杂，下面介绍一种简单方法，以例 5.3-4 进行说明。

对 $F(s)$ 写出部分分式的形式，共轭复根不进行求取

$$F(s)=\frac{s^2+3}{(s+2)(s^2+2s+5)}=\frac{c_1}{s+2}+\frac{c_2s+c_3}{s^2+2s+5}$$

显然 $c_1=k_3=\dfrac{7}{5}$，比较两边系数，得

$$\begin{cases} c_1 + c_2 = 1 \\ 2c_1 + 2c_2 + c_3 = 0 \\ 5c_1 + 2c_3 = 3 \end{cases} \Rightarrow \begin{cases} c_1 = \dfrac{7}{5} \\ c_2 = -\dfrac{2}{5} \\ c_3 = -2 \end{cases}$$

$F(s)$ 可展开为

$$F(s) = \frac{\frac{7}{5}}{s+2} + \frac{-\frac{2}{5}s - 2}{s^2 + 2s + 5} = \frac{\frac{7}{5}}{s+2} + \frac{-\frac{2}{5}(s+1)}{(s+1)^2 + 2^2} + \frac{-2 \cdot \frac{4}{5}}{(s+1)^2 + 2^2}$$

根据附录四编号为 2-4 和 2-3 的变换与上式中的后两项形式相同，可得反变换为

$$f(t) = \left[\frac{7}{5}\mathrm{e}^{-2t} - \frac{2}{5}\mathrm{e}^{-t}\cos 2t - \frac{4}{5}\mathrm{e}^{-t}\sin 2t\right]u(t)$$

2．F(s)中含有重极点

如果 $A(s)=0$，在 $s=s_1$ 处有 r 阶重根，即 $s_1 = s_2 = \cdots = s_r$，而其余 $(n-r)$ 个根 $s_{r+1}, s_{r+2}, \cdots, s_n$ 都为单根，象函数 $F(s)$ 的展开式可写成

$$\begin{aligned} F(s) = \frac{B(s)}{A(s)} &= \frac{k_{11}}{(s-s_1)^r} + \frac{k_{12}}{(s-s_1)^{r-1}} + \cdots + \frac{k_{1i}}{(s-s_1)^{r+1-2}} + \cdots + \frac{k_{1r}}{s-s_1} + \frac{B_2(s)}{A_2(s)} \\ &= \sum_{i=1}^{r} \frac{k_{1i}}{(s-s_1)^{r+1-i}} + \frac{B_2(s)}{A_2(s)} = F_1(s) + F_2(s) \end{aligned} \tag{5.3-9}$$

式中，$F_2(s) = \dfrac{B_2(s)}{A_2(s)}$ 是 $F(s)$ 中单根部分，处理 $F_2(s)$ 按单极点就可以了，且当 $s=s_1$ 时，$A_2(s) \neq 0$。系数 k_{1i}（i=1,2,⋯,r）可以这样求得，将上式两边乘以 $(s-s_1)^r$，得

$$(s-s_1)^r F(s) = k_{11} + (s-s_1)k_{12} + \cdots + (s-s_1)^{i-1}k_{1i} + \cdots + (s-s_1)^{r-1}k_{1r} + (s-s_1)^r \frac{B_2(s)}{A_2(s)} \tag{5.3-10}$$

令 $s=s_1$，得

$$k_{11} = [(s-s_1)^r F(s)]\big|_{s=s_1} \tag{5.3-11}$$

将式（5.3-10）对 s 求导，再令 $s=s_1$，得

$$k_{12} = \frac{\mathrm{d}}{\mathrm{d}s}[(s-s_1)^r F(s)]\big|_{s=s_1} \tag{5.3-12}$$

同理

$$k_{1i} = \frac{1}{(i-1)!}\frac{\mathrm{d}^{i-1}}{\mathrm{d}s^{i-1}}[(s-s_1)^r F(s)]\big|_{s=s_1} \tag{5.3-13}$$

最后，由 $\mathscr{L}[t^n \cdot u(t)] = \dfrac{n!}{s^{n+1}}$，利用复频移特性，可得

$$\mathscr{L}^{-1}\left[\frac{1}{(s-s_1)^{n+1}}\right] = \frac{1}{n!}t^n \mathrm{e}^{s_1 t}u(t) \tag{5.3-14}$$

于是，式（5.3-9）中重根部分象函数 $F_1(s)$ 的原函数为

$$f_1(t)=\mathscr{L}^{-1}\left[\sum_{i=1}^{r}\frac{k_{1i}}{(s-s_i)^{r+1-i}}\right]=\left[\sum_{i=1}^{r}\frac{k_{1i}}{(r-i)!}t^{r-i}\right]\mathrm{e}^{s_1t}u(t) \tag{5.3-15}$$

【例 5.3-5】 求象函数 $F(s)=\dfrac{s-2}{(s+1)^3s}$ 的原函数 $f(t)$。

解： $A(s)=0$ 有三重根 $s_1=s_2=s_3=-1$ 和单根 $s_4=0$。故 $F(s)$ 可展开为

$$F(s)=\frac{s-2}{(s+1)^3s}=\frac{k_{11}}{(s+1)^3}+\frac{k_{12}}{(s+1)^2}+\frac{k_{13}}{s+1}+\frac{k_4}{s}$$

按式（5.3-13）和式（5.3-6）可分别求得 $k_{1i}(i=1,2,3)$ 和 k_4。

$$k_{11}=(s+1)^3F(s)\big|_{s=-1}=3$$

$$k_{12}=\frac{\mathrm{d}}{\mathrm{d}s}\left[\frac{s-2}{s}\right]\bigg|_{s=-1}=2$$

$$k_{13}=\frac{1}{2!}\cdot\frac{\mathrm{d}^2}{\mathrm{d}s^2}\left[\frac{s-2}{s}\right]\bigg|_{s=-1}=2$$

$$k_4=sF(s)\big|_{s=0}=-2$$

所以

$$F(s)=\frac{s-2}{(s+1)^3s}=\frac{3}{(s+1)^3}+\frac{2}{(s+1)^2}+\frac{2}{s+1}+\frac{(-2)}{s}$$

取反变换，得

$$f(t)=\left[\frac{3}{2}t^2\mathrm{e}^{-t}+2t\mathrm{e}^{-t}+2\mathrm{e}^{-t}-2\right]u(t)$$

上面我们介绍了求系数的系统方法，是对于次数较低的常用待定系数法。

【例 5.3-6】 求象函数 $F(s)=\dfrac{1}{3s^2(s^2+4)}$ 的原函数 $f(t)$。

解： $F(s)$ 可展开为

$$F(s)=\frac{1}{3}\cdot\frac{1}{s^2(s^2+4)}=\frac{1}{3}\left(\frac{A}{s^2}+\frac{B}{s}+\frac{Cs+D}{s^2+4}\right)$$

比较等式两边系数有

$$A(s^2+4)+Bs(s^2+4)+s^2(Cs+D)=1$$

因此

$$\begin{cases}B+C=0\\A+D=0\\4B=0\\4A=1\end{cases}\Rightarrow\begin{cases}A=\dfrac{1}{4}\\B=0\\C=0\\D=-\dfrac{1}{4}\end{cases}$$

即

$$F(s)=\frac{1}{3}\left(\frac{\frac{1}{4}}{s^2}+\frac{-\frac{1}{4}}{s^2+4}\right)$$

取其反变换，得

$$f(t)=\frac{1}{24}(2t-\sin 2t)u(t)$$

特别需要强调的是，在根据已知象函数求原函数时，应注意应用拉普拉斯变换的各种性质和常用的变换对。

【例 5.3-7】 求象函数 $F(s)=\frac{1-e^{-2s}}{s+1}$ 的原函数 $f(t)$。

解：将 $F(s)$ 改写为

$$F(s)=\frac{1}{s+1}-\frac{1}{s+1}e^{-2s}$$

上式第二项有延时因子 e^{-2s}，它对应的原函数也延迟 2 个单位。由单边指数函数变换对，得

$$\frac{1}{s+1}\leftrightarrow e^{-t}u(t)$$

根据延时特性，有

$$\frac{1}{s+1}e^{-2s}\leftrightarrow e^{-(t-2)}u(t-2)$$

再应用线性性质，得所求原函数为

$$f(t)=e^{-t}u(t)-e^{-(t-2)}u(t-2)$$

【例 5.3-8】 求象函数 $F(s)=\frac{[1-e^{-(s+1)}]^2}{(s+1)[1-e^{-2(s+1)}]}$ 的原函数 $f(t)$。

解：观察 $F(s)$ 的形式可见，若将 $F(s)$ 在 s 域右移一个单位，即令 $F(s-1)=F_1(s)$ [显然 $F(s)=F_1(s+1)$]，则有

$$F(s-1)=F_1(s)=\frac{(1-e^{-s})^2}{s(1-e^{-2s})}=\frac{1-2e^{-s}+e^{-2s}}{s}\cdot\frac{1}{1-e^{-2s}}=F_2(s)F_3(s)$$

式中，$F_2(s)=\frac{1-2e^{-s}+e^{-2s}}{s}$，$F_3(s)=\frac{1}{1-e^{-2s}}$。若设 $F_1(s)\leftrightarrow f_1(t)$，$F_2(s)\leftrightarrow f_2(t)$，$F_3(s)\leftrightarrow f_3(t)$，则根据卷积定理和复频移特性可得

$$f(t)=e^{-t}f_1(t)=e^{-t}[f_2(t)*f_3(t)]$$

$F_2(s)$ 的原函数 $f_2(t)=u(t)-2u(t-1)+u(t-2)$，其波形如图 5.3-1（a）所示，$F_3(s)$ 的原函数是周期 $T=2$ 的有始冲激函数列

$$f_3(t)=\sum_{m=0}^{\infty}\delta(t-2m)$$

根据卷积定理，得

$$f_1(t)=f_2(t)*f_3(t)=\sum_{m=0}^{\infty}[u(t-2m)-2u(t-2m-1)+u(t-2m-2)]$$

其波形是周期为 2 的有始方波，如图 5.3-1（b）所示。最后根据复频移特性，得

$$f(t)=e^{-t}f_1(t)=e^{-t}\sum_{m=0}^{\infty}[u(t-2m)-2u(t-2m-1)+u(t-2m-2)]$$

其波形如图 5.3-1（c）所示。

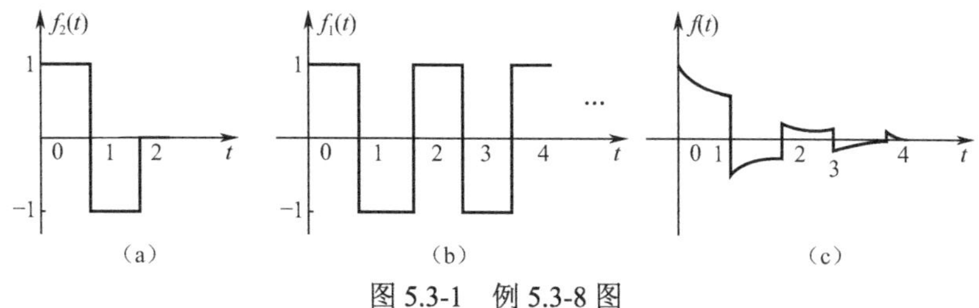

图 5.3-1　例 5.3-8 图

5.3.3　围线积分法（留数法）

部分分式法只能处理 $F(s)$ 为有理函数，留数法可以处理 $F(s)$ 为无理函数的情况。如何从式（5.3-1）[即 $f(t)=\dfrac{1}{2\pi\mathrm{j}}\int_{\sigma-\mathrm{j}\infty}^{\sigma+\mathrm{j}\infty}F(s)\mathrm{e}^{st}\mathrm{d}s\cdot u(t)$]，按复变函数积分求拉普拉斯反变换？为此，可从积分限 $\sigma-\mathrm{j}\infty$ 到 $\sigma+\mathrm{j}\infty$ 补上一条积分路线以构成一闭合线径。现取积分路径是半径为无穷大的圆弧，如图 5.3-2 所示。这样便可利用留数定理计算式（5.3-1）积分式的值，其值等于闭合线径内被积函数 $G(s)=F(s)\mathrm{e}^{st}$ 所有极点的留数之和，可表示为

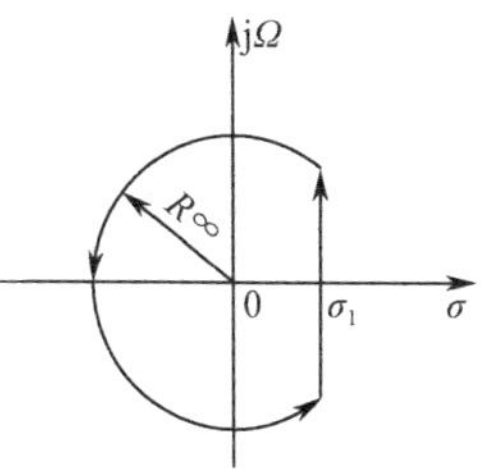

图 5.3-2　围线积分路径

$$\frac{1}{2\pi j}\oint_L F(s)\mathrm{d}s=\sum_{L内极点}\mathrm{Res}[G(s)] \tag{5.3-16}$$

式中，L 是不通过极点的闭合曲线，等式右边是 L 包含的有限个极点的留数之和。设 $G(s)=F(s)\mathrm{e}^{st}$ 在极点 $s=s_i$ 处的留数为 r_i，在闭合线径中共有 n 个极点，则

$$\mathscr{L}^{-1}[F(s)]=\sum_{i=1}^{n}r_i \tag{5.3-17}$$

当 $F(s)$ 是 s 的有理真分式，若 $s=s_i$ 为 $F(s)\mathrm{e}^{st}$ 的一阶极点，则该点的留数为

$$\underset{s=s_i}{\mathrm{Res}}[F(s)\mathrm{e}^{st}]=(s-s_i)F(s)\mathrm{e}^{st}\Big|_{s=s_i} \tag{5.3-18}$$

若 $s=s_i$ 为 $F(s)\mathrm{e}^{st}$ 的 r 阶重极点，则该极点的留数为

$$\underset{s=s_i}{\mathrm{Res}}[F(s)\mathrm{e}^{st}]=\frac{1}{(r-1)!}\left[\frac{\mathrm{d}^{r-1}}{\mathrm{d}s^{r-1}}(s-s_i)^r F(s)\mathrm{e}^{st}\right]\Bigg|_{s=s_i} \tag{5.3-19}$$

【例 5.3-9】 用留数法求象函数 $F(s)=\dfrac{s-2}{s(s+1)^3}$ 的原函数 $f(t)$。

解： $F(s)$ 在 $s=0$ 处有一阶极点，$F(s)\mathrm{e}^{st}$ 在该点的留数为

$$\underset{s=s_i}{\mathrm{Res}}[F(s)\mathrm{e}^{st}]=[sF(s)\mathrm{e}^{st}]\Big|_{s=0}=-2\mathrm{e}^{st}\Big|_{s=0}=-2u(t)$$

$F(s)$ 在 $s=-1$ 处有三阶极点，$F(s)\mathrm{e}^{st}$ 在该点的留数为

$$\begin{aligned}\underset{s=-1}{\mathrm{Res}}[F(s)\mathrm{e}^{st}]&=\frac{1}{(3-1)!}\left[\frac{\mathrm{d}^{3-1}}{\mathrm{d}s^{3-1}}(s+1)^3F(s)\mathrm{e}^{st}\right]\Bigg|_{s=-1}\\&=\frac{1}{2}\left[\frac{\mathrm{d}^2}{\mathrm{d}s^2}\left(\frac{s-2}{s}\mathrm{e}^{st}\right)\right]\Bigg|_{s=-1}\end{aligned}$$

$$=\left(\frac{3}{2}t^2\mathrm{e}^{-t}+2t\mathrm{e}^{-t}+2\mathrm{e}^{-t}\right)u(t)$$

故

$$f(t)=\left(-2+\frac{3}{2}t^2\mathrm{e}^{-t}+2t\mathrm{e}^{-t}+2\mathrm{e}^{-t}\right)u(t)$$

5.4 连续时间系统的复频域分析

拉普拉斯变换是分析线性连续时间系统的有力工具，它将描述系统的时域微积分方程变换为 s 域的代数方程，便于求解和计算；同时它将系统的初始状态自然地包含于象函数方程中，既可以求得零输入响应、零状态响应，也可以一举求得系统的全响应。

5.4.1 微积分方程的拉普拉斯变换解

图 5.4-1 是二阶线性电路系统，激励为电压源 $u_s(t)$，响应为回路电流 $i(t)$。则描述该系统的微积分方程为

$$L\cdot\frac{\mathrm{d}i(t)}{\mathrm{d}t}+Ri(t)+\frac{1}{C}\int_{-\infty}^{t}i(\tau)\mathrm{d}\tau=u_s(t)$$

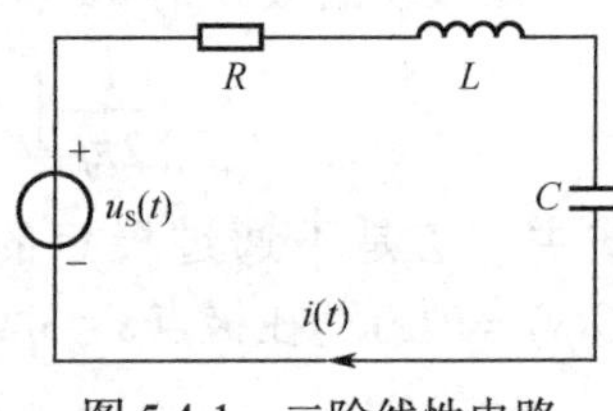

图 5.4-1 二阶线性电路

上式两边取拉普拉斯变换

$$\mathscr{L}\left[L\frac{\mathrm{d}i(t)}{\mathrm{d}t}\right]+\mathscr{L}[Ri(t)]+\mathscr{L}\left[\frac{1}{C}\int_{-\infty}^{t}i(\tau)\mathrm{d}\tau\right]=\mathscr{L}[u_s(t)]$$

设 $\mathscr{L}[u_s(t)]=U_s(s)$，$\mathscr{L}[i(t)]=I(s)$，上式可写为

$$sLI(s)-Li_L(0_-)+RI(s)+\frac{1}{sC}I(s)+\frac{1}{s}u_C(0_-)=U_s(s)$$

式中，$u_C(0_-)=\frac{1}{C}\int_{-\infty}^{0}i(\tau)\mathrm{d}\tau$、$i_L(0_-)=i(0_-)$ 分别为电容上初始电压和电感上初始电流。对上式进行整理，得

$$I(s)=\frac{Li_L(0_-)-\frac{1}{s}u_C(0_-)}{sL+R+\frac{1}{sC}}+\frac{1}{sL+R+\frac{1}{sC}}U_s(s)=I_{zi}(s)+I_{zs}(s)$$

响应的第一项 $I_{zi}(s)$ 仅与初始状态有关，为系统的零输入响应，第二项 $I_{zs}(s)$ 仅与激励有关，为系统的零状态响应［$I_{zs}(s)=H(s)U_s(s)$］，对 $I(s)$ 取拉普拉斯反变换，可得 $i(t)$。

一般地，描述 N 阶线性系统的激励积分方程为

$$\sum_{i=0}^{N}a_i y^{(i)}(t)=\sum_{j=0}^{M}b_j f^{(j)}(t) \tag{5.4-1}$$

式中，系数 $a_i(i=0,1,\cdots,N)$、$b_j(j=0,1,\cdots,M)$ 为实数，且 a_N=1，设系统的初始状态为 $y(0_-)$，$y^{(1)}(0_-),\cdots,y^{n-1}(0_-)$。

令

$$\mathscr{L}[y(t)]=Y(s)$$
$$\mathscr{L}[f(t)]=F(s)$$
$$\mathscr{L}[y^{(i)}(t)]=s^iY(s)-\sum_{p=0}^{i-1}s^{i-1-p}y^{(p)}(0_-)\quad (i=0,1,\cdots,n)$$

由于 $f(t)$ 是在 $t=0$ 时接入的，所以 $f^{(j)}(0_-)=0$，$(j=0,1,\cdots,N)$。

对微分方程两边取拉普拉斯变换，得

$$\sum_{i=0}^{N}a_i\left[s^iY(s)-\sum_{p=0}^{i-1}s^{i-1-p}y^{(p)}(0_-)\right]=\sum_{j=0}^{M}b_js^jF(s)$$

即

$$\left[\sum_{i=0}^{N}a_is^i\right]Y(s)-\sum_{i=0}^{N}a_i\left[\sum_{p=0}^{i-1}s^{i-1-p}y^{(p)}(0_-)\right]=\left[\sum_{j=0}^{M}b_js^i\right]F(s) \tag{5.4-2}$$

解得

$$Y(s)=\frac{M(s)}{A(s)}+\frac{B(s)}{A(s)}F(s)$$

式中，$A(s)=\sum_{i=0}^{N}a_is^i$，$B(s)=\sum_{j=0}^{M}b_js^j$，$A(s)$、$B(s)$ 仅与微分方程的系数 a_i 和 b_j 有关，$M(s)=\sum_{i=0}^{N}a_i\left[\sum_{p=0}^{i-1}s^{i-1-p}y^{(p)}(0_-)\right]$ 与 a_i 和响应的各初始状态 $y^{(p)}(0_-)$ 有关，而与激励无关，不难看出

$$Y(s)=Y_{zi}(s)+Y_{zs}(s)=\frac{M(s)}{A(s)}+\frac{B(s)}{A(s)}F(s)$$

对其求反变换，得

$$y(t)=\mathscr{L}^{-1}[Y(s)]=y_{zi}(t)+y_{zs}(t) \tag{5.4-3}$$

【例 5.4-1】 描述某 LTI 连续系统的微分方程为

$$y''(t)+3y'(t)+2y(t)=2f'(t)+6f(t)$$

已知输入 $f(t)=u(t)$，初始状态 $y(0_-)=2$，$y'(0_-)=1$。求系统的零输入响应、零状态响应和全响应。

解： 对微分方程取拉普拉斯变换，有

$$s^2Y(s)-sy(0_-)-y'(0_-)+3sY(s)-3y(0_-)+2Y(s)=2sF(s)+6F(s)$$

即

$$(s^2+3s+2)Y(s)-[sy(0_-)+y'(0_-)+3y(0_-)]=2(s+3)F(s)$$

可解得

$$Y(s)=Y_{zi}(s)+Y_{zs}(s)=\frac{sy(0_-)+y'(0_-)+3y(0_-)}{s^2+3s+2}+\frac{2(s+3)}{s^2+3s+2}F(s) \tag{5.4-4}$$

将 $F(s)=\mathscr{L}[u(t)]=\dfrac{1}{s}$ 和各初始状态代入上式，得

$$Y_{zi}(s)=\frac{2s+7}{s^2+3s+2}=\frac{2s+7}{(s+1)(s+2)}=\frac{5}{s+1}-\frac{3}{s+2}$$
$$Y_{zs}(s)=\frac{2(s+3)}{s^2+3s+2}\cdot\frac{1}{s}=\frac{2(s+3)}{s(s+1)(s+2)}=\frac{3}{s}-\frac{4}{s+1}+\frac{1}{s+2}$$

对以上两式取反变换，得零输入响应和零状态响应分别为

$$y_{zi}(t)=\mathscr{L}[Y_{zi}(s)]=(5e^{-t}-3e^{-2t})u(t)$$
$$y_{zs}(t)=\mathscr{L}[Y_{zs}(s)]=(3-4e^{-t}+e^{-2t})u(t)$$

系统的全响应为

$$y(t)=y_{zi}(t)+y_{zs}(t)=\mathscr{L}[Y_{zs}(s)]=(3+e^{-t}-2e^{-2t})u(t)$$

本题如果只求全响应，可将有关初始状态和$F(s)$代入式（5.4-4），整理后得

$$Y(s)=\frac{2s^2+9s+6}{s(s+1)(s+2)}=\frac{3}{s}+\frac{1}{s+1}-\frac{2}{s+2}$$

取反变换就得到全响应$y(t)$，结果同上。

在系统分析中，有时已知$t=0_+$时刻的初始值，由于激励已经接入，而$y_{zs}(t)$及其各阶导数在$t=0_+$时刻的值常常不等于零，这时应设法求得初始状态$y^{(i)}(0_-)=y_{zi}^{(i)}(0_-)$ $(i=0,1,\cdots,n-1)$。

由于式（5.4-3）对任何$t\geqslant 0$成立，故有

$$y^{(i)}(0_+)=y_{zi}^{(i)}(0_+)+y_{zs}^{(i)}(0_+) \tag{5.4-5}$$

在0_-时刻，显然有$y_{zs}^{(i)}(0_-)=0$，因而$y^{(i)}(0_-)=y_{zi}^{(i)}(0_-)$，对于零输入响应，应该有$y_{zi}^{(i)}(0_-)=y_{zi}^{(i)}(0_+)$，于是

$$y^{(i)}(0_-)=y_{zi}^{(i)}(0_-)=y_{zi}^{(i)}(0_+)=y^{(i)}(0_+)-y_{zs}^{(i)}(0_+) \tag{5.4-6}$$

式中$i=0,1,\cdots,n-1$。

【例 5.4-2】 描述某 LTI 连续系统的微分方程为

$$y''(t)+3y'(t)+2y(t)=2f'(t)+6f(t)$$

已知输入$f(t)=u(t)$，初始条件（初始值）$y(0_+)=2$，$y'(0_+)=2$。求$y(0_-)$和$y'(0_-)$。

解：由于零状态响应与初始状态无关，故本题的零状态响应与例 5.4-1 相同（因微分方程相同，输入也相同），即有

$$y_{zs}(t)=(3-4e^{-t}+e^{-2t})u(t)$$

不难求得$y_{zs}(0_+)=0$，$y'_{zs}(0_+)=2$。

由式（5.4-6）可求得

$$y(0_-)=y(0_+)-y_{zs}(0_+)=2$$
$$y'(0_-)=y'(0_+)-y'_{zs}(0_+)=0$$

【例 5.4-3】 描述某 LTI 连续系统的微分方程为

$$y''(t)+4y'(t)+4y(t)=f'(t)+3f(t)$$

已知输入$f(t)=e^{-t}u(t)$，初始条件（初始值）$y(0_+)=1$，$y'(0_+)=3$。求系统的零输入响应$y_{zi}(t)$和零状态响应$y_{zs}(t)$。

解：在应用单边拉普拉斯变换对方程取拉普拉斯变换时，不能把本问题中已知的“0_+”条件当作“0_-”条件直接代入方程。正确的处理方法有两种。其一，如例 5.4-2 那样，先将“0_+”条件转换为“0_-”条件，然后按例 5.4-1 一样的过程求解。其二，首先求零状态响应。对方程取拉普拉斯变换，有

$$s^2Y_{zs}(s)+4sY_{zs}(s)+4Y_{zs}(s)=sF(s)+3F(s)$$

解得

$$Y_{zs}(s)=\frac{s+3}{s^2+4s+4}F(s)$$

而 $F(s)=\mathscr{L}[f(t)]=\dfrac{1}{s+1}$ 代入上式，得

$$Y_{zs}(s)=\frac{s+3}{s^2+4s+4}\cdot\frac{1}{s+1}=\frac{s+3}{(s+1)(s+2)^2}$$

部分分式展开上式，有

$$Y_{zs}(s)=\frac{2}{s+1}-\frac{1}{(s+2)^2}-\frac{2}{s+2}$$

所以

$$y_{zs}(t)=[2\mathrm{e}^{-t}-(t+2)\mathrm{e}^{-2t}]u(t) \tag{5.4-7}$$

由上式得

$$\left.\begin{aligned}y_{zs}(0_+)=0\\ y'_{zs}(0_+)=1\end{aligned}\right\} \tag{5.4-8}$$

将式（5.4-8）代入到式（5.4-5），得

$$\left.\begin{aligned}y_{zi}(0_+)=y(0_+)-y_{zs}(0_+)=1-0=1\\ y'_{zi}(0_+)=y'(0_+)-y'_{zs}(0_+)=3-1=2\end{aligned}\right\} \tag{5.4-9}$$

设零输入响应

$$y_{zi}(t)=C_{zi1}\mathrm{e}^{-2t}+C_{zi2}t\mathrm{e}^{-2t}$$

将式（5.4-9）条件代入上式，得

$$C_{zi1}=1,\ \ C_{zi2}=4$$

所以

$$y_{zi}(t)=\mathrm{e}^{-2t}+4t\mathrm{e}^{-2t},\ \ t\geqslant 0$$

或写为

$$y_{zi}(t)=(\mathrm{e}^{-2t}+4t\mathrm{e}^{-2t})u(t)$$

在第 2 章中，曾就系统的时域响应讨论了全响应中的自由响应与强迫响应、瞬态响应与稳态响应的概念，这里是从 s 域的角度研究这一问题。

【例 5.4-4】 描述某 LTI 连续系统的微分方程为

$$y''(t)+5y'(t)+6y(t)=2f(t)$$

已知输入 $f(t)=5\cos t\cdot u(t)$，初始状态 $y(0_-)=1$，$y'(0_-)=-1$。求系统的全响应 $y(t)$。

解： 对方程进行拉普拉斯变换，可求得全响应 $y(t)$ 的象函数为

$$\begin{aligned}Y(s)&=Y_{zi}(s)+Y_{zs}(s)=\frac{M(s)}{A(s)}+\frac{B(s)}{A(s)}F(s)\\ &=\frac{sy(0_-)+y'(0_-)+5y(0_-)}{s^2+5s+6}+\frac{2}{s^2+5s+6}F(s)\end{aligned} \tag{5.4-10}$$

将 $F(s)=\mathscr{L}[f(t)]=\dfrac{5s}{s^2+1}$ 和各初始状态代入上式，得

$$Y(s)=Y_{zi}(s)+Y_{zs}(s)=\frac{s+4}{(s+2)(s+3)}+\frac{2}{(s+2)(s+3)}\cdot\frac{5s}{s^2+1}$$

$$=\overbrace{\underbrace{\frac{1}{s+2}+\frac{-1}{s+3}}_{}}^{Y_{zi}(s)}\underbrace{+\overbrace{\frac{-4}{s+2}+\frac{3}{s+3}}}_{Y_{自由}(s)}\overbrace{+\underbrace{\frac{\frac{1}{\sqrt{2}}e^{-j\frac{\pi}{4}}}{s-j}+\frac{\frac{1}{\sqrt{2}}e^{j\frac{\pi}{4}}}{s+j}}_{Y_{强迫}(s)}}^{Y_{zs}(s)} \tag{5.4-11a}$$

取反变换，得

$$y(t)=\left[\overbrace{e^{-2t}-e^{-3t}}^{y_{zi}(t)}\underbrace{-4e^{-2t}+3e^{-3t}}_{y_{自由}(t)}\overbrace{+\underbrace{\sqrt{2}\cos\left(t-\frac{\pi}{4}\right)}_{y_{强迫}(t)}}^{y_{zs}(t)}\right]u(t) \tag{5.4-11b}$$

由式（5.4-11a）可见，$Y(s)$的极点由两部分组成，一部分是系统的特征根所形成的极点-2、-3；另一部分是激励信号象函数$F(s)$的极点j、$-$j。对照式（5.4-11a、b）可知，系统自由响应$y_{自由}(t)$的象函数$Y_{自由}(s)$的极点等于系统的特征根（固有频率）。可以说，系统自由响应的函数形式是由系统的固有频率决定的。系统强迫响应$y_{强迫}(t)$的象函数$Y_{强迫}(s)$的极点就是$F(s)$的极点，因而系统强迫响应的函数形式由激励函数确定。

本例中，系统的特征根为负值，自由响应就是瞬态响应；激励象函数的极点实部为零，强迫响应就是稳态响应。

一般而言，若系统特征根的实部都小于零，那么自由响应函数都呈衰减形式，这时自由响应就是瞬态响应。若$F(s)$极点的实部为零，则强迫响应函数都为等幅振荡（或阶跃函数）形式，这时强迫响应就是稳态响应。如果激励信号本身是衰减函数（如$e^{-\alpha t}$，$e^{-\alpha t}\cos(\beta t)$等），当$t\to\infty$时，强迫响应也趋近于零，这时强迫响应与自由响应一起组成瞬态响应，而系统的稳态响应等于零。如果系统有实部大于零的特征根，其响应函数随时间t的增大而增大，这时不能再分为瞬态响应和稳态响应。

拉普拉斯变换也可应用于求解微分方程组的解。

【例 5.4-5】 求解下面微分方程组，其中$r_1(0_-)=r_2(0_-)=0$。

$$\begin{cases}r_1'=-2r_1+2r_2+120u(t)\\ r_2'=2r_1-5r_2\end{cases}$$

解：对微分方程两边取拉普拉斯变换，并设$r_1(t)\leftrightarrow R_1(s)$，$r_2(t)\leftrightarrow R_2(s)$，得

$$\begin{cases}sR_1(s)-r_1(0_-)=-2R_1(s)+2R_2(s)+\dfrac{120}{s}\\ sR_2(s)-r_2(0_-)=2R_1(s)-5R_2(s)\end{cases}$$

即

$$\begin{cases}(s+2)R_1(s)-2R_2(s)=\dfrac{120}{s}\\ -2R_1(s)+(s+5)R_2(s)=0\end{cases}$$

解得

$$\begin{cases}R_1(s)=\dfrac{100}{s}-\dfrac{96}{s+1}-\dfrac{4}{s+6}=\dfrac{(s+5)\cdot 120}{s(s^2+7s+6)}\\ R_2(s)=\dfrac{40}{s}-\dfrac{48}{s+1}+\dfrac{8}{s+6}\end{cases}$$

对上式取拉普拉斯反变换，得

$$\begin{cases} r_1(t)=(100-96\mathrm{e}^{-t}-4\mathrm{e}^{-6t})u(t) \\ r_2(t)=(40-48\mathrm{e}^{-t}+8\mathrm{e}^{-t})u(t) \end{cases}$$

5.4.2　电路的 s 域模型

上面由微积分方程取拉普拉斯变换得到复频域的代数方程，进而求得时域解，这里把拉普拉斯变换完全看成数学工具，这种方法首先需要建立 n 阶微分方程（方程组），得到方程并不是十分容易的。在电路分析中我们可以在复频域中建立模型，从而直接得到 s 域代数方程。

研究电路问题的基本依据是描述互连各支路（或元件）电流、电压相互关系的基尔霍夫定律（KCL 和 KVL）和电路元件端电压与流经该元件电流的电压、电流关系（VCR）。现讨论它们在 s 域的形式。

KCL 方程 $\sum i(t)=0$ 描述了在任意时刻流入（或流出）任一节点（或割集）各电流关系的方程，它是各电流的一次函数（线性函数），若各电流 $i(t)$ 的象函数为 $I(s)$（称其为象电流），则由线性性质有

$$\sum I(s)=0 \tag{5.4-12a}$$

上式表明，对于任一节点（或割集），流入（或流出）该节点的象电流的代数和恒等于零。在此仍称式（5.4-12a）为 KCL。

同理，KVL 方程 $\sum u(t)=0$ 也是回路中各支路电压的一次函数，若各支路电压 $u(t)$ 的象函数为 $U(s)$（称其为象电压），则由线性性质有

$$\sum U(s)=0 \tag{5.4-12b}$$

上式表明，对任一回路，各支路象电压的代数和恒等于零。在此仍称式（5.4-12b）为 KVL。

对于线性时不变二端元件 R、L、C，若规定其端电压 $u(t)$ 与电流 $i(t)$ 为关联参考方向，其相应的象函数分别为 $U(s)$ 和 $I(s)$，那么由拉普拉斯变换的线性性质、积分性质可得到它们的 s 域模型。

1．电阻 $\boldsymbol{R}\left(\boldsymbol{R}=\dfrac{1}{\boldsymbol{G}}\right)$

电阻的时域电压关系为 $u(t)=Ri(t)$，取其拉普拉斯变换有

$$U(s)=RI(s) \quad 或 \quad I(s)=GU(s) \tag{5.4-13}$$

2．电感 $\boldsymbol{L}$

对于含有初始状态 $i_{\mathrm{L}}(0_-)$ 的电感 L，其时域的电压电流关系为 $u(t)=L\dfrac{\mathrm{d}i(t)}{\mathrm{d}t}$，根据时域微分定理有

$$U(s)=sLI(s)-Li_{\mathrm{L}}(0_-) \tag{5.4-14a}$$

这可称为电感 L 的 s 域模型。

由上式可见，电感端电压的象函数（在不致混淆的情况下也称为电压）等于两项之差。根据 KVL，它由两部分电压相串联，其第一项是 s 域感抗（简称感抗）sL 与象电流 $I(s)$ 的乘积；

其第二项相当于某电压源的象函数 $Li_{\mathrm{L}}(0_-)$，可称为内部象电压源。这样，电感 L 的 s 域模型由感抗 sL 与内部象电压源 $Li_{\mathrm{L}}(0_-)$ 串联组成，见表 5.4-1。

如将式（5.4-14a）两边同除以 sL 并移项，得

$$I(s)=\frac{1}{sL}U(s)+\frac{i_{\mathrm{L}}(0_-)}{s} \tag{5.4-14b}$$

上式表明，象电流 $I(s)$ 等于两项之和。根据 KCL，它由两部分电流并联组成，其第一项是感纳 $\frac{1}{sL}$ 与象电压 $U(s)$ 的乘积，其第二项为内部象电流源 $\frac{i_{\mathrm{L}}(0_-)}{s}$。

3. 电容 *C*

对于含有初始值 $u_{\mathrm{C}}(0_-)$ 的电容 C，用与分析电感 s 域模型类似的方法，可得电容 C 的 s 域模型为

$$U(s)=\frac{1}{sC}I(s)+\frac{u_{\mathrm{C}}(0_-)}{s} \tag{5.4-15a}$$

$$I(s)=sCU(s)-Cu_{\mathrm{C}}(0_-) \tag{5.4-15b}$$

三种元件 (R、L、C) 的时域和 s 域关系都列在表 5.4-1 中。

表 5.4-1 电路元件的 s 域模型

		电阻	电感	电容
基本关系		$i(t)$ R + $u(t)$ −	$i(t)$ L + $u(t)$ −	$i(t)$ C + $u(t)$ −
		$u(t)=Ri(t)$ $i(t)=\frac{1}{R}u(t)$	$u(t)=L\frac{\mathrm{d}i(t)}{\mathrm{d}t}$ $i(t)=\frac{1}{L}\int_{0_-}^{t}u(x)\mathrm{d}x+i_{\mathrm{L}}(0_-)$	$u(t)=\frac{1}{C}\int_{0_-}^{t}i(x)\mathrm{d}x+u_{\mathrm{C}}(0_-)$ $i(t)=C\frac{\mathrm{d}u(t)}{\mathrm{d}t}$
s 域模型	串联形式	$I(s)$ R + $U(s)$ −	$I(s)$ sL $Li_{\mathrm{L}}(0_-)$ − + + $U(s)$ −	$I(s)$ $\frac{1}{sC}$ $\frac{u_{\mathrm{C}}(0_-)}{s}$ + − + $U(s)$ −
		$U(s)=RI(s)$	$U(s)=sLI(s)-Li_{L}(0_-)$	$U(s)=\frac{1}{sC}I(s)+\frac{u_{\mathrm{C}}(0_-)}{s}$
	并联形式	$I(s)$ R + $U(s)$ −	sL $I(s)$ $\frac{i_{\mathrm{L}}(0_-)}{s}$ + $U(s)$ −	$\frac{1}{sC}$ $I(s)$ $Cu_{\mathrm{C}}(0_-)$ + $U(s)$ −
		$I(s)=\frac{1}{R}U(s)$	$I(s)=\frac{1}{sL}U(s)+\frac{i_{\mathrm{L}}(0_-)}{s}$	$I(s)=sCU(s)-Cu_{\mathrm{C}}(0_-)$

由以上讨论可见，经过拉普拉斯变换，可以将时域中的微分、积分形式描述的元件端电压 $u(t)$ 与电流 $i(t)$ 的关系，变换为 s 域中用代数方程描述的 $U(s)$ 与 $I(s)$ 的关系，而且在 s 域中 KCL、KVL 也成立。这样，在分析电路的各种问题时，将原电路中已知电压源、电流源都变换为相应的象函数；未知电压、电流也用其象函数表示；各电路元件都用其 s 域模型替代（初始条件变换为相应的内部象电源)，则可画出原电路的 s 域电路模型。对该 s 域电路而言，用以分析计算正弦稳态电路的各种方法（如无源支路的串、并联，电压源与电流源的等效变换，等效电源定理以及回路法、节点法等）都适用。这样，可按 s 域的电路模型求解所需未知响应的

象函数，取其反变换就可得到所需的时域响应。需要注意的是，在做电路的 s 域模型时，应画出其所有的内部象电源，并特别注意其参考方向。

通过上面的电容、电感的 s 域模型可以看出，初始条件等效为电压，这样零输入响应和零状态响应就可一起求出，如果要分别求零输入响应和零状态响应也比较容易。零输入响应就是令所加激励为零，仅由初始状态产生的响应，求零状态响应只要令初始条件为零即可。

【例 5.4-6】 电路如图 5.4-2（a）所示，开关位于“1”时，电路已处于稳态，t=0 时，开关投向 2，求 $t \geqslant 0$ 时的 $u_C(t)$ 且分别求出零输入响应、零状态响应。

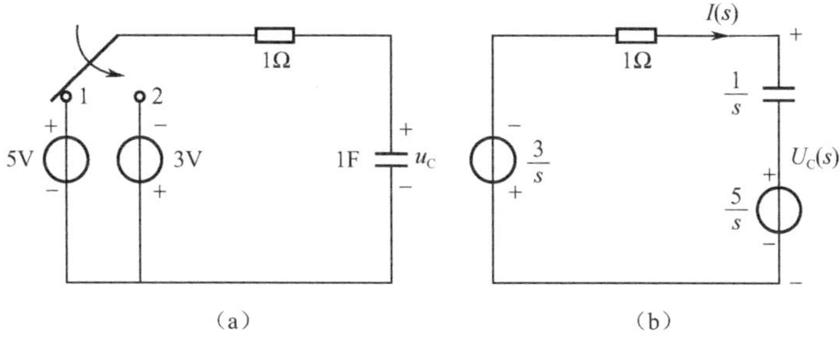

图 5.4-2　例 5.4-6 图

解： 开关位于“1”时，电路已处于稳态，电容上的电压为5V 。求 $t \geqslant 0$ 零输入响应时，只考虑 $u_C(0_-)=5\text{V}$， –3V 电压源不予考虑，因此

$$U_{zs}(s)=\frac{5}{s}-\frac{\frac{5}{s}}{1+\frac{1}{s}}\cdot\frac{1}{s}=\frac{5}{s+1}$$

对上式取拉普拉斯反变换，得

$$u_{zs}(t)=5\text{e}^{-t}u(t)$$

求零状态响应时，令 $u_C(0_-)=0\text{V}$，只考虑 –3V 电压源作用于回路中，因此，有

$$U_{zs}(s)=\frac{\frac{1}{s}}{1+\frac{1}{s}}\cdot\left(-\frac{3}{s}\right)=-\frac{3}{s}+\frac{3}{s+1}$$

对上式取拉普拉斯反变换，得

$$u_{zs}(t)=(-3+3\text{e}^{-t})u(t)$$

因此，全响应为

$$u_C(t)=u_{zi}(t)+u_{zs}(t)=(-3+8\text{e}^{-t})u(t) \tag{5.4-16}$$

全响应的象函数 $U_C(s)$ 可以一举求得，参见 s 域模型图 5.4-2（b）。回路电流象函数为

$$I(s)=\frac{-\frac{3}{s}-\frac{5}{s}}{1+\frac{1}{s}}=-\frac{8}{s+1}$$

电容电压象函数为

$$U_C(s)=\frac{1}{s}I(s)+\frac{5}{s}=-\frac{8}{s+1}\cdot\frac{1}{s}+\frac{5}{s}=-\frac{3}{s}+\frac{8}{s+1}$$

因此，$u_C(t)$的全响应为

$$u_C(t)=\mathscr{L}^{-1}[U_C(s)]=(-3+8e^{-t})u(t)$$

结果与式（5.4-16）相同。

【例 5.4-7】 如图 5.4-3 所示电路，已知$u_s(t)=12V$，$L=1H$，$C=1F$，$R_1=3\Omega$，$R_2=2\Omega$，$R_3=1\Omega$，原电路已处于稳态状态，当$t=0$时，开关 S 闭合，求闭合后R_3两端电压$y(t)$。

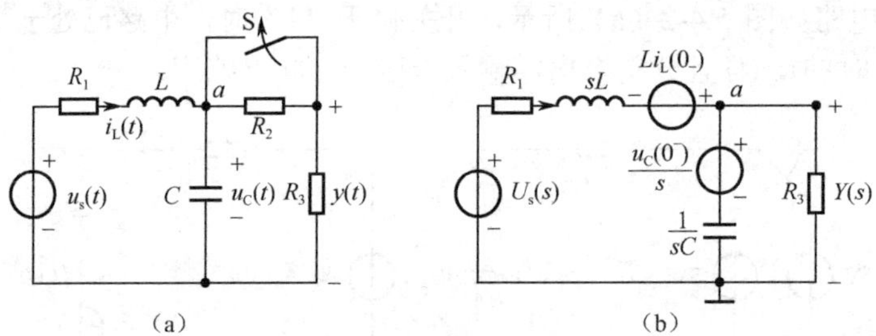

图 5.4-3　例 5.4-7 图

解：先求原电路稳定状态下，电容C的初始电压$u_C(0_-)$和电感L的初始电流$i_L(0_-)$分别为

$$u_C(0_-)=\frac{R_2+R_3}{R_1+R_2+R_3}\cdot u_s(t)=6V$$

$$i_L(0_-)=\frac{u_s(t)}{R_1+R_2+R_3}=2A$$

当$t=0$时，开关 S 闭合，画出电路的s域模型如图 5.4-3（b）所示。如图 5.4-3（b）所示，选定参考点后，a点的电位就是$Y(s)$。列出a点的节点电压，有

$$\left(\frac{1}{sL+R_1}+sC+\frac{1}{R_3}\right)Y(s)=\frac{Li_L(0_-)}{sL+R_1}+\frac{u_C(0_-)/s}{\frac{1}{sC}}+\frac{U_s(s)}{sL+R_1}$$

将L、C、R_1、R_2的数据代入上式，并进行整理得

$$Y(s)=\frac{i_L(0_-)+(s+3)u_C(0_-)}{s^2+4s+4}+\frac{U_s(s)}{s^2+4s+4}$$

由上式可见，其第一项仅与各初始值有关，因而是零输入响应的象函数$Y_{zi}(s)$；其第二项仅与输入的象函数$U_s(s)$有关，因而是零状态响应的象函数$Y_{zs}(s)$，即

$$Y_{zi}(s)=\frac{i_L(0_-)+(s+3)u_C(0_-)}{s^2+4s+4} \tag{5.4-17}$$

$$Y_{zs}(s)=\frac{U_s(s)}{s^2+4s+4} \tag{5.4-18}$$

将$u_C(0_-)$、$i_L(0_-)$代入到式（5.4-17），有

$$Y_{zi}(s)=\frac{6s+20}{(s+2)^2}=\frac{8}{(s+2)^2}+\frac{6}{s+2}$$

取反变换，得图 5.4-3（a）中R_3两端电压的零输入响应为

$$y_{zi}(t)=(8t+6)e^{-2t}u(t)\ \text{V}$$

由于$\mathscr{L}[u_s(t)]=\mathscr{L}[12]=\frac{12}{s}=U_s(s)$，将其代入式（5.4-18），得

$$Y_{zs}(s)=\frac{12}{s(s+2)^2}=\frac{3}{s}-\frac{6}{(s+2)^2}-\frac{3}{s+2}$$

取反变换，得 R_3 两端电压的零状态响应为

$$y_{zs}(t)=[3-(6t+3)e^{-2t}]u(t)\text{V}$$

闭合后 R_3 两端电压 $y(t)$ 为

$$y(t)=y_{zi}(t)+y_{zs}(t)=[3+(2t+3)e^{-2t}]u(t)\text{V}$$

【例 5.4-8】 如图 5.4-4（a）所示电路是最平幅度型[也称为巴特沃斯（Butterworth）型]三阶低通滤波器，它接于电源（含内阻 R）与负载 R 之间。已知 $L=1\text{H}$，$C=2\text{F}$，$R=1\Omega$，求系统函数 $H(s)=\dfrac{U_2(s)}{U_1(s)}$（电压比函数）及阶跃响应。

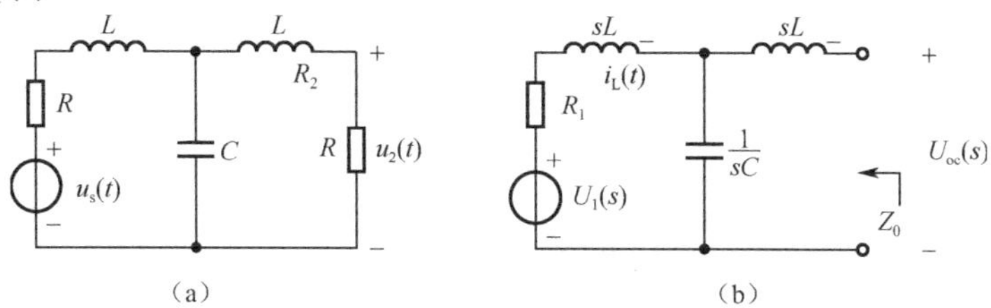

图 5.4-4　例 5.4-8 图

解： 本题的 s 域电路模型与原电路形式相同，不再重画。若用等效电源定理求解，可将负载 R 断开，其相应的 s 域电路模型如图 5.4-4（b）所示。不难求得，其开路电压象函数（将 R、L、C 的值代入）为

$$U_{oc}(s)=\frac{\dfrac{1}{sC}}{sL+R+\dfrac{1}{sC}}U_1(s)=\frac{1}{2s^2+2s+1}U_1(s)$$

等效电抗为

$$Z_0(s)=sL+\frac{(sL+R)\dfrac{1}{sC}}{sL+R+\dfrac{1}{sC}}=s+\frac{s+1}{2s^2+2s+1}=\frac{2s^3+2s^2+2s+1}{2s^2+2s+1}$$

于是可求得输出电压 $u_2(t)$ 的象函数

$$U_2(s)=\frac{R}{Z_0(s)+R}U_{oc}(s)=\frac{1}{2(s^3+2s^2+2s+1)}U_1(s)$$

该滤波器的系统函数

$$H(s)=\frac{U_2(s)}{U_1(s)}=\frac{1}{2(s^3+2s^2+2s+1)}=\frac{1}{2(s+1)(s^2+s+1)} \tag{5.4-19}$$

再求该电路的阶跃响应。按阶跃响应的定义，当输入 $u_1(t)=u(t)\text{V}$ 时，其象函数 $U_1(s)=\dfrac{1}{s}$，故其零状态响应的象函数为

$$Y_{zs}(s)=G(s)=H(s)\frac{1}{s}=\frac{1}{2s(s^3+2s^2+2s+1)}$$

$$=\frac{1}{2}\left(\frac{1}{s}-\frac{1}{s+1}-\frac{1}{s^2+s+1}\right)$$

$$=\frac{1}{2}\left[\frac{1}{s}-\frac{1}{s+1}-\frac{2}{\sqrt{3}}\frac{\frac{\sqrt{3}}{2}}{\left(s+\frac{1}{2}\right)^2+\left(\frac{\sqrt{3}}{2}\right)^2}\right]$$

取上式的反变换，得图 5.4-4（a）滤波器的阶跃响应为

$$g(t)=\frac{1}{2}\left[1-\mathrm{e}^{-t}-\frac{2}{\sqrt{3}}\mathrm{e}^{-\frac{t}{2}}\sin\left(\frac{\sqrt{3}}{2}t\right)\right]u(t)\mathrm{V}$$

【例 5.4-9】 图 5.4-5 中，C_1=1F，C_2=2F，R=3Ω，$U_{C1}(0_-)=E$，S 闭合前电路处于稳态，求开关在 t=0 闭合后响应电流 $i_{C1}(t)$。

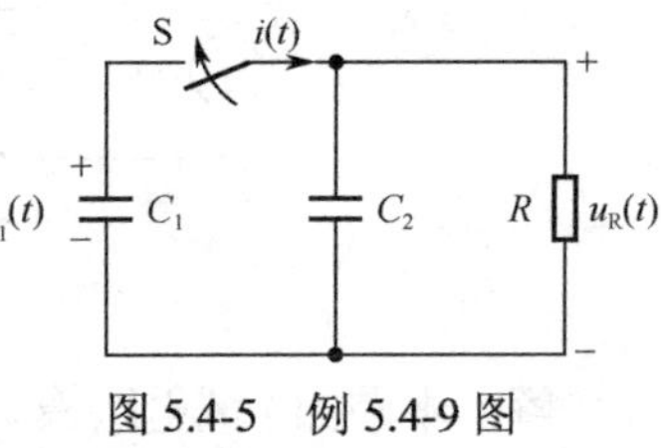

图 5.4-5 例 5.4-9 图

解：把 C_1 上的初始电压等效为电压源，此电压源为激励，响应为 $i_{C1}(t)$。应用 s 域电路模型，可求 $i_{C1}(t)$的象函数为

$$I_{C1}(s)=\frac{\frac{E}{s}}{\frac{1}{sC_1}+\frac{R}{1+sC_2R}}=E\frac{6s+1}{9s+1}=\frac{2}{3}E\left(1+\frac{\frac{1}{18}}{s+\frac{1}{9}}\right)$$

取反变换，得

$$i_{C1}(t)=\frac{2}{3}E\left[\delta(t)+\frac{1}{18}\mathrm{e}^{-\frac{1}{9}t}u(t)\right]$$

响应电流中出现了冲激，说明电容 C_1 上的电压在 t=0 时出现了跃变，当电路中存在全电容回路或由电压源和电容组成的回路，一般电路发生换路时将出现冲激电流，对偶地，对全电感割集或由电感和电流源组成的割集，在换路时，也将出现冲激电压，而拉普拉斯变换，采用 0_-系统分析电路，把这种影响考虑进去了，所以是比较方便的方法。

【例 5.4-10】 已知输入 $f(t)=\mathrm{e}^{-t}u(t)$，初始状态 $y(0_-)=2, y'(0_-)=1$，系统响应对激励的转移函数 $H(s)=\frac{s+5}{s^2+5s+6}$，求系统响应 $y(t)$，并标出零输入响应、零状态响应、暂态响应、稳态响应、强迫响应与自由响应。

解：先求零状态响应，输入信号的象函数为

$$F(s)=\mathscr{L}[f(t)]=\frac{1}{s+1}$$

则零状态响应的象函数为

$$Y_{zs}(s)=F(s)H(s)=\frac{s+5}{(s+1)(s+2)(s+3)}=\frac{2}{s+1}-\frac{3}{s+2}+\frac{1}{s+3}$$

取反变换，得零状态响应为

$$y_{zs}(t)=\mathscr{L}^{-1}[Y_{zs}(s)]=(2\mathrm{e}^{-t}-3\mathrm{e}^{-2t}+\mathrm{e}^{-3t})u(t)$$

再求零输入响应，零输入响应的模式由转移函数的极点决定，所以零输入响应的模式为

$$y_{zi}(t)=k_1\mathrm{e}^{-2t}+k_2\mathrm{e}^{-3t},\qquad t\geqslant 0$$

代入初始条件，有

$$\begin{cases}2=k_1+k_2\\1=-2k_1-3k_2\end{cases}\Rightarrow\begin{cases}k_1=7\\k_2=-5\end{cases}$$

所以，零输入响应为

$$y_{zi}(t)=7\mathrm{e}^{-2t}-5\mathrm{e}^{-3t},\qquad t\geqslant 0$$

最后，系统的全响应为

$$\begin{aligned}y(t)=y_{zs}(t)+y_{zi}(t)&=\underbrace{7\mathrm{e}^{-2t}-5\mathrm{e}^{-3t}}_{\text{零输入响应}}+\underbrace{2\mathrm{e}^{-t}-3\mathrm{e}^{-2t}+\mathrm{e}^{-3t}}_{\text{零状态响应}},\qquad t\geqslant 0\\&=\underbrace{\underbrace{4\mathrm{e}^{-2t}-4\mathrm{e}^{-3t}}_{\text{自由响应}}+\underbrace{2\mathrm{e}^{-t}}_{\text{强迫响应}}}_{\text{暂态响应}}\end{aligned}$$

5.5 拉普拉斯变换与傅里叶变换的关系

单边拉普拉斯变换与傅里叶变换的定义分别为

$$F(s)=\int_{0_-}^{\infty}f(t)\mathrm{e}^{-st}\mathrm{d}t,\qquad \mathrm{Re}[s]>\sigma_0 \tag{5.5-1}$$

$$F(\mathrm{j}\omega)=\int_{-\infty}^{\infty}f(t)\mathrm{e}^{-\mathrm{j}\omega t}\mathrm{d}t \tag{5.5-2}$$

应该注意到，单边拉普拉斯变换中的信号 $f(t)$ 为因果信号，即 $t<0$，$f(t)=0$，因而只能研究因果信号的傅里叶变换与其拉普拉斯变换的关系。

设拉普拉斯变换的收敛域为 $\mathrm{Re}[s]>\sigma_0$，依据收敛坐标 σ_0 的值可分为以下三种情况。

（1）当 $\sigma_0>0$ 时

如果 $f(t)$ 的象函数 $F(s)$ 的收敛坐标 $\sigma_0>0$，其收敛域在虚轴右侧，因而在 $s=\mathrm{j}\omega$ 处，即在虚轴上，式（5.5-1）不收敛。在这种情况下，$f(t)$ 的傅里叶变换不存在，例如 $f(t)=\mathrm{e}^{\alpha t}u(t)$ $(\alpha>0)$，其收敛域为 $\mathrm{Re}[s]>\alpha$，傅里叶变换不存在。

（2）当 $\sigma_0<0$ 时

如果象函数 $F(s)$ 的收敛坐标 $\sigma_0<0$，则其收敛域在虚轴左侧，在这种情况下，式（5.5-1）在虚轴上也收敛。因而在式（5.5-1）中令 $s=\mathrm{j}\omega$，就得到相应的傅里叶变换。所以，若收敛域坐标 $\sigma_0<0$，则因果信号 $f(t)$ 的傅里叶变换

$$F(\mathrm{j}\omega)=F(s)\big|_{s=\mathrm{j}\omega} \tag{5.5-3}$$

例如 $f(t)=\mathrm{e}^{-\alpha t}u(t)\,(\alpha>0)$，其拉普拉斯变换为

$$F(s)=\frac{1}{s+\alpha},\quad \mathrm{Re}[s]>-\alpha$$

其傅里叶变换为

$$F(\mathrm{j}\omega)=F(s)\big|_{s=\mathrm{j}\omega}=\frac{1}{\mathrm{j}\omega+\alpha}$$

（3）当 $\sigma_0=0$ 时

如果 $f(t)$ 的象函数 $F(s)$ 的收敛坐标 $\sigma_0=0$，那么式（5.5-1）在虚轴上不收敛，因此不能

简单地利用式（5.5-3）求 $f(t)$ 的傅里叶变换。

1．$F(s)$在虚轴上均为单根

设 $F(s)$ 在 s 右半平面的极点对应的部分为 $F_a(s)$，左半平面根可以是单根，也可以是重根，$F(s)$ 在虚轴上的根均为单根，设为 $j\omega_1, j\omega_2, \cdots, j\omega_N$，即

$$F(s)=F_a(s)+\sum_{i=1}^{N}\frac{k_i}{s-j\omega_i} \tag{5.5-4}$$

令 $\mathscr{L}^{-1}[F_a(s)]=f_a(t)$，则上式的拉普拉斯反变换为

$$f(t)=f_a(t)+\sum_{i=1}^{N}k_i e^{j\omega_i t}u(t) \tag{5.5-5}$$

现在求 $f(t)$ 的傅里叶变换：由于 $F_a(s)$ 的极点位于 s 平面左半平面，所以

$$\mathcal{F}[f_a(t)]=F_a(s)\big|_{s=j\omega}$$

由于

$$\mathcal{F}[e^{j\omega_i t}u(t)]=\left[\pi\delta(\omega-\omega_i)+\frac{1}{j(\omega-\omega_i)}\right]$$

故 $f(t)$ 的傅里叶变换为

$$\begin{aligned}\mathcal{F}[f(t)]&=F_a(s)\big|_{s=j\omega}+\sum_{i=1}^{N}k_i\left[\pi\delta(\omega-\omega_i)+\frac{1}{j(\omega-\omega_i)}\right]\\&=F(s)\big|_{s=j\omega}+\sum_{i=1}^{N}k_i\pi\delta(\omega-\omega_i)\end{aligned} \tag{5.5-6}$$

2．$F(s)$在虚轴上有重根

设 $F(s)$ 在 s 左半平面的极点部分为 $F_a(s)$，设在 $s=j\omega$ 处有 r 阶极点。则

$$F(s)=F_a(s)+\sum_{i=1}^{r}\frac{k_{1i}}{(s-j\omega_1)^{r+1-i}}$$

可以得出，与 $F(s)$ 相应的傅里叶变换为

$$\mathscr{L}[f(t)]=F(s)\big|_{s=j\omega}+\sum_{i=1}^{r}\pi k_{1i}j^{r-i}\delta^{(r-i)}(\omega-\omega_1)\frac{1}{(r-i)!} \tag{5.5-7}$$

【例 5.5-1】 已知 $\cos(\omega_0 t)u(t)$ 的象函数为

$$F(s)=\frac{s}{s^2+\omega_0^2}$$

求其傅里叶变换。

解：将 $F(s)$ 展开为部分分式，得

$$F(s)=\frac{s}{s^2+\omega_0^2}=\frac{\frac{1}{2}}{s+j\omega_0}+\frac{\frac{1}{2}}{s-j\omega_0}$$

由式（5.5-6）得 $\cos(\omega_0 t)u(t)$ 的傅里叶变换为

$$F(j\omega)=F(s)\big|_{s=j\omega}+\sum_{i=1}^{2}\pi k_i\delta(\omega-\omega_i)=\frac{j\omega}{\omega_0^2-\omega^2}+\frac{\pi}{2}[\delta(\omega+\omega_0)+\delta(\omega-\omega_0)]$$

【例 5.5-2】 已知 $tu(t)$ 的象函数为

$$F(s)=\frac{1}{s^2}$$

求其傅里叶变换。

解： 由式（5.5-7）知，其傅里叶变换为

$$F(\mathrm{j}\omega)=\left.\frac{1}{s^2}\right|_{s=\mathrm{j}\omega}+\mathrm{j}\pi\delta'(\omega)=-\frac{1}{\omega^2}+\mathrm{j}\pi\delta'(\omega)$$

习题 5

1．求下列函数的单边拉普拉斯变换，并注明收敛域。

（1）$1-\mathrm{e}^{-t}$　（2）$1-2\mathrm{e}^{-t}+\mathrm{e}^{-2t}$　（3）$3\sin t+2\cos t$　（4）$\cos(2t+45^\circ)$

（5）$\mathrm{e}^{-t}\sin 2t$　（6）$t\mathrm{e}^{-2t}$

2．求图 1 所示各信号的拉普拉斯变换，并注明收敛域。

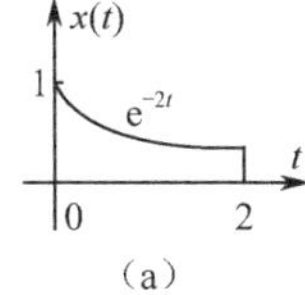

（a）

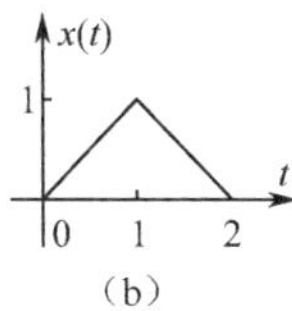

（b）

图 1

3．利用常用函数[例如 $u(t)$，$\mathrm{e}^{-\alpha t}u(t)$，$\sin(\beta t)u(t)$，$\cos(\beta t)u(t)$ 等]的象函数及拉普拉斯变换的性质，求下列函数 $f(t)$ 的拉普拉斯变换 $F(s)$。

（1）$\mathrm{e}^{-t}[u(t)-u(t-2)]$　（2）$\sin(\pi t)u(t)-\sin[\pi(t-1)]u(t-1)$

（3）$\cos(3t-2)u(3t-2)$　（4）$\int_0^t \sin(\pi x)\mathrm{d}x$

（5）$\frac{\mathrm{d}^2}{\mathrm{d}t^2}[\sin(\pi t)u(t)]$　（6）$\frac{\mathrm{d}^2\sin(\pi t)}{\mathrm{d}t^2}u(t)$

（7）$t^2\mathrm{e}^{-2t}u(t)$　（8）$t\mathrm{e}^{-\alpha t}\cos(\beta t)u(t)$

4．已知因果函数 $f(t)$ 的象函数 $F(s)=\frac{1}{s^2-s+1}$，求下列函数 $y(t)$ 的象函数 $Y(s)$。

（1）$\mathrm{e}^{-t}f\left(\frac{1}{2}t\right)$　（2）$\mathrm{e}^{-3t}f(2t-1)$　（3）$t\mathrm{e}^{-2t}f(3t)$　（4）$tf(2t-1)$

5．求下列象函数 $F(s)$ 原函数的初值 $f(0_+)$ 和终值 $f(\infty)$。

（1）$F(s)=\frac{2s+3}{(s+1)^2}$　（2）$F(s)=\frac{3s+1}{s(s+1)}$

6．求下列各象函数 $F(s)$ 的拉普拉斯反变换 $f(t)$。

（1）$F(s)=\frac{1}{(s+1)(s+4)}$　（2）$F(s)=\frac{s^2+4s+5}{s^2+3s+2}$

（3）$F(s)=\frac{2s+4}{s(s^2+4)}$　（4）$F(s)=\frac{1}{s(s-1)^2}$

（5）$F(s)=\dfrac{s+5}{s(s^2+2s+5)}$　　（6）$F(s)=\dfrac{5}{s^3+s^2+4s+4}$

7．求下列各象函数$F(s)$的拉普拉斯反变换$f(t)$，并简略画出它们的波形图。

（1）$F(s)=\dfrac{1-\mathrm{e}^{-Ts}}{s+1}$　　（2）$F(s)=\left(\dfrac{1-\mathrm{e}^{-s}}{s}\right)^2$

（3）$F(s)=\dfrac{\mathrm{e}^{-2(s+3)}}{s+3}$　　（4）$F(s)=\dfrac{\mathrm{e}^{-(s-1)}}{s-1}$

（5）$F(s)=\dfrac{\pi(1+\mathrm{e}^{-s})}{s^2+\pi^2}$　　（6）$F(s)=\dfrac{\pi(1-\mathrm{e}^{-2s})}{s^2+\pi^2}$

8．求图2在$t=0$时接入的有始周期信号$f(t)$的象函数$F(s)$。

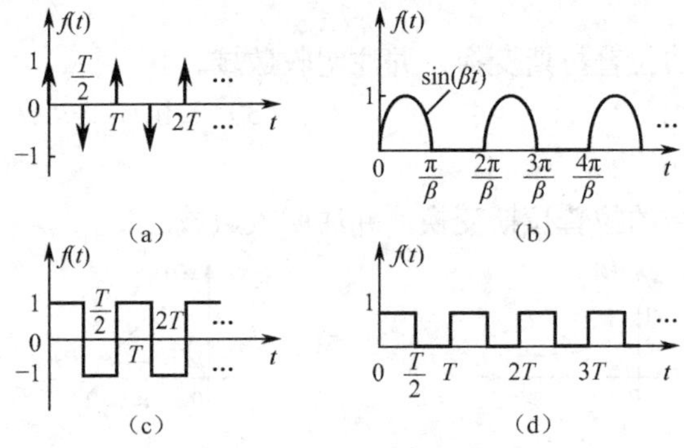

图2

9．下列象函数$F(s)$的原函数$f(t)$是$t=0$时接入的有始周期信号，求周期T并写出第一个周期（$0<t<T$）的时间函数表达式$f_0(t)$。

（1）$F(s)=\dfrac{1}{1+\mathrm{e}^{-s}}$　　（2）$F(s)=\dfrac{1}{s(1+\mathrm{e}^{-2s})}$

（3）$F(s)=\dfrac{\pi(1+\mathrm{e}^{-s})}{(s^2+\pi^2)(1-\mathrm{e}^{-2s})}$　　（4）$F(s)=\dfrac{\pi(1+\mathrm{e}^{-s})}{(s^2+\pi^2)(1-\mathrm{e}^{-s})}$

10．用拉普拉斯变换法解微分方程

$$y'(t)+2y(t)=f(t)$$

（1）已知$f(t)=u(t)$，$y(0_-)=1$。

（2）已知$f(t)=\sin(2t)u(t)$，$y(0_-)=0$。

11．用拉普拉斯变换法解微分方程

$$y''(t)+5y'(t)+6y(t)=3f(t)$$

的零输入响应和零状态响应。

（1）已知$f(t)=u(t)$，$y(0_-)=1$，$y'(0_-)=2$。

（2）已知$f(t)=\mathrm{e}^{-t}u(t)$，$y(0_-)=0$，$y'(0_-)=1$。

12．描述某LTI系统的微分方程

$$y'(t)+2y(t)=f'(t)+f(t)$$

求在下列激励下的零状态响应。

（1）$f(t)=u(t)$　　（2）$f(t)=\mathrm{e}^{-t}u(t)$

（3） $f(t)=\mathrm{e}^{-2t}u(t)$　　　　（4） $f(t)=tu(t)$

13．描述某 LTI 系统的微分方程

$$y''(t)+3y'(t)+2y(t)=f'(t)+4f(t)$$

求在下列条件下的零输入响应和零状态响应。

（1）已知 $f(t)=u(t)$， $y(0_+)=1$， $y'(0_+)=3$ 。

（2）已知 $f(t)=\mathrm{e}^{-2t}u(t)$ ， $y(0_+)=1$， $y'(0_+)=2$ 。

14．已知某 LTI 系统的阶跃响应 $g(t)=(1-\mathrm{e}^{-2t})u(t)$ ，欲使系统的零状态响应

$$y_{zs}(t)=(1-\mathrm{e}^{-2t}+t\mathrm{e}^{-2t})u(t)$$

求系统的输入信号 $f(t)$ 。

15．某 LTI 系统，当输入 $f(t)=\mathrm{e}^{-t}u(t)$ 时其零状态响应

$$y_{zs}(t)=(\mathrm{e}^{-t}-\mathrm{e}^{-2t}+3\mathrm{e}^{-3t})u(t)$$

求该系统的阶跃响应 $g(t)$ 。

16．写出图 3 所示各 s 域框图所描述系统的系统函数 $H(s)$ [图（d）中 e^{-sT} 为延迟 T 的延时器的 s 域模型]。

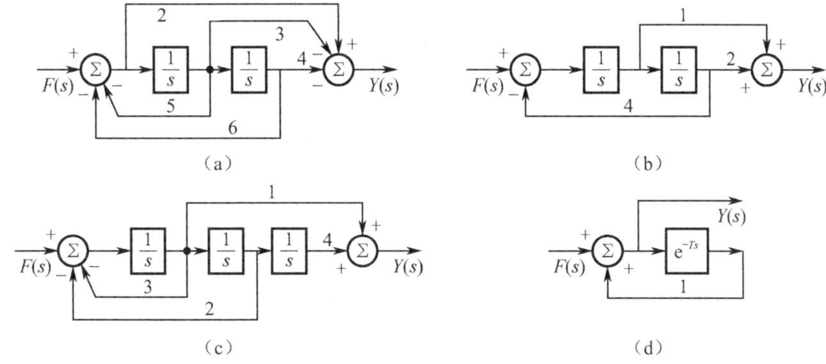

图 3

17. 如图 4 所示系统，已知当 $f(t)=u(t)$ 时，系统的零状态响应 $y_{zs}(t)=(1-5\mathrm{e}^{-2t}+5\mathrm{e}^{-3t})u(t)$ ，求系数 a 、 b 、 c 。

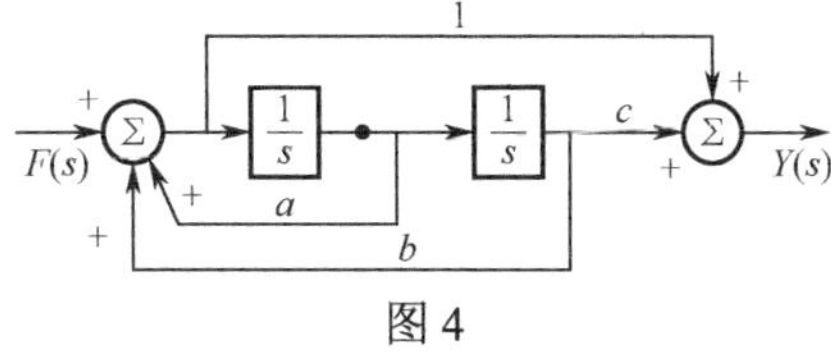

图 4

18．某 LTI 系统，在以下各种情况下其初始状态相同。已知当激励 $f_1(t)=\delta(t)$ 时，其全响应 $y_1(t)=\delta(t)+\mathrm{e}^{-t}u(t)$ ；当激励 $f_2(t)=u(t)$ 时，其全响应 $y_2(t)=3\mathrm{e}^{-t}u(t)$ 。

（1）如 $f_3(t)=\mathrm{e}^{-2t}u(t)$ ，求系统的全响应。

（2）如 $f_4(t)=t[u(t)-u(t-1)]$ ，求系统的全响应。

19．如图 5 所示电路，其输入均为单位阶跃函数 $u(t)$ ，求电压 $u(t)$ 的零状态响应。

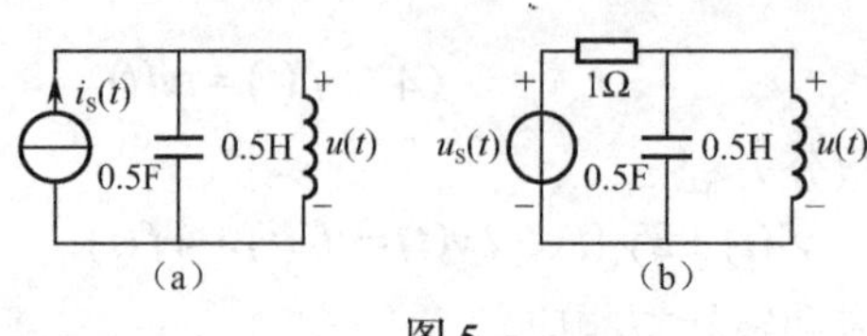

图 5

20．如图 6 所示电路，激励电流源 $i_s(t)=u(t)\,\text{A}$，求下列情况的零状态响应 $u_{Czs}(t)$。

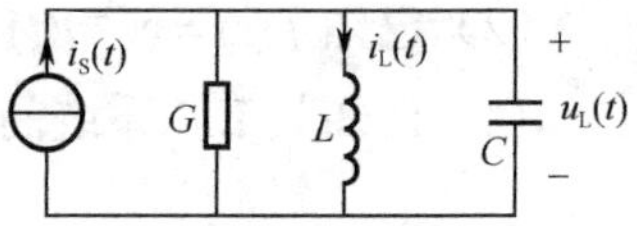

（1） $L=0.1\text{H}$， $C=0.1\text{F}$， $G=2.5\text{S}$。

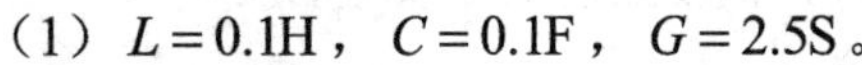

（2） $L=0.1\text{H}$， $C=0.1\text{F}$， $G=2\text{S}$。

（3） $L=0.1\text{H}$， $C=0.1\text{F}$， $G=1.2\text{S}$。

图 6

21．图 7 所示在含受控源的电路中，设 $k=2$，若以 $u_1(t)$ 为输入，以 $u_2(t)$ 为输出，求冲激响应 $h(t)$。

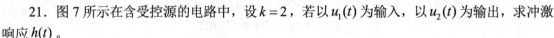

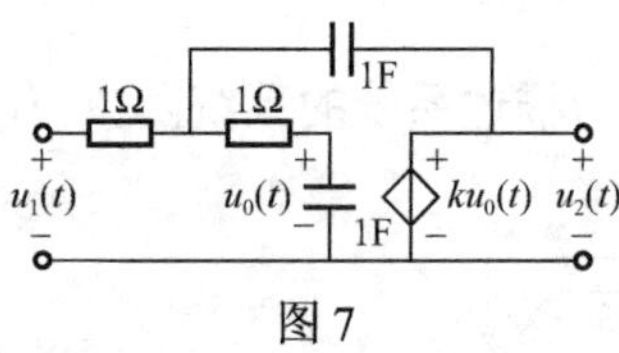

图 7

22．电路如图 8 所示，已知 $C_1=1\text{F}$， $C_2=2\text{F}$， $R=1\Omega$，若 C_1 上的初始电压 $u_C(0_-)=U_0$，C_2 上的初始电压为零。当 $t=0$ 时开关 S 闭合，求 $i(t)$ 和 $u_R(t)$。

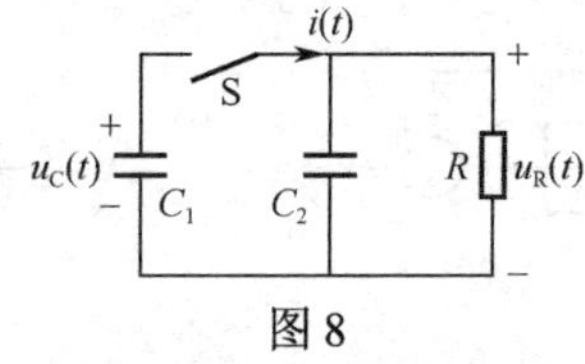

图 8

23．根据以下函数 $f(t)$ 的象函数 $F(s)$，求 $f(t)$ 的傅里叶变换。

（1） $f(t)=u(t)-u(t-2)$

（2） $f(t)=t[u(t)-u(t-1)]$

（3） $f(t)=\cos(\beta t)u(t)$

（4） $f(t)=\begin{cases}0, & t<0\\ t, & 0<t<1\\ 1, & t>1\end{cases}$

24．设 $f(t)$ 是因果信号，已知

$$f(t)*f'(t)=(1-t)\mathrm{e}^{-t}u(t)$$

求 $f(t)$。

Chapter 6

第6章

z 变换及离散系统的 z 域分析

要点

本章主要介绍 z 变换及其性质；z 变换的收敛域问题；z 正、反变换的求解方法；离散系统的 z 变换分析法；s 平面与 z 平面的映射关系等内容。本章要求掌握 z 变换求解离散系统零输入响应和零状态响应及全响应的方法。

6.1 z 变换

6.1.1 从拉普拉斯变换到 z 变换

从 4.7 节知，对连续时间信号进行均匀冲激取样后，可以得到离散时间信号。

设有连续信号 $f(t)$，每隔时间 T_s，对其取样一次，这相当于连续信号 $f(t)$ 乘以冲激序列 $\delta_{T_s}(t)$，得到取样信号 $f_s(t)$，即

$$f_s(t)=f(t)\delta_{T_s}(t)=f(t)\sum_{n=-\infty}^{\infty}\delta(t-nT_s)=\sum_{n=-\infty}^{\infty}f(nT_s)\delta(t-nT_s) \qquad (6.1\text{-}1)$$

对上式取双边拉普拉斯变换，由于 $\mathscr{L}_b[\delta(t-nT_s)]=e^{-nT_s}$，得取样信号 $f_s(t)$ 的双边拉普拉斯变换为

$$F_s(s)=\mathscr{L}_b[f_s(t)]=\sum_{n=-\infty}^{\infty}f(nT)e^{-nT_s} \qquad (6.1\text{-}2a)$$

取一个新变量，令 $z = \mathrm{e}^{sT_s}$，上式将成为复变量 z 的函数，用 $F(z)$ 表示，且把 $f(nT_s)$ 写成 $f(n)$，则上式写为

$$F(z) = \sum_{n=-\infty}^{\infty} f(n) z^{-n} = \mathscr{Z}_b[f(n)] \tag{6.1-2b}$$

上式称为序列 $f(n)$ 的双边 z 变换。

比较式（6.1-2a）和式（6.1-2b）可知，当令 $z = \mathrm{e}^{sT_s}$ 时，序列 $f(n)$ 的 z 变换就等于取样信号 $f_s(t)$ 的拉普拉斯变换，即

$$F(z)\Big|_{z=\mathrm{e}^{sT_s}} = F_s(s) \tag{6.1-3}$$

复变量 z 与 s 的关系是

$$z = \mathrm{e}^{sT_s} \tag{6.1-4}$$

$$s = \frac{1}{T_s} \ln z \tag{6.1-5}$$

式（6.1-3）～式（6.1-5）反映了连续时间信号与离散时间信号以及 s 域与 z 域间的重要关系。

为了简便，序列仍用 $f(n)$ 表示，如果序列是由连续时间信号 $f(t)$ 经取样得到的，那么

$$f(n) = f(nT_s) = f(t)\Big|_{t=nT_s} \tag{6.1-6}$$

式中，T_s 为取样周期（或间隔），对 T_s 归一化处理，即令 $T_s = 1$，显然上式成立。

6.1.2 z 变换

如果有离散序列 $f(n)$ $(n = 0, \pm 1, \pm 2, \cdots)$，$z$ 为复变量，则函数

$$F(z) = \sum_{n=-\infty}^{\infty} f(n) z^{-n} \tag{6.1-7}$$

称为序列 $f(n)$ 的双边 z 变换。上式求和是在正、负 n 域（或称序域）进行的。如果求和只在 n 的非负值域进行，即

$$F(z) = \mathscr{Z}[f(n)] = \sum_{n=0}^{\infty} f(n) z^{-n} \tag{6.1-8}$$

称为序列 $f(n)$ 的单边 z 变换。对于因果信号 $f(n)$，由于 $n < 0$ 时，$f(n) = 0$，则其单边、双边 z 变换是相等的。

在拉氏变换分析中我们着重讨论了单边拉氏变换，这是因为在连续系统中非因果信号的应用较少。对于离散系统，非因果序列也有一定的应用范围，因此，本章着重介绍单边 z 变换，适当兼顾双边 z 变换分析。

为书写方便，将 $f(n)$ 的 z 变换简记为 $\mathscr{Z}[f(n)]$，象函数 $F(z)$ 的 z 反变换简记为 $\mathscr{Z}^{-1}[F(z)]$（z 反变换将在 6.3 节中讨论）。$f(n)$ 和 $F(z)$ 之间的关系简记为

$$f(n) \leftrightarrow F(z) \tag{6.1-9}$$

6.1.3 收敛域

按式（6.1-7）或式（6.1-8）所定义的 z 变换是 z 的幂级数，显然仅当该幂级数收敛时，z

变换才成立。使幂级数收敛的复变量 z 在 z 平面上的取值区域，称为 z 变换的收敛域，也常用 ROC 表示。

例如，$f(n)=\gamma^n u(n)$，根据 z 变换的定义，得

$$F(z)=\sum_{n=0}^{\infty} f(n)z^{-n}=\sum_{n=0}^{\infty}\gamma^n z^{-n}=1+\gamma z^{-1}+\gamma^2 z^{-2}+\cdots$$

上式为等比级数求和，只有 $|\gamma z^{-1}|<1$，即 $|z|>|\gamma|$ 时，z 变换才存在，此时

$$F(z)=\mathscr{Z}[f(n)]=\frac{1}{1-\gamma z^{-1}}=\frac{z}{z-\gamma}, \qquad |z|>|\gamma|$$

其中，$|z|>|\gamma|$ 为象函数 $F(z)$ 的收敛域。

由数学幂级数收敛的判定方法可知，当满足

$$\sum_{n=-\infty}^{\infty}\left|f(n)z^{-n}\right|<\infty \tag{6.1-10}$$

时，式（6.1-7）或式（6.1-8）一定收敛，反之不收敛。式（6.1-10）是序列 $f(n)$ 的 z 变换存在的充要条件。下面用实例来研究 z 变换的收敛域问题。

【例 6.1-1】 求以下有限长序列的 z 变换：（1）$\delta(n)$；（2）$f(n)=\{1,2,3,2,1\}$。

$\uparrow n=0$

解：（1）按式（6.1-7）[或式（6.1-8）]，单位（抽样）序列的 z 变换为

$$F(z)=\sum_{n=-\infty}^{\infty}\delta(n)z^{-n}=\sum_{n=0}^{\infty}\delta(n)z^{-n}=1$$

即

$$\delta(n)\leftrightarrow 1 \tag{6.1-11}$$

可见，其单边、双边 z 变换相等。由于其 z 变换是与 z 无关的常数 1，因而在 z 的全平面收敛。

（2）序列 $f(n)$ 的双边 z 变换为

$$F(z)=\sum_{n=-\infty}^{\infty} f(n)z^{-n}=z^2+2z+3+\frac{2}{z}+\frac{1}{z^2}$$

其单边 z 变换为

$$F(z)=\sum_{n=0}^{\infty} f(n)z^{-n}=3+\frac{2}{z}+\frac{1}{z^2}$$

可见，单边与双边 z 变换不同。容易看出，对于双边 z 变换，除 $|z|=0$ 和 $|z|=\infty$ 外，对任意 z，$F(z)$ 有界，故其收敛域为 $0<|z|<\infty$；对于单边 z 变换，其收敛域为 $|z|>0$。

可见，如果序列 $f(n)$ 是有限长的，即当 $n<K_1$ 和 $n>K_2$（K_1、K_2 为整常数，且 $K_1<K_2$）时 $f(n)=0$，那么其象函数 $F(z)$ 是 z 的有限次幂 z^{-n} 的加权和，除 $|z|=0$ 和 $|z|=\infty$ 外 $F(z)$ 有界，因此，有限长序列 z 变换的收敛域一般为 $0<|z|<\infty$，它在 0 或 ∞ 处的收敛状态视信号具体情况而定。

【例 6.1-2】 求因果序列

$$f_1(n)=a^n u(n)=\begin{cases}0, & n<0\\ a^n, & n\geqslant 0\end{cases}$$

的 z 变换（式中 a 为常数）。

解：将 $f_1(n)$ 代入到式（6.1-7），有

$$F_1(z)=\sum_{n=-\infty}^{\infty}a^n u(n)z^{-n}=\sum_{n=0}^{\infty}(az^{-1})^n$$

为研究上式的收敛情况，利用等比级数求和公式，上式可写为

$$F_1(z)=\lim_{N\to\infty}\sum_{n=0}^{N}(az^{-1})^n=\lim_{N\to\infty}\frac{1-(az^{-1})^{N+1}}{1-az^{-1}}$$

$$=\begin{cases}\dfrac{z}{z-a}, & |az^{-1}|<1, \quad 即|z|>|a| \\ 不定， & |az^{-1}|=1, \quad 即|z|=|a| \\ 无界， & |az^{-1}|>1, \quad 即|z|<|a|\end{cases}$$

可见，对于因果序列，仅当$|z|>|a|$时，其z变换存在。这样，序列与其象函数的关系为

$$a^n u(n)\leftrightarrow\frac{z}{z-a}, \quad |z|>|a| \tag{6.1-12}$$

在z平面上，收敛域$|z|>|a|$是半径为$|a|$的圆外区域，如图 6.1-1（a）所示。显然它也是单边z变换的收敛域。

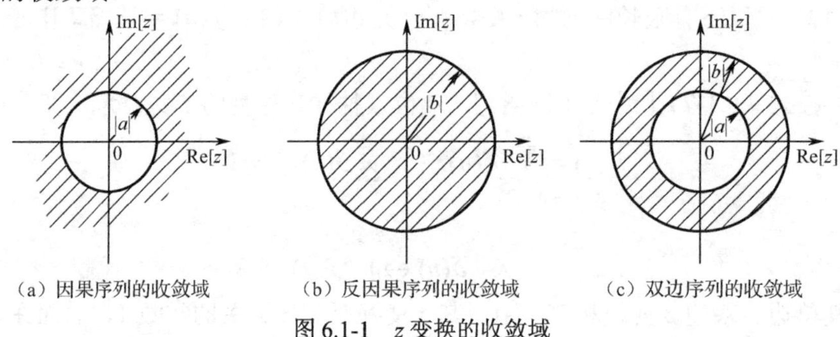

（a）因果序列的收敛域　（b）反因果序列的收敛域　（c）双边序列的收敛域

图 6.1-1　z变换的收敛域

【例 6.1-3】 求反因果序列

$$f_2(n)=b^n u(-n-1)=\begin{cases}b^n, & n<0 \\ 0, & n\geqslant 0\end{cases}$$

的z变换（式中b为常数）。

解：将$f_2(n)$代入到式（6.1-7），有

$$F_2(z)=\sum_{n=-\infty}^{\infty}b^n u(-n-1)z^{-n}=\sum_{n=-\infty}^{-1}(bz^{-1})^n$$

令$m=-n$，代入上式，得

$$F_2(z)=\sum_{m=1}^{\infty}(b^{-1}z)^m=\lim_{N\to\infty}\sum_{m=1}^{N}(b^{-1}z)^m=\lim_{N\to\infty}\frac{b^{-1}z-(b^{-1}z)^{N+1}}{1-b^{-1}z}$$

$$=\begin{cases}\dfrac{-z}{z-b}, & |b^{-1}z|<1, \quad 即|z|<|b| \\ 不定， & |b^{-1}z|=1, \quad 即|z|=|b| \\ 无界， & |b^{-1}z|>1, \quad 即|z|>|b|\end{cases}$$

可见，对于反因果序列，仅当$|z|<|b|$时，其z变换存在，即有

$$b^n u(-n-1) \leftrightarrow \frac{-z}{z-b}, \quad |z|<|b| \tag{6.1-13}$$

在 z 平面上，$|z|<|b|$ 是半径为 $|b|$ 的圆内区域，如图 6.1-1（b）所示。

如果有双边序列

$$f(n)=f_1(n)+f_2(n)=b^n u(-n-1)+a^n u(n)$$

其双边 z 变换

$$F(z)=F_1(z)+F_2(z)=\frac{-z}{z-b}+\frac{z}{z-a} \tag{6.1-14}$$

其收敛域为 $|a|<|z|<|b|$，它是一个环状区域，如图 6.1-1（c）所示。就是说，在 $|a|<|b|$ 时，式（6.1-14）序列的双边 z 变换在该区域存在；显然若 $|a|>|b|$，$F_1(z)$ 与 $F_2(z)$ 没有共同的收敛域，因而 $f(n)$ 的双边 z 变换不存在。可见，对于双边序列，其双边 z 变换的收敛条件比单边 z 变换要苛刻。

还需要指出的是，对于双边 z 变换必须表明其收敛域，否则其对应的序列将不是唯一的。

关于 $F(z)$ 存在，即式（6.1-7）或式（6.1-8）收敛，有如下定理和推论：

如序列 $f(n)$ 在有限区间 $M \leqslant n \leqslant N$（$M$、$N$ 为整数）内有界，且对于正实数 α、β，满足以下指数阶条件

$$\lim_{n\to-\infty}|f(n)|\beta^n=0 \tag{6.1-15a}$$

$$\lim_{n\to\infty}|f(n)|\alpha^{-n}=0 \tag{6.1-15b}$$

则在环状区域 $\alpha<|z|<\beta$ 内 $f(n)$ 的双边 z 变换式（6.1-7）绝对且一致收敛，$F(z)$ 存在。因此对式（6.1-7）的级数可以逐项求导、积分，也可以任意改变各项的排列次序等。

对于有限长序列，其双边 z 变换在整个平面（可能除 $|z|=0$ 或 $|z|=\infty$）收敛。

因果序列 $f(n)$ 的象函数 $F(z)$ 的收敛域为 $|z|>\alpha$ 的圆外区域。$|z|=\alpha$ 称为收敛圆半径。

反因果序列 $f(n)$ 的象函数 $F(z)$ 的收敛域为 $|z|<\beta$ 的圆内区域。$|z|=\beta$ 也称为收敛圆半径。

最后，给出几种常见序列的 z 变换。式（6.1-12）的因果序列中，若令 a 为正实数，则有

$$a^n u(n) \leftrightarrow \frac{z}{z-a}, \quad |z|>a \tag{6.1-16a}$$

$$(-a)^n u(n) \leftrightarrow \frac{z}{z+a}, \quad |z|>a \tag{6.1-16b}$$

若令 $a=1$，则得单位阶跃序列的 z 变换为

$$u(n) \leftrightarrow \frac{z}{z-1}, \quad |z|>1 \tag{6.1-17}$$

若令式（6.1-12）中 $a=\mathrm{e}^{\pm\mathrm{j}\beta}$，则有

$$\mathrm{e}^{\mathrm{j}\beta n}u(n) \leftrightarrow \frac{z}{z-\mathrm{e}^{\mathrm{j}\beta}}, \quad |z|>1 \tag{6.1-18a}$$

$$\mathrm{e}^{-\mathrm{j}\beta n}u(n) \leftrightarrow \frac{z}{z-\mathrm{e}^{-\mathrm{j}\beta}}, \quad |z|>1 \tag{6.1-18b}$$

式（6.1-13）的反因果序列中，若令 b 为正实数，则有

$$b^n u(-n-1) \leftrightarrow \frac{-z}{z-b}, \quad |z|<b \tag{6.1-19a}$$

$$(-b)^n u(-n-1) \leftrightarrow \frac{-z}{z+b}, \quad |z|<b \tag{6.1-19b}$$

若令$b=1$，则得

$$u(-n-1)\leftrightarrow\frac{-z}{z-1},|z|<1 \tag{6.1-20}$$

由以上可知：

（1）对于因果序列，若z变换存在，则单、双边z变换象函数相同，收敛域亦相同，均为$|z|>\rho_{01}$（ρ_{01}为收敛半径）圆的外部。

（2）对于反因果序列，它的双边z变换存在，其收敛域为$|z|<\rho_{02}$（ρ_{02}亦称为收敛半径）圆的内部，而任何反因果序列的单边z变换均为零，无研究意义。

（3）对于双边序列，它的单、双边z变换均存在时，它的单、双边z变换的象函数不相等，收敛域也不同，双边z变换的收敛域为环状收敛域，而单边z变换的收敛域为$|z|>\rho_{01}$圆的外部。存在双边z变换的双边序列也一定存在单边z变换，而存在单边z变换的双边序列却不一定存在双边z变换（比如序列a^n，$-\infty<n<\infty$）。

（4）单边z变换的收敛域只是双边z变换的一种特殊情况，而单边z变换的象函数$F(z)$与时域序列$f(n)$总是一一对应的，所以在以后各节问题的讨论中经常不标注单边z变换的收敛域。

6.2 z变换的性质

本节将讨论z变换的一些基本性质和定理，这对于熟悉和掌握z变换方法，以及运用z变换分析离散系统等都是很重要的。下面的性质若无特殊说明，既适用于单边也适用于双边z变换。

6.2.1 线性性质

若

$$f_1(n)\leftrightarrow F_1(z),\qquad \alpha_1<|z|<\beta_1$$

$$f_2(n)\leftrightarrow F_2(z),\qquad \alpha_2<|z|<\beta_2$$

且有任意常数a_1、a_2，则

$$a_1f_1(n)+a_2f_2(n)\leftrightarrow a_1F_1(z)+a_2F_2(z) \tag{6.2-1}$$

其收敛域至少为$F_1(z)$与$F_2(z)$收敛域的公共部分。

根据z变换的定义容易证明以上结论，这里从略。

【例 6.2-1】 设有阶跃序列$f_1(n)=u(n)$和双边指数衰减序列

$$f_2(n)=2^nu(-n-1)+\left(\frac{1}{2}\right)^nu(n)=\begin{cases}2^n,n<0\\ \left(\frac{1}{2}\right)^n,n\geqslant0\end{cases}$$

求$f(n)=f_1(n)-f_2(n)$的z变换。

解：由式（6.1-11）知

$$f_1(n)=u(n)\leftrightarrow\frac{z}{z-1},\quad |z|>1$$

其图形及收敛域如图 6.2-1（a）所示。

由式（6.1-12）和式（6.1-13）得

$$\left(\frac{1}{2}\right)^n u(n) \leftrightarrow \frac{z}{z-\frac{1}{2}},\quad |z|>\frac{1}{2}$$

$$(2)^n u(-n-1) \leftrightarrow \frac{-z}{z-2},\quad |z|<2$$

根据线性性质，得

$$f_2(n)=2^n u(-n-1)+\left(\frac{1}{2}\right)^n u(n) \leftrightarrow \frac{z}{z-\frac{1}{2}}+\frac{-z}{z-2}=\frac{-\frac{3}{2}z}{\left(z-\frac{1}{2}\right)(z-2)},\quad \frac{1}{2}<|z|<2$$

其收敛域是$|z|>\frac{1}{2}$和$|z|<2$的公共部分，即$\frac{1}{2}<|z|<2$。$f_2(n)$的图形及收敛域如图 6.2-1（b）所示。

最后，根据线性性质，$f(n)$的 z 变换

$$F(z)=\mathscr{Z}[f_1(n)]-\mathscr{Z}[f_2(n)]=\frac{z}{z-1}-\frac{-\frac{3}{2}z}{\left(z-\frac{1}{2}\right)(z-2)}=\frac{z\left(z^2-z-\frac{1}{2}\right)}{(z-1)\left(z-\frac{1}{2}\right)(z-2)},1<|z|<2$$

其收敛域是$|z|>1$和$\frac{1}{2}<|z|<2$的公共区域，即$1<|z|<2$。$f(n)$的图形及收敛域如图 6.2-1（c）所示。

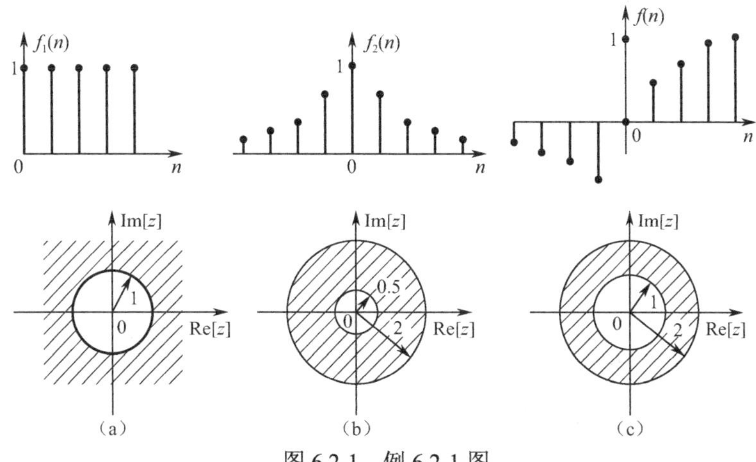

图 6.2-1　例 6.2-1 图

6.2.2　移位（移序）性质

单边与双边 z 变换的移位特性有重要差别，这是因为两者定义中求和下限不同。例如图 6.2-2（a）中双边序列

$$f(n)=\begin{cases}5-|n|, & -5\leqslant n\leqslant 5\\ 0, & n<-5, n>5\end{cases}$$

其向右和向左移位序列$f(n-2)$、$f(n+2)$如图 6.2-2（a）所示。对于双边 z 变换，定义式（6.1-7）

中的求和在 $-\infty \sim \infty$ 的 n 域（或称序域）进行，移位后的序列没有丢失原序列的信息；而对于单边 z 变换，定义式（6.1-8）中的求和是在 $0 \sim \infty$ 的 n 域进行的，它丢失了序列中 $n<0$ 的部分，因而其移位后的序列 $f(n-2)u(n)$、$f(n+2)u(n)$ 较原序列 $f(n)u(n)$ 的长度有所增减，如图 6.2-2（b）所示。

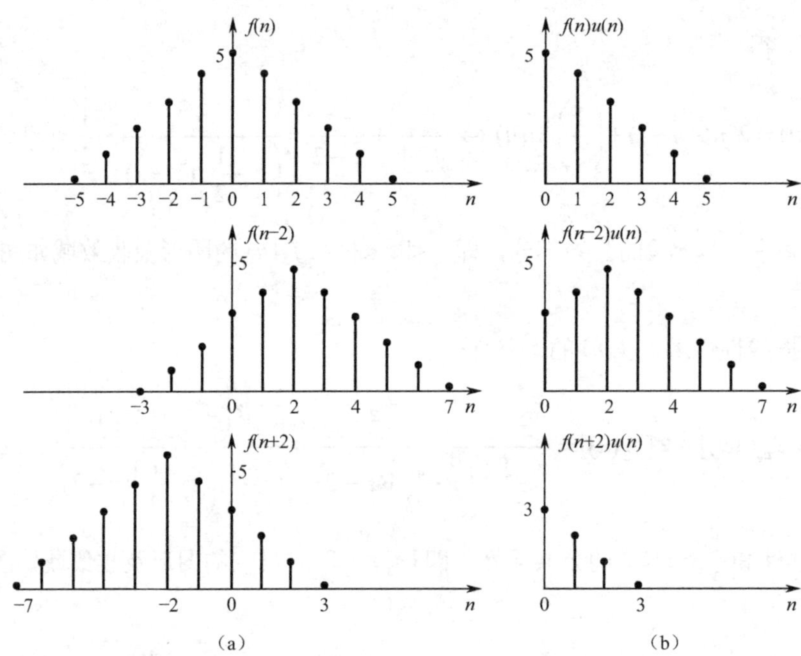

图 6.2-2　序列移位示意图

1．双边 z 变换的移位

若

$$f(n) \leftrightarrow F(z), \alpha < |z| < \beta$$

且有整数 $m>0$，则

$$f(n \pm m) \leftrightarrow z^{\pm m} F(z), \alpha < |z| < \beta \tag{6.2-2}$$

证明：

由双边 z 变换定义式（6.1-7），有

$$\mathscr{Z}[f(n \pm m)] = \sum_{n=-\infty}^{\infty} f(n \pm m) z^{-n} = \sum_{n=-\infty}^{\infty} f(n \pm m) z^{-(n \pm m)} z^{\pm m}$$

令 $k = n \pm m$，则上式可写为

$$\mathscr{Z}[f(n \pm m)] = \sum_{k=-\infty}^{\infty} f(k) z^{-k} z^{\pm m} = z^{\pm m} F(z)$$

即式（6.2-2）得证。

2．单边 z 变换的移位

（1）右移。

设序列 $f(n)$ 为双边序列，其单边 z 变换为 $\mathscr{Z}[f(n)u(n)] = F(z)$，即

$$f(n)u(n) \leftrightarrow F(z),\quad |z| > \rho_0$$

则

$$f(n-m)u(n) \leftrightarrow z^{-m}F(z)+\sum_{n=0}^{m-1}f(n-m)z^{-n}\ ,\quad |z|>\rho_0\ (m>0) \qquad (6.2\text{-}3)$$

证明：

$$\mathscr{Z}[f(n-m)u(n)]=\sum_{n=0}^{\infty}f(n-m)z^{-n}=\sum_{n=0}^{m-1}f(n-m)z^{-n}+\sum_{n=m}^{\infty}f(n-m)z^{-(n-m)}z^{-m}$$

上式第二项中，令 $k=n-m$，上式可写为

$$\mathscr{Z}[f(n-m)u(n)]=\sum_{n=0}^{m-1}f(n-m)z^{-n}+\sum_{k=0}^{\infty}f(k)z^{-k}z^{-m}$$

$$=z^{-m}F(z)+\sum_{n=0}^{m-1}f(n-m)z^{-n}$$

上式中第二项共有 m 项，它们与序列的各初始状态有关。讨论具有初始状态的单边 z 变换主要用在求系统的响应上。

特殊地，对于 $f(n)$ 为单边序列时，即 $f(n)=f(n)u(n)$，若

$$f(n)u(n) \leftrightarrow F(z)\ ,\qquad |z|>\rho_0$$

则

$$f(n-m)u(n-m) \leftrightarrow z^{-m}F(z)\ ,\qquad |z|>\rho_0$$

（2）左移。

设序列 $f(n)$ 左移 m 个单位（$m>0$），它可以写为 $f(n+m)$，则可求出 $f(n+m)u(n)$ 的 z 变换。

若

$$f(n)u(n) \leftrightarrow F(z)\ ,\qquad |z|>\rho_0$$

则

$$f(n+m)u(n) \leftrightarrow z^{m}F(z)-\sum_{n=0}^{m-1}f(n)z^{m-n}\ ,\qquad |z|>\rho_0 \qquad (6.2\text{-}4)$$

证明：

$$\mathscr{Z}[f(n+m)u(n)]=\sum_{n=0}^{\infty}f(n+m)z^{-n}=z^{m}\sum_{n=0}^{\infty}f(n+m)z^{-(n+m)}$$

令 $n+m=k$，则上式可写为

$$\mathscr{Z}[f(n+m)u(n)]=z^{m}\sum_{k=m}^{\infty}f(k)z^{-k}$$

$$=z^{m}\left[\sum_{k=0}^{\infty}f(k)z^{-k}-\sum_{k=0}^{m-1}f(k)z^{-k}\right]$$

$$=z^{m}\left[F(z)-\sum_{n=0}^{m-1}f(n)z^{-n}\right]$$

$$=z^{m}F(\mathrm{z})-\sum_{n=0}^{m-1}f(n)z^{m-n}$$

【例 6.2-2】 已知双边序列 $f(n)=a^{n}$（a 为常数）的单边 z 变换为：

$$F(z)=\mathscr{Z}[a^{n}u(n)]=\frac{z}{z-a}\ ,\qquad |z|>|a|$$

求 $f_1(n)=a^{n-2}$ 和 $f_2(n)=a^{n+2}$ 的单边 z 变换。

解：根据已知条件，可知

$$f(n)u(n)=a^n u(n)\leftrightarrow \frac{z}{z-a}=F(z)$$

由于 $f_1(n)=f(n-2)$，根据式（6.2-3），可得 $f_1(n)$ 的单边 z 变换为

$$F_1(z)=z^{-2}F(z)+f(-2)+z^{-1}f(-1)=z^{-2}\frac{z}{z-a}+a^{-2}+a^{-1}z^{-1}$$

$$=a^{-2}\frac{z}{z-a},\quad |z|>|a|$$

实际上 $f_1(n)=a^{n-2}=a^{-2}a^n=a^{-2}f(n)$，故 $F_1(z)=a^{-2}F(z)=a^{-2}\dfrac{z}{z-a}$。

由于 $f_2(n)=f(n+2)$，根据式（6.2-4），可得 $f_2(n)$ 的单边 z 变换为

$$F_2(z)=z^2F(z)-f(0)z^2-f(1)z=z^2\frac{z}{z-a}-z^2-az$$

$$=\frac{a^2z}{z-a},\quad |z|>|a|$$

实际上 $f_2(n)=a^{n+2}=a^2a^n=a^2f(n)$，故 $F_2(z)=a^2F(z)=\dfrac{a^2z}{z-a}$。

【例 6.2-3】 已知矩形序列

$$g_N(n)=u(n)-u(n-N)$$

求 $g_N(n)$ 的 z 变换。

解：由

$$u(n)\leftrightarrow \frac{z}{z-1},\quad |z|>1$$

根据移位特性，有

$$u(n-N)\leftrightarrow z^{-N}\frac{z}{z-1},\quad |z|>1$$

根据线性性质，矩形序列 $g_N(n)$ 的 z 变换为

$$\mathscr{Z}[g_N(n)]=\frac{z}{z-1}-z^{-N}\frac{z}{z-1}=\frac{z}{z-1}(1-z^{-N})=\frac{z}{z-1}\cdot\frac{z^N-1}{z^N},\quad |z|>0$$

不难看出上式的收敛域为 $|z|>0$。这时因为在应用线性性质时，两时域序列相减，其象函数出现了零极点相抵消的情况，收敛域有可能扩大。

【例 6.2-4】 求周期为 N 的有始周期性单位（样值）序列

$$\delta_N(n)u(n)=\sum_{m=0}^{\infty}\delta(n-mN)$$

的 z 变换。

解：由 $\delta(n)\leftrightarrow 1$，根据移位特性，$\delta(n)$ 的各右移序列的 z 变换为

$$\delta(n-mN)\leftrightarrow z^{-mN}$$

由线性性质，有始周期性单位序列的 z 变换为

$$\mathscr{Z}[\delta_N(n)u(n)]=1+z^{-N}+z^{-2N}+\cdots=\frac{1}{1-z^{-N}}=\frac{z^N}{z^N-1}$$

即

$$\delta_N(n)u(n) \leftrightarrow \frac{z^N}{z^N - 1}, \quad |z|>1 \tag{6.2-5}$$

不难看出上式的收敛域为$|z|>1$。这里象函数的收敛域比其中任何一个单位序列的收敛域[各$\delta(n-mN)$的象函数收敛域为$|z|>0$]都要小，这是因为$\delta_N(n)u(n)$包含无限多个单位序列，而线性性质关于收敛域的说明只适用于有限个序列相加的情况。

6.2.3　z 域尺度变换

若

$$f(n) \leftrightarrow F(z), \quad \alpha<|z|<\beta$$

有非零常数$a \neq 0$，则

$$a^n f(n) \leftrightarrow F\left(\frac{z}{a}\right), \quad \alpha|a|<|z|<\beta|a| \tag{6.2-6}$$

即序列$f(n)$乘以指数序列a^n相应于在 z 域的展缩。

这可证明如下：

$$\mathscr{Z}[a^n f(n)] = \sum_{n=-\infty}^{\infty} a^n f(n) z^{-n} = \sum_{n=-\infty}^{\infty} f(n)\left(\frac{z}{a}\right)^{-n} = F\left(\frac{z}{a}\right)$$

由于$F(z)$的收敛域为$\alpha<|z|<\beta$，故$F\left(\frac{z}{a}\right)$的收敛域为$\alpha|a|<|z|<\beta|a|$。

特殊地，当$a=-1$时，得

$$(-1)^n f(n) \leftrightarrow F(-z), \quad \alpha<|z|<\beta \tag{6.2-7}$$

【例 6.2-5】 求指数衰减正弦序列$a^n \sin(\beta n)u(n)$的 z 变换（式中$0<a<1$）。

解：由式（6.1-12）及线性性质可知

$$\sin(\beta n)u(n) \leftrightarrow \frac{z\sin\beta}{z^2 - 2z\cos\beta + 1}, \quad |z|>1$$

由式（6.2-6）可得

$$a^n \sin(\beta n)u(n) \leftrightarrow \frac{\frac{z}{a}\sin\beta}{\left(\frac{z}{a}\right)^2 - 2\frac{z}{a}\cos\beta + 1} = \frac{az\sin\beta}{z^2 - 2az\cos\beta + a^2}, \quad |z|>a \tag{6.2-8}$$

图 6.2-3 画出了$\beta=\frac{\pi}{6}$的正弦序列和$a=0.9$、$\beta=\frac{\pi}{6}$的衰减正弦序列的波形及收敛域。

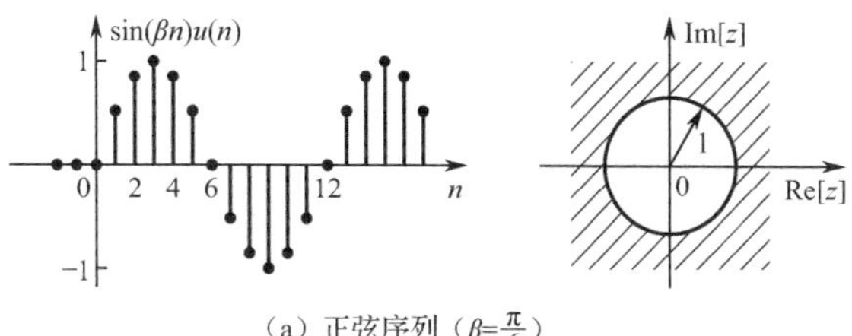

（a）正弦序列（$\beta=\frac{\pi}{6}$）

图 6.2-3　正弦序列与衰减正弦序列及其收敛域

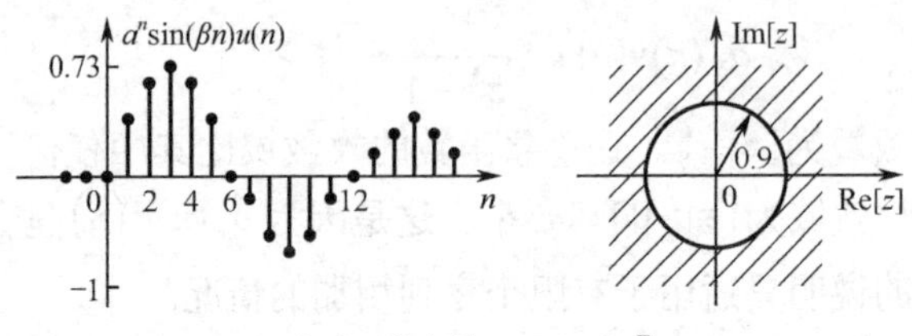

（b）衰减正弦序列（a=0.9, $\beta=\frac{\pi}{6}$）

图 6.2-3 正弦序列与衰减正弦序列及其收敛域（续）

6.2.4 卷积定理

类似于连续系统分析，在离散系统分析中也有 n 域（序域）卷积定理和 z 域卷积定理，其中 n 域卷积定理在系统分析中占有重要地位，而 z 域卷积定理应用较少，这里从略。

若

$$f_1(n) \leftrightarrow F_1(z), \quad \alpha_1 < |z| < \beta_1$$
$$f_2(n) \leftrightarrow F_2(z), \quad \alpha_2 < |z| < \beta_2$$

则

$$f_1(n) * f_2(n) \leftrightarrow F_1(z)F_1(z) \tag{6.2-9}$$

收敛域至少为 $F_1(z)$ 和 $F_2(z)$ 收敛域的公共部分。

卷积定理证明如下：

序列 $f_1(n)$ 与 $f_2(n)$ 卷积和的 z 变换为

$$\mathscr{Z}[f_1(n) * f_2(n)] = \mathscr{Z}\left[\sum_{i=-\infty}^{\infty} f_1(i) f_2(n-i)\right] = \sum_{n=-\infty}^{\infty}\left[\sum_{i=-\infty}^{\infty} f_1(i) f_2(n-i)\right] z^{-n}$$

在 $F_1(z)$ 与 $F_2(z)$ 收敛域的相交范围内，两个级数都绝对且一致收敛，从而可以逐项相乘，也可以交换求和次序。上式交换求和次序并利用移位特性，得

$$\mathscr{Z}[f_1(n) * f_2(n)] = \sum_{i=-\infty}^{\infty} f_1(i)\left[\sum_{n=-\infty}^{\infty} f_2(n-i) z^{-n}\right] = \sum_{i=-\infty}^{\infty} f_1(i) z^{-i} F_2(z) = F_1(z) F_2(z)$$

即得式（6.2-9），n 域卷积定理得证。

【例 6.2-6】 已知 $u(n) * u(n) = (n+1)u(n)$，求 $nu(n)$ 的 z 变换。

解： 由 $u(n) \leftrightarrow \dfrac{z}{z-1}$，根据 n 域卷积定理，有

$$u(n) * u(n) \leftrightarrow \left(\frac{z}{z-1}\right)^2$$

又因为

$$u(n) * u(n) = (n+1)u(n)$$

所以，有

$$(n+1)u(n) \leftrightarrow \left(\frac{z}{z-1}\right)^2 \tag{6.2-10}$$

即

$$nu(n)+u(n)\leftrightarrow\left(\frac{z}{z-1}\right)^2$$

所以

$$nu(n)\leftrightarrow\left(\frac{z}{z-1}\right)^2-\frac{z}{z-1}=z^{-1}\left(\frac{z}{z-1}\right)^2 \tag{6.2-11}$$

也可对式（6.2-10）中的 $(n+1)u(n)$ 右移一个单位，根据式（6.2-3），应用移位特性，得

$$nu(n)\leftrightarrow z^{-1}\left(\frac{z}{z-1}\right)^2$$

结果与式（6.2-11）所得结果一致。

【例 6.2-7】 已知单边信号 $x_1(n)\leftrightarrow X_1(z)$，求单边周期信号 $x(n)=x_1(n)*\delta_N(n)u(n)$ 的 z 变换。

解： 根据卷积定理，有

$$\mathscr{Z}[x(n)]=X_1(z)\sum_{n=0}^{\infty}\delta_N(n)z^{-n}=X_1(z)(1+z^{-N}+z^{-2N}+\cdots)$$

$$=X_1(z)\frac{1}{1-z^{-N}}=\frac{z^N}{z^N-1}X_1(z)\quad |z|>1$$

即单边周期信号 $x(n)=x_1(n)*\delta_N(n)u(n)$ 的 z 变换 $X(z)$ 为

$$X(z)=\frac{z^N}{z^N-1}X_1(z)\quad |z|>1$$

6.2.5　z 域微分

若

$$f(n)\leftrightarrow F(z)\text{，}\quad \alpha<|z|<\beta$$

则

$$nf(n)\leftrightarrow -z\frac{\mathrm{d}}{\mathrm{d}z}F(z)\text{，}\quad \alpha<|z|<\beta \tag{6.2-12}$$

且当 m 为正整数时有

$$n^m f(n)\leftrightarrow\left[-z\frac{\mathrm{d}}{\mathrm{d}z}\right]^m F(z)\text{，}\quad \alpha<|z|<\beta \tag{6.2-13}$$

式中，$\left[-z\frac{\mathrm{d}}{\mathrm{d}z}\right]^m F(z)$ 表示的运算为

$$-z\frac{\mathrm{d}}{\mathrm{d}z}\left(\cdots\left(-z\frac{\mathrm{d}}{\mathrm{d}z}\left(-z\frac{\mathrm{d}}{\mathrm{d}z}F(z)\right)\right)\cdots\right)$$

共进行 m 次对 $F(z)$ 求导后乘以 $-z$ 。

这可证明如下：

根据 z 变换的定义

$$F(z)=\sum_{n=-\infty}^{\infty}f(n)z^{-n}$$

上式级数在收敛域内绝对且一致收敛，故可逐项求导，所得级数的收敛域与原级数相同。因而有

$$\frac{\mathrm{d}}{\mathrm{d}z}F(z)=\frac{\mathrm{d}}{\mathrm{d}z}\sum_{n=-\infty}^{\infty}f(n)z^{-n}=\sum_{n=-\infty}^{\infty}f(n)\frac{\mathrm{d}z^{-n}}{\mathrm{d}z}$$

$$=-z^{-1}\sum_{n=-\infty}^{\infty}nf(n)\cdot z^{-n}=-z^{-1}\mathscr{Z}[nf(n)]$$

等号两端同乘以$-z$，得

$$nf(n)\leftrightarrow -z\frac{\mathrm{d}}{\mathrm{d}z}F(z)$$

若再乘以n，可得

$$\mathscr{Z}[n^2f(n)]=\mathscr{Z}[n\cdot n\cdot f(n)]=-z\frac{\mathrm{d}}{\mathrm{d}z}\mathscr{Z}[nf(n)]=-z\frac{\mathrm{d}}{\mathrm{d}z}\left[-z\frac{\mathrm{d}}{\mathrm{d}z}F(z)\right]$$

重复运用以上方法得到式（6.2-13）。

【例 6.2-8】 求序列$n^2u(n)$、$\dfrac{n(n+1)}{2}u(n)$和$\dfrac{n(n-1)}{2}u(n)$的z变换。

解：（1）由于$u(n)\leftrightarrow\dfrac{z}{z-1}$，$|z|>1$，应用$z$域微分性质有

$$nu(n)\leftrightarrow -z\frac{\mathrm{d}}{\mathrm{d}z}\left(\frac{z}{z-1}\right)=\frac{z}{(z-1)^2} \tag{6.2-14}$$

同理

$$n^2u(n)\leftrightarrow -z\frac{\mathrm{d}}{\mathrm{d}z}\left[\frac{z}{(z-1)^2}\right]=\frac{z(z+1)}{(z-1)^3}\text{，}\ |z|>1 \tag{6.2-15}$$

（2）对式（6.2-14）应用左移位特性，有

$$(n+1)u(n+1)=(n+1)u(n)\leftrightarrow z\frac{z}{(z-1)^2}-0=\frac{z^2}{z^2-1}\text{，}\ |z|>1$$

上式左端序列中，当$n=-1$时，系数$(n+1)=0$，故有$(n+1)u(n+1)=(n+1)u(n)$，于是上式可写为

$$(n+1)u(n)\leftrightarrow\frac{z^2}{z^2-1}$$

应用z域微分性质，可得

$$n(n+1)u(n)\leftrightarrow -z\frac{\mathrm{d}}{\mathrm{d}z}\left[\frac{z^2}{(z-1)^2}\right]=\frac{2z^2}{(z-1)^3}\text{，}\ |z|>1$$

所以有

$$\frac{n(n+1)}{2}u(n)\leftrightarrow\frac{z^2}{(z-1)^3}\text{，}\ |z|>1 \tag{6.2-16}$$

实际上，由于

$$\frac{n(n+1)}{2}u(n)=\frac{1}{2}(n^2+n)u(n)$$

根据线性性质，利用式（6.2-14）和式（6.2-15），也可得到相同的结果。

（3）由于$\dfrac{n(n-1)}{2}u(n)=\dfrac{1}{2}(n^2-n)u(n)$，根据线性性质，利用式（6.2-14）和式（6.2-15）的结果可得

$$\frac{n(n-1)}{2}u(n) \leftrightarrow \frac{1}{2}\left[\frac{z(z+1)}{(z-1)^3} - \frac{z}{(z-1)^2}\right] = \frac{z}{(z-1)^3}，\quad |z|>1 \tag{6.2-17}$$

6.2.6　z 域积分

若

$$f(n) \leftrightarrow F(z)，\quad \alpha<|z|<\beta$$

设有整数 m，且 $n+m>0$，则

$$\frac{f(n)}{n+m} \leftrightarrow z^m \int_z^{\infty} \frac{F(\eta)}{\eta^{m+1}} \mathrm{d}\eta，\quad \alpha<|z|<\beta \tag{6.2-18}$$

若 $m=0$，且 $n>0$，有

$$\frac{f(n)}{n} \leftrightarrow \int_z^{\infty} \frac{F(\eta)}{\eta} \mathrm{d}\eta，\quad \alpha<|z|<\beta \tag{6.2-19}$$

证明：

根据 z 变换的定义

$$F(z) = \sum_{n=-\infty}^{\infty} f(n) z^{-n}$$

上式级数在收敛域内绝对且一致收敛，故可逐项积分。将上式两端除以 z^{m+1} 并从 z 到 ∞ 进行积分（为避免积分变量与积分下限混淆，积分变量用 η 代替），得

$$\int_z^{\infty} \frac{F(\eta)}{\eta^{m+1}} \mathrm{d}\eta = \int_z^{\infty} \frac{\sum\limits_{n=-\infty}^{\infty} f(n)\eta^{-n}}{\eta^{m+1}} \mathrm{d}\eta = \sum_{n=-\infty}^{\infty} f(n) \int_z^{\infty} \eta^{-(n+m+1)} \mathrm{d}\eta = \sum_{n=-\infty}^{\infty} f(n) \left[\frac{\eta^{-(n+m)}}{-(n+m)}\right]_z^{\infty}$$

由于 $n+m>0$，上式为

$$\int_z^{\infty} \frac{F(\eta)}{\eta^{m+1}} \mathrm{d}\eta = \sum_{n=-\infty}^{\infty} \frac{f(n)}{n+m} z^{-n} z^{-m} = z^{-m} \mathscr{Z}\left[\frac{f(n)}{n+m}\right]$$

等号两端乘以 z^m，即得式（6.2-18）。

【例 6.2-9】　求序列 $\frac{1}{n+1}u(n)$ 的 z 变换。

解： 由于 $u(n) \leftrightarrow \frac{z}{z-1}$，故由式（6.2-18），有（本例 $m=1$）

$$\frac{1}{n+1} \cdot u(n) \leftrightarrow z\int_z^{\infty} \frac{1}{\eta^2} \cdot \frac{\eta}{\eta-1} \mathrm{d}\eta = z\int_z^{\infty} \left(\frac{1}{\eta-1} - \frac{1}{\eta}\right) \mathrm{d}\eta$$

$$= z\ln\frac{\eta-1}{\eta}\bigg|_z^{\infty} = z\ln\frac{z}{z-1},\quad |z|>1$$

即

$$\frac{1}{n+1}u(n) \leftrightarrow z\ln\frac{z}{z-1},\quad |z|>1 \tag{6.2-20}$$

6.2.7 部分和

若

$$f(n) \leftrightarrow F(z)\text{，}\ \alpha < |z| < \beta$$

则由 $f(n)$ 的从 $-\infty$ 到 n 项组成的序列 $g(n)$ 满足

$$g(n) = \sum_{i=-\infty}^{n} f(i) \leftrightarrow \frac{z}{z-1}F(z)\text{，}\ \max(\alpha,1) < |z| < \beta \tag{6.2-21}$$

证明：

由于

$$f(n) * u(n) = \sum_{i=-\infty}^{n} f(i)u(n-i) = \sum_{i=-\infty}^{n} f(i) = g(n)$$

根据卷积定理，有

$$g(n) = f(n) * u(n) \leftrightarrow \frac{z}{z-1}F(z)$$

式（6.2-21）得证。

【例 6.2-10】 求序列 $\sum_{i=0}^{n} a^i$ （a 为实数）的 z 变换。

解： 由于 $\sum_{i=0}^{n} a^i = \sum_{i=-\infty}^{n} a^i u(i)$，而

$$a^n u(n) \leftrightarrow \frac{z}{z-a}\text{，}\ |z| > |a|$$

故根据部分和形式，由式（6.2-21）得

$$\sum_{i=0}^{n} a^i \leftrightarrow \frac{z}{z-1} \cdot \frac{z}{z-a} = \frac{z^2}{(z-1)(z-a)}\text{，}\ |z| > \max(1,|a|)$$

6.2.8 *n* 域反转

若

$$f(n) \leftrightarrow F(z)\text{，}\ \alpha < |z| < \beta$$

则

$$f(-n) \leftrightarrow F(z^{-1})\text{，}\ \frac{1}{\beta} < |z| < \frac{1}{\alpha} \tag{6.2-22}$$

证明：

根据 z 变换的定义，并令 $k=-n$，有

$$\mathscr{Z}[f(-n)] = \sum_{n=-\infty}^{\infty} f(-n)z^{-n} = \sum_{k=\infty}^{-\infty} f(k)z^{k} = \sum_{k=-\infty}^{\infty} f(k)(z^{-1})^{-k} = F(z^{-1})$$

其收敛域为 $\frac{1}{\beta} < |z| < \frac{1}{\alpha}$，式（6.2-22）得证。

【例 6.2-11】 已知

$$a^n u(n) \leftrightarrow \frac{z}{z-a}, \quad |z|>|a|$$

求 $a^{-n}u(-n-1)$ 的 z 变换。

解：由式（6.2-22）可得

$$a^{-n}u(-n) \leftrightarrow \frac{z^{-1}}{z^{-1}-a} = \frac{1}{1-az}, \quad |z|<\frac{1}{|a|}$$

左移一个单位，得

$$a^{-n-1}u(-n-1) \leftrightarrow \frac{z}{1-az}$$

利用齐次性，n 域 z 域同乘以 a 得

$$a^{-n}u(-n-1) \leftrightarrow \frac{az}{1-az} = \frac{-z}{z-\frac{1}{a}}, \quad |z|<\frac{1}{|a|} \tag{6.2-23a}$$

若令 $b=\frac{1}{a}$，上式也可写为

$$b^n u(-n-1) \leftrightarrow \frac{-z}{z-b}, \quad |z|<|b| \tag{6.2-23b}$$

6.2.9 初值定理和终值定理

初值定理适用于右边序列（或称有始序列），即适用于 $n<M$（M 为整数）时 $f(n)=0$ 的序列。它可以由象函数直接求得序列的初值 $f(M), f(M+1), \cdots$，而不必求得原序列。

1. 初值定理

如果序列在 $n<M$ 时 $f(n)=0$，它与象函数的关系为

$$f(n) \leftrightarrow F(z), \quad \alpha<|z|<\infty$$

则序列的初值为

$$\begin{cases} f(M) = \lim\limits_{z\to\infty} z^M F(z) \\ f(M+1) = \lim\limits_{z\to\infty}[z^{M+1}F(z) - zf(M)] \\ f(M+2) = \lim\limits_{z\to\infty}[z^{M+2}F(z) - z^2 f(M) - zf(M+1)] \end{cases} \tag{6.2-24}$$

如果 $M=0$，则 $f(n)$ 为因果序列，这时序列的初值为

$$\begin{cases} f(0) = \lim\limits_{z\to\infty} F(z) \\ f(1) = \lim\limits_{z\to\infty}[zF(z) - zf(0)] \\ f(2) = \lim\limits_{z\to\infty}[z^2 F(z) - z^2 f(0) - zf(1)] \end{cases} \tag{6.2-25}$$

式（6.2-24）证明如下：

若在 $n<M$ 时序列 $f(n)=0$，序列 $f(n)$ 的双边 z 变换可写为

$$\begin{aligned} F(z) &= \sum_{n=-\infty}^{\infty} f(n)z^{-n} = \sum_{n=M}^{\infty} f(n)z^{-n} \\ &= f(M)z^{-M} + f(M+1)z^{-(M+1)} + f(M+2)z^{-(M+2)} + \cdots \end{aligned}$$

上式等号两端乘以 z^M，有

$$z^M F(z) = f(M) + f(M+1)z^{-1} + f(M+2)z^{-2} + \cdots \quad (6.2\text{-}26)$$

取上式 $z \to \infty$ 的极限，则上式等号右端除第一项外都趋近于零，即可得到式（6.2-24）的第一式。

将式（6.2-26）中的 $f(M)$ 移到等号左端后，等号两端再同乘以 z，得

$$z^{M+1}F(z) - zf(M) = f(M+1) + f(M+2)z^{-1} + \cdots$$

取上式 $z \to \infty$ 的极限，即可得到式（6.2-24）的第二式。重复运用以上方法可求得 $f(M+2),\ f(M+3),\ \cdots$。

2．终值定理

终值定理适用于右边序列，可以由象函数直接求得序列的终值，而不必求得原序列。

如果序列在 $n < M$ 时 $f(n) = 0$，设

$$f(n) \leftrightarrow F(z),\quad \alpha < |z| < \infty$$

且 $0 \leqslant \alpha < 1$，则序列的终值为

$$f(\infty) = \lim_{n\to\infty} f(n) = \lim_{z\to 1}\frac{z-1}{z}F(z) \quad (6.2\text{-}27a)$$

或写为

$$f(\infty) = \lim_{z\to 1}(z-1)F(z) \quad (6.2\text{-}27b)$$

上式中是取 $z \to 1$ 的极限，因此终值定理要求 $z = 1$ 在 $(z-1)F(z)$ 收敛域内（$0 \leqslant \alpha < 1$），这时 $\lim\limits_{n\to\infty} f(n)$ 存在。

终值定理证明如下：

$f(n)$ 的差分 $f(n) - f(n-1)$ 的 z 变换为

$$\mathscr{Z}[f(n) - f(n-1)] = F(z) - z^{-1}F(z) = \sum_{n=M}^{\infty}[f(n) - f(n-1)]z^{-n}$$

即

$$(1 - z^{-1})F(z) = \lim_{N\to\infty}\sum_{n=M}^{N}[f(n) - f(n-1)]z^{-n}$$

取上式 $z \to 1$ 的极限（显然 $z = 1$ 应在收敛域内），并交换求极限的次序，得

$$\begin{aligned}
\lim_{z\to 1}(1 - z^{-1})F(z) &= \lim_{z\to 1}\lim_{N\to\infty}\sum_{n=M}^{N}[f(n) - f(n-1)]z^{-n} \\
&= \lim_{N\to\infty}\lim_{z\to 1}\sum_{n=M}^{N}[f(n) - f(n-1)]z^{-n} \\
&= \lim_{N\to\infty}\sum_{n=M}^{N}[f(n) - f(n-1)] \\
&= \lim_{N\to\infty} f(N)
\end{aligned}$$

即可得到式（6.2-27a）。

【例 6.2-12】 某因果序列 $f(n)$ 的 z 变换为（设 a 为实数）

$$F(z) = \frac{z}{z-a},\quad |z| > |a|$$

求 $f(0)$、$f(1)$、$f(2)$ 和 $f(\infty)$。

解：（1）初值：由式（6.2-25）可得

$$f(0)=\lim_{z\to\infty}\frac{z}{z-a}=1$$

$$f(1)=\lim_{z\to\infty}\left[z\frac{z}{z-a}-z\right]=a$$

$$f(2)=\lim_{z\to\infty}\left[z^2\frac{z}{z-a}-z^2-az\right]=a^2$$

上述象函数的原函数为 $a^n u(n)$，可见以上结果对任意实数 a 均正确。

（2）终值：由式（6.2-27a）不难求得

$$\lim_{z\to 1}\frac{z-1}{z}\cdot\frac{z}{z-a}=\begin{cases}0, & |a|<1\\ 1, & a=1\\ 0, & a=-1\\ 0, & |a|>1\end{cases} \tag{6.2-28}$$

对于 $|a|<1$，$z=1$ 在 $(z-1)F(z)$ 的收敛域内，终值定理成立，因而有

$$f(\infty)=\lim_{z\to 1}\frac{z-1}{z}\cdot\frac{z}{z-a}=0$$

不难验证，原序列 $f(n)=a^n u(n)$，当 $|a|<1$ 时以上结果正确。但当 $a=-1$ 时，原序列为 $(-1)^n u(n)$，这时 $\lim\limits_{n\to\infty}(-1)^n u(n)$ 不收敛，因而终值定理不成立。

对于 $|a|>1$，$z=1$ 不在 $F(z)$ 的收敛域内，终值定理也不成立。

【例 6.2-13】 已知因果序列 $f(n)=a^n u(n)$（$|a|<1$），求序列的无限和 $\sum\limits_{i=0}^{\infty}f(i)$。

解：设 $g(n)=\sum\limits_{i=0}^{n}f(i)$，由式（6.2-21）知，其象函数为

$$G(z)=\frac{z}{z-1}F(z)$$

本题所求的极限和可看作 $g(n)$ 取 $n\to\infty$ 的极限，即

$$\sum_{i=0}^{\infty}f(i)=\lim_{n\to\infty}g(n)$$

由于 $|a|<1$，应用终值定理，得

$$\sum_{i=0}^{\infty}f(i)=\lim_{n\to\infty}g(n)=\lim_{z\to 1}\frac{z-1}{z}G(z)=\lim_{z\to 1}\frac{z-1}{z}\cdot\frac{z}{z-1}F(z)=F(1)$$

由于 $F(z)=\dfrac{z}{z-a}$，最后得

$$\sum_{i=0}^{\infty}f(i)=\sum_{i=0}^{\infty}a^i=F(1)=\frac{1}{1-a}$$

【例 6.2-14】 求 $f(n)=\dfrac{1}{n!}u(n)$ 的 z 变换 $F(z)$，并利用初、终值定理求 $f(0)$、$f(1)$ 和 $f(\infty)$。（提示：利用 e^x 幂级数展开式）

解：根据幂级数展开式

$$e^x=1+x+\frac{1}{2!}x^2+\frac{1}{3!}x^3+\cdots=\sum_{n=0}^{\infty}\frac{1}{n!}x^n u(n)$$

令 $x=z^{-1}$，得

$$e^{\frac{1}{z}}=1+z^{-1}+\frac{1}{2!}z^{-2}+\frac{1}{3!}z^{-3}+\cdots=\sum_{n=0}^{\infty}\frac{1}{n!}z^{-n}u(n)$$

故

$$\mathscr{Z}\left[\frac{1}{n!}u(n)\right]=e^{\frac{1}{z}},\quad |z|>0$$

由式（6.2-25）可得

$$f(0)=\lim_{z\to\infty}F(z)=1$$

$$f(1)=\lim_{z\to\infty}z[F(z)-f(0)]=\lim_{z\to\infty}\frac{e^{\frac{1}{z}}-1}{\frac{1}{z}}=\lim_{z\to\infty}\frac{-\frac{1}{z^2}e^{\frac{1}{z}}}{-\frac{1}{z^2}}=1$$

由式（6.2-27b）不难求得

$$f(\infty)=\lim_{z\to 1}(z-1)F(z)=\lim_{z\to 1}(z-1)e^{\frac{1}{z}}=0$$

不难看出，$f(0)$、$f(1)$、$f(\infty)$ 和 $f(n)=\frac{1}{n!}u(n)$ 在 $n=0,1,\infty$ 处的值一致。

最后，将 z 变换的性质列于表 6.2-1 中，以便查阅。

表 6.2-1　z 变换的性质

名称		n 域　　$f(n)\leftrightarrow F(z)$	z 域
定义		$f(n)=\frac{1}{2\pi j}\oint F(z)z^{n-1}dz$	$F(z)=\sum_{n=-\infty}^{\infty}f(n)z^{-\infty}$，　$\alpha<\|z\|<\beta$
线性		$a_1f_1(n)+a_2f_2(n)$	$a_1F_1(z)+a_2F_2(z)$ $\max(\alpha_1,\alpha_2)<\|z\|<\min(\beta_1,\beta_2)$
移位	双边变换	$f(n\pm m)$	$z^{\pm m}F(z)$，　$\alpha<\|z\|<\beta$
	单边变换	$f(n-m)$，　$m>0$	$z^{-m}\left[F(z)+\sum_{n=-m}^{-1}f(n)z^{-n}\right]$
		$f(n+m)$，　$m>0$	$z^{m}\left[F(z)-\sum_{n=0}^{m-1}f(n)z^{-n}\right]$
z 域尺度变换		$a^n f(n)$，　$a\neq 0$	$F\left(\frac{z}{a}\right)$，　$\alpha\|a\|<\|z\|<\beta\|a\|$
n 域卷积		$f_1(n)*f_2(n)$	$F_1(z)F_2(z)$ $\max(\alpha_1,\alpha_2)<\|z\|<\min(\beta_1,\beta_2)$
z 域微分		$n^m f(n)$，　$m>0$	$\left[-z\frac{d}{dz}\right]^m F(z)$，　$\alpha<\|z\|<\beta$
z 域积分		$\frac{f(n)}{n+m}$，　$n+m>0$	$z^m\int_z^{\infty}\frac{F(\eta)}{\eta^{m+1}}d\eta$，　$\alpha<\|z\|<\beta$

续表

名称		n 域　　$f(n)\leftrightarrow F(z)$	z 域
n 域反转		$f(-n)$	$F(z^{-1})$，$\frac{1}{\beta}<\|z\|<\frac{1}{\alpha}$
部分和		$\sum_{i=-\infty}^{n} f(i)$	$\frac{z}{z-1}F(z)$，$\max(\alpha,1)<\|z\|<\beta$
初值定理	因果序列	$f(0)=\lim_{z\to\infty}F(z)$ $f(M)=\lim_{z\to\infty}z^{m}\left[F(z)-\sum_{n=0}^{m-1}f(n)z^{-n}\right]$，$\|z\|>\alpha$	
终值定理	因果序列	$f(\infty)=\lim_{z\to 1}\frac{z-1}{z}F(z)$　$\lim_{n\to\infty}f(n)$收敛，$\|z\|>\alpha(0<\alpha<1)$	

注：α、β为正实常数，分别称为收敛域的内、外半径。

6.3 z 反变换

前面我们已经介绍了序列的 z 变换。本节研究 z 反变换，即由象函数 $F(z)$ 求原序列 $f(n)$ 的问题。求 z 反变换的方法有幂级数展开法、部分分式展开法和反演积分（留数法）等，本节重点讨论最常用的部分分式展开法。

一般而言，双边序列 $f(n)$ 可分为因果序列 $f_1(n)$ 和反因果序列 $f_2(n)$ 两部分，即

$$f(n)=f_1(n)+f_2(n)=f(n)u(n)+f(n)u(-n-1) \tag{6.3-1a}$$

式中，因果序列和反因果序列分别为

$$f_1(n)=f(n)u(n) \tag{6.3-1b}$$

$$f_2(n)=f(n)u(-n-1) \tag{6.3-1c}$$

相应地，其 z 变换也分为两部分

$$F(z)=F_1(z)+F_2(z)\,,\quad \alpha<|z|<\beta \tag{6.3-2a}$$

其中

$$F_1(z)=\mathscr{Z}[f(n)u(n)]=\sum_{n=0}^{\infty}f(n)z^{-n}\,,\quad |z|>\alpha \tag{6.3-2b}$$

$$F_2(z)=\mathscr{Z}[f(n)u(-n-1)]=\sum_{n=-\infty}^{-1}f(n)z^{-n}\,,\quad |z|<\beta \tag{6.3-2c}$$

当已知象函数 $F(z)$ 时，根据给定的收敛域不难由 $F(z)$ 求得 $F_1(z)$ 和 $F_2(z)$，并分别求得它们所对应的原序列 $f_1(n)$ 和 $f_2(n)$，然后按线性性质，将两者相加就得到 $F(z)$ 所对应的原序列 $f(n)$。因此本节主要研究因果序列 $F_1(z)$ 的 z 反变换，它显然是单边 z 反变换。

6.3.1 幂级数展开法（长除法）

由 z 变换定义

$$F(z)=\sum_{n=-\infty}^{\infty}f(n)z^{-n}=\cdots+f(-2)z^{2}+f(-1)z+f(0)+f(1)z^{-1}+f(2)z^{-2}+\cdots$$

因果序列和反因果序列的象函数分别是z^{-1}和z的幂级数。因此，根据给定的收敛域可将$F_1(z)$和$F_2(z)$展开为幂级数，它的系数就是相应的序列值。如果已知因果序列$f(n)$的象函数$F(z)$，把$F(z)$展开成z^{-1}的幂级数，则其系数为$f(n)$。例如，$X(z)=z^{-1}+6z^{-4}-2z^{-7}$，$|z|>0$，则$x(n)=\mathscr{Z}^{-1}[X(z)]=\delta(n-1)+6\delta(n-4)-2\delta(n-7)$。

从z变换定义式可以看出，当$f(n)$是因果序列时，其象函数$F(z)$的分子、分母应按z的降幂排列，再应用长除法将$F(z)$展开为z^{-1}的幂级数；当$f(n)$是反因果序列时，其象函数$F(z)$的分子、分母应按z的升幂排列，应用长除法将$F(z)$展开为z的幂级数。

【例 6.3-1】 求$X(z)=\dfrac{z}{(z-1)^2}$，$|z|>1$的反变换$x(n)$。

解：应用长除法，得

$$X(z)=\frac{z}{(z-1)^2}=z^{-1}+2z^{-2}+3z^{-3}+\cdots=\sum_{n=0}^{\infty}nz^{-n}$$

因此

$$x(n)=nu(n)$$

【例 6.3-2】 已知象函数

$$F(z)=\frac{z^2}{(z+1)(z-2)}=\frac{z^2}{z^2-z-2}$$

其收敛域如下，分别求其相对应的原序列$f(n)$。

（1）$|z|>2$；（2）$|z|<1$；（3）$1<|z|<2$。

解：（1）由于$F(z)$的收敛域为$|z|>2$，即半径为 2 的圆外域，故$f(n)$为因果序列。用长除法将$F(z)$（其分子、分母按z的降幂排列）展开为z^{-1}的幂级数如下：

$$\begin{array}{r l}
 & 1+z^{-1}+3z^{-2}+5z^{-3}+\cdots \\
z^2-z-2 \overline{) } & z^2 \\
 & \underline{z^2-z-2} \\
 & z+2 \\
 & \underline{z-1-2z^{-1}} \\
 & 3+2z^{-1} \\
 & \cdots
\end{array}$$

即

$$F(z)=\frac{z^2}{z^2-z-2}=1+z^{-1}+3z^{-2}+5z^{-3}+\cdots$$

与式（6.3-2b）相比较可得原序列为

$$f(n)=\{1,1,3,5,\cdots\}$$
$$\uparrow n=0$$

（2）由于$F(z)$的收敛域为$|z|<1$，故$f(k)$为反因果序列。用长除法（其分子、分母按z的升幂排列）展开为z的幂级数如下：

$$
\begin{array}{r}
-\frac{1}{2}z^2+\frac{1}{4}z^3-\frac{3}{8}z^4+\frac{5}{16}z^5+\cdots \\
-2-z+z^2 \overline{\big) \; z^2 \qquad\qquad\qquad\qquad} \\
z^2+\frac{1}{2}z^3-\frac{1}{2}z^4 \\
\hline
-\frac{1}{2}z^3+\frac{1}{2}z^4 \\
-\frac{1}{2}z^3-\frac{1}{4}z^4+\frac{1}{4}z^5 \\
\hline
\frac{3}{4}z^4-\frac{1}{4}z^5 \\
\cdots
\end{array}
$$

即

$$F(z)=\frac{z^2}{z^2-z-2}=-\frac{1}{2}z^2+\frac{1}{4}z^3-\frac{3}{8}z^4+\frac{5}{16}z^5+\cdots$$

与式（6.3-2c）相比较可得原序列为

$$f(n)=\left\{\cdots,\frac{5}{16},-\frac{3}{8},\frac{1}{4},-\frac{1}{2},0\right\}$$

$$\uparrow n=-1$$

（3）$F(z)$ 的收敛域为 $1<|z|<2$ 的环状区域，其原序列 $f(n)$ 为双边序列。将 $F(z)$ 展开为部分分式，有

$$F(z)=\frac{z^2}{(z+1)(z-2)}=\frac{\frac{1}{3}z}{z+1}+\frac{\frac{2}{3}z}{z-2},\quad 1<|z|<2$$

根据给定的收敛域不难看出，上式第一项属于因果序列的象函数 $F_1(z)$，第二项属于反因果序列的象函数 $F_2(z)$，即

$$F_1(z)=\frac{\frac{1}{3}z}{z+1},\quad |z|>1$$

$$F_2(z)=\frac{\frac{2}{3}z}{z-2},\quad |z|<2$$

将它们分别展开为 z^{-1} 及 z 的幂级数，有

$$F_1(z)=\frac{\frac{1}{3}z}{z+1}=\frac{1}{3}-\frac{1}{3}z^{-1}+\frac{1}{3}z^{-2}-\frac{1}{3}z^{-3}+\cdots$$

$$F_2(z)=\frac{\frac{2}{3}z}{z-2}=\cdots-\frac{1}{12}z^3-\frac{1}{6}z^2-\frac{1}{3}z$$

于是得原序列为

$$f(n)=\left\{\cdots,-\frac{1}{12},-\frac{1}{6},-\frac{1}{3},\frac{1}{3},-\frac{1}{3},\frac{1}{3},-\frac{1}{3},\cdots\right\}$$

$$\uparrow n=0$$

用以上方法求$F(z)$的z反变换，其原序列常常难以写出闭合形式。

顺便提出，除用长除法将$F(z)$展开为幂级数外，有时可利用已知的幂级数展开式（如e^x、a^x等幂级数展开式，它们可从数学手册中查到）求z反变换。

【例 6.3-3】 某因果序列的象函数为

$$F(z)=e^{\frac{a}{z}},\ |z|>0$$

求其原序列$f(n)$。

解：指数函数e^x可展开为幂级数

$$e^x=1+x+\frac{1}{2!}x^2+\cdots+\frac{1}{n!}x^n+\cdots=\sum_{n=0}^{\infty}\frac{x^n}{n!},\ |x|<\infty$$

令$x=\frac{a}{z}$，则$F(z)$可展开为

$$F(z)=e^{\frac{a}{z}}=\sum_{n=0}^{\infty}\frac{\left(\frac{a}{z}\right)^n}{n!}=\sum_{n=0}^{\infty}\frac{a^n}{n!}z^{-n},\ |z|>0$$

根据z变换的定义可得

$$f(n)=\frac{a^n}{n!},\ n\geqslant 0 \tag{6.3-3}$$

运用幂级数展开法常得不到$f(n)$闭合式，但验证反变换的正确性很方便。

6.3.2 部分分式法

在离散系统中常常遇到$F(z)$是z的有理分式，可以写成以下形式：

$$F(z)=\frac{B(z)}{A(z)}=\frac{b_Mz^M+b_{M-1}z^{M-1}+\cdots+b_1z+b_0}{z^N+a_{N-1}z^{N-1}+\cdots+a_1z+a_0} \tag{6.3-4}$$

式中，$M\leqslant N$，$A(z)$、$B(z)$分别为$F(z)$的分母和分子多项式。

根据代数学，只有真分数（即$M<N$）才能展开为部分分式。因此，当$M=N$时还不能将$F(z)$直接展开。对于$f(n)$为因果序列应为单边z变换，序列象函数$F(z)$只能为z的零次幂和负整数次幂，所以$M\leqslant N$。当$M=N$时，可以把$F(z)$转化为常数加上真分式，然后再把真分式展开为部分分式，通常是将$\frac{F(z)}{z}$展开为部分分式之后乘以z即可。将$\frac{F(z)}{z}$展开为部分分式的方法与5.3节中$F(s)$展开方法相同。

如果象函数$F(z)$有如式（6.3-4）的形式，则

$$\frac{F(z)}{z}=\frac{B(z)}{zA(z)}=\frac{b_Mz^M+b_{M-1}z^{M-1}+\cdots+b_1z+b_0}{z(z^N+a_{N-1}z^{N-1}+\cdots+a_1z+a_0)} \tag{6.3-5}$$

式中，$B(z)$的最高次幂$M<N+1$。

$F(z)$的分母多项式为$A(z)$，$A(z)=0$有N个根z_1，z_2，$\cdots$，z_N，它们称为$F(z)$的极点。按$F(z)$极点的类型，$\frac{F(z)}{z}$的展开式有以下几种情况。

1．F(z)均为单极点

如 $F(z)$ 的极点 z_1，z_2，…，z_N 都互不相同，且不等于 0，则 $\frac{F(z)}{z}$ 可展开为

$$\frac{F(z)}{z}=\frac{k_0}{z}+\frac{k_1}{z-z_1}+\frac{k_2}{z-z_2}+\cdots+\frac{k_N}{z-z_N}=\sum_{i=0}^{N}\frac{k_i}{z-z_i} \tag{6.3-6}$$

式中 $z_0=0$，各系数可通过下式求得

$$k_i=(z-z_i)\frac{F(z)}{z}\bigg|_{z=z_i} \tag{6.3-7}$$

把 k_i 代入式（6.3-6），两边乘以 z 得

$$F(z)=k_0+\sum_{i=1}^{N}\frac{k_i z}{z-z_i} \tag{6.3-8}$$

根据给定的收敛域，将上式划分为 $F_1(z)$（$|z|>\alpha$）和 $F_2(z)$（$|z|<\beta$）两部分，根据已知的变换对，如

$$\delta(n)\leftrightarrow 1 \tag{6.3-9}$$

$$a^n u(n)\leftrightarrow\frac{z}{z-a},\quad |z|>a \tag{6.3-10a}$$

$$-a^n u(-n-1)\leftrightarrow\frac{z}{z-a},\quad |z|<a \tag{6.3-10b}$$

等，对式（6.3-8）进行反变换，就可得到 $F(z)$ 的原函数

$$f(n)=k_0\delta(n)+\sum_{i=1}^{N}k_i(z_i)^n\cdot u(n)$$

表 6.3-1 给出了一些常用的变换对。

表 6.3-1　z 变换简表

序号	反因果序列 $f(n),n\leqslant -1$	收敛域 $\|z\|<\beta$	象函数 $F(z)$	收敛域 $\|z\|>\alpha$	因果序列 $f(n),n\geqslant 0$
1	/	/	1	全平面	$\delta(n)$
2	/	/	$z^{-m},m>0$	$\|z\|>0$	$\delta(n-m)$
3	$\delta(n+m)$	$\|z\|<\infty$	$z^{m},m>0$	/	/
4	$-u(-n-1)$	$\|z\|<1$	$\frac{z}{z-1}$	$\|z\|>1$	$u(n)$
5	$-a^n u(-n-1)$	$\|z\|<\|a\|$	$\frac{z}{z-a}$	$\|z\|>\|a\|$	$a^n u(n)$
6	$-na^{n-1}u(-n-1)$	$\|z\|<\|a\|$	$\frac{z}{(z-a)^2}$	$\|z\|>\|a\|$	$na^{n-1}u(n)$
7	$-\frac{1}{2}n(n-1)a^{n-2}u(-n-1)$	$\|z\|<\|a\|$	$\frac{z}{(z-a)^3}$	$\|z\|>\|a\|$	$\frac{1}{2}n(n-1)a^{n-2}u(n)$
8	$\frac{-n(n-1)\cdots(n-m+1)a^{n-m}}{m!}u(-n-1)$	$\|z\|<\|a\|$	$\frac{z}{(z-a)^{m+1}}$	$\|z\|>\|a\|$	$\frac{n(n-1)\cdots(n-m+1)a^{n-m}}{m!}u(n)$
9	$-a^n\sin(\beta n)u(-n-1)$	$\|z\|<\|a\|$	$\frac{az\sin\beta}{z^2-2az\cos\beta+a^2}$	$\|z\|>\|a\|$	$a^n\sin(\beta n)u(n)$

续表

序号	反因果序列 $f(n), n \leqslant -1$	收敛域 $\|z\| < \beta$	象函数 $F(z)$	收敛域 $\|z\| > \alpha$	因果序列 $f(n), n \geqslant 0$
10	$-a^n\cos(\beta n)u(-n-1)$	$\|z\|<\|a\|$	$\dfrac{z(z-a\cos\beta)}{z^2-2az\cos\beta+a^2}$	$\|z\|>\|a\|$	$a^n\cos(\beta n)u(n)$

注：a 为实（或复）常数。

【例 6.3-4】 求下式的 z 反变换，已知 $F(z)=\dfrac{z^2-4z+2}{(z-1)(z-0.5)}$，$|z|>1$。

解： $\dfrac{F(z)}{z}$ 可展开为部分分式

$$\frac{F(z)}{z}=\frac{z^2-4z+2}{z(z-1)(z-0.5)}=\frac{k_0}{z}+\frac{k_1}{z-1}+\frac{k_2}{z-0.5}$$

由式（6.3-7）可得

$$k_0=z\frac{F(z)}{z}\bigg|_{z=0}=4$$

$$k_1=(z-1)\frac{F(z)}{z}\bigg|_{z=1}=-2$$

$$k_2=(z-0.5)\frac{F(z)}{z}\bigg|_{z=0.5}=-1$$

所以

$$F(z)=4+\frac{-2z}{z-1}+\frac{-z}{z-0.5}$$

收敛域为 $|z|>1$，则序列 $f(n)$ 为因果序列，由式（6.3-9）和式（6.3-10a）得

$$f(n)=\mathscr{Z}^{-1}[F(z)]=4\delta(n)-2u(n)-(0.5)^n u(n)$$

由上例可见，用部分分式法能得到原序列的闭合形式的解。

【例 6.3-5】 求下式的反变换：$F(z)=\dfrac{z^3+6}{(z+1)(z^2+4)}$，$|z|>2$（共轭复根的处理）。

解： $F(z)$ 的极点为 $z_1=-1$，$z_{2,3}=\pm\mathrm{j}2=2\mathrm{e}^{\pm\mathrm{j}90^\circ}$，$\dfrac{F(z)}{z}$ 可展开为

$$\frac{F(z)}{z}=\frac{z^3+6}{z(z+1)(z^2+4)}=\frac{k_0}{z}+\frac{k_1}{z+1}+\frac{k_2}{z-\mathrm{j}2}+\frac{k_2^*}{z+\mathrm{j}2}$$

式中

$$k_0=z\frac{F(z)}{z}\bigg|_{z=0}=1.5$$

$$k_1=(z+1)\frac{F(z)}{z}\bigg|_{z=-1}=-1$$

$$k_2=(z-\mathrm{j}2)\frac{F(z)}{z}\bigg|_{z=\mathrm{j}2}=\frac{1+\mathrm{j}2}{4}=\frac{\sqrt{5}}{4}\mathrm{e}^{\mathrm{j}63.4^\circ}$$

所以

$$F(z)=1.5-\frac{z}{z+1}+\frac{\frac{\sqrt{5}}{4}\mathrm{e}^{\mathrm{j}63.4^\circ}z}{z-2\mathrm{e}^{\mathrm{j}90^\circ}}+\frac{\frac{\sqrt{5}}{4}\mathrm{e}^{-\mathrm{j}63.4^\circ}z}{z-2\mathrm{e}^{-\mathrm{j}90^\circ}}$$

故

$$f(n)=1.5\delta(n)+\left[-(-1)^n+\frac{\sqrt{5}}{2}\cdot 2^n\cos\left(\frac{n\pi}{2}+63.4^\circ\right)\right]u(n)$$

当 $F(z)$ 含有共轭极点时，也可直接应用表 6.3-1 中的 9、10 项变换公式进行变换。

2．$F(z)$含有重极点

设 $F(z)$ 在 $z=z_1=a$ 处有 r 阶重极点，其余极点均为单极点。则 $\dfrac{F(z)}{z}$ 可展开为

$$\frac{F(z)}{z}=\frac{F_{\mathrm{a}}(z)}{z}+\frac{F_{\mathrm{b}}(z)}{z}=\frac{k_{11}}{(z-a)^r}+\frac{k_{12}}{(z-a)^{r-1}}+\cdots+\frac{k_{1i}}{(z-a)^{r-i+1}}+\cdots+\frac{k_{1r}}{(z-a)}+\frac{F_{\mathrm{b}}(z)}{z} \quad (6.3\text{-}11)$$

式中 $\dfrac{F_{\mathrm{b}}(z)}{z}$ 是除重极点 $z=a$ 以外的项，在 $z=a$， $F_{\mathrm{b}}(z)\neq\infty$，这部分的处理可应用前面单极点的处理方法。而系数 k_{1i} 可用下式求得

$$k_{1i}=\frac{1}{(i-1)!}\frac{\mathrm{d}^{i-1}}{\mathrm{d}z^{i-1}}\left[(z-a)^r\frac{F(z)}{z}\right]\Bigg|_{z=a} \quad (6.3\text{-}12)$$

将求得的系数 k_{1i} 代入到式（6.3-11）中，等号两端同乘以 z，得

$$F(z)=\sum_{i=1}^{r}\frac{k_{1i}z}{(z-a)^{r-i+1}}+F_{\mathrm{b}}(z) \quad (6.3\text{-}13)$$

下面主要考虑对重极点部分求反变换，根据上节的学习，我们已经知道

$$a^n u(n)\leftrightarrow\frac{z}{z-a}$$

根据移位性质，得

$$na^{n-1}u(n-1)\leftrightarrow\frac{1}{z-a}$$

根据 z 域微分性质，得

$$na^{n-1}u(n-1)\leftrightarrow -z\frac{\mathrm{d}}{\mathrm{d}z}\left[\frac{1}{z-a}\right]=\frac{z}{(z-a)^2}$$

再移位

$$(n-1)a^{n-2}u(n-2)\leftrightarrow\frac{1}{(z-a)^2} \quad (6.3\text{-}14)$$

z 域再微分

$$n(n-1)a^{n-2}u(n-2)\leftrightarrow -z\frac{\mathrm{d}}{\mathrm{d}z}\left[\frac{1}{(z-a)^2}\right]=\frac{2z}{(z-a)^3}$$

即

$$\frac{1}{2!}n(n-1)a^{n-2}u(n-2)\leftrightarrow\frac{z}{(z-a)^3}$$

也就是

$$\mathscr{Z}^{-1}\left[\frac{z}{(z-a)^3}\right]=\frac{1}{2!}n(n-1)a^{n-2}u(n-2) \tag{6.3-15}$$

……

依此类推，可以得到

$$\mathscr{Z}^{-1}\left[\frac{z}{(z-a)^r}\right]=\frac{1}{(r-1)!}n(n-1)\cdots(n-r+2)a^{n-r+1}u(n-r+1) \tag{6.3-16}$$

【例 6.3-6】 求 $F(z)=\dfrac{z^3+z^2}{(z-1)^3}$，$|z|>1$ 的 z 反变换。

解：将 $\dfrac{F(z)}{z}$ 展开为

$$\frac{F(z)}{z}=\frac{z^2+z}{(z-1)^3}=\frac{k_{11}}{(z-1)^3}+\frac{k_{12}}{(z-1)^2}+\frac{k_{13}}{(z-1)}$$

根据式（6.3-12）可求得

$$k_{11}=(z-1)^3\frac{F(z)}{z}\bigg|_{z=1}=2$$

$$k_{12}=\frac{\mathrm{d}}{\mathrm{d}z}\left[(z-1)^3\frac{F(z)}{z}\right]\bigg|_{z=1}=3$$

$$k_{13}=\frac{1}{2!}\cdot\frac{\mathrm{d}^2}{\mathrm{d}z^2}\left[(z-1)^3\frac{F(z)}{z}\right]\bigg|_{z=1}=1$$

所以

$$F(z)=\frac{2z}{(z-1)^3}+\frac{3z}{(z-1)^2}+\frac{z}{(z-1)}$$

由于收敛域$|z|>1$，根据式（6.3-16）可得$F(z)$的反变换为

$$f(n)=n(n-1)u(n-2)+3nu(n-1)+u(n-2)=(n+1)^2u(n)$$

6.3.3 围线积分法（留数法）

本节仅讨论因果序列的 z 反变换围线积分法。

由复变函数理论中的柯西积分公式可知：

$$\oint_c z^m\mathrm{d}z=\begin{cases}2\pi\mathrm{j}, & m=-1\\ 0, & m\neq -1\end{cases} \tag{6.3-17}$$

式中 c 是环绕原点逆时针方向的曲线，而

$$\oint_c F(z)z^{m-1}\mathrm{d}z=\oint_c\sum_{n=0}^{\infty}f(n)z^{-n+m-1}\mathrm{d}z=\sum_{n=0}^{\infty}f(n)\oint_c z^{-n+m-1}\mathrm{d}z$$

仅当$-n+m-1=-1$，即$m=n$时，上式中等号右端的积分为$2\pi\mathrm{j}$，而所有$m\neq n$的积分都等于 0。于是得

$$\oint_c F(z)z^{n-1}\mathrm{d}z=f(n)2\pi\mathrm{j},\quad n\geqslant 0 \tag{6.3-18}$$

或

$$f(n)=\frac{1}{2\pi j}\oint_c F(z)z^{n-1}\mathrm{d}z,\quad n\geqslant 0 \tag{6.3-19}$$

即 z 反变换的表达式为

$$f(n)=\frac{1}{2\pi j}\oint_c F(z)z^{n-1}\mathrm{d}z\cdot u(n) \tag{6.3-20}$$

式中 c 是环绕 $F(z)z^{n-1}$ 逆时针方向的闭合曲线，它包围 $F(z)z^{n-1}$ 所有的极点，通常是在 z 平面收敛区内以原点为中心的一个圆。由留数定理可知，上式可写为

$$f(n)=\sum_{c内极点}\mathrm{Res}[F(z)z^{n-1}],\quad n\geqslant 0 \tag{6.3-21}$$

如果 $F(z)z^{n-1}$ 在 $z=z_i$ 处有 r 阶极点，则

$$\underset{z=z_i}{\mathrm{Res}}[F(z)z^{n-1}]=\frac{1}{(r-1)!}\frac{\mathrm{d}^{r-1}}{\mathrm{d}z^{r-1}}[(z-z_i)^r F(z)z^{n-1}]\Big|_{z=z_i} \tag{6.3-22}$$

若 $r=1$，即 $F(z)z^{n-1}$ 在 $z=z_i$ 处有一阶极点，则

$$\underset{z=z_i}{\mathrm{Res}}[F(z)z^{n-1}]=[(z-z_i)^r F(z)z^{n-1}]\Big|_{z=z_i} \tag{6.3-23}$$

这里特别需要注意的是，当 $n=0$ 时，尽管 $F(z)$ 可能在 $z=0$ 没有极点，但是 $F(z)\cdot z^{n-1}$ 当 $n=0$ 时是一阶极点，此极点的留数也应计算；如果 $F(z)$ 本来在 $z=0$ 处就为一阶或高阶极点，则 $F(z)z^{n-1}$ 在 $z=0$ 处随 n 的不同，极点的阶数也不同。

【例 6.3-7】 求下式的反变换：$F(z)=\dfrac{z^3+2z^2+1}{z(z-1)(z-0.5)}$，$|z|>1$。

解：由式（6.3-21），有

$$f(n)=\sum_{z=z_i}\mathrm{Res}[F(z)z^{n-1}]=\sum_{z=z_i}\mathrm{Res}\left[\frac{z^3+2z^2+1}{(z-1)(z-0.5)}z^{n-2}\right]$$

当 $n\geqslant 2$ 时，$F(z)z^{n-1}$ 只含有两个一阶极点：$z_1=1$、$z_2=0.5$，此时

$$f(n)=\left[\frac{z^3+2z^2+1}{z-0.5}z^{n-2}\right]\Big|_{z=1}+\left[\frac{z^3+2z^2+1}{z-1}z^{n-2}\right]\Big|_{z=0.5}=8-13(0.5)^n,\quad n\geqslant 2$$

当 $n=1$ 时，$F(z)z^{n-1}$ 含有三个一阶极点 $z_1=0$、$z_2=1$、$z_3=0.5$，此时

$$\begin{aligned}f(n)&=\sum_{z=z_i}\mathrm{Res}\left[\frac{z^3+2z^2+1}{z(z-1)(z-0.5)}\right]\\&=\frac{z^3+2z^2+1}{(z-1)(z-0.5)}\Big|_{z=0}+\frac{z^3+2z^2+1}{z(z-0.5)}\Big|_{z=1}+\frac{z^3+2z^2+1}{z(z-1)}\Big|_{z=0.5}\\&=3.5\end{aligned}$$

当 $n=0$ 时，$F(z)z^{n-1}$ 含有一个二阶的极点 $z_1=0$，两个一阶的极点 $z_2=1$、$z_3=0.5$，此时

$$f(n)=\frac{z^3+2z^2+1}{z^2(z-0.5)}\Big|_{z=1}+\frac{z^3+2z^2+1}{z^2(z-1)}\Big|_{z=0.5}+\frac{\mathrm{d}}{\mathrm{d}z}\left[\frac{z^3+2z^2+1}{(z-0.5)(z-1)}\right]\Big|_{z=0}=8-13+6=1$$

所以

$$\begin{aligned}f(n)&=\begin{cases}1, & n=0\\3.5, & n=1\\8-13(0.5)^n, & n\geqslant 2\end{cases}\\&=\delta(n)+3.5\delta(n-1)+[8-13(0.5)^n]\cdot u(n-2)\end{aligned}$$

6.4 z 变换与拉普拉斯变换、傅里叶变换的关系

至此本书已经讨论了三种变换域方法，即傅里叶变换、拉普拉斯变换和 z 变换。这些变换并不是孤立的，它们之间有着密切的联系，在一定条件下可以相互转换。在 5.4 节中讨论过拉普拉斯变换与傅里叶变换的关系，现在研究 z 变换与拉普拉斯变换的关系。

6.4.1 z 平面与 s 平面的映射关系

6.1 节已经给出了复变量 z 与 s 有下列关系

$$\begin{cases} z = \mathrm{e}^{sT_s} \\ s = \dfrac{1}{T_s}\ln z \end{cases} \tag{6.4-1}$$

式中，T_s 是序列的时间间隔。此外，重复频率 $\omega_s = \dfrac{2\pi}{T_s}$。

为了说明 $s \leftrightarrow z$ 的映射关系，将 s 表示成直角坐标形式，而把 z 表示成极坐标形式，即

$$\begin{cases} s = \sigma + \mathrm{j}\omega \\ z = r\mathrm{e}^{\mathrm{j}\theta} \end{cases} \tag{6.4-2}$$

式中，θ 为数字角频率。将式（6.4-2）代入式（6.4-1），得

$$r\mathrm{e}^{\mathrm{j}\theta} = \mathrm{e}^{(\sigma+\mathrm{j}\omega)T_s}$$

于是，得到

$$\begin{cases} r = \mathrm{e}^{\sigma T_s} = \mathrm{e}^{\frac{2\pi\sigma}{\omega_s}} \\ \theta = \omega T_s = 2\pi\dfrac{\omega}{\omega_s} \end{cases} \tag{6.4-3}$$

上式表明 $s \leftrightarrow z$ 平面有如下的映射关系：

（1）s 平面上的虚轴（$\sigma=0$，$s=\mathrm{j}\omega$）映射到 z 平面是单位圆（$r=1$），其右半平面映射到 z 平面在单位圆的圆外，而左半平面映射到 z 平面在单位圆的圆内。

（2）s 平面的实轴（$\omega=0$，$s=\sigma$）映射到 z 平面是正实轴（$\theta=0$），s 平面平行于实轴的直线（ω 为常数）映射到 z 平面是始于原点的辐射线，通过 $\mathrm{j}\dfrac{k\omega_s}{2}(k=\pm1,\pm3,\cdots)$ 而平行于实轴的直线映射到 z 平面是负实轴。

s 平面与 z 平面的映射关系见表 6.4-1。

表 6.4-1　z 平面与 s 平面的映射关系

s 平面($s=\sigma+\mathrm{j}\omega$)		z 平面($z=r\mathrm{e}^{\mathrm{j}\theta}$)	
虚轴 $\begin{pmatrix}\sigma=0\\ s=\mathrm{j}\omega\end{pmatrix}$	$\mathrm{j}\omega$　0　σ	单位圆 $\begin{pmatrix}r=1\\ \theta任意\end{pmatrix}$	Im[z]　0　Re[z]
左半平面 (σ<0)		单位圆内 $\begin{pmatrix}r<1\\ \theta任意\end{pmatrix}$	
右半平面 (σ>0)		单位圆外 $\begin{pmatrix}r>1\\ \theta任意\end{pmatrix}$	
平行于虚轴的直线 (σ 为常数)		圆 $\begin{pmatrix}\sigma>0,r>1\\ \sigma<0,r<1\end{pmatrix}$	
实轴 $\begin{pmatrix}\omega=0\\ s=\sigma\end{pmatrix}$		正实轴 $\begin{pmatrix}\theta=0\\ r任意\end{pmatrix}$	
平行于实轴的直线 (ω为常数)	$\mathrm{j}\omega_1$　$-\mathrm{j}\omega_1$	始于原点的辐射线 $\begin{pmatrix}\theta为常数\\ r任意\end{pmatrix}$	ω_1T_s　ω_1T_s
通过 $\pm\mathrm{j}\dfrac{k\omega_s}{2}$ 平行于实轴的直线 (k=1,3,⋯)	$\mathrm{j}\omega_s/2$　$-\mathrm{j}\omega_s/2$	负实轴 $\begin{pmatrix}\theta=\pi\\ r任意\end{pmatrix}$	

（3）由于 $\mathrm{e}^{\mathrm{j}\theta}$ 是以 ω_s 为周期的周期函数，因此在 s 平面上沿虚轴移动对应于 z 平面上沿单位圆周期性旋转，每平移 ω_s，则沿单位圆转一圈。所以 $s\leftrightarrow z$ 映射并不是单值的。

图 6.4-1 说明了上述映射的关系。

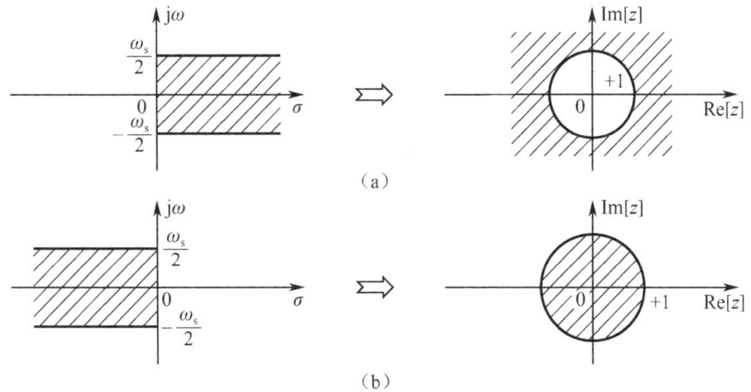

图 6.4-1　z 平面与 s 平面的映射关系举例

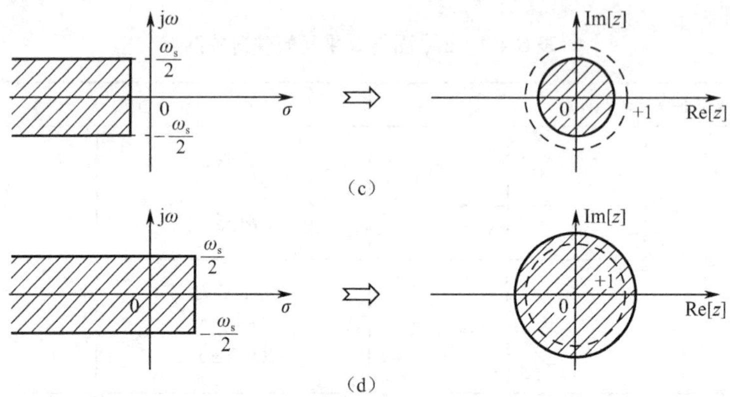

图 6.4-1　z 平面与 s 平面的映射关系举例（续）

在连续时间系统分析中，我们熟知利用系统函数 s 域零点、极点分布特性研究系统性能的方法。掌握了上述 s 平面与 z 平面映射规律以后，容易利用类似的方法研究离散时间系统函数 z 平面特性与系统时域特性、频域特性以及稳定性的关系。

6.4.2　z 变换与拉普拉斯变换的关系

通过前面的学习，我们已经了解 z 变换是对离散时间序列的一种变换形式，拉普拉斯变换是对连续时间信号的一种变换形式。而离散时间序列和连续时间信号可以通过时域取样定理（参见 4.7 节）联系起来。

若连续时间信号 $x(t)$ 经均匀取样构成取样信号 $x_s(t)$，量化得到离散时间序列 $x(nT_s)=x(n)$，且已知 $\mathscr{L}[x(t)]=X(s)$、$\mathscr{L}[x_s(t)]=X_s(s)$，$\mathscr{Z}[x(n)]=X(z)$，下面讨论 $X(s)$、$X_s(s)$ 与 $X(z)$ 的关系。注意此处 $X(s)$ 和 $X(z)$ 分别表示 $x(t)$ 和 $x(n)$ 的拉普拉斯变换和 z 变换的表达式，严格来讲，函数符号 X 应采用不同的字母，考虑到已熟悉的符号，都用 X 表示，但函数形式不同。

1．序列 z 变换 $X(z)$ 与取样信号拉普拉斯变换 $X_s(s)$ 的关系

取样信号 $x_s(t)$ 的拉普拉斯变换为

$$X_s(s)=\int_{-\infty}^{\infty}x_s(t)\mathrm{e}^{-st}\mathrm{d}t=\sum_{n=-\infty}^{\infty}x(nT_s)\mathrm{e}^{-snT_s} \tag{6.4-4}$$

$x(n)$ 的 z 变换为

$$X(z)=\sum_{n=-\infty}^{\infty}x(n)z^{-n} \tag{6.4-5}$$

当 $z=\mathrm{e}^{sT_s}$ 时，

$$X(z)\big|_{z=\mathrm{e}^{sT_s}}=X_s(s) \tag{6.4-6}$$

上式表明，从取样信号 $x_s(t)$ 的拉普拉斯变换到序列 $x(n)$ 的 z 变换，就是由复变量 s 平面到复变量 z 平面的映射，其映射关系为

$$\begin{cases}z=\mathrm{e}^{sT_s}\\ s=\dfrac{1}{T_s}\ln z\end{cases} \tag{6.4-7}$$

详细映射关系已经在本节第一部分中进行了详细论述。

2．序列 z 变换 X(z)与连续时间信号拉普拉斯变换 X(s)的关系

取样信号 $x_s(t)$ 与连续时间信号 $x(t)$ 之间的关系为

$$x_s(t)=x(t)\delta_{T_s}(t)$$

式中，$\delta_{T_s}(t)=\sum\limits_{n=-\infty}^{\infty}\delta(t-nT_s)$ 为冲激函数序列。根据时域取样定理，时域取样表现为在 s 域沿 $\mathrm{j}\omega$ 轴（s 平面的虚轴）以 $2\pi/T_s$ 为周期进行周期延拓，上式可写为

$$X_s(s)=\frac{1}{T_s}\sum_{k=-\infty}^{\infty}X\left(s-\mathrm{j}k\frac{2\pi}{T_s}\right)$$

再用式（6.4-6），便可得到连续时间信号 $x(t)$ 的拉普拉斯变换 $X(s)$ 与离散时间序列 $x(n)$ 的 z 变换 $X(z)$ 之间的关系为

$$X(z)\big|_{z=\mathrm{e}^{sT_s}}=\frac{1}{T_s}\sum_{k=-\infty}^{\infty}X\left(s-\mathrm{j}k\frac{2\pi}{T_s}\right) \tag{6.4-8}$$

6.4.3　z 变换与傅里叶变换的关系

因为 $z=r\mathrm{e}^{\mathrm{j}\theta}$，按 z 变换的定义，$X(z)$ 可写成

$$\begin{aligned}X(z)\big|_{z=r\mathrm{e}^{\mathrm{j}\theta}}&=X(r\mathrm{e}^{\mathrm{j}\theta})=\sum_{n=-\infty}^{\infty}x(n)(r\mathrm{e}^{\mathrm{j}\theta})^{-n}\\&=\sum_{n=-\infty}^{\infty}[x(n)r^{-n}]\mathrm{e}^{-\mathrm{j}\theta n}\end{aligned} \tag{6.4-9}$$

上式的 z 变换可看作序列 $x(n)$ 乘以指数序列 r^{-n} 后的傅里叶变换。

在单位圆 $|z|=1$ 上，$r=1$，使式（6.4-9）变成

$$X(z)\big|_{z=\mathrm{e}^{\mathrm{j}\theta}}=X(\mathrm{e}^{\mathrm{j}\theta})=\sum_{n=-\infty}^{\infty}x(n)\mathrm{e}^{-\mathrm{j}\theta n} \tag{6.4-10}$$

所以序列在单位圆上的 z 变换即为序列的频谱，频谱与 z 变换是一种符号代换，单位圆上的 z 变换即为序列的傅里叶变换。

6.4.4　序列的傅里叶变换与连续时间信号的拉普拉斯变换的关系

序列的傅里叶变换可看作拉普拉斯变换（双边）在虚轴上的特例。令 $s=\mathrm{j}\omega$，由于

$$X_s(s)=\frac{1}{T_s}\sum_{k=-\infty}^{\infty}X\left(s-\mathrm{j}k\frac{2\pi}{T_s}\right)$$

$$X_s(s)=X(\mathrm{e}^{\mathrm{j}\omega T_s})=\frac{1}{T_s}\sum_{k=-\infty}^{\infty}X\left(\mathrm{j}\omega-\mathrm{j}k\frac{2\pi}{T_s}\right) \tag{6.4-11}$$

将式（6.4-3）中的 $\theta=\omega T_s$ 代入式（6.4-11），得

$$X(z)\big|_{z=\mathrm{e}^{\mathrm{j}\theta}}=X(\mathrm{e}^{\mathrm{j}\theta})=\frac{1}{T_s}\sum_{k=-\infty}^{\infty}X\left(\mathrm{j}\frac{\theta-2\pi k}{T_s}\right) \tag{6.4-12}$$

式（6.4-11）说明在虚轴上的拉普拉斯变换，即为理想取样信号的频谱（序列的傅里叶变换），

是与其相应的连续时间信号频谱的周期延拓。式（6.4-12）说明，这种频谱是周期重复的，在 z 变换中，体现为 $e^{j\theta}$ 是 θ 的周期函数，即 $e^{j\theta}$ 随 θ 的变换在单位圆上重复循环。

6.5 离散时间系统的 z 域分析

第 5 章已经讲解了拉普拉斯变换是分析线性连续系统的有力数学工具，与之相对应，在线性离散系统分析中，z 变换也是一种有力的数学分析工具。与离散时间傅里叶变换相比，它的变换条件要求更宽松，应用的范围更广泛。z 变换将描述系统的时域差分方程变换为 z 域的代数方程，便于运算和求解；同时单边 z 变换将系统的初始状态自然地包含于象函数方程中，既可分别求得零输入响应、零状态响应，也可一举求得系统的全响应，本节讨论 z 变换用于进行 LTI 离散系统分析。

6.5.1 差分方程的 z 域解

离散系统可以由差分方程来描述，差分方程的求解可以从时域进行，这是第 3 章介绍的内容。差分方程的求解还可以利用 z 变换求解。对于后向差分方程利用 z 变换求响应时，可一步求出全响应；对于前向差分方程，可分别求出零输入响应和零状态响应，并总结求出其全响应的方法。对于因果的 LTI 离散系统，往往采用后向差分方程来描述。

1. 后向差分方程

k 阶后向差分方程为

$$\sum_{i=0}^{k} a_i y(n-i) = \sum_{j=0}^{m} b_j f(n-j) \tag{6.5-1}$$

其中，已知 $y(n)$，$n=-1,-2,\cdots,-k$，上式中 $a_0=1$，对上式取（单边）z 变换，并考虑到

$$\mathscr{Z}[y(n-i)] = z^{-i}\left[Y(z) + \sum_{n=-i}^{-1} y(n)z^{-n}\right] \tag{6.5-2}$$

且由于信号 $f(n)$ 为因果信号，即当 $n<0$ 时，$f(n)=0$，所以

$$\mathscr{Z}[f(n-j)] = z^{-j}F(z) \tag{6.5-3}$$

得到

$$\sum_{i=0}^{k}\left\{a_i z^{-i}\left[Y(z) + \sum_{n=-i}^{-1} y(n)z^{-n}\right]\right\} = \sum_{j=0}^{m} b_j z^{-j} \cdot F(z)$$

即

$$\left(\sum_{i=0}^{k} a_i z^{-i}\right)Y(z) + \sum_{i=0}^{k} a_i\left[z^{-i}\sum_{n=-i}^{-1} y(n)z^{-n}\right] = \left(\sum_{j=0}^{m} b_j z^{-j}\right)F(z)$$

由上式可解得

$$Y(z) = \frac{M(z)}{A(z)} + \frac{B(z)}{A(z)}F(z) = \frac{M(z)}{A(z)} + H(z)F(z) \tag{6.5-4}$$

式中，$A(z)=\sum_{i=0}^{k}a_i z^{-i}$，$B(z)=\sum_{j=0}^{m}b_j z^{-j}$，$M(z)=-\sum_{i=0}^{k}a_i\left[z^{-i}\sum_{n=-i}^{-1}y(n)z^{-n}\right]$。$M(z)$ 是 z^{-1} 的多项式，仅与各初始状态 $y(-1),y(-2),\cdots,y(-k)$ 有关，而与激励无关。

由式(6.5-4)可以看出，其第一项仅与初始状态有关而与输入无关，因而是零输入响应 $y_{zi}(n)$ 的象函数，令其为 $Y_{zi}(z)$；其第二项仅与输入有关而与初始状态无关，因而是零状态响应 $y_{zs}(n)$ 的象函数，令其为 $Y_{zs}(z)$。于是式（6.5-4）可以写为

$$Y(z)=Y_{zi}(z)+Y_{zs}(z)=\frac{M(z)}{A(z)}+H(z)F(z) \tag{6.5-5}$$

式中，$Y_{zi}(z)=\frac{M(z)}{A(z)}$，$Y_{zs}(z)=H(z)F(z)=\frac{B(z)}{A(z)}F(z)$。上式取反变换，得系统的全响应

$$y(n)=y_{zi}(n)+y_{zs}(n) \tag{6.5-6}$$

式中

$$y_{zi}(n)=\mathscr{Z}^{-1}[Y_{zi}(z)]=\mathscr{Z}^{-1}\left[\frac{M(z)}{A(z)}\right]$$

$$y_{zs}(n)=\mathscr{Z}^{-1}[Y_{zs}(z)]=\mathscr{Z}^{-1}[H(z)F(z)]=\mathscr{Z}^{-1}\left[\frac{B(z)}{A(z)}F(z)\right]$$

【例 6.5-1】 某离散系统的差分方程为

$$y(n)-y(n-1)-2y(n-2)=f(n)+2f(n-2)$$

已知 $y(-1)=2$，$y(-2)=-0.5$，$f(n)=u(n)$。求零输入响应 $y_{zi}(n)$、零状态响应 $y_{zs}(n)$ 和全响应 $y(n)$。

解： 令 $y(n)\leftrightarrow Y(z)$，$f(n)\leftrightarrow F(z)$。对以上差分方程取 z 变换，得

$$Y(z)-[z^{-1}Y(z)+y(-1)]-2[z^{-2}Y(z)+y(-2)+y(-1)z^{-1}]=F(z)+2z^{-2}F(z)$$

整理得

$$Y(z)=\frac{(z^2+2z)y(-1)+2z^2y(-2)}{z^2-z-2}+\frac{z^2+2}{z^2-z-2}F(z)$$

代入 $y(-1)=2$、$y(-2)=-0.5$，并考虑 $F(z)=\frac{z}{z-1}$，得

$$Y(z)=\frac{z^2+4z}{(z-2)(z+1)}+\frac{z^3+2z}{(z-2)(z+1)(z-1)}=Y_{zi}(z)+Y_{zs}(z)$$

对其进行 z 反变换得

$$y_{zi}(n)=\mathscr{Z}^{-1}[Y_{zi}(z)]=\mathscr{Z}^{-1}\left[\frac{z^2+4z}{(z-2)(z+1)}\right]=[2(2)^n-(-1)^n]u(n)$$

$$y_{zs}(n)=\mathscr{Z}^{-1}[Y_{zs}(z)]=\mathscr{Z}^{-1}\left[\frac{z^3+2z}{(z-2)(z+1)(z-1)}\right]=\left[2(2)^n+\frac{1}{2}(-1)^n-\frac{3}{2}\right]u(n)$$

$$y(n)=y_{zi}(n)+y_{zs}(n)=\left[4(2)^n-\frac{1}{2}(-1)^n-\frac{3}{2}\right]u(n)$$

本题如果只求全响应 $y(n)$，则对 $Y(z)$ 中两项合并后求 z 反变换就可以了。

2．前向差分方程

对于前向差分方程的 z 变换解，可以像后向差分方程那样求解，这里以一个二阶前向差分方程为例，分别求零输入响应 $y_{zi}(n)$、零状态响应 $y_{zs}(n)$，并总结出求全响应的方法。

【例 6.5-2】 某系统的差分方程为

$$y(n+2)-0.7y(n+1)+0.1y(n)=7f(n+2)-2f(n+1)$$

且 $y_{zi}(0)=2$， $y_{zi}(1)=4$，求输入 $f(n)=u(n)$ 时系统的全响应 $y(n)$。

解： 分别求 $y_{zi}(n)$ 和 $y_{zs}(n)$。

先求零输入响应 $y_{zi}(n)$，零输入响应的差分方程为

$$y_{zi}(n+2)-0.7y_{zi}(n+1)+0.1y_{zi}(n)=0$$

取 z 变换得

$$z^2Y_{zi}(z)-y_{zi}(0)z^2-y_{zi}(1)z-0.7zY_{zi}(z)+0.7y_{zi}(0)z+0.1Y_{zi}(z)=0$$

故得

$$y_{zi}(n)=[12(0.5)^n-10(0.2)^n]u(n)$$

再求零状态响应 $y_{zs}(n)$，因为

$$Y_{zs}(z)=H(z)F(z)$$

所以

$$Y_{zs}(z)=\frac{z(7z-2)}{(z-0.5)(z-0.2)}\cdot\frac{z}{z-1}=\frac{12.5z}{z-1}-\frac{5z}{z-0.5}-\frac{0.5z}{z-0.2}$$

对其进行 z 反变换得

$$y_{zs}(n)=[12.5-5(0.5)^n-0.5(0.2)^n]u(n)$$

系统的全响应为

$$y(n)=y_{zi}(n)+y_{zs}(n)=[12.5+7(0.5)^n-10.5(0.2)^n]u(n)$$

6.5.2 系统函数

与连续系统类似，离散系统的系统函数有着重要地位。系统零状态响应的象函数 $Y_{zs}(z)$ 与激励象函数 $F(z)$ 之比称为系统函数，即

$$H(z)=\frac{Y_{zs}(z)}{F(z)}=\frac{b_Mz^M+b_{M-1}z^{M-1}+\cdots+b_1z+b_0}{z^N+a_{N-1}z^{N-1}+\cdots+a_1z+a_0} \tag{6.5-7}$$

对于一个离散系统，若已知 $H(z)$ 和 $F(z)$，则

$$Y_{zs}(z)=H(z)F(z)$$

或

$$y_{zs}(n)=h(n)*f(n)$$

式中，$h(n)=\mathscr{Z}^{-1}[H(z)]$。

【例 6.5-3】 描述某 LTI 系统的方程为

$$y(n)-\frac{1}{6}y(n-1)-\frac{1}{6}y(n-2)=f(n)+2f(n-1)$$

求系统的单位序列响应 $h(n)$。

解：显然，零状态响应也满足上述差分方程。设初始状态均为 0，对方程取 z 变换，得

$$Y_{zs}(z)-\frac{1}{6}z^{-1}Y(z)-\frac{1}{6}z^{-2}Y(z)=F(z)+2z^{-1}F(z)$$

由上式得

$$H(z)=\frac{Y_{zs}(z)}{F(z)}=\frac{1+2z^{-1}}{1-\frac{1}{6}z^{-1}-\frac{1}{6}z^{-2}}$$

将上式展开为部分分式，得

$$H(z)=\frac{z^2+2z}{\left(z-\frac{1}{2}\right)\left(z+\frac{1}{3}\right)}=\frac{3z}{z-\frac{1}{2}}+\frac{-2z}{z+\frac{1}{3}}$$

取反变换，得单位序列响应为

$$h(n)=\left[3\left(\frac{1}{2}\right)^n-2\left(-\frac{1}{3}\right)^n\right]u(n)$$

【例 6.5-4】 某 LTI 离散系统，已知当输入 $f(n)=\left(-\frac{1}{2}\right)^n u(n)$ 时，其零状态响应为

$$y_{zs}(n)=\left[\frac{3}{2}\left(\frac{1}{2}\right)^n+4\left(-\frac{1}{3}\right)^n-\frac{9}{2}\left(-\frac{1}{2}\right)^n\right]u(n)$$

求系统的单位序列响应 $h(n)$ 和描述系统的差分方程。

解：零状态响应 $y_{zs}(n)$ 的象函数为

$$Y_{zs}(z)=\frac{3}{2}\times\frac{z}{z-\frac{1}{2}}+4\times\frac{z}{z+\frac{1}{3}}-\frac{9}{2}\times\frac{z}{z+\frac{1}{2}}$$

$$=\frac{z^3+2z^2}{\left(z-\frac{1}{2}\right)\left(z+\frac{1}{3}\right)\left(z+\frac{1}{2}\right)}$$

输入 $f(n)$ 的象函数为

$$F(z)=\frac{z}{z+\frac{1}{2}}$$

故得系统函数为

$$H(z)=\frac{Y_{zs}(z)}{F(z)}=\frac{z^3+2z^2}{\left(z-\frac{1}{2}\right)\left(z+\frac{1}{3}\right)\left(z+\frac{1}{2}\right)}\times\frac{z+\frac{1}{2}}{z}=\frac{z^2+2z}{\left(z-\frac{1}{2}\right)\left(z+\frac{1}{3}\right)}=\frac{z^2+2z}{z^2-\frac{1}{6}z-\frac{1}{6}} \tag{6.5-8}$$

将上式展开为部分分式，求反变换（同例 6.5-3），得

$$h(n)=\left[3\left(\frac{1}{2}\right)^n-2\left(-\frac{1}{3}\right)^n\right]u(n)$$

将系统函数 $H(z)$，即式（6.5-8）的分子、分母同乘以 z^{-2}，得

$$\frac{Y_{zs}(z)}{F(z)}=\frac{1+2z^{-1}}{1-\frac{1}{6}z^{-1}-\frac{1}{6}z^{-2}}$$

即

$$Y_{zs}(z)-\frac{1}{6}z^{-1}Y_{zs}(z)-\frac{1}{6}z^{-2}Y_{zs}(z)=F(z)+2z^{-1}F(z)$$

取反变换，得后向差分方程为

$$y(n)-\frac{1}{6}y(n-1)-\frac{1}{6}y(n-2)=f(n)+2f(n-1)$$

或者，直接由式（6.5-8）得

$$z^2Y_{zs}(z)-\frac{1}{6}zY_{zs}(z)-\frac{1}{6}Y_{zs}(z)=z^2F(z)+2zF(z)$$

取反变换，得前向差分方程为

$$y(n+2)-\frac{1}{6}y(n+1)-\frac{1}{6}y(n)=f(n+2)+2f(n+1)$$

上述后向和前向差分方程是等价的。

习题 6

1．求下列序列的双边 z 变换，并注明收敛域。

（1）$f(n)=\begin{cases}\left(\frac{1}{2}\right)^n, & n<0\\ 0, & n\geqslant 0\end{cases}$　　（2）$f(n)=\begin{cases}2^n, & n<0\\ \left(\frac{1}{3}\right)^n, & n\geqslant 0\end{cases}$

（3）$f(n)=\left(\frac{1}{2}\right)^{|n|}, n=0,\pm1,\cdots$　　（4）$f(n)=\begin{cases}0, & n<-4\\ \left(\frac{1}{2}\right)^n, & n\geqslant -4\end{cases}$

2．求下列序列的 z 变换，并注明收敛域。

（1）$f(n)=\left(\frac{1}{3}\right)^n u(n)$　　（2）$f(n)=\left(-\frac{1}{3}\right)^{-n} u(n)$

（3）$f(n)=\left[\left(\frac{1}{2}\right)^n+\left(\frac{1}{3}\right)^{-n}\right]u(n)$　　（4）$f(n)=\cosh(2n)u(n)$

（5）$f(n)=\cos\left(\frac{n\pi}{4}\right)u(n)$　　（6）$f(n)=\sin\left(\frac{n\pi}{2}+\frac{\pi}{4}\right)u(n)$

3．粗略画出以下因果序列的图形，并求出其 z 变换。

（1）$f(n)=\begin{cases}0, & n\text{为奇数}\\ 1, & n\text{为偶数}\end{cases}$　　（2）$f(n)=\begin{cases}1, & n=0,4,8,\cdots,4m,\cdots\\ 0, & \text{其他}\end{cases}$

（3）$f(n)=\begin{cases}1, & n=0,1,2,3\\ -1, & n=4,5,6,7\\ 0, & \text{其余}\end{cases}$　　（4）$f(n)=\begin{cases}1, & n\text{为偶数}\\ -1, & n\text{为奇数}\end{cases}$

4．根据下列象函数及所标注的收敛域，求其所对应的原序列。

（1）$F(z)=1$，全 z 平面　　（2）$F(z)=z^3$，$|z|<\infty$

（3）$F(z)=z^{-1}$，$|z|>0$　　（4）$F(z)=2z+1-z^2$，$0<|z|<\infty$

（5）$F(z)=\dfrac{1}{1-az^{-1}}$，$|z|>|a|$　　（6）$F(z)=\dfrac{1}{1-az^{-1}}$，$|z|<|a|$

5．已知 $\delta(n)\leftrightarrow 1$，$a^n u(n)\leftrightarrow \dfrac{z}{z-a}$，$nu(n)\leftrightarrow \dfrac{z}{(z-1)^2}$，试利用 z 变换的性质求下列序列的 z 变换，并注明收敛域。

（1）$\dfrac{1}{2}[1+(-1)^n]u(n)$　　（2）$u(n)-2u(n-4)+u(n-8)$

（3）$(-1)^n nu(n)$　　（4）$(n-1)u(n-1)$

（5）$n(n-1)u(n-1)$　　（6）$(n-1)^2 u(n-1)$

（7）$n[u(n)-u(n-4)]$　　（8）$\cos\left(\dfrac{n\pi}{2}\right)u(n)$

（9）$\left(\dfrac{1}{2}\right)^n\cos\left(\dfrac{n\pi}{2}\right)u(n)$　　（10）$\left(\dfrac{1}{2}\right)^n\cos\left(\dfrac{\pi}{2}n+\dfrac{\pi}{4}\right)u(n)$

6．利用 z 变换的性质求下列序列的 z 变换。

（1）$n\sin\left(\dfrac{n\pi}{2}\right)u(n)$　　（2）$\dfrac{a^n-b^n}{n}u(n-1)$

（3）$\dfrac{a^n}{n+1}u(n)$　　（4）$\sum\limits_{i=0}^{n}(-1)^i$

7．因果序列的 z 变换如下，求 $f(0)$、$f(1)$、$f(2)$。

（1）$F(z)=\dfrac{z^2}{(z-2)(z-1)}$　　（2）$F(z)=\dfrac{z^2+z+1}{(z-1)\left(z+\dfrac{1}{2}\right)}$

（3）$F(z)=\dfrac{z^2-z}{(z-1)^2}$

8．若因果序列的 z 变换 $F(z)$ 如下，能否应用终值定理？如果能，求出 $\lim\limits_{n\to\infty}f(n)$。

（1）$F(z)=\dfrac{z^2+1}{\left(z-\dfrac{1}{2}\right)\left(z+\dfrac{1}{3}\right)}$　　（2）$F(z)=\dfrac{z^2+z+1}{(z-1)\left(z+\dfrac{1}{2}\right)}$

（3）$F(z)=\dfrac{z^2}{(z-1)(z-2)}$

9．求下列象函数的 z 反变换。

（1）$F(z)=\dfrac{1}{1-0.5z^{-1}}$，$|z|>0.5$　　（2）$F(z)=\dfrac{3z+1}{z+\dfrac{1}{2}}$，$|z|>0.5$

（3）$F(z)=\dfrac{az-1}{z-a}$，$|z|>|a|$　　（4）$F(z)=\dfrac{z^2}{z^2+3z+2}$，$|z|>2$

（5）$F(z)=\dfrac{z^2+z+1}{z^2+z-2}$，$|z|>2$　　（6）$F(z)=\dfrac{z^2}{(z-0.5)(z-0.25)}$，$|z|>0.5$

10．求下列象函数的双边 z 反变换。

（1）$F(z)=\dfrac{z^2}{\left(z-\frac{1}{2}\right)\left(z-\frac{1}{3}\right)}$，$|z|<\dfrac{1}{3}$

（2）$F(z)=\dfrac{z^2}{\left(z-\frac{1}{2}\right)\left(z-\frac{1}{3}\right)}$，$|z|>\dfrac{1}{2}$

（3）$F(\mathrm{z})=\dfrac{z^3}{\left(z-\frac{1}{2}\right)^2(z-1)}$，$|z|<\dfrac{1}{2}$

（4）$F(z)=\dfrac{z^3}{\left(z-\frac{1}{2}\right)^2(z-1)}$，$\dfrac{1}{2}<|z|<1$

11．求下列象函数的 z 反变换。

（1）$F(z)=\dfrac{1}{z^2+1}$，$|z|>1$　　（2）$F(z)=\dfrac{z^2+z}{(z-1)(z^2-z+1)}$，$|z|>1$

（3）$F(z)=\dfrac{z}{z^2-\sqrt{3}z+1}$，$|z|>1$　　（4）$F(z)=\dfrac{z^2}{z^2+\sqrt{2}z+1}$，$|z|>1$

（5）$F(z)=\dfrac{z}{(z-1)(z^2-1)}$，$|z|>1$　　（6）$F(z)=\dfrac{z^2+az}{(z-a)^3}$，$|z|>|a|$

12．如果序列 $f(n)$ 和 $g(n)$ 的 z 变换分别为 $F(z)$ 和 $G(z)$，试证：

（1）$[a^n f(n)]*[a^n g(n)]=a^n[f(n)*g(n)]$

（2）$n[f(n)*g(n)]=[nf(n)]*g(n)+f(n)*[ng(n)]$

13．如因果序列 $f(n)\leftrightarrow F(z)$，试求下列序列的 z 变换。

（1）$\sum_{i=0}^{n}a^i f(i)$　　（2）$a^n\sum_{i=0}^{n}f(i)$

14．利用卷积定理求下列序列 $f(n)$ 与 $h(n)$ 的卷积 $y(n)=f(n)*h(n)$。

（1）$f(n)=a^n u(n)$，$h(n)=\delta(n-2)$

（2）$f(n)=a^n u(n)$，$h(n)=u(n-1)$

（3）$f(n)=a^n u(n)$，$h(n)=b^n u(n)$

15．用 z 变换法解下列齐次差分方程。

（1）$y(n)-0.9y(n-1)=0$，$y(-1)=1$

（2）$y(n)-y(n-1)-2y(n-2)=0$，$y(-1)=0$，$y(-2)=3$

（3）$y(n+2)-y(n+1)-2y(n)=0$，$y(0)=0$，$y(1)=3$

（4）$y(n)-y(n-1)-2y(n-2)=0$，$y(0)=0$，$y(1)=3$

16．用 z 变换法解下列非齐次差分方程的全解。

（1）$y(n)-0.9y(n-1)=0.1u(n)$，$y(-1)=2$

（2）$y(n)+3y(n-1)+2y(n-2)=u(n)$，$y(-1)=0$，$y(-2)=0.5$

（3）$y(n+2)-y(n+1)-2y(n)=u(n)$，$y(0)=1$，$y(1)=1$

17．描述某 LTI 离散系统的差分方程为

$$y(n)-y(n-1)-2y(n-2)=f(n)$$

已知 $y(-1)=-1$，$y(-2)=\dfrac{1}{4}$，$f(n)=u(n)$，求该系统的零输入响应 $y_{zi}(n)$、零状态响应 $y_{zs}(n)$ 及全响应 $y(n)$。

18．描述某 LTI 离散系统的差分方程为

$$y(n+2)-0.7y(n+1)+0.1y(n)=7f(n+1)-2f(n)$$

已知 $y(-1)=-4$，$y(-2)=-38$，$f(n)=(0.4)^n u(n)$，求该系统的零输入响应 $y_{zi}(n)$、零状态响应 $y_{zs}(n)$ 及全响应 $y(n)$。

19．图 1 为两个 LTI 离散系统框图，求各系统的单位序列响应 $h(n)$ 和阶跃响应 $g(n)$。

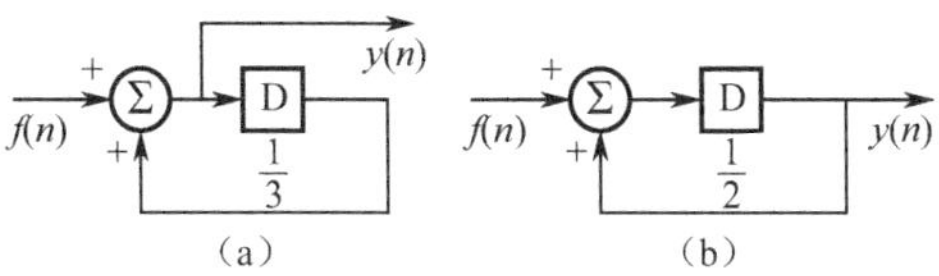

图 1

20．如图 1 所示的系统，求激励为下列序列时的零状态响应。

（1）$f(n)=nu(n)$　　（2）$f(n)=\left(\dfrac{1}{2}\right)^n u(n)$

（3）$f(n)=\left(\dfrac{1}{3}\right)^n u(n)$

21．求图 2 所示系统在下列激励下的零状态响应。

（1）$f(n)=\delta(n)$　　（2）$f(n)=u(n)$

（3）$f(n)=nu(n)$　　（4）$f(n)=\sin\left(\dfrac{n\pi}{3}\right)u(n)$

（5）$f(n)=(\sqrt{2})^n\sin\left(\dfrac{n\pi}{2}\right)u(n)$

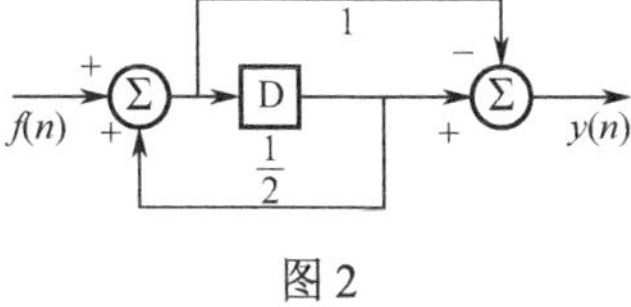

图 2

22．如图 3 所示系统。

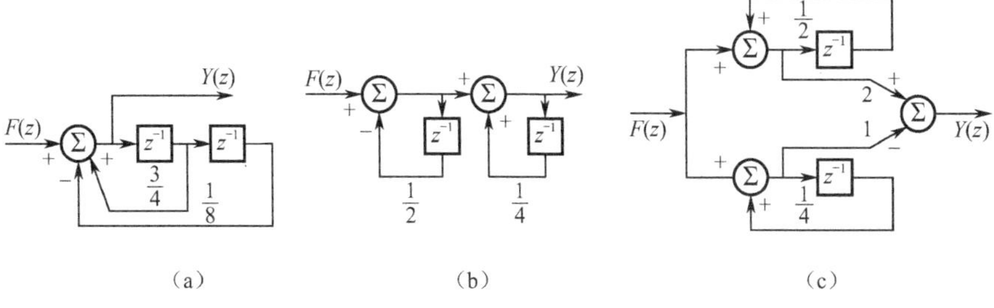

图 3

（1）试证图 3 中（a）、（b）、（c）的系统满足相同的差分方程。

（2）求该系统的单位序列响应 $h(n)$。

（3）$f(n)=u(n)$，求系统的零状态响应。

23．某 LTI 离散系统的单位阶跃响应为 $y(n)=\left[\frac{4}{3}-\frac{3}{7}(0.5)^n+\frac{2}{21}(-0.2)^n\right]u(n)$，当该系统的零状态响应为 $y_{zs}(n)=\frac{10}{7}[(0.5)^n-(-0.2)^n]u(n)$ 时，求其输入信号 $f(n)$。

24．已知某一阶 LTI 系统，当初始状态 $y(-1)=1$、输入 $f_1(n)=u(n)$ 时，其全响应 $y_1(n)=2u(n)$；当初始状态 $y(-1)=-1$、输入 $f_2(n)=0.5nu(n)$ 时，其全响应 $y_2(n)=(n-1)u(n)$。求输入 $f(n)=\left(\frac{1}{2}\right)^n u(n)$ 时的零状态响应。

Chapter 7

第 7 章 系统函数

要点

本章主要介绍系统函数与系统特性；系统的稳定性的判断方法；梅森公式；系统的结构；状态方程的概念；连续及离散系统状态方程的建立；状态方程的求解等内容。

7.1 系统函数与系统特性

7.1.1 系统函数的零点与极点

如前所述，通常 LTI 系统的系统函数是复变量 s 或 z 的有理分式，它是 s 或 z 的有理多项式 $B(\cdot)$ 与 $A(\cdot)$ 之比，即

$$H(\cdot)=\frac{B(\cdot)}{A(\cdot)} \tag{7.1-1}$$

对于连续系统

$$H(s)=\frac{b_m s^m+b_{m-1}s^{m-1}+\cdots+b_1 s+b_0}{s^n+a_{n-1}s^{n-1}+\cdots+a_1 s+a_0} \tag{7.1-2a}$$

对于离散系统

$$H(z)=\frac{b_m z^m+b_{m-1}z^{m-1}+\cdots+b_1 z+b_0}{z^n+a_{n-1}z^{n-1}+\cdots+a_1 z+a_0} \tag{7.1-2b}$$

式中，系数 $a_i(i=0,1,2,\cdots,n)$ 、 $b_j(j=0,1,2,\cdots,m)$ 都是实常数，其中 a_n=1。

$A(\cdot)$ 和 $B(\cdot)$ 都是 s 或 z 的有理多项式，因而可求得多项式等于零的根。其中 $A(\cdot)=0$ 的根 $p_1,p_2,\cdots,p_n$ 称为系统函数 $H(\cdot)$ 的极点；$B(\cdot)=0$ 的根 $\zeta_1,\zeta_2,\cdots,\zeta_m$ 称为系统函数 $H(\cdot)=0$ 的零点。这样，将 $A(\cdot)$、$B(\cdot)$ 分解因式后，式（7.1-2a）和式（7.1-2b）也可写为

$$H(s)=\frac{B(s)}{A(s)}=\frac{b_m\prod_{j=1}^{m}(s-\zeta_j)}{\prod_{i=1}^{n}(s-p_i)} \tag{7.1-3a}$$

$$H(z)=\frac{B(z)}{A(z)}=\frac{b_m\prod_{j=1}^{m}(z-\zeta_j)}{\prod_{i=1}^{n}(z-p_i)} \tag{7.1-3b}$$

极点 p_i 和零点 ζ_j 的值可能是实数、虚数或复数。由于 $A(\cdot)$ 和 $B(\cdot)$ 的系数都是实数，所以零点、极点若为虚数或复数，则必共轭成对出现。若它们不是共轭成对的，则多项式 $A(\cdot)$ 或 $B(\cdot)$ 的系数必有一部分是虚数或复数，而不能全为实数。所以，$H(\cdot)$ 的极（零）点有以下几种类型：

（1）一阶实极（零）点，它位于 s 或 z 平面的实轴上。

（2）一阶共轭虚极（零）点，它们位于虚轴上并且对称于实轴。

（3）一阶共轭复极（零）点，它们对称于实轴。

（4）二阶和二阶以上的实、虚、复极（零）点。

由式（7.1-3a）或式（7.1-3b）可以看出，当一个系统函数 $H(\cdot)$ 的极点、零点及 b_m 全部确定后，这个系统函数也就完全确定了。因为 b_m 仅仅是一个代表比例尺度的常数，它对系统的特性没有影响，所以一个系统随着变量 s 或 z 而变化的特性可以完全由它的极点和零点来表示。把系统函数的极点和零点标注在 s 或 z 平面中，用“∘”表示零点，用“×”表示极点，就成为极点、零点分布图，简称极零图（pole-zero plot）。极零图与频率响应一样，能够表示系统特性。

【例 7.1-1】 作系统函数 $H(s)=\dfrac{2s}{s^2+2s+\frac{7}{4}}$ 的极零图。

解：

$$H(s)=\frac{2s}{s^2+2s+\frac{7}{4}}=\frac{2s}{\left(s+1+\mathrm{j}\frac{\sqrt{3}}{2}\right)\left(s+1-\mathrm{j}\frac{\sqrt{3}}{2}\right)}$$

该系统的极零图如图 7.1-1 所示。

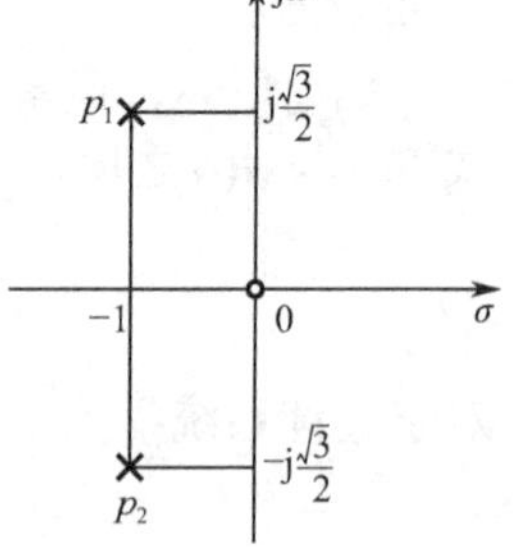

图 7.1-1 系统函数的极零图

7.1.2　系统函数的极点和零点分布与系统时域特性的关系

由 3.2 节和 3.5 节可知，系统自由（固有）响应的函数（或序列）形式由 $A(\cdot)=0$ 的根确定，亦即由 $H(\cdot)$ 的极点确定，而冲激响应 $h(t)$ 或单位序列响应 $h(n)$ 的函数形式也由 $H(\cdot)$ 的极点确定。下面讨论 $H(\cdot)$ 极点的位置与其所对应的响应（自由响应、冲激响应、单位序列响应等）的函数（序列）形式。

1．连续系统

连续系统的系统函数 $H(s)$ 的极点，按其在 s 平面上的位置可分为左半开平面（不含虚轴的左半平面）、虚轴和右半开平面三类。

（1）左半开平面的极点。

左半开平面的极点有负实极点和共轭复极点（其实部为负）。若系统函数有负实单极点 $p=-\alpha(\alpha>0)$，则式（7.1-1）中 $A(s)$ 有因子 $(s+\alpha)$，其所对应的响应（自由响应、冲激响应等）函数模式为 $A\mathrm{e}^{-\alpha t}u(t)$；如有一对共轭复数极点 $p_{1,2}=-\alpha\pm \mathrm{j}\beta(\alpha>0)$，则 $A(s)$ 中有因子 $[(s+\alpha)^2+\beta^2]$，其对应的响应函数为 $A\mathrm{e}^{-\alpha t}\cos(\beta t+\theta)u(t)$，式中 A、θ 为常数。响应均按指数衰减，当 $t\to\infty$ 时趋近于零。$H(s)$的极点与所对应的响应函数如图 7.1-2 所示。

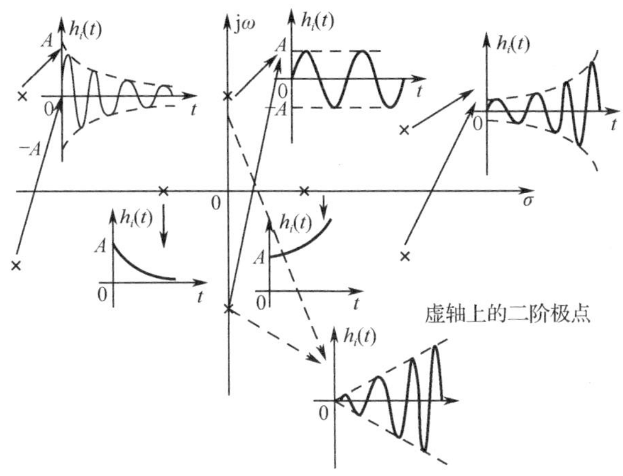

图 7.1-2　$H(s)$的极点与所对应的响应函数

如 $H(s)$ 在左半平面有 r 重极点，则 $A(s)$ 中有因子 $(s+\alpha)^r$ 或 $[(s+\alpha)^2+\beta^2]^r$，它们所对应的响应函数模式分别为 $A_j t^j \mathrm{e}^{-\alpha t}u(t)$ 或 $A_j t^j \mathrm{e}^{-\alpha t}\cos(\beta t+\theta_j)u(t)$，$j=0,1,2,\cdots,r-1$，式中 A_j、θ_j 为常数。用罗必塔法则不难证明，当 $t\to\infty$ 时，它们均趋于零。

（2）虚轴上的极点。

$H(s)$ 在虚轴上的单极点 $p=0$ 或 $p_{1,2}=\pm \mathrm{j}\beta$，相应于 $A(s)$ 的因子为 s 或 $(s^2+\beta^2)$，它们所对应的响应函数模式分别为 $Au(t)$ 或 $A\cos(\beta t+\theta)u(t)$，其幅度不随时间变化。

若 $H(s)$ 在虚轴上有 r 重极点，相应于 $A(s)$ 的因子为 s^r 或 $(s^2+\beta^2)^r$，其所对应的响应函数分别为 $A_j t^j u(t)$ 或 $A_j t^j\cos(\beta t+\theta_j)u(t), j=0,1,2,\cdots,r-1$，它们都随 t 的增长而增大。

（3）右半开平面的极点。

在右半开平面的单极点 $p=\alpha(\alpha>0)$，或 $p_{1,2}=\alpha\pm \mathrm{j}\beta(\alpha>0)$，相应于 $A(s)$ 中有因子 $(s-\alpha)$ 或 $[(s-\alpha)^2+\beta^2]$，它们所对应的响应函数模式分别为 $A\mathrm{e}^{\alpha t}u(t)$ 或 $A\mathrm{e}^{\alpha t}\cos(\beta t+\theta)u(t)$，它们都随 t 的增长而增大。如有重极点，其所对应的响应也随 t 的增长而增大。

图 7.1-2 画出了 $H(s)$ 的一阶极点、虚轴上的二阶极点与其所对应的响应函数。

由以上讨论可得出如下结论：

LTI 连续系统的自由响应、冲激响应的函数形式由 $H(s)$ 的极点确定。

对于因果系统，$H(s)$ 在左半开平面的极点所对应的响应函数都是衰减的，当 $t\to\infty$ 时，响应函数趋近于零。极点全部在左半开平面的系统是稳定的系统。$H(s)$ 在虚轴上的一阶极点对应的响应函数的幅度不随时间变化。$H(s)$ 在虚轴上的二阶及二阶以上的极点或右半开平面上的极点，其所对应的响应函数都随 t 的增长而增大，当 t 趋于无限时，它们都趋于无限大。这样的系统是不稳定的。

2．离散系统

离散系统的系统函数 $H(z)$ 的极点，按其在 z 平面的位置可分为单位圆内、单位圆上和单位圆外三类。

（1）单位圆内的极点。

在单位圆 $|z|=1$ 内的极点有实极点和共轭复极点两种。若系统函数有一个实极点 $p=\alpha$，$|\alpha|<1$，则系统函数中 $A(z)$ 有因子 $(z-\alpha)$，其所对应的响应（自由响应、单位序列响应等）序列模式为 $A\alpha^n u(n)$；如有一对共轭极点 $p_{1,2}=\alpha\mathrm{e}^{\pm\mathrm{j}\beta}$，$|\alpha|<1$，则 $A(z)$ 中有因子 $(z^2-2\alpha z\cos\beta+\alpha^2)$，其所对应的序列形式为 $A\alpha^n\cos(\beta n+\varphi)u(n)$，式中 A、φ 为常数。由于 $|\alpha|<1$，所以响应均按指数衰减，当 $n\to\infty$ 时响应趋于零（见图 7.1-3）。在单位圆内的二阶及二阶以上极点，其所对应的响应当 $n\to\infty$ 时也趋近于零。

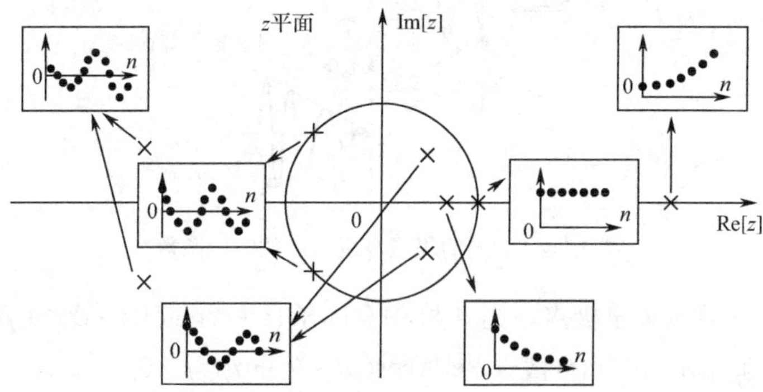

图 7.1-3　$H(z)$的极点与所对应的响应

（2）单位圆上的极点。

$H(z)$ 在单位圆上的一阶极点 $p=\pm1$ 或 $p_{1,2}=\mathrm{e}^{\pm\mathrm{j}\beta}$，相应于系统函数中 $A(z)$ 的因子 $(z-1)$、$(z+1)$ 或 $(z^2-2z\cos\beta+1)$，它们所对应的序列分别为 $Au(n)$、$A(-1)^n u(n)$ 或 $A\cos(\beta n+\varphi)u(n)$，其幅度不随 n 变化（见图 7.1-3）。

$H(z)$ 在单位圆上的 r 阶极点，其所对应的序列模式为 $A_j n^j u(n)$、$A_j n^j\cos(\beta n+\varphi_j)u(n)$，$j=0,1,2,\cdots,r-1$，它们都随 n 的增大而增大。

（3）单位圆外的极点。

$H(z)$ 在单位圆外的单极点 $p=\alpha$，$|\alpha|>1$，或 $p_{1,2}=\alpha e^{\pm j\beta}$，$|\alpha|>1$ 所对应的响应模式分别为 $A\alpha^n u(n)$ 或 $A\alpha^n\cos(\beta n+\varphi)u(n)$，由于 $|\alpha|>1$，所以它们都随 n 的增大而增大。如有重极点，其所对应的响应也随 n 的增加而增大。

图 7.1-3 画出了 $H(z)$ 的一阶极点与其所对应的响应序列。

由以上讨论可得出如下结论：

LTI 离散系统的自由响应、单位序列（样值）响应等的序列形式由 $H(z)$ 的极点所确定。

对于因果系统，$H(z)$ 在单位圆内的极点所对应的响应序列都是衰减的，当 n 趋于无限时，响应趋近于零。极点全部在单位圆内的系统是稳定系统。$H(z)$ 在单位圆上的一阶极点对应的响应序列的幅度不随 n 变化。$H(z)$ 在单位圆上的二阶及二阶以上极点或在单位圆外的极点，其所对应的序列都随 n 的增长而增大，当 n 趋于无限时，它们都趋近于无限大。这样的系统是不稳定的。

在上面关于系统的极零图与系统的时域特性关系的讨论中，只谈到了极点对时域特性的影响，对于零点的作用，没有多做说明。实际上，零点对系统的时域特性也是有影响的。例如，极点决定了其冲激响应模式，而零点则会影响冲激响应各个模式分量的大小。

7.1.3　系统函数的极点、零点与系统频域特性的关系

上面讨论了极零图与系统的时域特性之间的联系。实际上，极零图不仅与系统的时域特性有关，与系统的频域特性也有直接的关系。通过系统的极零图，可以利用矢量的概念计算系统的频域特性，同时也可以较方便地得到系统的频谱图。

1．连续系统

对于连续因果系统，如果其系统函数 $H(s)$ 的极点在左半开平面，那么它在虚轴上($s=j\omega$)也收敛，从而由式（5.5-3）可知，式（7.1-3a）所示系统的频率响应函数为

$$H(j\omega)=H(s)\big|_{s=j\omega}=b_m\frac{\prod_{j=1}^{m}(j\omega-\zeta_j)}{\prod_{i=1}^{n}(j\omega-p_i)} \tag{7.1-4}$$

在 s 平面上，任意复数（常数或变数）都可用有向线段表示，称之为矢（向）量。例如，某极点 p_i 可看作是自原点指向该极点 p_i 的矢量，如图 7.1-4（a）所示。该复数的模 $|p_i|$ 是矢量的长度，其辐角是自实轴逆时针方向至该矢量的夹角。变量 $j\omega$ 也可看作矢量。这样，复数量 $j\omega-p_i$ 是矢量 $j\omega$ 与矢量 p_i 的差矢量，如图 7.1-4（a）所示。当 ω 变化时，差矢量 $j\omega-p_i$ 也将随之变化。

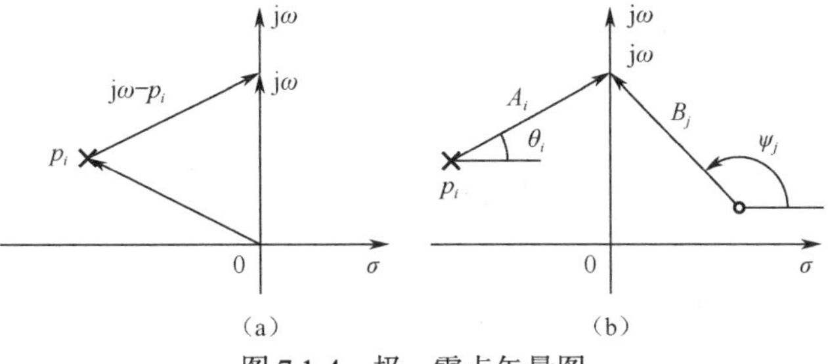

图 7.1-4　极、零点矢量图

对于任意极点 p_i 和零点 ζ_j，令

$$\begin{cases} \mathrm{j}\omega - p_i = A_i \mathrm{e}^{\mathrm{j}\theta_i} \\ \mathrm{j}\omega - \zeta_j = B_j \mathrm{e}^{\mathrm{j}\psi_j} \end{cases} \tag{7.1-5}$$

式中，A_i、B_j 分别是差矢量 $(\mathrm{j}\omega - p_i)$ 和 $(\mathrm{j}\omega - \zeta_j)$ 的模，θ_i、ψ_j 是它们的辐角，如图 7.1-4（b）所示。于是式（7.1-4）可以写为

$$H(\mathrm{j}\omega) = b_m \frac{B_1 B_2 \cdots B_m \mathrm{e}^{\mathrm{j}(\psi_1+\psi_2+\cdots+\psi_m)}}{A_1 A_2 \cdots A_n \mathrm{e}^{\mathrm{j}(\theta_1+\theta_2+\cdots+\theta_n)}} = |H(\mathrm{j}\omega)|\,\mathrm{e}^{\mathrm{j}\varphi(\omega)} \tag{7.1-6}$$

式中，幅频响应为

$$|H(\mathrm{j}\omega)| = b_m \frac{B_1 B_2 \cdots B_m}{A_1 A_2 \cdots A_n} \tag{7.1-7}$$

相频响应为

$$\varphi(\omega) = (\psi_1 + \psi_2 + \cdots + \psi_m) - (\theta_1 + \theta_2 + \cdots + \theta_n) \tag{7.1-8}$$

由此可见，幅频特性等于零点差矢量模的乘积除以极点差矢量模的乘积，再乘上 H_0 的系数；相频特性则等于零点差矢量的相角之和减去极点差矢量的相角之和。对于某一个 $\mathrm{j}\omega$ 的值，应用图 7.1-4 所示的作图法绘出式（7.1-4）各因式的矢量，得到各矢量的长度 A_i 和 B_j 以及角度 θ_i 和 ψ_j，由式（7.1-4），当 ω 从 0（或 $-\infty$）变动时，各矢量的模和辐角都将随之变化，根据式（7.1-7）和式（7.1-8）就能得到其幅频特性曲线和相频特性曲线，同时也可算出该频率时系统函数的模量和相位。

【例 7.1-2】 已知二阶系统函数 $H(s) = \dfrac{s}{s^2 + 2\alpha s + \omega_0^2}$，式中 $\alpha > 0$，且 $\omega_0^2 > \alpha^2$，粗略画出其幅频、相频特性曲线。

解： $H(s)$ 的零点位于 $s = 0$，其极点 $p_{1,2} = -\alpha \pm \mathrm{j}\beta = -\alpha \pm \mathrm{j}\sqrt{\omega_0^2 - \alpha^2}$，式中 $\beta = \sqrt{\omega_0^2 - \alpha^2}$。于是系统函数 $H(s)$ 可写为

$$H(s) = \frac{s}{(s - p_1)(s - p_2)} \tag{7.1-9}$$

由于 $\alpha > 0$，极点在左半开平面，故 $H(s)$ 在虚轴上收敛，该系统的频率响应函数为

$$H(s)\big|_{s=\mathrm{j}\omega} = \frac{\mathrm{j}\omega}{(\mathrm{j}\omega - p_1)(\mathrm{j}\omega - p_2)}$$

令 $\mathrm{j}\omega = B\mathrm{e}^{\mathrm{j}\psi}$，$\mathrm{j}\omega - p_1 = A_1 \mathrm{e}^{\mathrm{j}\theta_1}$，$\mathrm{j}\omega - p_2 = A_2 \mathrm{e}^{\mathrm{j}\theta_2}$，如图 7.1-5（a）所示。上式可改写为

$$H(\mathrm{j}\omega) = \frac{B}{A_1 A_2} \mathrm{e}^{\mathrm{j}(\psi - \theta_1 - \theta_2)} = |H(\mathrm{j}\omega)|\,\mathrm{e}^{\mathrm{j}\varphi(\omega)} \tag{7.1-10}$$

式中幅频特性和相频特性分别为

$$|H(\mathrm{j}\omega)| = \frac{B}{A_1 A_2} \tag{7.1-11a}$$

$$\varphi(\omega) = \psi - (\theta_1 + \theta_2) \tag{7.1-11b}$$

该系统幅频特性曲线和相频特性曲线如图 7.1-5（b）所示。

由图 7.1-5(a)和式(7.1-11)可以看出，当 $\omega = 0$ 时，$B = 0$，$A_1 = A_2 = \sqrt{\alpha^2 + \beta^2} = \omega_0$，$\theta_1 = -\theta_2$，

$\psi=\frac{\pi}{2}$，所以$|H(\mathrm{j}\omega)|=0$，$\varphi(\omega)=\frac{\pi}{2}$。随着$\omega$的增大，$A_2$和$B$增大，而$A_1$减小，故$|H(\mathrm{j}\omega)|$增大；而$|\theta_1|$减小，故$(\theta_1+\theta_2)$增大，因而$\varphi(\omega)$减小。当$\omega=\omega_0(\omega_0=\sqrt{\alpha^2+\beta^2})$时，系统发生谐振，这时$|H(\mathrm{j}\omega)|=\frac{1}{2\alpha}$为极大值；而$\varphi(\omega)=0$。当$\omega$继续增大时，$A_1$、$A_2$、$B$均趋于无限，故$|H(\mathrm{j}\omega)|$趋于零；$\theta_1$、$\theta_2$趋近于$\frac{\pi}{2}$，从而$\varphi(\omega)$趋近于$-\frac{\pi}{2}$。图 7.1-5（b）是粗略画出的幅频、相频特性。由幅频特性可见，该系统是带通系统。

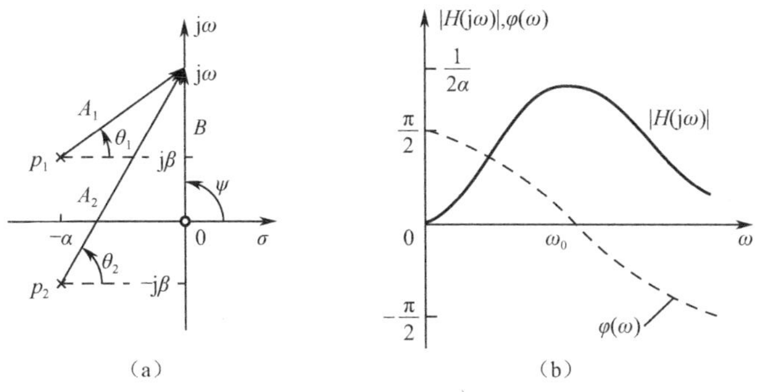

图 7.1-5　例 7.1-2 图

由以上讨论可知，如果系统函数的某一极点（本例为$p_1=-\alpha+\mathrm{j}\beta$）十分靠近虚轴，则当角频率$\omega$在该极点虚部附近处（即$\omega\approx\beta$处），幅频响应有一个峰值，相频响应急剧减小，两者均有剧烈变化。类似地，如果系统函数有一个零点（比如$\zeta_1=-a+\mathrm{j}b$）十分靠近虚轴，则在$\omega\approx b$处幅频响应有一个谷值，且相频响应急速增大。靠近虚轴的极点和零点对频率特性的这种影响，如图 7.1-6 所示。事实上，这就是大家所熟悉的谐振特性。当全部极点和零点都位于虚轴时，该系统就相当于纯电抗网络。这时，幅频特性中将有零值和无穷大值，相频特性中将有180°的跃变。

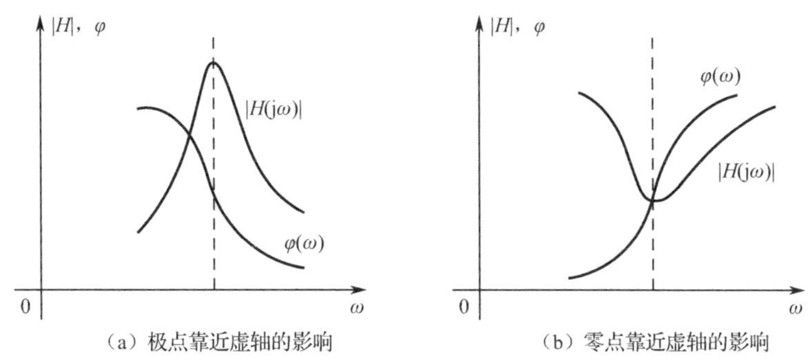

图 7.1-6　极点、零点靠近虚轴时对频率特性的影响

下面介绍常见的全通系统和最小相移系统。

（1）全通系统。

如果系统的幅频响应$|H(\mathrm{j}\omega)|$对所有的ω均为常数，则该系统为全通系统，其相应的系统函数为全通函数。下面以二阶系统为例说明。

如果有二阶系统，其系统函数在左半平面有一对共轭极点$p_{1,2}=-\alpha\pm\mathrm{j}\beta$，令$s_1=-p_1$、$s_2=-p_2$，它在右半平面有一对共轭零点$\zeta_1=\alpha+\mathrm{j}\beta=s_2$，$\zeta_2=\alpha-\mathrm{j}\beta=s_1$，那么系统函数的零

点和极点对于 jω 轴是镜像对称的，如图 7.1-7（a）所示。其系统函数可写为

$$H(s)=\frac{(s-s_1)(s-s_2)}{(s+s_1)(s+s_2)}=\frac{(s-s_1)(s-s_1^*)}{(s+s_1)(s+s_1^*)} \tag{7.1-12}$$

其频率特性为

$$H(s)=\frac{(\mathrm{j}\omega-s_1)(\mathrm{j}\omega-s_2)}{(\mathrm{j}\omega+s_1)(\mathrm{j}\omega+s_2)}=\frac{B_1B_2}{A_1A_2}\mathrm{e}^{\mathrm{j}(\psi_1+\psi_2-\theta_1-\theta_2)}$$

由图 7.1-7（a）可见，对于所有的ω有 $A_1=B_1$、$A_2=B_2$，所以幅频特性为

$$|H(\mathrm{j}\omega)|=1 \tag{7.1-13a}$$

其相频特性为

$$\begin{aligned}\varphi(\omega)&=\psi_1+\psi_2-\theta_1-\theta_2=2\pi-2\left[\arctan\left(\frac{\omega+\beta}{\alpha}\right)+\arctan\left(\frac{\omega-\beta}{\alpha}\right)\right]\\&=2\pi-2\arctan\left(\frac{2\alpha\omega}{\alpha^2+\beta^2-\omega_2}\right)\end{aligned} \tag{7.1-13b}$$

当$\omega=0$时，$\theta_1+\theta_2=0$，$\psi_1+\psi_2=2\pi$，故$\varphi(\omega)=2\pi$；当$\omega\to\infty$时，$\psi_1=\psi_2=\theta_1=\theta_2=\frac{\pi}{2}$，故$\varphi(\omega)\to 0$。其幅频和相频响应如图 7.1-7（b）所示。

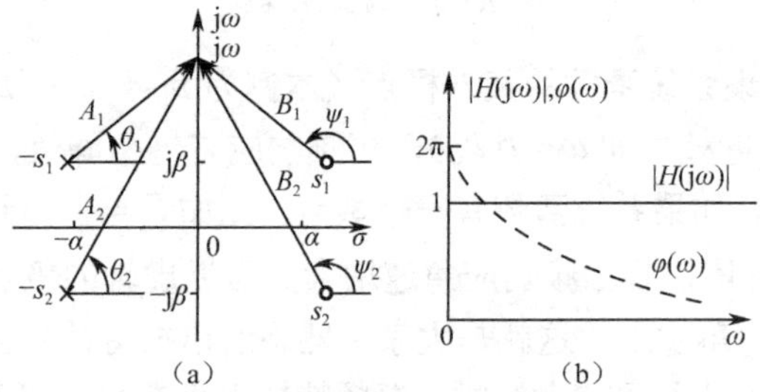

图 7.1-7 二阶全通函数的频率响应

上述幅频响应为常数的系统，对各种频率的信号具有相同的频率特性，可以一律平等传输，因而被称为全通系统，全通系统的系统函数称为全通函数。由以上讨论可知，凡极点位于左半开平面，零点位于右半开平面，且所有的零点与极点为一一镜像对称于 jω 轴的系统函数即为全通函数。

（2）最小相移系统。

如有一系统函数 $H_{\mathrm{a}}(s)$，它有两个极点$-s_1$和$-s_1^*$，两个零点$-s_2$和$-s_2^*$，它们都在左半开平面，其零点、极点分布如图 7.1-8（a）所示。系统函数 $H_{\mathrm{a}}(s)$ 可以写为

$$H_{\mathrm{a}}(s)=\frac{(s+s_2)(s+s_2^*)}{(s+s_1)(s+s_1^*)} \tag{7.1-14}$$

另一系统函数 $H_{\mathrm{b}}(s)$，它的极点与 $H_{\mathrm{a}}(s)$ 相同，为$-s_1$和$-s_1^*$，它的零点在右半开平面为s_2和s_2^*，其零点、极点分布如图 7.1-8（b）所示。系统函数 $H_{\mathrm{b}}(s)$ 可以写为

$$H_{\mathrm{b}}(s)=\frac{(s-s_2)(s-s_2^*)}{(s+s_1)(s+s_1^*)} \tag{7.1-15}$$

由于 $H_{\mathrm{a}}(s)$ 与 $H_{\mathrm{b}}(s)$ 的极点相同，故它们在 s 平面上对应的矢量也相同，而由于它们的零点镜像对称于 jω 轴，故它们对应的矢量的模也相同，因此 $H_{\mathrm{a}}(\mathrm{j}\omega)$ 和 $H_{\mathrm{b}}(\mathrm{j}\omega)$ 的幅频特性完全相同。

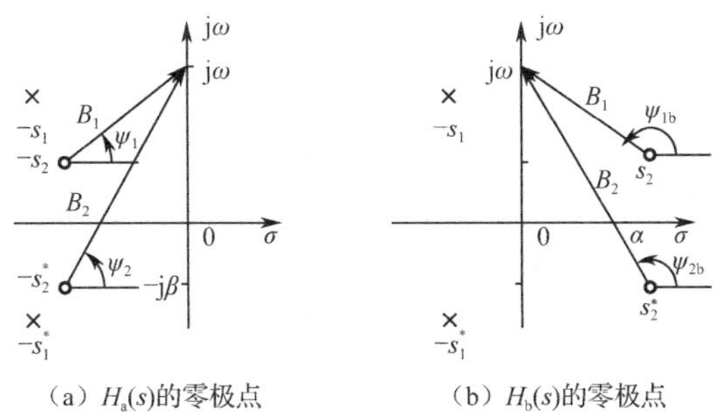

（a）$H_a(s)$的零极点　　（b）$H_b(s)$的零极点

图 7.1-8　最小相移系统

由图 7.1-8（a）和（b）可见，对于相同的ω，$H_b(\mathrm{j}\omega)$零点矢量的相角为

$$\psi_{1b} = \pi - \psi_1$$

$$\psi_{2b} = \pi - \psi_2$$

式中，ψ_1、ψ_2为$H_a(\mathrm{j}\omega)$的零点矢量的相角。因此，$H_a(\mathrm{j}\omega)$和$H_b(\mathrm{j}\omega)$的相频特性分别为

$$\varphi_a(\omega) = (\psi_1 + \psi_2) - (\theta_1 + \theta_2) \tag{7.1-16}$$

$$\varphi_b(\omega) = (\pi - \psi_1 + \pi - \psi_2) - (\theta_1 + \theta_2) = 2\pi - (\psi_1 + \psi_2) - (\theta_1 + \theta_2) \tag{7.1-17}$$

二者的差为

$$\varphi_b(\omega) - \varphi_a(\omega) = 2\pi - 2(\psi_1 + \psi_2)$$

由图 7.1-8（a）可见，当ω由 0 增加到∞时，$(\psi_1 + \psi_2)$从 0 增加到π，因此，$\psi_1 + \psi_2 \leqslant \pi$，所以对于任意角频率

$$\varphi_b(\omega) - \varphi_a(\omega) = 2\pi - 2(\psi_1 + \psi_2) \geqslant 0$$

也就是说，对于任意角频率$0 \leqslant \omega < \infty$，有

$$\varphi_b(\omega) \geqslant \varphi_a(\omega) \tag{7.1-18}$$

式（7.1-18）表明，对于具有相同幅频特性的系统函数而言，零点位于左半开平面的系统函数，其相频特性$\varphi(\omega)$最小，故称为最小相移函数。

顺便指出，考虑到由纯电抗元件组成的电路，其网络函数的零点可能在虚轴上，故也可定义如下：右半开平面没有零点的系统函数称为最小相移函数，相应的网络称为最小相移网络。

如果系统函数在右半开平面有零点，则称为非最小相移函数。例如

$$H_b(s) = \frac{(s - s_2)(s - s_2^*)}{(s + s_1)(s + s_1^*)}$$

若用$(s + s_2)(s + s_2^*)$同时乘上式的分母和分子，得

$$\begin{aligned} H_b(s) &= \frac{(s - s_2)(s - s_2^*)}{(s + s_1)(s + s_1^*)} \cdot \frac{(s + s_2)(s + s_2^*)}{(s + s_2)(s + s_2^*)} \\ &= \frac{(s + s_2)(s + s_2^*)}{(s + s_1)(s + s_1^*)} \cdot \frac{(s - s_2)(s - s_2^*)}{(s + s_2)(s + s_2^*)} \\ &= H_a(s) H_c(s) \end{aligned} \tag{7.1-19}$$

式中$H_a(s)$是最小相移函数，而

$$H_c(s) = \frac{(s - s_2)(s - s_2^*)}{(s + s_2)(s + s_2^*)}$$

是全通函数。由此可知，任意非最小相移函数都可表示为最小相移函数与全通函数的乘积。

2．离散系统

对于因果离散系统，如果系统函数 $H(z)$ 的极点均在单位圆内，那么它在单位圆上（$|z|=1$）也收敛，由 6.4.1 节中 z 平面与 s 平面的映射关系，可以得到 $s=\mathrm{j}\omega$ 映射为 $z=\mathrm{e}^{\mathrm{j}\theta}$，这样就可知式（7.1-3b）所示系统的频率响应函数为

$$H(\mathrm{e}^{\mathrm{j}\theta})=H(z)\Big|_{z=\mathrm{e}^{\mathrm{j}\theta}}=b_m\frac{\prod\limits_{j=1}^{m}(\mathrm{e}^{\mathrm{j}\theta}-\zeta_j)}{\prod\limits_{i=1}^{n}(\mathrm{e}^{\mathrm{j}\theta}-p_i)} \tag{7.1-20}$$

在 z 平面上，复数可用矢量表示，令

$$\left.\begin{aligned}\mathrm{e}^{\mathrm{j}\theta}-p_i=A_i\mathrm{e}^{\mathrm{j}\theta_i}\\ \mathrm{e}^{\mathrm{j}\theta}-\zeta_j=B_j\mathrm{e}^{\mathrm{j}\psi_j}\end{aligned}\right\} \tag{7.1-21}$$

式中，A_i、B_j 分别是差矢量的模，θ_i、ψ_j 是它们的辐角，于是式（7.1-20）可以写为

$$H(\mathrm{e}^{\mathrm{j}\theta})=|H(\mathrm{e}^{\mathrm{j}\theta})|\,\mathrm{e}^{\mathrm{j}\varphi(\theta)}=\frac{b_mB_1B_2\cdots B_m\mathrm{e}^{\mathrm{j}(\psi_1+\psi_2+\cdots+\psi_m)}}{A_1A_2\cdots A_n\mathrm{e}^{\mathrm{j}(\theta_1+\theta_2+\cdots+\theta_n)}} \tag{7.1-22}$$

式中，幅频响应为

$$|H(\mathrm{e}^{\mathrm{j}\theta})|=\frac{b_mB_1B_2\cdots B_m}{A_1A_2\cdots A_n} \tag{7.1-23a}$$

相频响应为

$$\varphi(\theta)=\sum_{j=1}^{m}\psi_j-\sum_{i=1}^{n}\theta_i \tag{7.1-23b}$$

当 ω 从 0 变化到 $\dfrac{2\pi}{T_s}$ 时，即复变量 z 从 $z=1$ 沿单位圆逆时针方向旋转一周时，各矢量的模和辐角也随之变化，根据式（7.1-23a）和式（7.1-23b）就能得到幅频和相频响应曲线。

【例 7.1-3】 二阶全通系统的系统函数为

$$H(z)=\frac{z^2-2z+4}{z^2-\dfrac{1}{2}z+\dfrac{1}{4}} \tag{7.1-24}$$

求其频率响应。

解：由 $H(z)$ 的表示式可知，其零、极点分别为

$$\zeta、\zeta^*=1\pm\mathrm{j}\sqrt{3}=2\mathrm{e}^{\pm\mathrm{j}\frac{\pi}{3}}$$

$$p、p^*=\frac{1}{4}\pm\mathrm{j}\frac{\sqrt{3}}{4}=\frac{1}{2}\mathrm{e}^{\pm\mathrm{j}\frac{\pi}{3}}$$

可见，本例中零点 ζ、ζ^* 与极点 p、p^* 有如下关系：$\zeta=\dfrac{1}{p^*}$、$\zeta^*=\dfrac{1}{p}$，其零、极点分布如图 7.1-9（a）所示。

由于极点均在单位圆内，故 $H(z)$ 在单位圆上收敛。将 $H(z)$ 的分子、分母同乘以 z^{-1}，并令 $z=\mathrm{e}^{\mathrm{j}\theta}(\theta=\omega T_s)$，得

$$H(\mathrm{e}^{\mathrm{j}\theta}) = H(z)\big|_{z=\mathrm{e}^{\mathrm{j}\theta}} = \left.\frac{z^2-2z+4}{z^2-\frac{1}{2}z+\frac{1}{4}}\right|_{z=\mathrm{e}^{\mathrm{j}\theta}} = \frac{\mathrm{e}^{\mathrm{j}\theta}-2+4\mathrm{e}^{-\mathrm{j}\theta}}{\mathrm{e}^{\mathrm{j}\theta}-\frac{1}{2}+\frac{1}{4}\mathrm{e}^{-\mathrm{j}\theta}}$$

$$= 4\frac{(5\cos\theta-2)-\mathrm{j}3\sin\theta}{(5\cos\theta-2)+\mathrm{j}3\sin\theta} \tag{7.1-25}$$

其幅频响应和相频响应分别为$(\theta=\omega T_s)$

$$|H(\mathrm{e}^{\mathrm{j}\theta})|=4 \tag{7.1-26a}$$

$$\varphi(\theta) = -2\arctan\left(\frac{3\sin\theta}{5\cos\theta-2}\right) \tag{7.1-26b}$$

按上式可画出幅频、相频特性如图 7.1-9（b）所示。由频率特性可知，式（7.1-24）是全通函数。

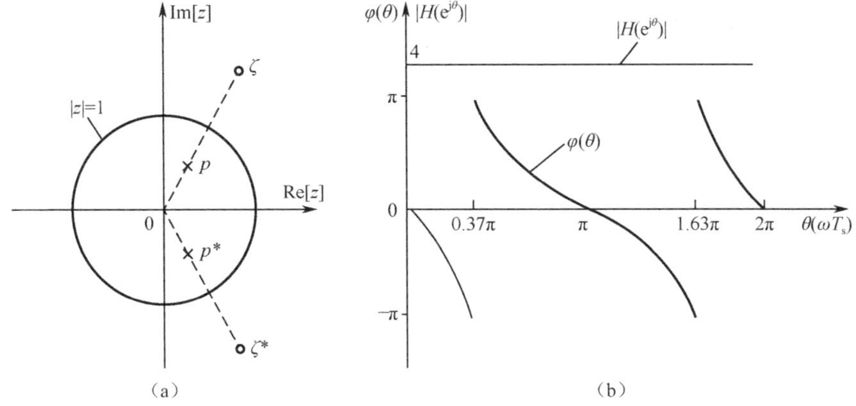

图 7.1-9　二阶全通函数

由本例可知，稳定的全通离散系统，其系统函数的极点全在单位圆内，而零点全部在单位圆外，并且零极点有$\zeta_i=\dfrac{1}{p_i^*}$的对应关系，这种对应关系称为零点与极点一一镜像对称于单位圆，这相当于在s平面零点、极点镜像对称于虚轴。

7.2 系统的因果性与稳定性

7.2.1 系统的因果性

因果系统（连续的或离散的）指的是，系统的零状态响应$y_{zs}(\cdot)$不出现于激励$f(\cdot)$之前的系统，也就是说，对于 LTI 系统，当$t=0$（或$n=0$）接入的任意激励$f(\cdot)$，即对于任意的

$$f(\cdot)=0,\quad t\text{（或}n\text{）}<0 \tag{7.2-1}$$

如果系统的零状态响应都有

$$y_{zs}(\cdot)=0,\quad t\text{（或}n\text{）}<0 \tag{7.2-2}$$

就称该系统为因果系统，否则称为非因果系统。

连续因果系统的充分必要条件是：冲激响应

$$h(t)=0\text{，}\quad t<0 \tag{7.2-3a}$$

或者，系统函数 $H(s)$ 的收敛域为

$$\mathrm{Re}[s]>\sigma_0 \tag{7.2-3b}$$

即其收敛域为收敛坐标 σ_0 以右的半平面，换言之，$H(s)$ 的极点都在收敛轴 $\mathrm{Re}[s]=\sigma_0$ 的左边。

离散因果系统的充分必要条件是：单位序列响应为

$$h(n)=0\text{，}\quad n<0 \tag{7.2-4a}$$

或者，系统函数 $H(z)$ 的收敛域为

$$|z|>\rho_0 \tag{7.2-4b}$$

即其收敛域为半径等于 ρ_0 的圆外区域，换言之，$H(z)$ 的极点都在收敛圆 $|z|=\rho_0$ 内部。

现在证明连续因果系统的充要条件：

设系统的输入 $f(t)=\delta(t)$，显然在 $t<0$ 时 $f(t)=0$，这时的零状态响应为 $h(t)$，所以若系统是因果的，则必有 $h(t)=0$，$t<0$。因此，式（7.2-3a）是必要的。但式（7.2-3a）的条件能否保证对所有满足式（7.2-1）的激励 $f(t)$ 都能满足式（7.2-2），其充分性还有待证明。

对任意激励 $f(t)$，系统的零状态响应 $y_{zs}(t)$ 等于 $h(t)$ 与 $f(t)$ 的卷积，考虑到 $t<0$ 时 $f(t)=0$，有

$$y_{zs}(t)=\int_{-\infty}^{t}h(\tau)f(t-\tau)\mathrm{d}\tau$$

如果 $h(t)$ 满足式（7.2-3a），即有 $\tau<0$，$h(\tau)=0$，那么当 $t<0$ 时，上式为零，当 $t>0$ 时，上式为

$$y_{zs}(t)=\int_{0}^{t}h(\tau)f(t-\tau)\mathrm{d}\tau$$

即 $t<0$ 时，$y_{zs}(t)=0$。因而式（7.2-3a）的条件也是充分的。

根据拉普拉斯变换的定义，如果 $h(t)$ 满足式（7.2-3a），则

$$H(s)=\mathscr{L}[h(t)]\text{，}\quad \mathrm{Re}[s]>\sigma_0$$

即可得到式（7.2-3b）。

离散因果系统的充要条件的证明与上类似，这里从略。

7.2.2 系统的稳定性

在实际应用中，系统的输出值常常是一个物理量，一般都应该在一定范围内，因为没有一个系统可以产生无穷大的物理量输出，对于线性系统更是如此。如果一个微分方程描述的系统可能产生无穷大的输出，那么在实际系统中只能产生异常的结果：要么是实际系统由于输出过大的信号（电流或电压）而损坏；要么是系统进入非线性工作状态，不再满足线性条件，原本的线性微分方程不再能够描述系统的工作机理，系统也就无法实现原定的工作目标。所以，在工程实际中，要求系统无论在什么情况下输出都不能超出一定的范围，即在研究和设计各类系统时，要求系统是稳定的。

1．稳定性系统的定义

一个系统（连续或离散的），如果对任意的有界输入，其零状态响应也是有界的，则称该

系统是有界输入有界输出（BIBO）稳定系统。也就是说，设 M_f、M_y 为正实数，如果系统对于所有的激励

$$|f(\cdot)|\leqslant M_f \tag{7.2-5}$$

其零状态响应为

$$|y_{zs}(\cdot)|\leqslant M_y \tag{7.2-6}$$

则称该系统是稳定的。

2．稳定性系统的充要条件

连续系统是稳定系统的充分必要条件是

$$\int_{-\infty}^{\infty}|h(t)|\,\mathrm{d}t\leqslant M \tag{7.2-7}$$

式中，M 为正常数。即若系统的冲激响应是绝对可积的，则该系统是稳定的。

离散系统是稳定系统的充分必要条件是

$$\sum_{n=-\infty}^{\infty}|h(n)|\leqslant M \tag{7.2-8}$$

式中，M 为正常数。即若系统的冲激序列响应是绝对可和的，则该系统是稳定的。

现在证明稳定连续系统的充要条件：

对于任意的有界输入 $f(t)$，$|f(t)|\leqslant M_f$，系统的零状态响应的绝对值为

$$y_{zs}(t)=\left|\int_{-\infty}^{\infty}h(\tau)f(t-\tau)\mathrm{d}\tau\right|\leqslant\int_{-\infty}^{\infty}|h(\tau)|\cdot|f(t-\tau)|\,\mathrm{d}\tau\leqslant M_f\int_{-\infty}^{\infty}|h(\tau)|\,\mathrm{d}\tau$$

如果 $h(t)$ 是绝对可积的，即式（7.2-7）成立，则

$$|y_{zs}(t)|\leqslant M_f M$$

即对任意有界输入 $f(t)$，系统的零状态响应均有界。因此条件式（7.2-7）是充分的。但必要性尚待证明。

现在证明，如果 $\int_{-\infty}^{\infty}|h(t)|\,\mathrm{d}t$ 无界，则至少有某个有界输入 $f(t)$ 将产生无界输出 $y_{zs}(t)$。选择如下的输入函数

$$f(-t)=\begin{cases}-1, & h(t)<0\\ 0, & h(t)=0\\ 1, & h(t)>0\end{cases}$$

于是有 $h(t)f(-t)=|h(t)|$。由于

$$y_{zs}(t)=\int_{-\infty}^{\infty}h(\tau)f(-\tau)\mathrm{d}\tau$$

令 $t=0$，有

$$y_{zs}(0)=\int_{-\infty}^{\infty}h(\tau)f(t-\tau)\mathrm{d}\tau=\int_{-\infty}^{\infty}|h(\tau)|\,\mathrm{d}\tau$$

上式表明，如果 $\int_{-\infty}^{\infty}|h(\tau)|\,\mathrm{d}\tau$ 无界，则至少 $y_{zs}(0)$ 无界。因此式（7.2-7）也是必要的。

稳定离散系统的充要条件的证明与上类似，从略。

如果系统是因果的，显然稳定性的充要条件可简化为：

连续因果系统

$$\int_0^{\infty} |h(t)|\,\mathrm{d}t \leqslant M$$

离散因果系统

$$\sum_{n=0}^{\infty} |h(n)| \leqslant M$$

对于既是稳定的又是因果的连续系统，其系统函数 $H(s)$ 的极点都在 s 平面的左半开平面，反之也成立，即若 $H(s)$ 的极点均在左半开平面，则该系统必是稳定的因果系统。

对于既是稳定的又是因果的离散系统，其系统函数 $H(z)$ 的极点都在 z 平面的单位圆内，反之也成立，即若 $H(z)$ 的极点均在单位圆内，则该系统必是稳定的因果系统。

顺便指出，按以上结论，在 s 平面 $\mathrm{j}\omega$ 轴上的一阶极点也将使系统不稳定。但在研究电网络时发现，无源 LC 网络，其网络函数（系统函数）在 $\mathrm{j}\omega$ 轴上有一阶极点，而把无源网络看作是稳定系统较为方便。因此，有时也把在 $\mathrm{j}\omega$ 轴上有一阶极点的网络归入稳定网络类。这类系统可称为边界稳定系统。

需要特别指出的是，用系统函数 $H(s)$ 或 $H(z)$ 的零点、极点判断系统的稳定性时，对有些系统失效。研究表明，如果系统既是可观测的又是可控制的，那么用描述输出与输入关系的系统函数研究系统的稳定性是有效的。这里仅简要介绍可观测性，可控制性的初步概念，读者可阅读相关文献。

图 7.2-1 所示复合系统由两个子系统 $H_\mathrm{a}(s)$、$H_\mathrm{b}(s)$ 级联组成，复合系统的系统函数为

$$H(s) = H_\mathrm{a}(s)H_\mathrm{b}(s) = \frac{1}{s-2}\cdot\frac{s-2}{s+\alpha} = \frac{1}{s+\alpha}$$

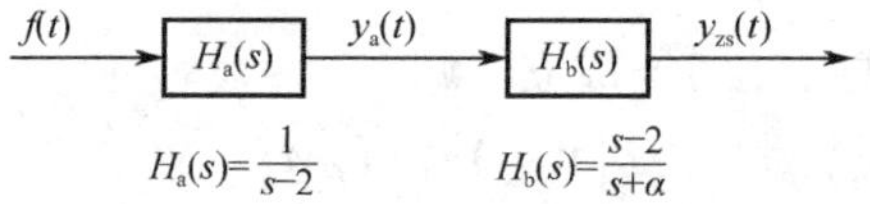

$f(t) \rightarrow H_\mathrm{a}(s) \xrightarrow{y_\mathrm{a}(t)} H_\mathrm{b}(s) \xrightarrow{y_\mathrm{zs}(t)}$

$H_\mathrm{a}(s)=\frac{1}{s-2}$　　$H_\mathrm{b}(s)=\frac{s-2}{s+\alpha}$

图 7.2-1　不可观测系统示意图

如果 $\alpha>0$，那么图 7.2-1 的复合系统是稳定的。但是，如果该复合系统接入有界的输入 $f(t)$，则子系统 $H_\mathrm{a}(s)$ 的输出 $y_\mathrm{a}(t)$ 将含有 e^{2t} 的项，因而 $y_\mathrm{a}(t)$ 将随 t 的增长而无限增大，这将使该系统不能正常工作。这里的问题就是，仅从复合系统的输出 $y_\mathrm{zs}(t)$ 中观测不到固有响应分量 e^{2t}。这样的系统称为不可观测的。就是说，一个系统，如果在其输出端能观测到所有的固有响应分量，则称该系统为可观测的或能观测的，否则，称为不可观测的。可观测性也称为可观性。

图 7.2-2 的复合系统中，子系统 $H_\mathrm{a}(s)$ 是不可观测的，$H_\mathrm{b}(s)$ 和 $H_\mathrm{c}(s)$ 是可观测的。但子系统 $H_\mathrm{c}(s)$ 是不受输入 $f(t)$ 控制的，因而不能用输入 $f(t)$ 控制该系统的输出 $y_\mathrm{c}(t)$。这样的子系统也会使整个系统不能正常工作，甚至产生损坏、烧毁等恶果。

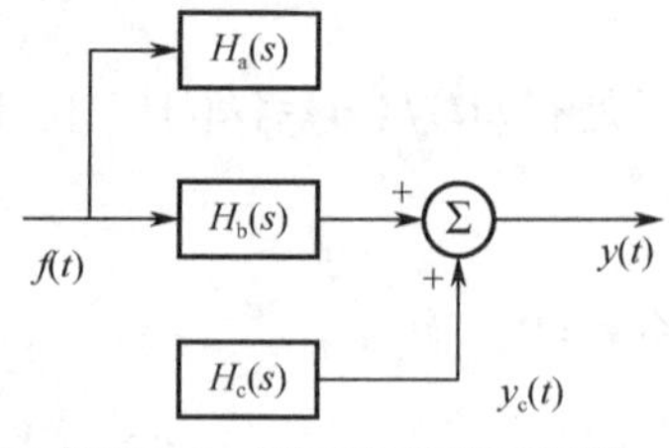

图 7.2-2　不可控系统示意图

一个系统，如果能通过输入的控制作用从初始状态转移到所要求的状态，就称该系统是可控（制）的。

【例 7.2-1】 如图 7.2-3 所示的反馈因果系统，子系统的系统函数为

$$G(s) = \frac{1}{(s+1)(s+2)}$$

当常数 K 满足什么条件时，系统是稳定的？

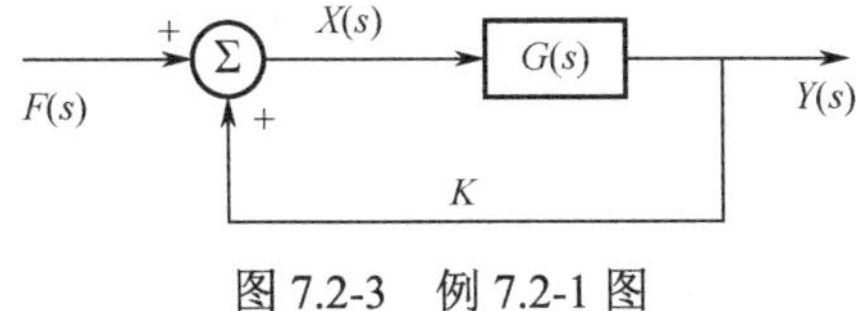

图 7.2-3　例 7.2-1 图

解：如图 7.2-3 所示，加法器输出端的信号为

$$X(s)=KY(s)+F(s)$$

输出信号为

$$Y(s)=G(s)X(s)=KG(s)Y(s)+G(s)F(s)$$

可解得反馈系统的系统函数为

$$H(s)=\frac{Y(s)}{F(s)}=\frac{G(s)}{1-KG(s)}=\frac{1}{s^2+3s+2-K}$$

$H(s)$ 的极点为

$$p_{1,2}=-\frac{3}{2}\pm\sqrt{\left(\frac{3}{2}\right)^2-2+K}$$

为使极点均在左半开平面，必须满足

$$\left(\frac{3}{2}\right)^2-2+K<\left(\frac{3}{2}\right)^2$$

可解得 $K<2$，即当 $K<2$ 时系统是稳定的。

【例 7.2-2】 如图 7.2-4 所示的离散系统，当 K 满足什么条件时，系统是稳定的？

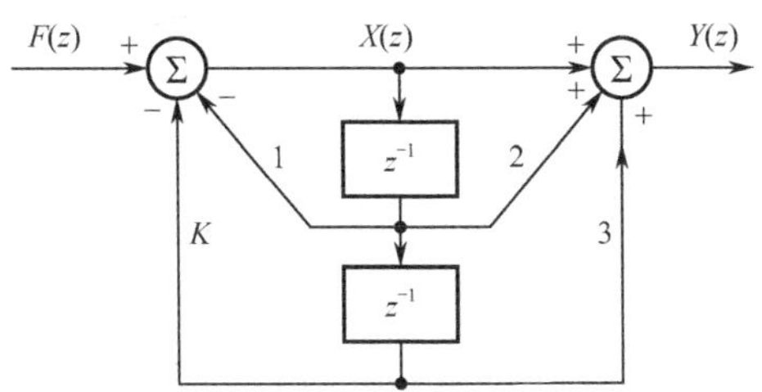

图 7.2-4　例 7.2-2 图

解：设图 7.2-4 所示系统左端加法器的输出为 $X(z)$，可列出方程为

$$X(z)=(-z^{-1}-Kz^{-2})X(z)+F(z)$$

$$Y(z)=(1+2z^{-1}+3z^{-2})X(z)$$

由上式可解得系统函数为

$$H(z)=\frac{Y(z)}{F(z)}=\frac{1+2z^{-1}+3z^{-2}}{1+z^{-1}+Kz^{-2}}=\frac{z^2+2z+3}{z^2+z+K}$$

其极点

$$p_{1,2}=\frac{-1\pm\sqrt{1-4K}}{2}$$

当 $1-4K\geqslant 0$，即 $K\leqslant\dfrac{1}{4}$ 时为实极点，为使极点在单位圆内，必须同时满足不等式

$$\frac{-1+\sqrt{1-4K}}{2}<1，\quad \frac{-1-\sqrt{1-4K}}{2}>-1$$

解上式分别得$K>-2$、$K>0$，因而有$K>0$。

当$1-4K<0$，即$K>\frac{1}{4}$时为复极点，它可写为

$$p_{1,2}=\frac{-1\pm \mathrm{j}\sqrt{4K-1}}{2}$$

为使极点在单位圆内，必须$|p_{1,2}|<1$，即$\frac{(-1)^2+(\sqrt{4K-1})^2}{4}<1$

可解得$K<1$。综合以上结果可知，当$0<K<1$时系统是稳定的。

7.3 信号流图与梅森公式

由前述可知，用方框图描述系统（连续的或离散的）的功能常比用微分或差分方程更为直观。对于零状态系统，其时域框图与变换域框图有相同的形式（仅是积分器对应于s^{-1}，迟延单元对应于z^{-1}）。信号流图是用有向的线图描述线性方程组变量间因果关系的一种图，用它来描述系统较方框图更为简便，而且可以通过梅森公式将系统函数与相应的信号流图联系起来，信号流图简明地描述了系统的方程、系统函数以及框图等之间的联系，这不仅有利于系统分析，也便于系统模拟。

无论是连续系统还是离散系统，如果撇开二者的物理实质，仅从图的角度而言，它们分析的方法相同，因此这里一并讨论。

7.3.1 信号流图

在系统的变换域表示中，方框图除了表示s^{-1}（积分器）或z^{-1}（迟延单元）的意义外，还可以表示一般的系统函数（传递函数、转移函数等）。如图 7.3-1（a）所示的方框图，它表征了输入$F(\cdot)$与输出$Y(\cdot)$的关系，其输出为

$$Y(s)=H(s)F(s) \tag{7.3-1a}$$

$$Y(z)=H(z)F(z) \tag{7.3-1b}$$

这里，系统函数$H(\cdot)$可能很简单（例如常数a、s^{-1}、z^{-1}），也可能是较复杂的函数。

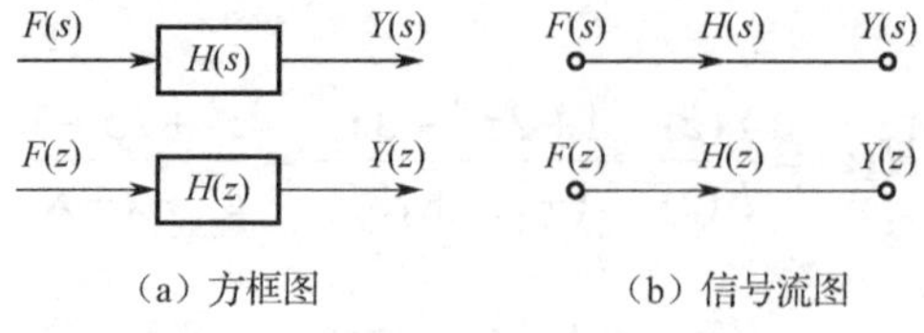

（a）方框图　　（b）信号流图

图 7.3-1　系统的信号流图表示法

系统的信号流图，就是用一些点和线段来描述系统。如图 7.3-1（a）所示的方框图，可用一个由输入指向输出的有向线段表示，如图 7.3-1（b）所示。它的起点标识为$F(\cdot)$，终点标记为$Y(\cdot)$（“·”代表 s 或 z），这些点称为节点，节点是表示系统中的变量或信号的点。线段表示

信号传输的路径，称为支路，信号的传输方向用箭头表示。系统函数$H(\cdot)$标记在线段的一侧，可称之为该支路的增益（也称为权值），所以每一条支路相当于标量乘法器，其输出为

$$Y(\cdot)=H(\cdot)F(\cdot) \tag{7.3-2}$$

一般而言，信号流图是一种赋权的有向图。它由连接在节点间的有向支路构成。下面先介绍信号流图分析中常用的一些术语。

节点和支路：信号流图中的每个节点对应于一个变量或信号。连接两个节点间的有向线段称为支路，每条支路的权值（支路增益）就是该两节点间的系统函数（转移函数）。

支路传输值（增益）：支路输入变量与输出变量间的转移函数（权值）。如图7.3-2中x_1与x_2变量间支路传输值为1。

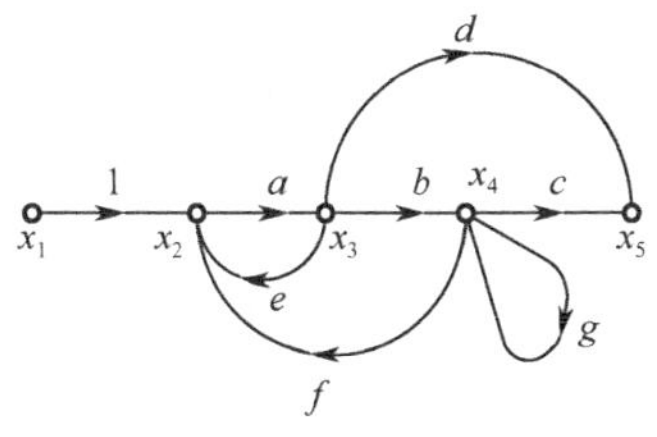

图7.3-2 信号流图示意图

入支路：信号流向节点的支路，如图7.3-2中节点x_2有三条入支路，传输值分别为1、e和f。

出支路：信号流出节点的支路，如图7.3-2中节点x_3有三条出支路，传输值分别为e、b和d。

源点与汇点：仅有出支路（离开该节点的支路）的节点称为源点（或输入节点），如图7.3-2中的x_1。仅有入支路（进入该节点的支路）的节点称为汇点或阱点（或输出节点），如图7.3-2中的x_5。

通路：从任一点出发沿着支路箭头方向连续经过各相连的不同的支路和节点到达另一节点的路径称为通路。如果通路与任一节点相遇不多于一次，则称为开通路，如图7.3-2中$x_1\xrightarrow{1}x_2\xrightarrow{a}x_3\xrightarrow{b}x_4\xrightarrow{c}x_5$、$x_4\xrightarrow{f}x_2\xrightarrow{a}x_3$等都是开通路。如果通路的终点就是通路的起点（与其余节点相遇不多于一次），则称为闭通路或回路（或环）。如图7.3-2中$x_2\xrightarrow{a}x_3\xrightarrow{e}x_2$、$x_2\xrightarrow{a}x_3\xrightarrow{b}x_4\xrightarrow{f}x_2$等都是回路。相互没有公共节点的回路称为不接触回路。如图中$x_2\xrightarrow{a}x_3\xrightarrow{e}x_2$与$x_4\xrightarrow{g}x_4$是不接触回路。只有一个节点和一条支路的回路，称为自回路（或自环），如图中$x_4\xrightarrow{g}x_4$是自回路。通路（开通路或回路）中各支路增益的乘积称为通路增益（或回路增益）。

闭环：信号沿箭头的方向通过不同的支路和节点，到达起始点的闭合路径称为闭环，如图7.3-2中节点x_2与x_3间$x_2\xrightarrow{a}x_3\xrightarrow{e}x_2$则为一闭环。闭环也常简称为环。

自环：仅包括一支路的闭环。

前向通路：从源点到汇点的开通路称为前向通路，如图中$x_1\xrightarrow{1}x_2\xrightarrow{a}x_3\xrightarrow{b}x_4\xrightarrow{c}x_5$，$x_1\xrightarrow{1}x_2\xrightarrow{a}x_3\xrightarrow{d}x_5$是前向通路。前向通路中各支路增益的乘积称为前向通路增益。

在运用信号流图时，应遵循它的基本性质：

（1）信号只能沿支路箭头方向传输，支路的输出是该支路输入与支路增益的乘积。

（2）当节点有多个输入时，该节点将所有输入支路的信号相加，并将和信号传输给所有与该节点相连的输出支路。

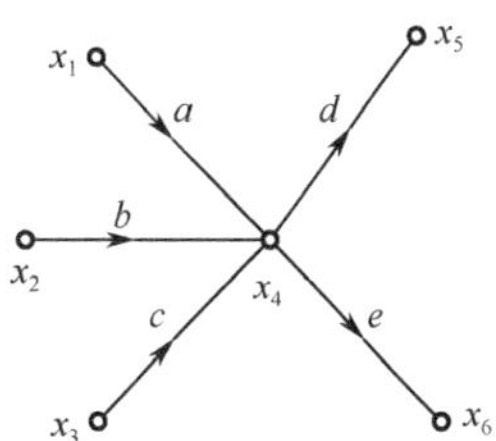

图7.3-3 信号流图中的节点示意图

如图7.3-3中$x_4=ax_1+bx_2+cx_3$，且有$x_5=dx_4$，$x_6=ex_4$。

如前所述信号流图的节点表示变量，因而以上两条基本性质实质上表征了信号流图的线性性质。描述LTI系统的微分（或差分）方程，经拉普拉斯变换（或z变换）后是线性代数方程组，而信号流图所描述的正是这类线性代数方程

或方程组。

信号流图所描述的是代数方程或方程组，因而信号流图能按代数规则进行化简。流图化简的基本规则如下。

1．支路串联的化简

支路串联是指各支路顺向串联，即各支路依次首尾相接。若干支路串联可用一等效支路代替，此等效支路的传输值为各串联支路传输值之积。

例如，两条增益分别为a和b的支路相串联，可以合并为一条增益为$a\cdot b$的支路，同时消去中间的节点，如图 7.3-4（a）所示。这是因为$x_2=ax_1$、$x_3=bx_2$，所以

$$x_3=abx_1 \tag{7.3-3}$$

2．支路并联的化简

支路并联时各支路的始端接于同一节点，终端则一齐接至另一节点。若干支路并联时也可用一等效支路代替，其传输值为并联各支路传输值（增益）之和。

例如，两条增益分别为a和b的支路相并联，可以合并为一条增益为$(a+b)$的支路，如图 7.3-4（b）所示，有

$$x_2=(a+b)x_1 \tag{7.3-4}$$

以上两点的证明只需由节点的定义即可直接得到，从略。

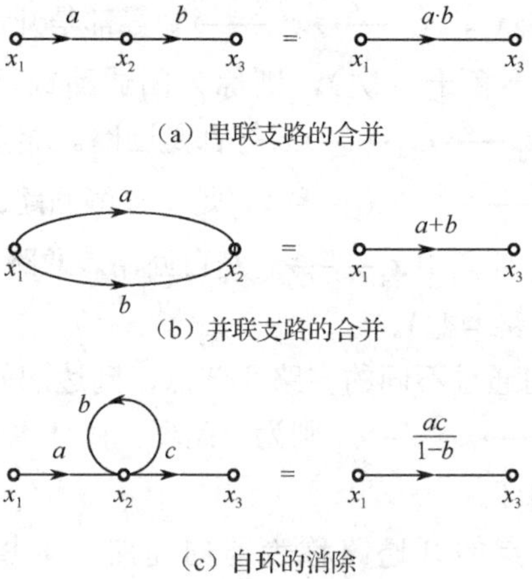

（a）串联支路的合并

（b）并联支路的合并

（c）自环的消除

图 7.3-4　信号流图简化规则

3．自环的消除

如图 7.3-4（c）所示，一条$x_1\ x_2\ x_3$的通路，如果$x_1\ x_2$支路的增益为a，$x_2\ x_3$的增益为c，在x_2处有增益为b的自环，则可化简成为增益为$\dfrac{ac}{1-b}$的支路，同时消去节点x_2。这是由于

$$x_2=ax_1+bx_2$$
$$x_3=cx_2$$

由以上方程可解得

$$x_3 = \frac{ac}{1-b}\ x_1 \qquad (7.3\text{-}5)$$

4．节点消除

在信号流图中消除某一节点，则等效信号流图可按下述方法作出。即在此节点前后各节点间直接建立新的支路，各新支路的传输值为其前、后节点间通过被消除节点各顺向支路传输值的乘积。事实上消除某一节点，即意味着从系统方程中消去了某一信号变量，根据线性方程组的消元法则不难得出上述的等效关系。

如图 7.3-5（a）所示五个节点（E_1,E_2,X,Y_1,Y_2）和四条支路的信号流图。对原信号流图写出系统方程则有

$$\begin{cases} X = H_1E_1 + H_2E_2 \\ Y_1 = H_3X \\ Y_2 = H_4X \end{cases} \qquad (7.3\text{-}6)$$

从上述方程中消去 X，则可得到输出信号变量与激励信号变量间的直接关系

$$\begin{cases} Y_1 = H_3(H_1E_1 + H_2E_2) = H_1H_3E_1 + H_2H_3E_2 \\ Y_2 = H_4(H_1E_1 + H_2E_2) = H_1H_4E_1 + H_2H_4E_2 \end{cases} \qquad (7.3\text{-}7)$$

按式（7.3-7）构成的新的流图 7.3-5（b）就是图 7.3-5（a）的简化流图。因方程组（7.3-7）中不再出现信号变量 X，即意味着信号流图中节点 X 已被消除。

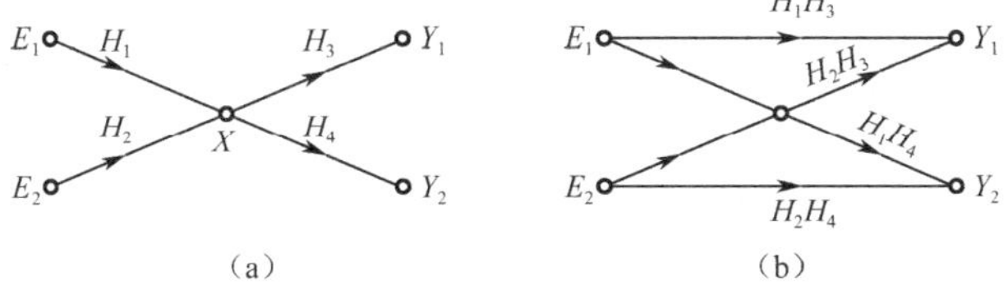

图 7.3-5　信号流图节点消除

利用以上基本规则，对于一个复杂的流图，反复运用以上步骤，可将复杂的信号流图简化为只有一个源点和一个汇点的信号流图，从而求得系统函数。

【例 7.3-1】 求图 7.3-6（a）所示信号流图的系统函数。

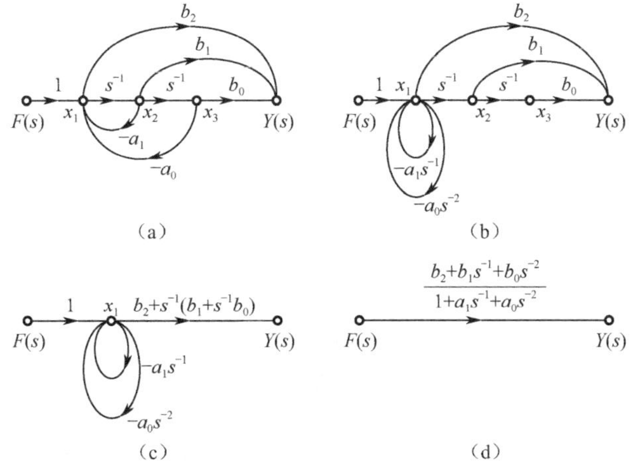

图 7.3-6　例 7.3-1 图

解：根据串联支路合并规则，将图 7.3-6（a）中回路 $x_1 \to x_2 \to x_1$ 和 $x_1 \to x_2 \to x_3 \to x_1$ 化简为自环，如图 7.3-6（b）所示；将 x_1 到 $Y(s)$ 之间各串、并联支路合并，得图 7.3-6（c）；利用并联支路合并规则，将 x_1 处两个自环合并，然后消除自环，得图 7.3-6（d）。于是得到系统函数为

$$H(s)=\frac{Y(s)}{F(s)}=\frac{b_2+b_1s^{-1}+b_0s^{-2}}{1+a_1s^{-1}+a_0s^{-2}}=\frac{b_2s^2+b_1s+b_0}{s^2+a_1s+a_0} \tag{7.3-8}$$

这正是二阶微分方程

$$y''(t)+a_1y'(t)+a_0y\ (t)=b_2f''(t)+b_1f'(t)+b_0f(t) \tag{7.3-9}$$

的系统函数。

7.3.2 梅森公式

上述运用信号流图化简规则对一般的信号流图总可逐步化简求得输入-输出间的系统函数。但如果信号流图很复杂，则这种化简过程将变得冗长，这时可以运用直接求信号流图的系统函数的规则——梅森（Mason）公式来求系统函数而无需对流图进行逐步化简。

梅森公式为

$$H=\frac{1}{\Delta}\sum_i P_i\Delta_i \tag{7.3-10}$$

式中，$\Delta=1-\sum_j L_j+\sum_{m,n}L_mL_n-\sum_{p,q,r}L_pL_qL_r+\cdots$，$\Delta$ 称为信号流图的特征行列式，其中：

$\sum_j L_j$ 是所有不同回路的增益之和。

$\sum_{m,n}L_mL_n$ 是所有两两不接触回路的增益乘积之和。

$\sum_{p,q,r}L_pL_qL_r$ 是所有三个都互不接触回路的增益乘积之和。

…

式（7.3-10）中：

i 表示由源点到汇点的第 i 条前向通路的标号。

P_i 是由源点到汇点的第 i 条前向通路增益。

Δ_i 称为第 i 条前向通路特征行列式的余因子，它是与第 i 条前向通路不相接触的子图的特征行列式。

梅森公式的证明请参看有关文献，这里只举例说明它的应用。

【例 7.3-2】 求图 7.3-7 所示信号流图的系统函数。

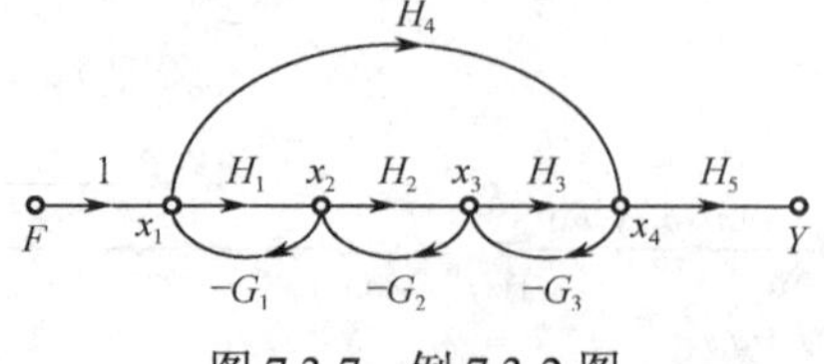

图 7.3-7 例 7.3-2 图

解：为了求出特征行列式，应先求出有关参数。图 7.3-7 的流图共有四个回路，各回路增益分别如下：

$x_1 \to x_2 \to x_1$ 回路：　　　　$L_1 = -G_1H_1$

$x_2 \to x_3 \to x_2$ 回路：　　　　$L_2 = -G_2H_2$

$x_3 \to x_4 \to x_3$ 回路：　　　　$L_3 = -G_3H_3$

$x_1 \to x_4 \to x_3 \to x_2 \to x_1$ 回路：　　　　$L_4 = -G_1G_2G_3H_4$

它只有一对两两互不接触的回路 $x_1 \to x_2 \to x_1$ 与 $x_3 \to x_4 \to x_3$，其回路增益乘积为

$$L_1L_3 = G_1G_3H_1H_3$$

没有三个以上的互不接触回路。所以按式（7.3-10）得

$$\Delta=1-\sum_j L_j + \sum_{m,n} L_mL_n = 1+(G_1H_1+G_2H_2+G_3H_3+G_1G_2G_3H_4)+G_1G_3H_1H_3$$

再求其他参数。图 7.3-7 有两条前向通路，对于前向通路 $F \to x_1 \to x_2 \to x_3 \to x_4 \to Y$，其增益为

$$P_1 = H_1H_2H_3H_5$$

由于各回路都与该通路相接触，故

$$\Delta_1=1$$

对于前向通路 $F \to x_1 \to x_4 \to Y$，其增益为

$$P_2 = H_4H_5$$

不与 P_2 接触的回路有 $x_2 \to x_3 \to x_2$，所以

$$\Delta_2=1-\sum_j L_j = 1+G_2H_2$$

最后，按式（7.3-10）得

$$H=\frac{Y}{F}=\frac{H_1H_2H_3H_5+H_4H_5(1+G_2H_2)}{1+G_1H_1+G_2H_2+G_3H_3+G_1G_2G_3H_4+G_1G_3H_1H_3}$$

【例 7.3-3】 如图 7.3-8（a）所示为某反馈系统的信号流图，求系统函数 $H(s)$。

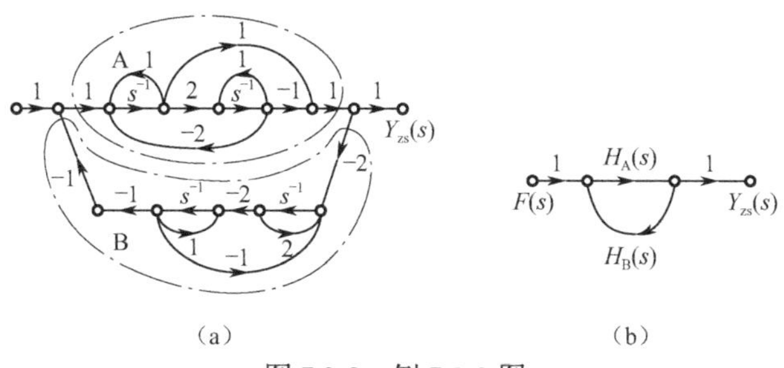

图 7.3-8　例 7.3-3 图

解：用梅森公式直接求本例的 $H(s)$ 较为麻烦，以下方法较为简便。应用梅森公式分别求出虚线所围子流图 A、B 的系统函数 $H_A(s)$、$H_B(s)$，然后将图 7.3-8（a）等效为图 7.3-8（b）所示的带有一个闭环的流图，再根据图 7.3-8（b）用梅森公式求出原信号流图的系统函数 $H(s)$。求解过程如下：

观察图 7.3-8（a）中子流图 A，它有两条前向通路、三个环路、一对不相接触的环路。由梅森公式有

$$H_A(s)=\frac{s^{-1}(1-s^{-1})-2s^{-1}}{1-2s^{-1}+4s^{-2}+s^{-2}}=\frac{s-3}{s^2-2s+5}$$

再看图 7.3-8（a）中子流图 B，它有一条前向通路、三个环路、一对不相接触的环路。由梅森

公式有

$$H_{\mathrm{B}}(s)=\frac{4s^{-2}}{1-2s^{-1}-s^{-1}-2s^{-2}+2s^{-2}}=\frac{4}{s(s-3)}$$

观察与图 7.3-8（a）等效的图 7.3-8（b），由梅森公式得

$$H(s)=\frac{\dfrac{s-3}{s^2-2s+5}}{1-\dfrac{s-3}{s^2-2s+5}\cdot\dfrac{4}{s(s-3)}}=\frac{s^2-3s}{s^3-2s^2+5s+4}$$

7.4 系统的结构

为了对信号（连续的或离散的）进行某种处理（比如滤波），就必须构造出合适的实际结构（硬件实现结构或软件运算结构）。对于同样的系统函数 $H(s)$ 或 $H(z)$ 往往有多种不同的实现方案，常用的有直接形式、级联形式和并联形式。由于连续系统和离散系统的实现方法相同，这里一并讨论。

7.4.1 直接实现

先讨论较简单的二阶系统。设二阶系统的系统函数为

$$H(s)=\frac{b_2s^2+b_1s+b_0}{s^2+a_1s+a_0}$$

将分子、分母同乘以 s^{-2}，上式可写为

$$H(s)=\frac{b_2+b_1s^{-1}+b_0s^{-2}}{1+a_1s^{-1}+a_0s^{-2}}=\frac{b_2+b_1s^{-1}+b_0s^{-2}}{1-(-a_1s^{-1}-a_0s^{-2})} \tag{7.4-1}$$

根据梅森公式，上式的分母可看作是特征行列式 Δ，括号内表示有两个互相接触的回路，其增益分别为 $-a_1s^{-1}$ 和 $-a_0s^{-2}$；分子表示三条前向通路，其增益分别为 b_2、b_1s^{-1}、b_0s^{-2}，并且不与各前向通路相接触的子图的特征行列式 $\Delta_i(i=1,2,3)$ 均等于 1，也就是说，信号流图中的两个回路都与各前向通路相接触。这样就可得到图 7.4-1（a）和（c）的两种信号流图。其相应的 s 域框图如图 7.4-1（b）和（d）所示。

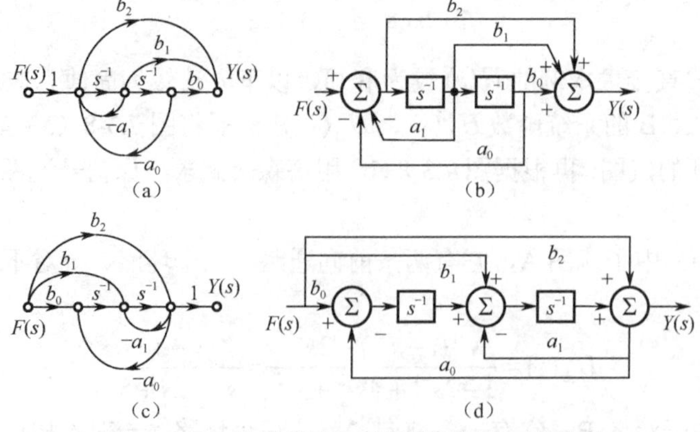

图 7.4-1 二阶系统的信号流图和相应 s 域框图

由图可见，如将图 7.4-1（a）中所有支路的信号传输方向反转，并把源点与汇点对调，就可得到图 7.4-1（c）。反之亦然。

以上的分析方法可以推广到高阶系统的情形。如系统函数（式中 $m \leqslant n$）

$$H(s)=\frac{b_m s^m + b_{m-1}s^{m-1}+\cdots+b_1 s+b_0}{s^n+a_{n-1}s^{n-1}+\cdots+a_1 s+a_0}$$

$$=\frac{b_m s^{-(n-m)}+b_{m-1}s^{-(n-m+1)}+\cdots+b_1 s^{-(n-1)}+b_0 s^{-n}}{1+a_{n-1}s^{-1}+\cdots+a_1 s^{-(n-1)}+a_0 s^{-n}} \tag{7.4-2}$$

由梅森公式，式（7.4-2）的分母可看作是 n 个回路组成的特征行列式，而且各回路都互相接触；分子可看作是 $(m+1)$ 条前向通路的增益，而且各前向通路都没有不接触回路。这样，就可得到图 7.4-2（a）和（b）的两种直接形式的信号流图。

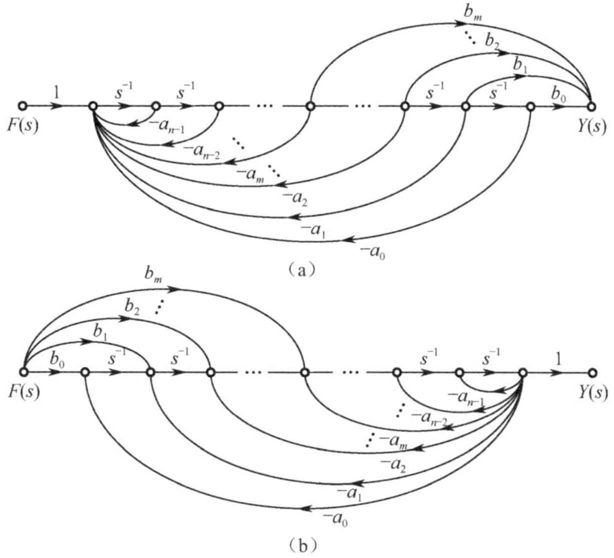

图 7.4-2　式（7.4-2）的信号流图表示

仔细观察图 7.4-2（a）和（b）可以发现，如果把图 7.4-2（a）中所有支路的信号传输方向都反转，并且把源点与汇点对调，就可得到图 7.4-2（b）。信号流图的这种变换可称之为转置。于是可以得到结论：信号流图转置以后，其转移函数即系统函数保持不变。

在以上的讨论中，若将复变量 s 换成 z，则以上论述对离散系统函数 $H(z)$ 也适用，这里不再重复。

【例 7.4-1】 某系统的系统函数为

$$H(s)=\frac{2s+4}{s^3+3s^2+5s+3}$$

用直接形式模拟此系统。

解： 将 $H(s)$ 写为

$$H(s)=\frac{2s^{-2}+4s^{-3}}{1-(-3s^{-1}-5s^{-2}-3s^{-3})} \tag{7.4-3}$$

根据梅森公式，可画出上式的信号流图如图 7.4-3（a）所示，将图 7.4-3（a）转置到另一种直接形式的信号流图，如图 7.4-3（b）所示。其相应的 s 域方框图如图 7.4-3（c）和（d）所示。

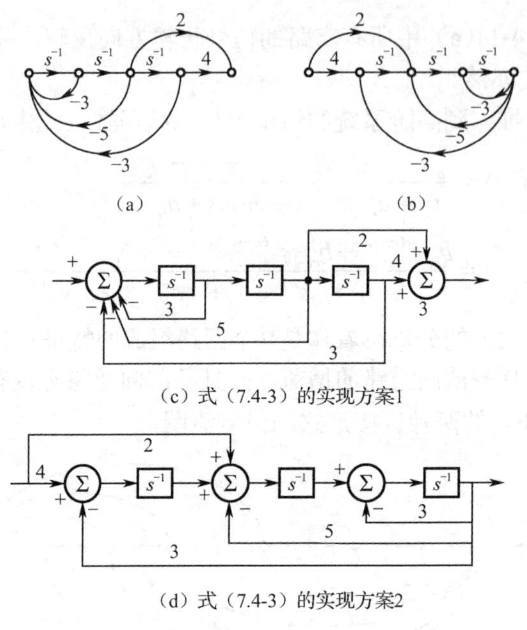

(c) 式(7.4-3)的实现方案1

(d) 式(7.4-3)的实现方案2

图 7.4-3 例 7.4-1 图

【例 7.4-2】 描述某离散系统的差分方程为

$$4y(n)-2y(n-2)+y(n-3)=2f(n)-4f(n-1)$$

求出其直接形式的模拟框图。

解：由给定的差分方程，不难写出其系统函数

$$\begin{aligned}H(z)&=\frac{Y(z)}{F(z)}=\frac{2-4z^{-1}}{4-2z^{-2}+z^{-3}}=\frac{0.5-z^{-1}}{1-0.5z^{-2}+0.25z^{-3}}\\&=\frac{0.5-z^{-1}}{1-(0.5z^{-2}-0.25z^{-3})}\end{aligned} \tag{7.4-4}$$

根据梅森公式，可得其直接形式的一种信号流图，如图 7.4-4（a）所示。图 7.4-4（b）是与其相应的模拟框图。

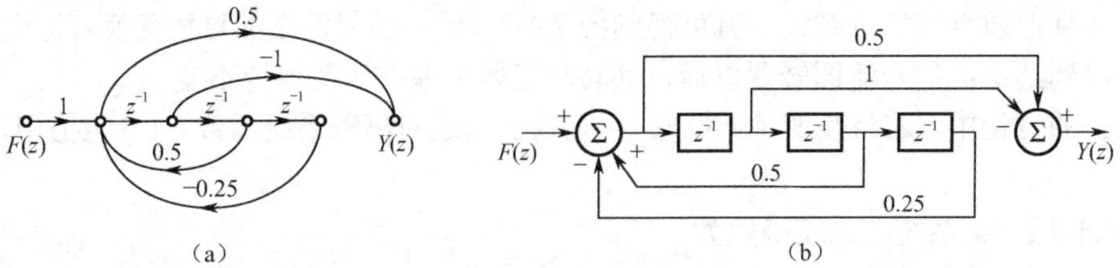

图 7.4-4 例 7.4-2 图

7.4.2 级联实现

级联形式是将系统函数 $H(z)$ [或 $H(s)$] 分解为几个较简单的子系统函数的乘积，即

$$H(z)=H_1(z)H_2(z)\cdots H_l(z)=\prod_{i=1}^{l}H_i(z) \tag{7.4-5}$$

其框图形式如图 7.4-5 所示，其中每一个系统 $H_i(z)$ 可以用直接形式实现。

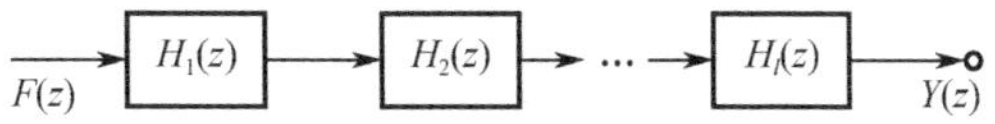

图 7.4-5　级联形式

通常各子系统选用一阶函数和二阶函数，分别称为一阶节、二阶节。其函数形式分别为

$$H_i(z)=\frac{b_{1i}+b_{0i}z^{-1}}{1+a_{0i}z^{-1}} \tag{7.4-6}$$

$$H_i(z)=\frac{b_{2i}+b_{1i}z^{-1}+b_{0i}z^{-2}}{1+a_{1i}z^{-1}+a_{0i}z^{-2}} \tag{7.4-7}$$

一阶和二阶子系统的信号流图和相应的框图如图 7.4-6 所示。

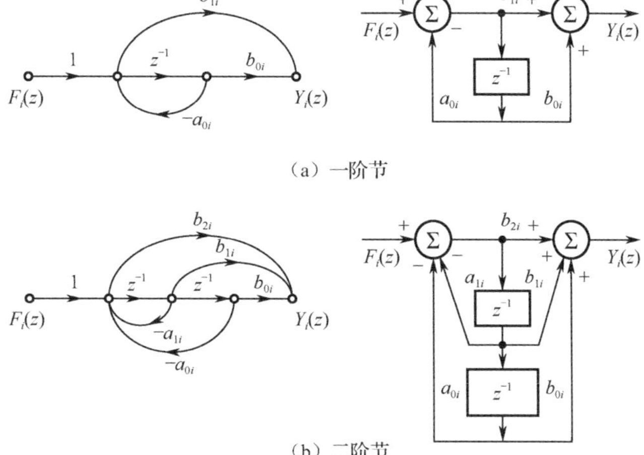

（a）一阶节

（b）二阶节

图 7.4-6　子系统的结构

7.4.3　并联实现

并联形式是将 $H(z)$ [或 $H(s)$]分解为几个较简单的子系统函数之和，即

$$H(z)=H_1(z)+H_2(z)+\cdots+H_l(z)=\sum_{i=1}^{l}H_i(z) \tag{7.4-8}$$

其框图形式如图 7.4-7 所示。其中各子系统 $H_i(z)$ 可用直接形式实现。

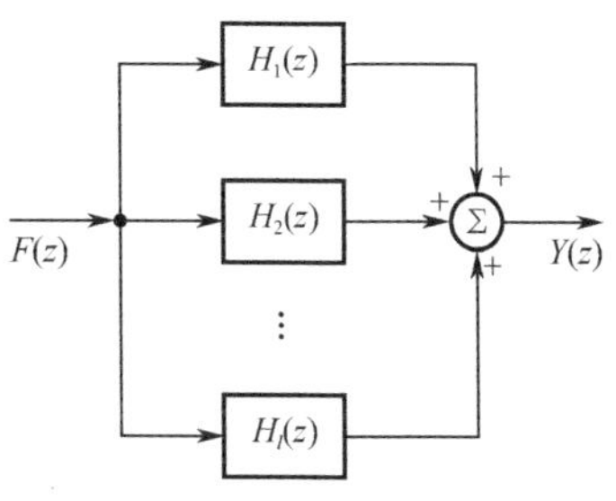

图 7.4-7　并联形式

需要指出的是，无论是级联实现还是并联实现，都需将 $H(z)$ [或 $H(s)$]的分母多项式（对于级联还有分子多项式）分解为一次因式 $(z+a_{0i})$ 与二次因式 $(z^2+a_{1i}z+a_{0i})$ 的乘积，这些因式的系数必须是实数。就是说，$H(z)$ 的实极点可构成一阶节的分母，也可组成二阶节的分母，而一对共轭复极点可构成二阶节的分母。

级联和并联的实现调试较为方便，当调节某子系统的参数时，只改变该子系统的零点或极点位置，对其余子系统的极点位置没有影响，而对于直接形式实现，当调节某个参数时，所有的零点、极点位置都将改变。

【例 7.4-3】 某连续系统的系统函数为

$$H(s)=\frac{2s+4}{s^3+3s^2+5s+3} \tag{7.4-9}$$

分别用级联和并联形式模拟该系统。

解：（1）级联实现。

首先将$H(s)$的分子、分母多项式分解为一次因式与二次因式的乘积。容易求得

$$s^3+3s^2+5s+3=(s+1)(s^2+2s+3)$$

于是式（7.4-9）可写为

$$H(s)=H_1(s)H_2(s)=\frac{2(s+2)}{(s+1)(s^2+2s+3)}=\frac{2}{s+1}\cdot\frac{s+2}{s^2+2s+3}=\frac{2s^{-1}}{1+s^{-1}}\cdot\frac{s^{-1}+2s^{-2}}{1+2s^{-1}+3s^{-2}} \tag{7.4-10}$$

将上式分解为一阶节和二阶节的信号流图如图 7.4-8（a）和（b）所示，将二者级联后，如图 7.4-8（c）所示，其相应的方框图如图 7.4-8（d）所示。

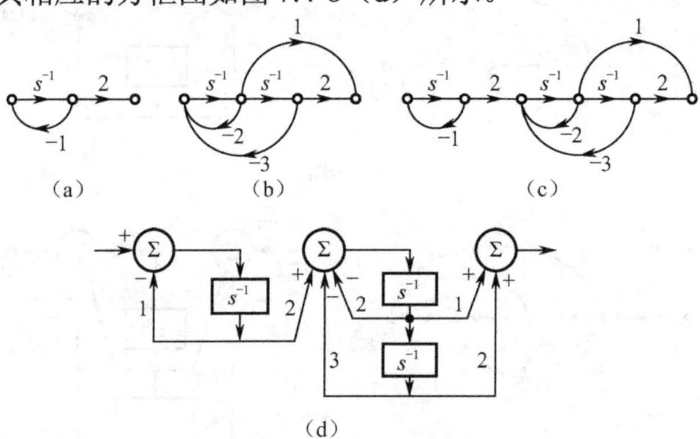

图 7.4-8 级联实现

（2）并联实现。

式（7.4-9）的极点为$p_1=-1$、$p_{2,3}=-1\pm \mathrm{j}\sqrt{2}$，将它展开为部分分式

$$H(s)=\frac{2s+4}{(s+1)(s^2+2s+3)}=\frac{K_1}{s+1}+\frac{K_2}{s+1-\mathrm{j}\sqrt{2}}+\frac{K_3}{s+1+\mathrm{j}\sqrt{2}} \tag{7.4-11}$$

式中

$$K_1=(s+1)H(s)\big|_{s=-1}=1$$

$$K_2=(s+1-\mathrm{j}\sqrt{2})H(s)\Big|_{s=-1+\mathrm{j}\sqrt{2}}=-\frac{1}{2}(1+\mathrm{j}\sqrt{2})$$

$$K_3=K_2^*=-\frac{1}{2}(1-\mathrm{j}\sqrt{2})$$

于是式（7.4-11）可写为

$$H(s)=\frac{1}{s+1}+\frac{-\frac{1}{2}(1+\mathrm{j}\sqrt{2})}{s+1-\mathrm{j}\sqrt{2}}+\frac{-\frac{1}{2}(1-\mathrm{j}\sqrt{2})}{s+1+\mathrm{j}\sqrt{2}}=\frac{1}{s+1}+\frac{-s+1}{s^2+2s+3} \tag{7.4-12}$$

令

$$H_1(s)=\frac{1}{s+1}=\frac{s^{-1}}{1+s^{-1}}$$

$$H_2(s)=\frac{-s+1}{s^2+2s+3}=\frac{-s^{-1}+s^{-2}}{1+2s^{-1}+3s^{-2}}$$

分别画出 $H_1(s)$ 和 $H_2(s)$ 的信号流图，将二者并联即得 $H(s)$ 的信号流图如图 7.4-9（a）所示，相应的框图如图 7.4-9（b）所示。

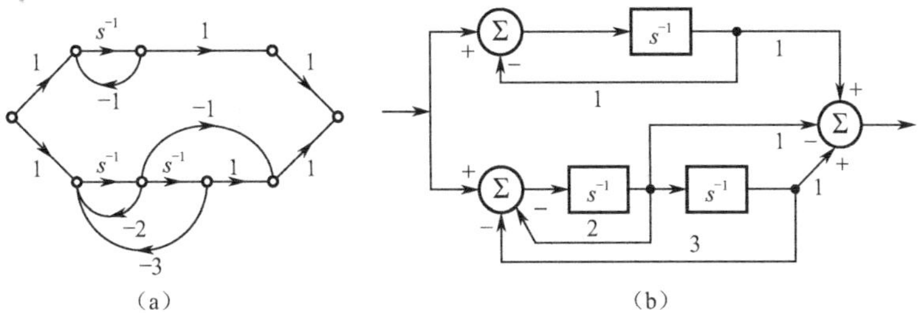

图 7.4-9　并联实现

【例 7.4-4】 描述某离散系统的差分方程为

$$y(n)-\frac{1}{2}y(n-1)+\frac{1}{4}y(n-2)-\frac{1}{8}y(n-3)=2f(n)-2f(n-2) \tag{7.4-13}$$

分别用级联和并联形式模拟该系统。

解：根据式（7.4-13）不难求得该系统的系统函数为

$$H(z)=\frac{2-2z^{-1}}{1-\frac{1}{2}z^{-1}+\frac{1}{4}z^{-2}-\frac{1}{8}z^{-3}}=\frac{2z^3-2z}{z^3-\frac{1}{2}z^2+\frac{1}{4}z-\frac{1}{8}} \tag{7.4-14}$$

（1）级联实现。

将 $H(z)$ 的分子和分母分解为因式，得

$$H(z)=\frac{2z(z^2-1)}{\left(z-\frac{1}{2}\right)\left(z^2+\frac{1}{4}\right)}=\frac{2z}{z-\frac{1}{2}}\cdot\frac{z^2-1}{z^2+\frac{1}{4}} \tag{7.4-15}$$

令

$$H_1(z)=\frac{2z}{\left(z-\frac{1}{2}\right)}=\frac{2}{1-0.5z^{-1}}$$

$$H_2(z)=\frac{z^2-1}{z^2+\frac{1}{4}}=\frac{1-z^{-2}}{1+0.25z^{-2}}$$

按上式，可画出子系统的信号流图如图 7.4-10（a）所示，将二者级联后，可得式（7.4-13）的系统的信号流图，其对应的系统框图如图 7.4-10（b）所示。

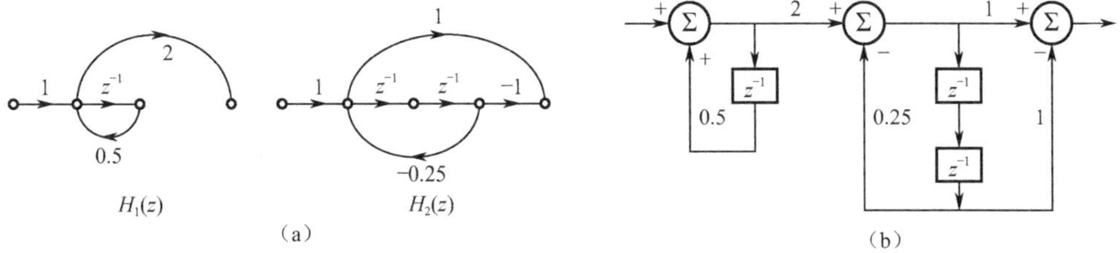

图 7.4-10　例 7.4-4 的级联实现

（2）并联实现。

系统函数$H(z)$的极点为$p_1=0.5$，$p_{2,3}=\pm\mathrm{j}0.5$。先将$\dfrac{H(z)}{z}$展开为部分分式

$$\frac{H(z)}{z}=\frac{2(z^2-1)}{\left(z-\frac{1}{2}\right)\left(z^2+\frac{1}{4}\right)}=\frac{K_1}{z-0.5}+\frac{K_2}{z-\mathrm{j}0.5}+\frac{K_3}{z+\mathrm{j}0.5} \tag{7.4-16}$$

可求得

$$K_1=(z-0.5)\frac{H(z)}{z}\bigg|_{z=0.5}=-3$$

$$K_2=(z-\mathrm{j}0.5)\frac{H(z)}{z}\bigg|_{z=\mathrm{j}0.5}=2.5(1-\mathrm{j})$$

$$K_3=K_2^*=2.5(1+\mathrm{j})$$

于是

$$H(z)=\frac{-3z}{z-0.5}+\frac{5z^2+2.5z}{z^2+0.25} \tag{7.4-17}$$

令

$$H_1(z)=\frac{-3z}{z-0.5}=\frac{-3}{1-0.5z^{-1}}$$

$$H_2(z)=\frac{5z^2+2.5z}{z^2+0.25}=\frac{5+2.5z^{-1}}{1+0.25z^{-2}}$$

画出它们的信号流图，然后并联即得该系统并联形式的信号流图，其并联实现框图如图7.4-11所示。

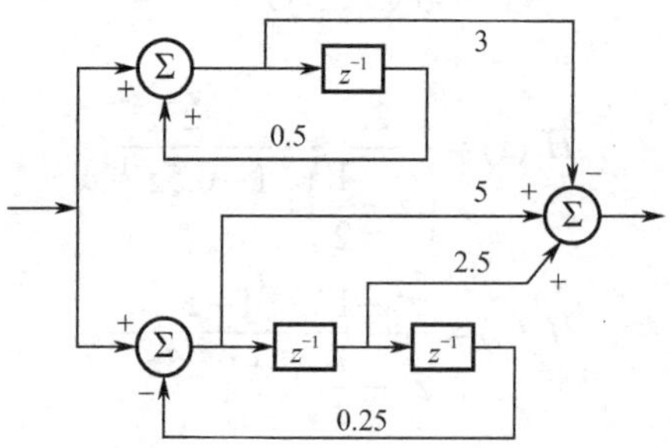

图 7.4-11　例 7.4-4 的并联实现

7.5 系统的状态变量分析

系统的分析方法有两类，即输入-输出法和状态变量法。本书前面所讲述的方法都是输入-输出法，也称为外部法或经典法。输入-输出法在经典理论中占有重要的地位。特别是分析单输入、单输出时显得比较简单，因为容易建立起响应$y(\cdot)$和激励$f(\cdot)$之间的关系，从而容易求得响应$y(\cdot)$。但如果系统是多输入、多输出系统，用输入-输出法将会很麻烦，特别是在现代控制理论中，有时输入—输出法就无能为力了。因为它不能研究系统内部情况的各种问题，如系统的可观测性和可控制性等。为了解决上述问题，不仅要关心系统的输出，而且对系统内部

的一些变量也要进行研究，这就是需要以系统内部变量为基础的状态变量分析法。状态变量分析法对多输入、多输出系统较方便，容易推广，且可应用于时变系统或非线性系统。

7.5.1　状态变量与状态方程

下面，从一个电路系统的实例引出状态变量和状态方程的概念。如图 7.5-1 所示二阶电路系统，电流源 $i_S(t)$ 为系统的输入，求输出 $u(t)$ 和 $i_C(t)$ 。

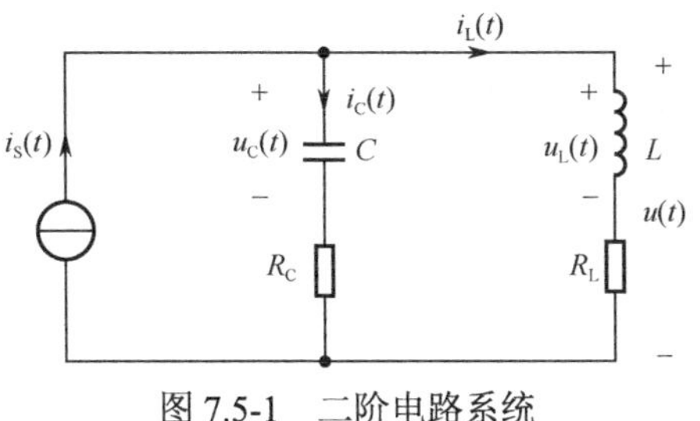

图 7.5-1　二阶电路系统

根据元件的伏安特性和 KCL、KVL，可列出方程：

$$\begin{cases} C\dfrac{\mathrm{d}u_C(t)}{\mathrm{d}t}+i_L(t)=i_S(t) \\ L\dfrac{\mathrm{d}i_L(t)}{\mathrm{d}t}+R_Li_L(t)=u_C(t)+R_CC\dfrac{\mathrm{d}u_C(t)}{\mathrm{d}t} \end{cases} \tag{7.5-1}$$

将 $\dfrac{\mathrm{d}u_C(t)}{\mathrm{d}t}=-\dfrac{1}{C}i_L(t)+\dfrac{1}{C}i_S(t)$ 代入第二式，并整理得

$$\begin{cases} \dfrac{\mathrm{d}u_C(t)}{\mathrm{d}t}=-\dfrac{1}{C}i_L(t)+\dfrac{1}{C}i_S(t) \\ \dfrac{\mathrm{d}i_L(t)}{\mathrm{d}t}=\dfrac{1}{L}u_C(t)-\dfrac{R_L+R_C}{L}i_L(t)+\dfrac{R_C}{L}i_S(t) \end{cases} \tag{7.5-2}$$

式（7.5-2）是由两个内部变量 $u_C(t)$ 和 $i_L(t)$ 构成的一阶微分方程组。由微分方程理论可知，如果这两个变量在初始时刻 $t=t_0$ 的值 $u_C(t_0)$ 和 $i_L(t_0)$ 已知，则根据 $t\geqslant t_0$ 时的给定输入 $i_S(t)$ 就可以唯一地确定该一阶微分方程组在 $t\geqslant t_0$ 时的解 $u_C(t)$ 和 $i_L(t)$ 。这样，系统的输出就可以很容易地通过这两个内部变量和系统的输入求出，由电路可得

$$\begin{cases} u(t)=u_C(t)-R_C\cdot i_L(t)+R_C\cdot i_S(t) \\ i_C(t)=-i_L(t)+i_S(t) \end{cases} \tag{7.5-3}$$

这是一组代数方程。

通过上述分析可见，上面的两个内部变量的初始值提供了确定系统全部情况的必不可少的信息。或者说，只要知道 $t=t_0$ 时这些变量的值和 $t\geqslant t_0$ 时系统的激励，就能完全确定系统在任何时间 $t\geqslant t_0$ 的全部行为。这里，将 $u_C(t_0)$ 和 $i_L(t_0)$ 称为系统在 $t=t_0$ 时刻的状态；描述该状态随时间 t 变化的变量 $u_C(t)$ 和 $i_L(t)$ ，称为状态变量。

一般而言，系统在 $t=t_0$ 时刻的状态可看作是为确定系统未来的响应所需的有关系统历史的全部信息。它是系统在 $t<t_0$ 时工作积累起来的结果，并在 $t=t_0$ 时以元件储能的方式表现出来。

至此，可以给出状态的一般定义：一个动态系统在某一时刻 t_0 的状态是表示该系统所必需的最少的一组数值，已知这组数值和 $t\geqslant t_0$ 时系统的激励，就能完全确定 $t\geqslant t_0$ 时系统的全部工

作情况。状态变量是描述状态随时间t变化的一组变量，它们在某时刻的值就组成了系统在该时刻的状态。对n阶动态系统需有n个独立的状态变量，通常用$x_1(t), x_2(t), \cdots, x_n(t)$表示。根据系统状态的一般定义，状态变量的选取并不是唯一的。

若将连续时间变量t换为离散变量n（相应的t_0换为n_0），则以上论述也适用于离散系统。

在给定系统和激励信号并选定状态变量的情况下，用状态变量来分析系统时，一般分两步进行：第一步是根据系统的初始状态和$t \geqslant t_0$（或$n \geqslant n_0$）时的激励求出状态变量；第二步是用这些状态变量来确定初始时刻以后的系统输出。状态变量通过联立求解由状态变量构成的一阶微分方程组来得到，这组一阶微分方程称为状态方程，它描述了状态变量的一阶导数与状态变量和激励之间的关系，式（7.5-2）就是状态方程。而系统的输出可以用状态变量和激励组成的一组代数方程表示，称为输出方程，它描述了输出与状态变量和激励之间的关系，式（7.5-3）即为输出方程。通常将状态方程和输出方程总称为动态方程或系统方程。

对于一般的n阶多输入-多输出 LTI 连续系统，如图 7.5-2 所示，其状态方程为［为了简便，变量中的(t)省略］

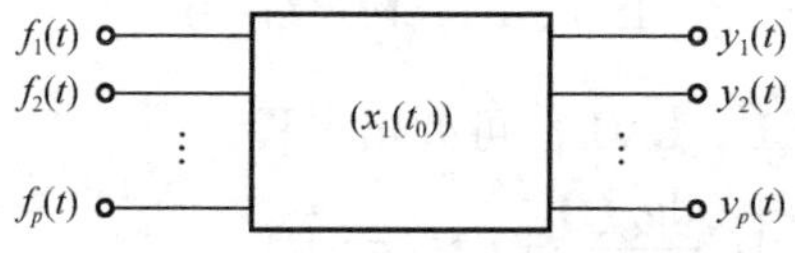

图 7.5-2 多输入-多输出系统

$$\begin{cases} \dot{x}_1 = a_{11}x_1 + a_{12}x_2 + \cdots + a_{1n}x_n + b_{11}f_1 + b_{12}f_2 + \cdots + b_{1p}f_p \\ \dot{x}_2 = a_{21}x_1 + a_{22}x_2 + \cdots + a_{2n}x_n + b_{21}f_1 + b_{22}f_2 + \cdots + b_{2p}f_p \\ \quad \vdots \\ \dot{x}_n = a_{n1}x_1 + a_{n2}x_2 + \cdots + a_{nn}x_n + b_{n1}f_1 + b_{n2}f_2 + \cdots + b_{np}f_p \end{cases} \tag{7.5-4}$$

输出方程为

$$\begin{cases} y_1 = c_{11}x_1 + c_{12}x_2 + \cdots + c_{1n}x_n + d_{11}f_1 + d_{12}f_2 + \cdots + d_{1p}f_p \\ y_2 = c_{21}x_1 + c_{22}x_2 + \cdots + c_{2n}x_n + d_{21}f_1 + d_{22}f_2 + \cdots + d_{2p}f_p \\ \quad \vdots \\ y_q = c_{q1}x_1 + c_{q2}x_2 + \cdots + c_{qn}x_n + d_{q1}f_1 + d_{q2}f_2 + \cdots + d_{qp}f_p \end{cases} \tag{7.5-5}$$

式中，$x_1(t), x_2(t), \cdots, x_n(t)$为系统的$n$个状态变量，其上加点“·”表示取一阶导数；$f_1, f_2, \cdots, f_p$为系统的$p$个输入信号；$y_1, y_2, \cdots, y_q$为系统的$q$个输出。如果用矢量矩阵形式可表示为

状态方程

$$\dot{\boldsymbol{x}}(t) = \boldsymbol{A}\boldsymbol{x}(t) + \boldsymbol{B}\boldsymbol{f}(t) \tag{7.5-6}$$

输出方程

$$\boldsymbol{y}(t) = \boldsymbol{C}\boldsymbol{x}(t) + \boldsymbol{D}\boldsymbol{f}(t) \tag{7.5-7}$$

式中

$$\begin{aligned} \boldsymbol{x}(t) &= [x_1(t) \quad x_2(t) \quad \cdots \quad x_n(t)]^{\mathrm{T}} \\ \dot{\boldsymbol{x}}(t) &= [\dot{x}_1(t) \quad \dot{x}_2(t) \quad \cdots \quad \dot{x}_n(t)]^{\mathrm{T}} \\ \boldsymbol{f}(t) &= [f_1(t) \quad f_2(t) \quad \cdots \quad f_p(t)]^{\mathrm{T}} \\ \boldsymbol{y}(t) &= [y_1(t) \quad y_2(t) \quad \cdots \quad y_q(t)]^{\mathrm{T}} \end{aligned} \tag{7.5-8}$$

分别为状态矢量、状态矢量的一阶导数、输入矢量和输出矢量。其中上标 T 表示转置运算。

$$\boldsymbol{A}=\begin{bmatrix} a_{11} & a_{12} & \cdots & a_{1n} \\ a_{21} & a_{22} & \cdots & a_{2n} \\ \vdots & \vdots & \ddots & \vdots \\ a_{n1} & a_{n2} & \cdots & a_{nn} \end{bmatrix} \quad \boldsymbol{B}=\begin{bmatrix} b_{11} & b_{12} & \cdots & b_{1p} \\ b_{21} & b_{22} & \cdots & b_{2p} \\ \vdots & \vdots & \ddots & \vdots \\ b_{n1} & b_{n2} & \cdots & b_{np} \end{bmatrix}$$

$$\boldsymbol{C}=\begin{bmatrix} c_{11} & c_{12} & \cdots & c_{1n} \\ c_{21} & c_{22} & \cdots & c_{2n} \\ \vdots & \vdots & \ddots & \vdots \\ c_{q1} & c_{q2} & \cdots & c_{qn} \end{bmatrix} \quad \boldsymbol{D}=\begin{bmatrix} d_{11} & d_{12} & \cdots & d_{1p} \\ d_{21} & d_{22} & \cdots & d_{2p} \\ \vdots & \vdots & \ddots & \vdots \\ d_{q1} & d_{q2} & \cdots & d_{qp} \end{bmatrix} \tag{7.5-9}$$

分别为系数矩阵，由系统的参数确定，对 LTI 系统，它们都是常数矩阵，其中 $\boldsymbol{A}$ 为 $n\times n$ 方阵，称为系统矩阵；$\boldsymbol{B}$ 为 $n\times p$ 矩阵，称为控制矩阵；$\boldsymbol{C}$ 为 $q\times n$ 矩阵，称为输出矩阵；$\boldsymbol{D}$ 为 $q\times p$ 矩阵。

式（7.5-6）和式（7.5-7）是 LTI 连续系统状态方程和输出方程的标准形式。

上述状态变量和状态方程的概念都是通过连续系统引入的。对于离散系统，情况类似，只是状态变量都是序列，因而离散系统的状态方程表现为一阶前向差分方程组。

对于 n 阶多输入-多输出 LTI 离散系统，其状态方程和输出方程可写为

状态方程

$$\boldsymbol{x}(n+1)=\boldsymbol{A}\boldsymbol{x}(n)+\boldsymbol{B}\boldsymbol{f}(n) \tag{7.5-10}$$

输出方程

$$\boldsymbol{y}(n)=\boldsymbol{C}\boldsymbol{x}(n)+\boldsymbol{D}\boldsymbol{f}(n) \tag{7.5-11}$$

式中

$$\boldsymbol{x}(n)=[x_1(n) \quad x_2(n) \quad \cdots \quad x_n(n)]^{\mathrm{T}}$$
$$\boldsymbol{f}(n)=[f_1(n) \quad f_2(n) \quad \cdots \quad f_p(n)]^{\mathrm{T}}$$
$$\boldsymbol{y}(n)=[y_1(n) \quad y_2(n) \quad \cdots \quad y_q(n)]^{\mathrm{T}}$$

分别为状态矢量、输入矢量和输出矢量。$\boldsymbol{A}$、$\boldsymbol{B}$、$\boldsymbol{C}$ 和 $\boldsymbol{D}$ 为常系数矩阵，其形式与连续系统相同。

如果已知 $n=n_0$ 时离散系统的初始状态 $x(n_0)$ 和 $n\geqslant n_0$ 时的输入矢量，就可完全确定出 $n\geqslant n_0$ 时的状态矢量 $\boldsymbol{x}(n)$ 和输出矢量 $\boldsymbol{y}(n)$。

通过前面的讨论可知，用状态变量法分析系统时，系统的输出很容易由状态变量和输入激励求得，因此，分析系统的关键在于状态方程的建立和求解。下面将分别讨论状态方程的建立和求解方法。由于连续系统和离散系统的状态变量分析是相似的，本章所有问题的讨论都将先从连续系统开始，然后推及离散系统。

7.5.2　状态方程的建立

1．连续系统状态方程的建立

对于给定的连续系统，建立其状态方程的方法有很多种，大体可分为两大类：直接法和间接法。其中直接法是根据给定的系统结构直接列写系统状态方程，特别适用于电路系统的分析；而间接法可根据描述系统的输入-输出方程、系统函数、系统的框图或信号流图等来建立状态

方程，常用来研究控制系统。

（1）由电路图直接建立状态方程。

为建立电路的状态方程，首先要选择状态变量。对于 LTI 电路，通常选电容电压和电感电流为状态变量。这是因为电容和电感的伏安特性包含了状态变量的一阶导数，便于用 KCL、KVL 列写状态方程，同时，电容电压和电感电流又直接与系统的储能状态相联系。

对n阶系统，所选状态变量的个数应为n，并且必须保证这n个状态变量相互独立。对电路而言，必须保证所选状态变量为独立的电容电压和独立的电感电流。下面给出在电路中可能出现的四种非独立电容电压和非独立电感电流的电路结构：①电路中出现只含电容的回路，如图 7.5-3（a）所示；②电路出现只含电容和理想电压源的回路，如图 7.5-3（b）所示；③电路出现只含电感节点或割集，如图 7.5-4（a）所示；④电路出现只含电感和理想电流源节点或割集，如图 7.5-4（b）所示。根据 KCL 和 KVL，可以明显看出它们的非独立性。如果出现上述情况，则任意去掉其中的一个电容电压（对结构①和②）或电感电流（对结构③和④），就可保证剩下的电容电压和电感电流是独立的。

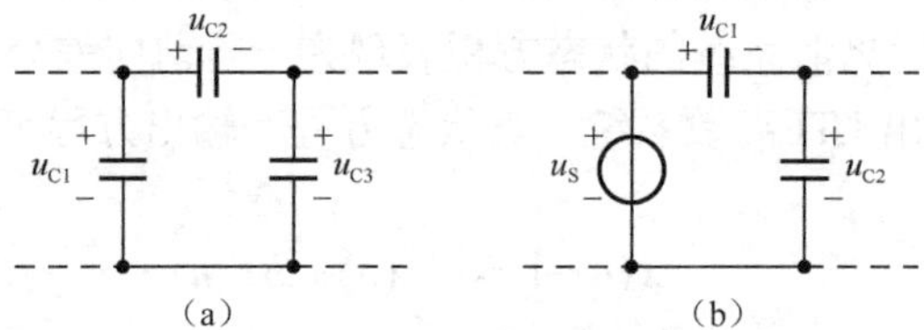

图 7.5-3 非独立的电容电压

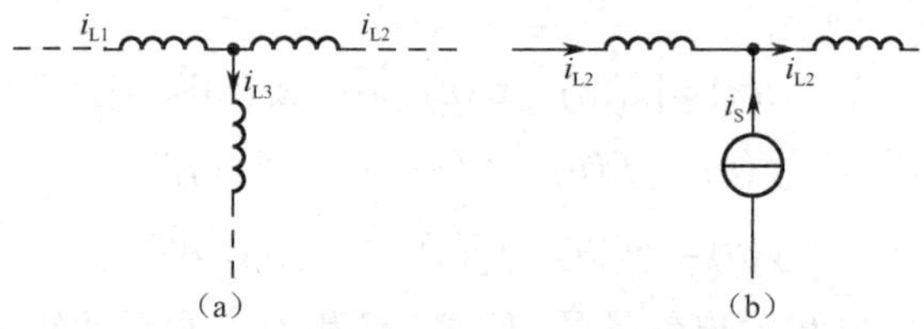

图 7.5-4 非独立的电感电流

建立电路的状态方程，就是要根据电路列出各状态变量的一阶微分方程。在选取独立的电容电压u_C和电感电流i_L作为状态变量之后，由电容和电感的伏安关系$i_C = C\dfrac{du_C}{dt}$、$u_L = L\dfrac{di_L}{dt}$可知，为使方程中含有状态变量u_C的一阶导数$\dfrac{du_C}{dt}$，可对含有该电容的独立节点列写 KCL 电流方程；为使方程中含有状态i_L的一阶导数$\dfrac{di_L}{dt}$，可对含有该电感的独立回路列写 KVL 电压方程。对列出的方程，只保留状态变量和输入激励，设法消除其他一些不需要的变量，经整理即可得到标准的状态方程。对于输出方程，由于它是简单的代数方程，通常可用观察法由电路直接列出。

综上所述，可以归纳出由电路图直接列写状态方程和输出方程的步骤：

① 选择电路中所有独立的电容电压和电感电流为状态变量。

② 对含有所选电容的独立节点列写 KCL 电流方程；对含有所选电感的独立回路列写 KVL 电压方程。

③ 若上一步所列的方程中含有除激励以外的非状态变量，则利用适当的 KCL、KVL 方程将它们消去，然后整理给出标准的状态方程形式。

④ 用观察法由电路或前面已推出的一些关系直接列写出输出方程，并整理成标准形式。

【例 7.5-1】 图 7.5-5 中 i_C 和 u 为输出，列写状态方程和输出方程。

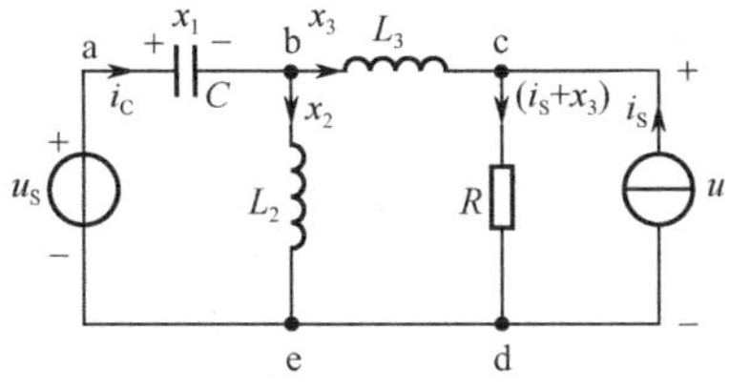

图 7.5-5　例 7.5-1 图

解：选择电容电压 u_C 和电感电流 i_{L2}、i_{L3} 为状态变量，即令

$$\begin{cases} x_1 = u_C \\ x_2 = i_{L2} \\ x_3 = i_{L3} \end{cases}$$

对节点 b，列写 KCL 方程得

$$C\dot{x}_1 = x_2 + x_3$$

列写回路 KVL 方程，得

$$L_2\dot{x}_2 = u_S - u_C = u_S - x_1$$

$$L_3\dot{x}_3 = u_S - x_1 - u$$

消去非状态变量 u，这里 $u = (x_3 + i_S)R$，将其代入上式得

$$L_3\dot{x}_3 = -x_1 - Rx_3 + u_S + Ri_S$$

可得状态方程

$$\begin{cases} \dot{x}_1 = \dfrac{1}{C}x_2 + \dfrac{1}{C}x_3 \\ \dot{x}_2 = -\dfrac{1}{L_2}x_1 + \dfrac{1}{L_2}u_S \\ \dot{x}_3 = -\dfrac{1}{L_3}x_1 - \dfrac{R}{L_3}x_3 + \dfrac{1}{L_3}u_S + \dfrac{R}{L_3}i_S \end{cases}$$

整理成矩阵标准形式，得

$$\begin{bmatrix} \dot{x}_1 \\ \dot{x}_2 \\ \dot{x}_3 \end{bmatrix} = \begin{bmatrix} 0 & \dfrac{1}{C} & \dfrac{1}{C} \\ -\dfrac{1}{L_2} & 0 & 0 \\ -\dfrac{1}{L_3} & 0 & -\dfrac{R}{L_3} \end{bmatrix} \begin{bmatrix} x_1 \\ x_2 \\ x_3 \end{bmatrix} + \begin{bmatrix} 0 & 0 \\ \dfrac{1}{L_2} & 0 \\ \dfrac{1}{L_3} & -\dfrac{R}{L_3} \end{bmatrix} \begin{bmatrix} u_S \\ i_S \end{bmatrix}$$

两个输出方程为

$$\begin{cases} i_C = x_2 + x_3 \\ u = R(x_3 + i_S) = Rx_3 + Ri_S \end{cases}$$

整理成矩阵标准形式，得

$$\begin{bmatrix} i_C \\ u \end{bmatrix} = \begin{bmatrix} 0 & 1 & 1 \\ 0 & 0 & R \end{bmatrix} \begin{bmatrix} x_1 \\ x_2 \\ x_3 \end{bmatrix} + \begin{bmatrix} 0 & 0 \\ 0 & R \end{bmatrix} \begin{bmatrix} u_S \\ i_S \end{bmatrix}$$

（2）由信号流图建立状态方程。

由于输入-输出方程、系统函数、模拟框图、信号流图等都是同一种系统描述方法的不同表现方式，相互之间的转换十分简单，其中以信号流图最为简练、直观，通过信号流图建立状态方程和输出方程最方便。因此，如果已知系统的输入-输出方程或系统函数，通常首先将其转换为信号流图，然后由信号流图再列出系统的状态方程。

在系统的信号流图中，其基本的动态部件是积分器，而积分器的输出 $y(t)$ 与输入 $f(t)$ 之间满足一阶微分方程

$$\dot{y}(t) = f(t)$$

因此，可选择各积分器的输出作为状态变量 $x_i(t)$，这样该积分器的输入信号就可以表示为状态变量的一阶导数 $\dot{x}_i(t)$。根据流程图的连接关系，对该积分器输入端列出 $\dot{x}_i(t)$ 的方程，就可得到与状态变量 $x_i(t)$ 有关的状态方程。下面举例说明具体建立过程。

【例 7.5-2】 一个线性时不变系统的信号流图如图 7.5-6 所示，写出该系统的状态方程和输出方程。

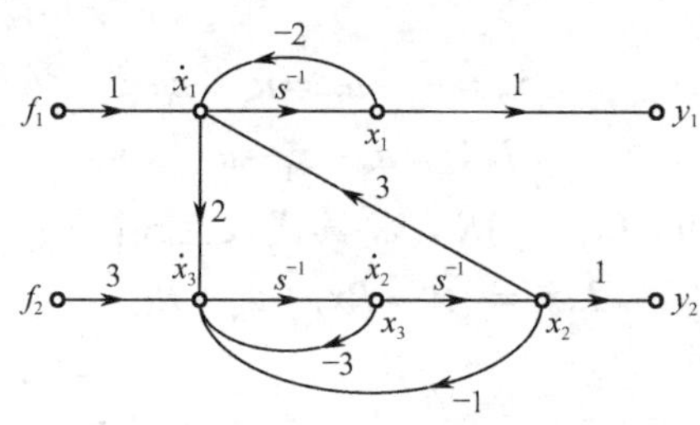

图 7.5-6 例 7.5-2 图

解：选择各积分器的输出端为状态变量，可以列写出各积分器的输入端信号为

$$\begin{cases} \dot{x}_1 = -2x_1 + 3x_2 + f_1 \\ \dot{x}_2 = x_3 \\ \dot{x}_3 = -3x_3 - x_2 + 2\dot{x}_1 + 3f_2 = -4x_1 + 5x_2 - 3x_3 + 2f_1 + 3f_2 \end{cases}$$

整理为矩阵标准形式

$$\begin{bmatrix} \dot{x}_1 \\ \dot{x}_2 \\ \dot{x}_3 \end{bmatrix} = \begin{bmatrix} -2 & 3 & 0 \\ 0 & 0 & 1 \\ -4 & 5 & -3 \end{bmatrix} \begin{bmatrix} x_1 \\ x_2 \\ x_3 \end{bmatrix} + \begin{bmatrix} 1 & 0 \\ 0 & 0 \\ 2 & 3 \end{bmatrix} \begin{bmatrix} f_1 \\ f_2 \end{bmatrix}$$

由信号流图观察可得

$$y_1 = x_1$$
$$y_2 = x_2$$

整理为矩阵标准形式

$$\begin{bmatrix} y_1 \\ y_2 \end{bmatrix} = \begin{bmatrix} 1 & 0 & 0 \\ 0 & 1 & 0 \end{bmatrix} \begin{bmatrix} x_1 \\ x_2 \\ x_3 \end{bmatrix}$$

【例 7.5-3】 已知描述某连续的微分方程为

$$y^{(3)}(t)+8y^{(2)}(t)+19y^{(1)}(t)+12y(t)=4f^{(1)}(t)+10f(t)$$

列写该系统的状态方程和输出方程。

解：由微分方程不难写出其系统函数为

$$H(s)=\frac{4s+10}{s^3+8s^2+19s+12}=\frac{4s^{-2}+10s^{-3}}{1-(-8s^{-1}-19s^{-2}-12s^{-3})}$$

由系统函数可画出其信号流图，如图 7.5-7 所示。

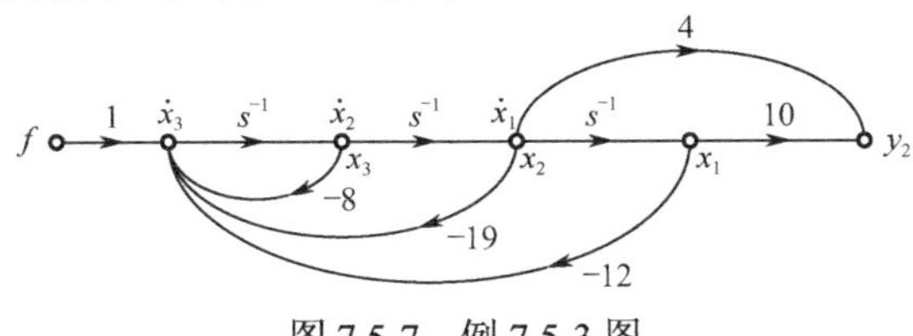

图 7.5-7　例 7.5-3 图

选择各积分器（相应流图中增益为 s^{-1} 的支路）的输出端信号作为状态变量，输入端的信号就是相应状态变量的一阶导数，它们已标于图中。在各积分器的输入端即可列出状态方程

$$\dot{x}_1=x_2$$

$$\dot{x}_2=x_3$$

$$\dot{x}_3=-8x_3-19x_2-12x_1+f$$

写成矩阵形式为

$$\begin{bmatrix}\dot{x}_1\\ \dot{x}_2\\ \dot{x}_3\end{bmatrix}=\begin{bmatrix}0 & 1 & 0\\ 0 & 0 & 1\\ -12 & -19 & -8\end{bmatrix}\begin{bmatrix}x_1\\ x_2\\ x_3\end{bmatrix}+\begin{bmatrix}0\\ 0\\ 1\end{bmatrix}f(t)$$

在系统的输出端可列出输出方程为

$$y=10x_1+4x_2$$

写成矩阵形式为

$$y=[10\quad 4\quad 0]\begin{bmatrix}x_1\\ x_2\\ x_3\end{bmatrix}$$

对于同一个微分方程，采用不同的模拟实现方法可以得到不同形式的信号流图，从而列出的状态方程和输出方程也不同。

2．离散系统状态方程的建立

离散时间系统状态方程的建立和连续时间系统相仿，从信号流图比较容易得出。列写状态方程的共同点是设每个延迟器的输出端为状态变量 $x_i(n)$，列写延迟单元的输入端信号变量和各 $x_i(n)$ 及激励的关系。在系统的输出端列出输出方程。

【例 7.5-4】 描述离散系统的差分方程为

$$y(n)+2y(n-1)-3y(n-2)+4y(n-3)=f(n-1)+2f(n-2)-3f(n-3)$$

列写其状态方程和输出方程。

解：根据差分方程可直接写出该系统的系统函数为

$$H(z)\frac{z^{-1}+2z^{-2}-3z^{-3}}{1+2z^{-1}-3z^{-2}+4z^{-3}}$$

由 $H(z)$ 画出其信号流图，如图 7.5-8 所示。

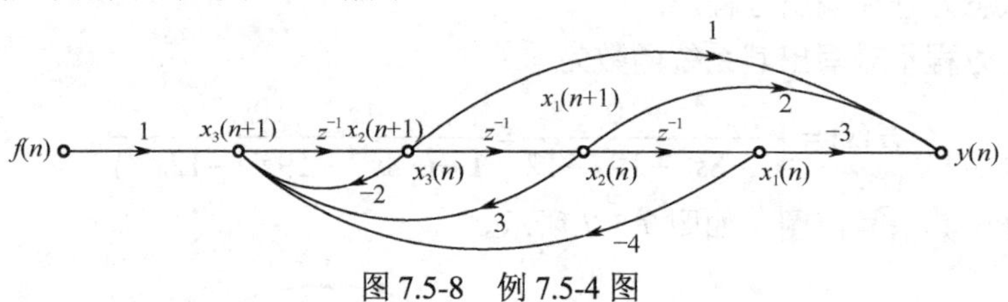

图 7.5-8　例 7.5-4 图

选延迟单元（对应流图中增益为 z^{-1} 的支路）的输出端信号为状态变量，分别为 $x_1(n)$、$x_2(n)$ 和 $x_3(n)$，可列出状态方程和输出方程为

$$x_1(n+1)=x_2(n)$$
$$x_2(n+1)=x_3(n)$$
$$x_3(n+1)=-4x_1(n)+3x_2(n)-2x_3(n)+f(n)$$
$$y(n)=-3x_1(n)+2x_2(n)+x_3(n)$$

将它们写为矩阵形式，有

$$\begin{bmatrix}x_1(n+1)\\x_2(n+1)\\x_3(n+1)\end{bmatrix}=\begin{bmatrix}0&1&0\\0&0&1\\-4&3&-2\end{bmatrix}\begin{bmatrix}x_1(n)\\x_2(n)\\x_3(n)\end{bmatrix}+\begin{bmatrix}0\\0\\1\end{bmatrix}[f(n)]$$

$$y(n)=[-3\quad 2\quad 1]\begin{bmatrix}x_1(n)\\x_2(n)\\x_3(n)\end{bmatrix}$$

推广至系统函数形式如 $\dfrac{1}{z+a}$ 的一阶子系统。如果选一阶子系统输出端的信号为状态变量 $x(n)$，设其输入信号为 $f(n)$，它们的 z 变换分别为 $X(z)$ 和 $F(z)$，根据系统函数的定义，有

$$\frac{X(z)}{F(z)}=H(z)=\frac{1}{z+a} \tag{7.5-12}$$

整理得

$$zX(z)+aX(z)=F(z)$$

取逆 z 反变换，可得该一阶子系统的输入端信号与状态变量的关系为

$$x(n+1)+ax(n)=f(n) \tag{7.5-13}$$

同样可在一阶子系统的输入端列出状态方程

$$x(n+1)=-ax(n)+f(n) \tag{7.5-14}$$

延迟单元是一阶子系统 $a=0$ 时的特例。

7.5.3　状态方程的变换域解*

1．连续系统状态方程的变换域解

连续系统状态方程的一般形式为

$$\dot{\boldsymbol{x}}(t)=\boldsymbol{A}\boldsymbol{x}(t)+\boldsymbol{B}\boldsymbol{f}(t) \tag{7.5-15}$$

$$\boldsymbol{y}(t)=\boldsymbol{C}\boldsymbol{x}(t)+\boldsymbol{D}\boldsymbol{f}(t) \tag{7.5-16}$$

$\boldsymbol{x}(t)$ 为 n 维状态矢量；$\dot{\boldsymbol{x}}(t)$ 为状态矢量的一阶导数，也称为 n 维状态矢量；$\boldsymbol{f}(t)$ 为 p 维输入矢量，$\boldsymbol{y}(t)$ 为 q 维输出矢量；$\boldsymbol{A}$ 为方阵 $n\times n$，称为系统矩阵；$\boldsymbol{B}$ 为矩阵 $n\times p$，称为控制矩阵；$\boldsymbol{C}$ 为矩阵 $q\times n$，称为输出矩阵；$\boldsymbol{D}$ 为矩阵 $q\times p$。

根据拉普拉斯变换，令

$$\mathscr{L}[x_i(t)]=X_i(s)$$

则状态矢量的拉普拉斯变换为

$$\mathscr{L}[\boldsymbol{x}_i(t)]=\mathscr{L}\begin{bmatrix}x_1(t)\\x_2(t)\\\vdots\\x_n(t)\end{bmatrix}=\begin{bmatrix}X_1(s)\\X_2(s)\\\vdots\\X_n(s)\end{bmatrix}=\boldsymbol{X}_i(s)$$

也是 n 维矢量，同样输入、输出矢量的拉普拉斯变换为

$$\boldsymbol{F}(s)=\mathscr{L}[\boldsymbol{f}(t)]$$

$$\boldsymbol{Y}(s)=\mathscr{L}[\boldsymbol{y}(t)]$$

又根据拉普拉斯变换的微分特性得

$$\mathscr{L}[\dot{\boldsymbol{x}}(t)]=s\boldsymbol{X}(s)-\boldsymbol{x}(0_-)$$

应用以上关系，对状态方程取拉普拉斯变换得

$$s\boldsymbol{X}(s)-\boldsymbol{x}(0_-)=\boldsymbol{A}\boldsymbol{X}(s)+\boldsymbol{B}\boldsymbol{F}(s) \tag{7.5-17}$$

即

$$(s\boldsymbol{I}-\boldsymbol{A})\boldsymbol{X}(s)=\boldsymbol{x}(0_-)+\boldsymbol{B}\boldsymbol{F}(s) \tag{7.5-18}$$

式中，$\boldsymbol{I}$ 为 $n\times n$ 维单位矩阵，于是整理，得

$$\boldsymbol{X}(s)=(s\boldsymbol{I}-\boldsymbol{A})^{-1}\boldsymbol{x}(0_-)+(s\boldsymbol{I}-\boldsymbol{A})^{-1}\boldsymbol{B}\boldsymbol{F}(s) \tag{7.5-19}$$

状态变量 $\boldsymbol{X}(s)$ 得到后，输出 $\boldsymbol{Y}(s)$ 也将方便地得到。对输出方程（7.5-16）式取拉普拉斯变换得

$$\boldsymbol{Y}(s)=\boldsymbol{C}\boldsymbol{X}(s)+\boldsymbol{D}\boldsymbol{F}(s)$$

将式（7.5-19）代入上式得

$$\boldsymbol{Y}(s)=\boldsymbol{C}(s\boldsymbol{I}-\boldsymbol{A})^{-1}\boldsymbol{x}(0_-)+[\boldsymbol{C}(sI-A)^{-1}\boldsymbol{B}+\boldsymbol{D}]\boldsymbol{F}(s)=\boldsymbol{Y}_{zi}(s)+\boldsymbol{Y}_{zs}(s) \tag{7.5-20}$$

式中

$$\boldsymbol{Y}_{zi}(s)=\boldsymbol{C}(s\boldsymbol{I}-\boldsymbol{A})^{-1}\boldsymbol{x}(0_-) \tag{7.5-21}$$

$$\boldsymbol{Y}_{zs}(s)=[\boldsymbol{C}(s\boldsymbol{I}-\boldsymbol{A})^{-1}\boldsymbol{B}+\boldsymbol{D}]\boldsymbol{F}(s) \tag{7.5-22}$$

对式（7.5-20）、式（7.5-21）和式（7.5-22）分别取拉普拉斯逆变换，即可得全响应、零输入响应和零状态响应的时域表达式：

$$\boldsymbol{y}(t)=\mathscr{L}^{-1}[\boldsymbol{Y}(s)] \tag{7.5-23}$$

$$\boldsymbol{y}_{zi}(t)=\mathscr{L}^{-1}[\boldsymbol{Y}_{zi}(s)] \tag{7.5-24}$$

$$\boldsymbol{y}_{zs}(t)=\mathscr{L}^{-1}[\boldsymbol{Y}_{zs}(s)] \tag{7.5-25}$$

【例 7.5-5】 设某系统的状态方程和输出方程为

$$\begin{cases}\dot{x}_1(t)=x_1(t)+f(t)\\ \dot{x}_2(t)=x_1(t)-3x_2(t)\end{cases}$$

$$y(t)=-0.25x_1(t)+x_2(t)$$

系统的初始状态为 $x_1(0_-)=1$，$x_2(0_-)=2$，$f(t)=u(t)$，求 $y(t)$。

解：将状态方程和输出方程写成矩阵形式

$$\begin{bmatrix}\dot{x}_1\\ \dot{x}_2\end{bmatrix}=\begin{bmatrix}1 & 0\\ 1 & -3\end{bmatrix}\begin{bmatrix}x_1\\ x_2\end{bmatrix}+\begin{bmatrix}1\\ 0\end{bmatrix}f$$

$$y=[-0.25 \quad 1]\begin{bmatrix}x_1\\ x_2\end{bmatrix}$$

即

$$\boldsymbol{A}=\begin{bmatrix}1 & 0\\ 1 & -3\end{bmatrix} \qquad \boldsymbol{B}=\begin{bmatrix}1\\ 0\end{bmatrix} \qquad \boldsymbol{C}=[-0.25 \quad 1] \qquad \boldsymbol{D}=0$$

由式（7.5-20）可得

$$\boldsymbol{Y}(s)=\boldsymbol{C}(s\boldsymbol{I}-\boldsymbol{A})^{-1}\boldsymbol{x}(0_-)+[\boldsymbol{C}(s\boldsymbol{I}-\boldsymbol{A})^{-1}\boldsymbol{B}+\boldsymbol{D}]\boldsymbol{F}(s)$$

$$=[-0.25 \quad 1]\left(\begin{bmatrix}s & 0\\ 0 & s\end{bmatrix}-\begin{bmatrix}1 & 0\\ 1 & -3\end{bmatrix}\right)^{-1}\begin{bmatrix}1\\ 2\end{bmatrix}+\left\{[-0.25 \quad 1]\left(\begin{bmatrix}s & 0\\ 0 & s\end{bmatrix}-\begin{bmatrix}1 & 0\\ 1 & -3\end{bmatrix}\right)^{-1}\begin{bmatrix}1\\ 0\end{bmatrix}+0\right\}\frac{1}{s}$$

整理得

$$Y(s)=\frac{11}{6}\times\frac{1}{s+3}-\frac{1}{12}\times\frac{1}{s}$$

故有

$$y(t)=\mathscr{L}^{-1}[Y(s)]=\left(\frac{11}{6}\mathrm{e}^{-3t}-\frac{1}{12}\right)u(t)$$

2．离散系统状态方程的变换域解

离散系统状态方程和输出方程的一般形式为

$$\boldsymbol{x}(n+1)=\boldsymbol{A}\boldsymbol{x}(n)+\boldsymbol{B}\boldsymbol{f}(n) \tag{7.5-26}$$

$$\boldsymbol{y}(n)=\boldsymbol{C}\boldsymbol{x}(n)+\boldsymbol{D}\boldsymbol{f}(n) \tag{7.5-27}$$

对状态方程矩阵进行单边 z 变换得

$$z\boldsymbol{X}(z)-z\boldsymbol{x}(0)=\boldsymbol{A}\boldsymbol{X}(z)+\boldsymbol{B}\boldsymbol{F}(z) \tag{7.5-28}$$

整理得

$$\boldsymbol{X}(z)=(z\boldsymbol{I}-\boldsymbol{A})^{-1}z\boldsymbol{x}(0)+(z\boldsymbol{I}-\boldsymbol{A})^{-1}\boldsymbol{B}\boldsymbol{F}(z) \tag{7.5-29}$$

其第一项为零输入响应部分，第二项为零状态响应部分。对输出方程（7.5-27）式取单边 z 变换得

$$\boldsymbol{Y}(z)=\boldsymbol{C}\boldsymbol{X}(z)+\boldsymbol{D}\boldsymbol{F}(z) \tag{7.5-30}$$

将式（7.5-29）代入上式得

$$\boldsymbol{Y}(z)=\boldsymbol{C}(z\boldsymbol{I}-\boldsymbol{A})^{-1}z\boldsymbol{x}(0)+[\boldsymbol{C}(z\boldsymbol{I}-\boldsymbol{A})^{-1}\boldsymbol{B}+\boldsymbol{D}]\boldsymbol{F}(z)=\boldsymbol{Y}_{\mathrm{zi}}(z)+\boldsymbol{Y}_{\mathrm{zs}}(z) \tag{7.5-31}$$

式中

$$\boldsymbol{Y}_{\mathrm{zi}}(z)=\boldsymbol{C}(z\boldsymbol{I}-\boldsymbol{A})^{-1}z\boldsymbol{x}(0) \tag{7.5-32}$$

$$\boldsymbol{Y}_{zs}(z)=[\boldsymbol{C}(z\boldsymbol{I}-\boldsymbol{A})^{-1}\boldsymbol{B}+\boldsymbol{D}]\boldsymbol{F}(z) \tag{7.5-33}$$

对式（7.5-31）、式（7.5-32）和式（7.5-33）分别取 z 反变换，即可得全响应、零输入响应和零状态响应得时域表达式。

【例 7.5-6】 某离散系统状态方程和输出方程为

$$\begin{bmatrix} x_1(n+1) \\ x_2(n+1) \end{bmatrix}=\begin{bmatrix} 0.5 & 0 \\ 0.25 & 0.25 \end{bmatrix}\begin{bmatrix} x_1(n) \\ x_2(n) \end{bmatrix}\begin{bmatrix} 1 \\ 0 \end{bmatrix}f(n)$$

$$\begin{bmatrix} y_1(n) \\ y_2(n) \end{bmatrix}=\begin{bmatrix} 1 & 0 \\ 1 & -1 \end{bmatrix}\begin{bmatrix} x_1(n) \\ x_2(n) \end{bmatrix}+\begin{bmatrix} 0 \\ 0 \end{bmatrix}f(n)$$

其初始状态和输入分别为

$$\begin{bmatrix} x_1(0) \\ x_2(0) \end{bmatrix}=\begin{bmatrix} 1 \\ 2 \end{bmatrix}，\quad f(n)=u(n)$$

求系统的状态和输出。

解：由式（7.5-31）可得

$$\boldsymbol{Y}(z)=\begin{bmatrix} 1 & 0 \\ -0.25 & -1 \end{bmatrix}\begin{bmatrix} z-0.5 & 0 \\ -0.25 & z-0.25 \end{bmatrix}^{-1} z\begin{bmatrix} 1 \\ 2 \end{bmatrix}$$

$$+\left\{\begin{bmatrix} 1 & 0 \\ -0.25 & -1 \end{bmatrix}\begin{bmatrix} z-0.5 & 0 \\ -0.25 & z-0.25 \end{bmatrix}^{-1} z\begin{bmatrix} 1 \\ 0 \end{bmatrix}+\begin{bmatrix} 0 \\ 0 \end{bmatrix}\right\}\frac{z}{z-1}$$

整理得

$$\boldsymbol{Y}(z)=\begin{bmatrix} \dfrac{2z}{z-1}-\dfrac{2z}{z-0.5} \\ \dfrac{4}{3}\times\dfrac{z}{z-1}-\dfrac{4}{3}\times\dfrac{z}{z-0.25} \end{bmatrix}$$

故对上式取 z 反变换，得

$$\boldsymbol{y}(n)=\begin{bmatrix} y_1(n) \\ y_2(n) \end{bmatrix}=\begin{bmatrix} \left(2-2\left(\dfrac{1}{2}\right)^n\right)u(n) \\ \left(\dfrac{4}{3}-\dfrac{4}{3}\left(\dfrac{1}{4}\right)^n\right)u(n) \end{bmatrix}$$

习题 7

1．求出图 1 电路的系统函数，并画出极零图。

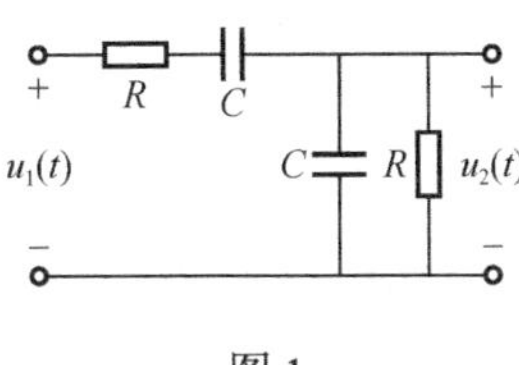

图 1

2．已知某离散时间 LTI 因果系统的零极点图如图 2 所示，且系统的$|H(\infty)|=4$。

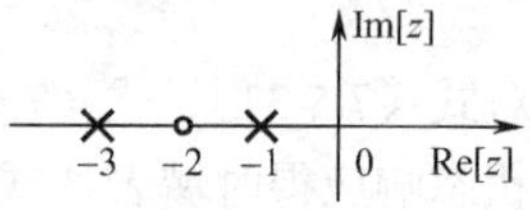

（1）求系统函数$H(z)$；

（2）求系统的单位样值响应；

（3）求系统的差分方程；

（4）若已知激励为$f(n)$时，系统的零状态响应为$y_{zs}(n)=u(n)$，求$f(n)$。

图 2

3．某 LTI 系统框图如图 3 所示，问当K为何值时系统稳定？

4．如图 4 所示系统，欲使系统稳定，试确定K的取值范围。若系统为边界稳定，试确定它们在 jω 轴上的极点的值。

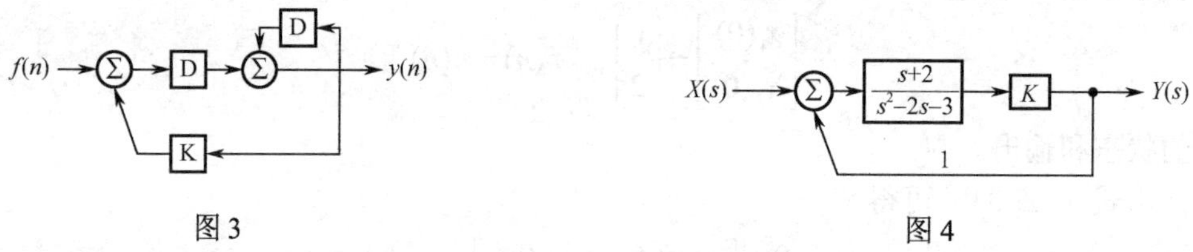

图 3　　图 4

5．已知连续时间 LTI 系统的信号流图如图 5 所示，求其系统函数$H(s)$。

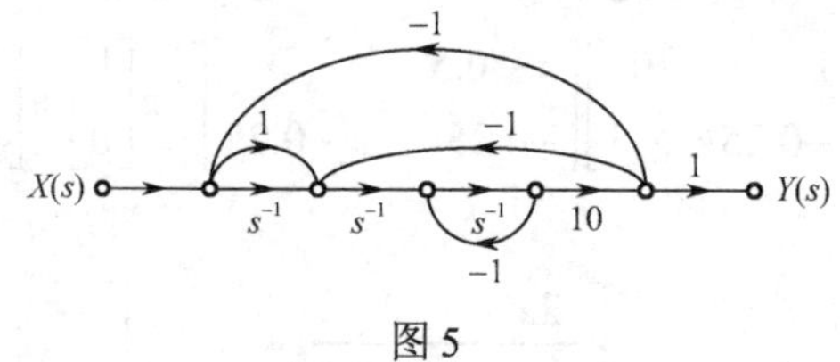

图 5

6．系统的信号流图如图 6 所示，求系统函数。

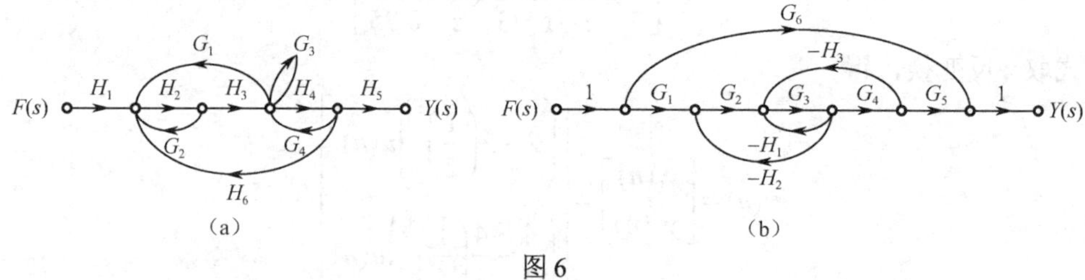

图 6

7．已知级联形式的模拟方框图如图 7 所示：

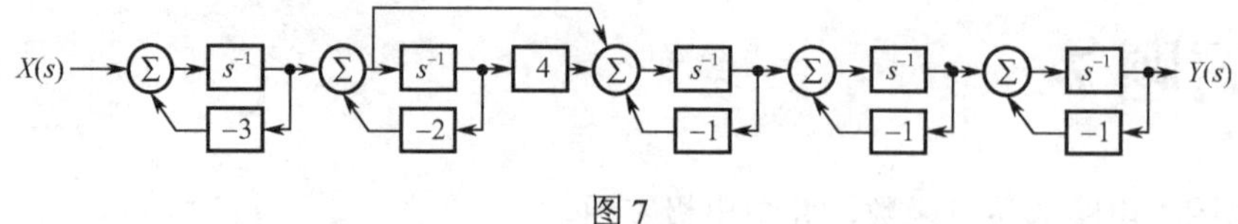

图 7

（1）将此方框图改画成级联形式的信号流图；

（2）求系统函数$H(s)=\dfrac{Y(s)}{X(s)}$；

（3）分别画出并联形式与直接形式的信号流图。

8．连续时间系统的信号流图如图 8 所示，已知当激励$f(t)=u(t)$时，系统的全响应为

$y(t)=(1-\mathrm{e}^{-t}+2\mathrm{e}^{-2t})u(t)$，试求系数 a、b、c 和系统的零输入、零状态响应。

9．如图 9 所示系统，列写状态方程与输出方程，求系统的微分方程。

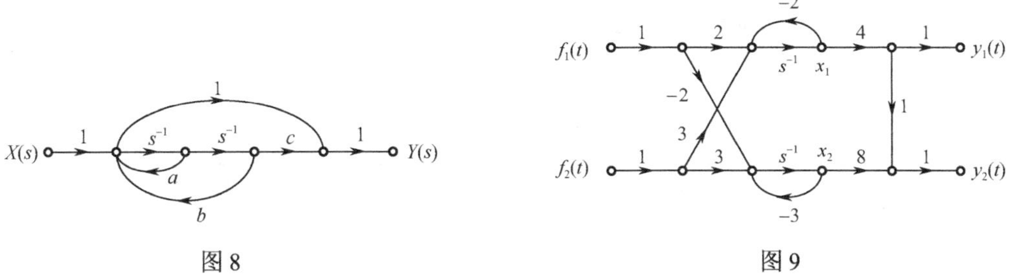

图 8　　图 9

10．已知某系统的微分方程为

$$y'''(t)+2y''(t)+y'(t)+2y(t)=f'(t)+3f(t)$$

（1）画出该系统的信号流图；

（2）试建立该系统的状态方程和输出方程；

（3）试说明该系统是否为稳定系统？说明理由。

11．有一离散系统如图 10 所示，设 $n\geqslant 0$ 时，$f_1(n)=f_2(n)=0$，系统的输出为

$$y(n)=\frac{6}{5}\left(\frac{1}{2}\right)^n-\frac{6}{5}\left(\frac{1}{3}\right)^n$$

（1）确定常数 a、b；

（2）求该系统的差分方程。

12．已知离散系统的信号流图如图 11 所示，试以延迟器的输出作为状态变量，列写其状态方程和输出方程。

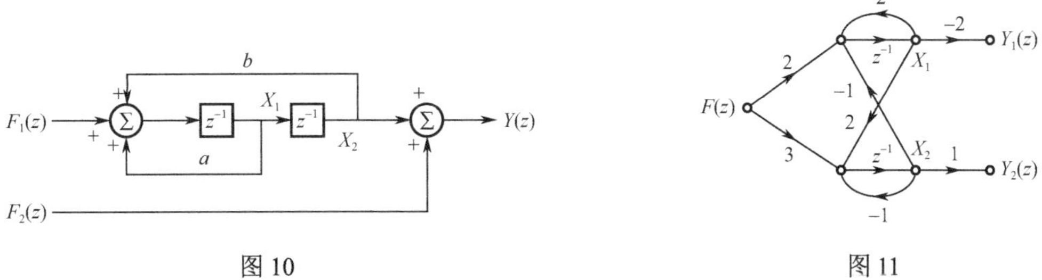

图 10　　图 11

附录一　卷积积分表

序号	$f_1(t)$	$f_2(t)$	$f_1(t)*f_2(t)$
1	$f(t)$	$\delta'(t)$	$f'(t)$
2	$f(t)$	$\delta(t)$	$f(t)$
3	$f(t)$	$u(t)$	$\int_{-\infty}^{t} f(\lambda)\mathrm{d}\lambda$
4	$u(t)$	$u(t)$	$t \cdot u(t)$
5	$tu(t)$	$u(t)$	$\frac{1}{2}t^2u(t)$
6	$\mathrm{e}^{-\alpha t}u(t)$	$u(t)$	$\frac{1}{\alpha}(1-\mathrm{e}^{-\alpha t})u(t)$
7	$\mathrm{e}^{-\alpha_1 t}u(t)$	$\mathrm{e}^{-\alpha_2 t}u(t)$	$\frac{1}{\alpha_2-\alpha_1}(\mathrm{e}^{-\alpha_1 t}-\mathrm{e}^{-\alpha_2 t})u(t)$
8	$tu(t)$	$\mathrm{e}^{-\alpha t}u(t)$	$\left(\frac{\alpha t-1}{\alpha^2}+\frac{1}{\alpha^2}\mathrm{e}^{-\alpha t}\right)u(t)$
9	$t\mathrm{e}^{-\alpha_1 t}u(t)$	$\mathrm{e}^{-\alpha_2 t}u(t)$	$\left(\frac{(\alpha_2-\alpha_1)t-1}{(\alpha_2-\alpha_1)^2}\mathrm{e}^{-\alpha_1 t}+\frac{1}{(\alpha_2-\alpha_1)^2}\mathrm{e}^{-\alpha_2 t}\right)u(t)$ $\alpha_2 \neq \alpha_1$

附录二　卷积和表

序号	$f_1(n)$	$f_2(n)$	$f_1(n)*f_2(n)$
1	$f(n)$	$\delta(n)$	$f(n)$
2	$f(n)$	$u(n)$	$\sum_{i=-\infty}^{n} f(i)$
3	$u(n)$	$u(n)$	$(n+1)u(n)$
4	$nu(n)$	$u(n)$	$\frac{1}{2}(n+1)nu(n)$
5	$a^n u(n)$	$u(n)$	$\frac{1-a^{n+1}}{1-a}u(n)$ ，$a \neq 1$
6	$a_1^n u(n)$	$a_2^n u(n)$	$\frac{a_1^{n+1}-a_2^{n+1}}{a_1-a_2}u(n)$ ，$a_1 \neq a_2$
7	$a^n u(n)$	$a^n u(n)$	$(n+1)a^n u(n)$
8	$nu(n)$	$a^n u(n)$	$\frac{n}{1-a}u(n)+\frac{a(a^n-1)}{(1-a)^2}u(n)$ ，$a \neq 1$
9	$nu(n)$	$nu(n)$	$\frac{1}{6}(n+1)n(n-1)u(n)$

附录三　常用信号的傅里叶变换表

表1　能量信号

序号	名称	时间函数 $f(t)$	傅里叶变换 $F(\mathrm{j}\omega)$
1	矩形脉冲（门信号）	$g_\tau(t)=\begin{cases}1,\lvert t\rvert<\dfrac{\tau}{2}\\0,\lvert t\rvert>\dfrac{\tau}{2}\end{cases}$	$\tau\mathrm{Sa}\left(\dfrac{\omega\tau}{2}\right)=\dfrac{2}{\omega}\sin\left(\dfrac{\omega\tau}{2}\right)$
2	单边指数脉冲	$\mathrm{e}^{-\alpha t}u(t),\alpha>0$	$\dfrac{1}{\alpha+\mathrm{j}\omega}$
3	偶双边指数脉冲	$\mathrm{e}^{-\alpha\lvert t\rvert}u(t),\alpha>0$	$\dfrac{2\alpha}{\alpha^2+\omega^2}$
4	奇双边指数脉冲	$\begin{cases}-\mathrm{e}^{\alpha t},t<0\\\mathrm{e}^{-\alpha t},t>0\end{cases}(\alpha>0)$	$-\mathrm{j}\dfrac{2\omega}{\alpha^2+\omega^2}$

表2　奇异信号和功率信号

序号	时间函数 $f(t)$	傅里叶变换 $F(\mathrm{j}\omega)$
1	$\delta(t)$	1
2	1	$2\pi\delta(\omega)$
3	$u(t)$	$\pi\delta(\omega)+\dfrac{1}{\mathrm{j}\omega}$
4	$\mathrm{sgn}(t)$	$\dfrac{2}{\mathrm{j}\omega}$
5	$\delta'(t)$	$\mathrm{j}\omega$
6	$\delta^{(n)}(t)$	$(\mathrm{j}\omega)^n$
7	$\mathrm{e}^{\mathrm{j}\omega_0 t}$	$2\pi\delta(\omega-\omega_0)$
8	$\cos(\omega_0 t)$	$\pi[\delta(\omega+\omega_0)+\delta(\omega-\omega_0)]$
9	$\sin(\omega_0 t)$	$\mathrm{j}\pi[\delta(\omega+\omega_0)-\delta(\omega-\omega_0)]$
10	$\delta_{T_s}(t)=\sum\limits_{n=-\infty}^{\infty}\delta(t-nT_s)$	$\delta_{\Omega_s}(\omega)=\Omega_s\sum\limits_{n=-\infty}^{\infty}\delta(\omega-n\Omega_s)$，$\Omega_s=\dfrac{2\pi}{T}$

附录四　拉普拉斯反变换表

[编号中第一个数字表示 $F(s)$ 分母中的最高次项]

编号	$F(s)$	$f(t)$
0-1	s	$\delta'(t)$
0-2	1	$\delta(t)$
1-1	$\dfrac{1}{s}$	$u(t)$
1-2	$\dfrac{b_0}{s+\alpha}$	$b_0 e^{-\alpha t}$
2-1	$\dfrac{\beta}{s^2+\beta^2}$	$\sin(\beta t)$
2-2	$\dfrac{s}{s^2+\beta^2}$	$\cos(\beta t)$
2-3	$\dfrac{\beta}{(s+\alpha)^2+\beta^2}$	$e^{-\alpha t}\sin(\beta t)$
2-4	$\dfrac{s+\alpha}{(s+\alpha)^2+\beta^2}$	$e^{-\alpha t}\cos(\beta t)$
2-5	$\dfrac{b_1 s+b_0}{(s+\alpha)(s+\beta)}$	$\dfrac{b_0-b_1\alpha}{\beta-\alpha}e^{-\alpha t}+\dfrac{b_0-b_1\beta}{\alpha-\beta}e^{-\beta t}$

附录五 序列的 z 变换表

序号	$f(n)$， $n \geqslant 0$	$F(z)$
1	$\delta(n)$	1
2	$\delta(n-m)$， $m \geqslant 0$	z^{-m}
3	$u(n)$	$\dfrac{z}{z-1}$
4	$u(n-m)$， $m \geqslant 0$	$\dfrac{z}{z-1} \cdot z^{-m}$
5	n	$\dfrac{z}{(z-1)^2}$
6	a^n	$\dfrac{z}{z-a}$
7	na^n	$\dfrac{az}{(z-a)^2}$
8	$\dfrac{n(n-1)}{2}$	$\dfrac{z}{(z-1)^3}$
9	$\dfrac{n(n+1)}{2}$	$\dfrac{z^2}{(z-1)^3}$
10	na^{n-1}	$\dfrac{z}{(z-a)^2}$
11	$\dfrac{n(n-1)\cdots(n-m+1)}{m!}$	$\dfrac{z}{(z-1)^{m+1}}$
12	$\mathrm{e}^{\mathrm{j}\beta n}$	$\dfrac{z}{z-\mathrm{e}^{\mathrm{j}\beta}}$
13	$\cos(\beta n)$	$\dfrac{z(z-\cos\beta)}{z^2-2z\cos\beta+1}$
14	$\sin(\beta n)$	$\dfrac{z\sin\beta}{z^2-2z\cos\beta+1}$
15	$a^n\cos(\beta n)$	$\dfrac{z(z-a\cos\beta)}{z^2-2az\cos\beta+a^2}$
16	$a^n\sin(\beta n)$	$\dfrac{az\sin\beta}{z^2-2az\cos\beta+a^2}$

参 考 文 献

[1] Oppenheim A V，Willsky A S，Nawab S H. Signals and Syst. ems(Second Edition) Prentice-Hall，Inc.，1997.

[2] 程佩青. 数字信号处理教程（第二版）[M]. 北京：清华大学出版社，2001.

[3] 郑君里，应启万，杨为理. 信号与系统（第 2 版）[M]. 北京：高等教育出版社，2000.

[4] 吴大正，张永瑞，杨林耀. 信号与线性系统分析（第 4 版）[M]. 北京：高等教育出版社，2005.

[5] 燕庆明. 信号与系统（第 3 版）[M]. 北京：高等教育出版社，2001.

[6] 管致中，夏恭格. 信号与线性系统（第 3 版）[M]. 北京：高等教育出版社，1992.

[7] 阎鸿森，等. 信号与线性系统[M]. 西安：西安交通大学出版社，1999.

[8] 陈生潭，郭宝龙，等. 信号与系统（第二版）[M]. 西安：西安电子科技大学出版社，2001.

[9] 吴湘淇. 信号、系统与信号处理（上）[M]. 北京：电子工业出版社，1996.

[10] 王应生，徐亚宁. 信号与系统[M]. 北京：电子工业出版社，2003.

[11] 张维玺，信号与系统[M]. 北京：科学技术出版社，2004.

[12] 闵大益，朱学勇. 信号与系统分析[M]. 成都：电子科技大学出版社，2000.

[13] 陈淑珍. 信号与系统网络课程[M]. 北京：高等教育出版社，2004.

[14] 阎鸿森，王新凤，田惠生. 信号与线性系统[M]. 西安：西安交通大学出版社，1999.

[15] 丁玉美，高西全. 数字信号处理（第二版）[M]. 西安：西安电子科技大学出版社，2001.

[16] 邹谋炎. 反卷积和信号复原[M]. 北京：国防工业出版社，2000.

[17] 胡光锐，徐昌庆，谭政华，等. 信号与系统解题指南[M]. 北京：科学出版社，1999.

[18] 邱天爽，等，信号与系统学习辅导及典型题解[M]. 北京：电子工业出版社，2003.

[19] 黄文梅，等，信号分析与处理一 MATLAB 语言及应用[M]. 北京：国防科技大学出版社，2000.

[20] 张志涌，等. 精通 MATLAB　5.3 版本[M]. 北京：北京航空航天大学出版社，2000.

[21] 梁虹，梁洁. 信号与系统分析及 MATLAB 实现[M]. 北京：电子工业出版社，2002.

[22] 李海涛，邓樱. MATLAB 程序设计教程[M]. 北京：高等教育出版社，2002.

[23] 梅志红，杨万铿. MATLAB 程序设计基础及其应用[M]. 北京：清华大学出版社，2005.

参 考 文 献

[1] Oppenheim A V, Willsky A S, Nawab S H. Signals and Systems(Second Edition) Prentice-Hall Inc., 1997.

[2] [illegible] 2001.

[3] [illegible] 2000.

[4] [illegible] 2003.

[5] [illegible] 2001.

[6] [illegible] 1999.

[7] [illegible]

[8] [illegible] 2004.

[9] [illegible]

[10] [illegible] 2002.

[11] [illegible] 2004.

[12] [illegible] 2000.

[13] [illegible] MATLAB [illegible] 2004.

[14] [illegible] 1999.

[15] [illegible] 2001.

[16] [illegible] 北京: 国防工业出版社, 2000.

[17] [illegible] 1999.

[18] [illegible] 2003.

[19] [illegible] 2000.

[20] [illegible] MATLAB [illegible] 2000.

[21] [illegible] MATLAB [illegible] 2002.

[22] [illegible] MATLAB [illegible] 2002.

[23] [illegible] MATLAB [illegible] 2003.